U0237613

绿城播绿

——郑州市森林城市建设纪实

LÜCHENG BOLÜ
ZHENGZHOUSHI SENLIN CHENGSHI JIANSHE JISHI

主编 王林贺

中国林业出版社

图书在版编目（CIP）数据

绿城播绿：郑州市创建国家森林城市纪实 / 王林贺主编.
—北京：中国林业出版社，2016.9
ISBN 978-7-5038-8682-9

Ⅰ.①绿… Ⅱ.①王… Ⅲ.①城市林—建设—郑州
Ⅳ.①S731.2

中国版本图书馆CIP数据核字（2016）第207025号

策划编辑：邵权熙　何增明
责任编辑：张　华　何增明
出版发行　中国林业出版社
　　　　　（100009 北京西城区刘海胡同7号）
　　　　　http://lycb.forestry.gov.cn
电　　话：010-83143566
印　　刷：北京卡乐富印刷有限公司
版　　次：2016年12月第1版
印　　次：2016年12月第1次印刷
开　　本：787mm×1092mm　1/16
印　　张：26.5
字　　数：690千字
定　　价：98.00元

《绿城播绿—郑州市森林城市建设纪实》
编委会

主　　任： 王林贺　杨福平

委　　员（以姓氏笔画为序）：

马闯洪　毛亚军　牛培玲　王凤枝　王太鑫　王心灵　王明太
王林贺　王恒瑞　王海林　王　莉　冯卫平　冯长有　冯屹东
史根友　刘跃峰　宋万党　张卫东　张申广　张胜利　李佳刚
杜　民　周　铭　姜现钊　祖学亭　赵　军　贾体铭　高巨虎
崔正明　崔宏勇　曹　萍　樊培勋　魏尽忠

主　　编： 王林贺

副 主 编： 崔正明　刘跃峰

执行主编： 魏尽忠　祖学亭

编　　辑（以姓氏笔画为序）：

于　宏　毛训甲　王　鹏　王凯歌　王紫云　王新潮　厉天斌
任　毅　刘　林　刘　猛　刘建立　刘彦兴　朱江涛　余　萍
吴　冰　张　伟　张学忠　李　坚　李　洁　李军永　李峰记
杨建新　汪　娟　陈　姣　陈秋田　陈振武　尚光铸　武　蓓
姚新爱　段广军　祖　鹏　胡　国　贺海松　赵　勇　郜学义
唐军闯　黄广春　蒋新建　韩臣鹏

资料汇集： 任　毅

责任校对： 余　萍

　　绿色，是人类科学有序发展的永恒主题；人与自然和谐，是社会运行法则的理想境界。播下绿色的种子，辛勤耕耘不辍，收获生存永续的希望。

　　"绿城"是冠于古都郑州的荣耀，曾几多辉煌，也曾几经黯然。

　　进入21世纪以来，郑州市历届党委和政府积极带领全市人民，大力开展植树造林和国土绿化工作。先后实施了"森林生态城""林业生态市""承办第二届中国绿化博览会""国家森林城市"以及"黄河湿地保护""生态廊道""都市区森林公园体系""苗木花卉"等大型林业活动和生态建设工程，高标准建设城市森林，取得了辉煌成就。2007年，郑州市获得"全国绿化模范城市"荣誉称号；2010年，成功承办"第二届中国绿化博览会"；2013年，获得"全国十佳绿色城市"荣誉称号；2014年，郑州市荣获"国家森林城市"荣誉称号，"绿城"桂冠失而复得。

　　本书的出版，反映并再现了郑州市10年来砥砺奋进，辛勤播绿，精心呵护耕耘的历史真实。本书启动编写之始，适逢"4.22世界地球日"和"6.5世界环境日"，使我们对加强生态建设有了新的认识。此书即将完稿之时，又值习近平总书记主持召开中央财经领导小组第十二次会议，研究森林生态安全工作。习近平强调，森林关系国家生态安全。要着力推进国土绿化，坚持全民义务植树活动，加强重点林业工程建设，实施新一轮退耕还林。要着力提高森林质量，坚持保护优先、自然修复为主，坚持数量和质量并重、质量优先，坚持封山育林、人工造林并举。要完善天然林保护制度，宜封则封、宜造则造，宜林则林、宜灌则灌、宜草则草，实施森林质量精准提升工程。要着力开展森林城市建设，搞好城市内绿化，使城市适宜绿化的地方都绿起来。搞好城市周边绿化，充分利用不适宜耕作的土地开展绿化造林；搞好城市群绿化，扩大城市之间的生态空间。要着力建设国家公园，保护自然生态系统的原真性和完整性，给子孙后代留下一些自然遗产。要整合设立国家公园，更好保护珍稀濒危动物。要研究制定国土空间开发保护的总体性法律，更有针对性地制定或修订有关法律法规。习近平总书记的讲话，启发我们对持续建设生态文明和美丽郑州有了新的思考。唯愿此书能帮助读者增强生态道德和生态价值观，引发对生态安全的关注和对生态文明建设的支持。

本书共分7个篇章，第一篇简要叙述了"绿城"郑州在历史的长河中生态环境的演变。第二篇概述了郑州市委、市政府贯彻落实《中共中央　国务院关于加快林业发展的决定》，在全市实施林业生态建设的决策和部署。第三篇记录了郑州市"森林生态城"建设、承办"第二届中国绿化博览会"和创建"国家森林城市"等重大林业生态工程建设和活动。第四篇介绍了郑州市在森林城市建设中坚持创新增绿，实施新举措，实行新机制的情况。第五篇以图文并茂的形式简述了"绿城"郑州的生态建设成就和崭新面貌。第六篇收录了各级领导及林业等方面的专家学者关于生态环境建设的真知灼见和宏论。第七篇通过十余年来有关林业生态建设的纪实文章，再现了那波澜壮阔的建设场景。书中同时收录了部分散文、特写、随笔、诗歌等，描绘了"绿城"的生态之美。

由于书中涉及的时间跨度大，资料和素材难免有不全或遗漏，在此谨表歉意。此书在编写过程中得到了各县（市、区）林业系统干部职工群众和社会各界作家及文学写作者的大力支持，在此一并致谢。

本书编委会

二〇一六年十二月

目 录

附录 ………………………………………………… **387**

[第一篇]

史说绿城

DIYIPIAN SHISHUO LÜCHENG

第一章 绿色商都

DIYIZHANG LÜSE SHANGDU

"绿城"，是人们对河南省郑州市的一种称谓，这一称谓源自20世纪80年代。当时的郑州市因其造林绿化成果显著，绿化覆盖率高，在一次全国性的造林绿化会议上被誉为"绿城"。自此，"绿城"就成了郑州市的另一个名字，并在全国范围传扬开来，它虽不是一个奖项，但却是对郑州生态建设成果的充分肯定和褒奖。

郑州处于黄河中下游沃野千里的中原腹地，这一地区良好的自然生态历史可追溯至远古时期。几十万年前的黄河中下游一带，气候温暖湿润，雨水充沛，季风性的气候使这里四季分明，适宜各种植物的生长。因此，郑州地区历史上曾是森林茂密、植物繁盛、多种野生动物群居的地方。在人类社会的原始文明到农业文明的长期历史进程中，中原地区同时也成为人类依水而居，进而依水而国的最佳地域。更值得我们骄傲的是这里是中华民族和华夏文明的发祥地和摇篮地。据考证，原始社会时期，郑州地区的森林覆盖率在63%左右。

由于历史久远，郑州地区的森林及动植物群种数量虽无确切的统计数字，但自古流传下来的文学作品中却不乏记述。《诗经·郑风》中，对郑州一带草木茂盛的情景，曾有多处提及，如"山有扶苏""山有桥松"以及"无折我树杞""无折我树桑""无折我树檀"等诗句，都是当时生态状态的写照。《诗经》中所提及的林木，有名可查的就有数十种之多。不仅有至今仍然常见的杨、柳、桃、李、松、柏、桑、梓，而且有至今已经少见的檀、桦、漆、栗、甘棠、扶苏之类。"坎坎伐檀兮，置之河之干兮""伐木丁丁，鸟鸣嘤嘤"，足见那时名贵树木之多、森林生态环境之良好。

《山海经》对郑州及周边地区，尤其是对登封、密县（今新密市）、巩县（今巩义市）、荥阳的伏牛山地区的森林及自然环境也有过较为详细的描述，那时的郑州周边山区多为原始森林覆盖，植物繁茂，鸟兽众多。

郑定公三年（公元前527年），郑国迁都于新郑，伐林开荒，可见当时新郑一带还有完好的天然植被。商代和周代时期，龙山文化晚期和夏文化时期，由于人口增加，对于自然资源，特别是林木资源的需求量逐渐增大，广大平原地区的人们开始植树造林，填补不断被砍伐的天然林的不足，形成了天然林木开始被人工林木代替这一发展趋势。西周时期，人工造林已经形成相当规模，并且制度化，多种人工植树形式已形成习俗。《周礼》中详细记载了园圃植树，主要种植果树；路旁植树，当时修建的大小沟洫和道路两旁均要植树；社稷植树，社稷坛上广种树木；边界植树，王畿、贵族的采邑以及各种行政建制的边界都要挖沟种树；宅院植树，居民在自家的宅院中植树；墓地植树，所有的墓地都要种植树木，而且有大小和数量的限制等6种植树类型。春秋时期，郑国对栽植的行道树严格管理，"子产相郑……桃李之垂于行者，莫之援也"。在这一时期，人们同时也不断加强了果树的种植。"若作和羹，尔唯盐梅"，郑国则"桃李重于街"，说明了当时果树的栽培数量已经达到了一个很大的规模。

古时候，以郑州为中心的中原地区，气候是温暖湿润的亚热带气候，有非常良好的生态环境，不仅植物茂盛，同时也生长着大量的野生动物，无论从种群上还是从数量上，野生动物资源都十分丰富。

"豫"为河南省的简称，这一简称由来已久，其来源和出处，据专家考证，出之于大象。史学家徐中舒曾考释并撰文称"豫，为象邑之合文"，说明古时候，河南为盛出大象的地区。

安阳殷墟考古发掘曾有大量的象牙制品和大象骸骨出土，验证了"殷代河南实为产象之区"和"实为殷人服象之证"的结论。

《吕氏春秋·古乐》载："商人服象，为虐于东夷，周公遂以师逐之，至于江南。"说明商代中原地区不仅有不少野象生存，商人降服了它并用于战争。《孟子·滕文公下》说："周公相武王，诛纣伐奄，三年讨其君，驱飞谦于海而戮之，灭国者五十。驱虎豹犀象而远之，天下大悦。"罗振玉曰："象为南越大兽……古代则黄河南北亦有之。"象在舜—商文化系统中为寻常服用之物，又是非常神圣之物。象常被殷王用来祭祀先王。甲骨文中有"以象侑祖乙"的记录。

殷墟的考古发现除大象外，还有獐、竹鼠、虎、犀牛、鹿、野牛、鳄鱼、冠鱼狗、雕、鹳等大量的野生动物骨骸。獐生活在沼泽地带，竹鼠则生活在竹林之中。安阳殷墟这两种动物骨骸的大量出土，反映了殷商时期中原地区温暖而湿润的自然生态环境。象、虎、猴生活于高山密林之中，当然有时也进入林缘草地；犀牛、鹿多居于低山丘陵地带；马、驴、野牛则生活在草原或河谷小平原上。尤其值得注意的是，殷商时期存在数量较多的麋鹿是适宜生活在森林草地中的大型野生动物。商代中原地区能够捕猎到如此众多的野生麋鹿，极能说明当时的生态环境是如何的良好。鸟类动物中，雕类一般栖息于山地林间、平原和开阔草地，也常见于沼泽附近的林地或丘陵高树。他们性情凶猛，食蛇、蛙、蜥蜴、小型鸟类、兽以及动物尸体等。现在褐马鸡生活在高山深林之中，而繁殖期则下到灌木丛中。现在的丹顶鹤则栖息于草甸和近水浅滩，以鱼、虾、虫和介壳类等为食。噬食鼠类的鹗类鸟，是典型的夜行型鸟类。而且其生态习性比较特殊，这类鸟集聚的地方，就是鼠类比较多的地方。孔雀、雉类、犀鸟、啄木鸟以及鹭鸶、鹳、大雁等水禽鸟类动物等，各有其相应的生境。以上几类生态环境不同的鸟类集中于安阳殷墟，这反映出黄河中下游一带当时生态环境多姿多彩，丰富而多样化，高山、森林、丛灌和草原广泛分布，河溪、沼泽、草甸也比较多，气候总体温和而多变，各类动植物非常丰富。由此可见，郑州的历史，是一部注满绿色的生态史。

第二章 "绿"的伤逝

DIERZHANG LÜ DE SHANGSHI

人类自诞生之日起，就是依靠大自然提供的可果腹、可蔽体、可藏身等物质条件而赖以生存和延续的。生态环境越优越，自然界供给人类的物质就越丰富，人类社会的发展就越顺利、越迅速。反之，人类就会面临灾害、疾病等的威胁而受到制约。

对于全人类社会而言，和自然界既存在着开发利用和保护建设的矛盾关系，又存在着共生共荣和相互依存的和谐发展关系。"人法地，地法天，天法道，道法自然"。中国先贤这一古老而光辉的哲学思想就明确地规范了人类的一切活动必须按自然规律办事的准则。

纵观绿城郑州的生态史，其"绿"也曾几经繁荣，几经流逝。森林植被减少和生态环境恶化，主要原因有自然灾害、战争和人为因素等几个方面。

第一节　自然灾害

有史以来，郑州地区造成生态环境恶化的自然灾害主要有旱灾、涝灾、风灾、雪灾、火灾、地震以及蝗虫灾害等。

中原地区的旱涝灾害的历史由来已久。《史记》书云："帝尧之时，洪水滔天，浩浩怀山襄陵，下民其忧。"帝尧用鲧治水，九年而水不息。改用大禹治水，大禹"疏九江，决四渎""抑洪水十三年"，反映了当时洪水肆虐的历史真实。

到夏末商初，成汤伐夏桀后，中原地区出现了一个严重的干旱期。《吕氏春秋》记载："殷汤克夏，而大旱。"《说苑》云："汤之时，大旱七年，雒坼川竭，煎沙烂石"。可见当时旱灾的严重程度和对自然生态环境造成的严重后果。西周时期，同样也是大旱连年。西周厉王连续五年大旱，"大旱既久，庐舍俱焚"。列周幽王时"天旱地坼"，泾、渭、洛三河均枯竭。据《春秋》《左传》《史记》《汉书》等史料记载，从周桓王六年至西汉景帝后元三年（公元前714—前141年）的573年中，旱涝灾害的发生共有100年。

秦汉时期的441年间，有灾害年份310年，平均约1.4年便有一个灾害年，史料所载的各种灾害记录共723次，平均每年约1.6次，具体种类大致有水、旱、蝗、风雪、火等自然灾害。

魏晋南北朝时期是中国历史上自然灾害的高峰期，从公元220年曹魏建立，到公元420年东晋灭亡，200年时间里共发生主要自然灾害534次，换句话说，平均不满5个月就有一次自然灾害的发生。

元明清时期，自然环境的日益恶化成为河南地区生态变化的总体趋势，其导致的直接后果便是这一时期变成了河南历史上自然灾害最为频繁的阶段。

　　环境恶化是导致自然灾害频发的直接原因，气候的变化加之人为破坏，伏牛山区明初还生长着郁郁葱葱的大片林木，到清代已经"山失羽鳞"，尽显"灰、黄二色"，林木已迅速消失，几近殆尽。

第二节　战争破坏

　　郑州地处中原腹地，九州通衢，控御八方，历来为兵家必争之地，以致有"得中原者得天下"之说。几千年来发生在郑州周边及中原地区的大小战争不计其数，都不同程度地破坏了森林生态。据史书记载，郑州西部的登封、巩县（今巩义市）、密县（今新密市）、荥阳和北郊的邙岭上，远古时大多为森林所覆盖。唐宋时期，嵩山地区山上山下曾是"长林大竹"，洛阳至郑州的邙山上，如唐代诗人所写的"空山夜月来松影""山上惟闻松柏声"。可是从春秋时起，由于诸侯争霸，战争连年，西部山上几乎"无长木"，天然林已见不到了。秦汉时楚、汉相争，其主战场就位于成皋、广武（今荥阳市）一带。两国以鸿沟为界，战争时间逾一年之久，最终汉军获胜，取代秦王朝，成就了一统江山。为了战争，需要砍树开道，设置障碍、烧锅造饭，还需要制造大量弓箭、云梯、柄杆，构筑壁垒、壕沟等，致使这一带大小树林几乎被伐殆尽，原来长满茂密树木的座座青山几乎都成了光秃秃的山头。三国、南北朝时期，北方大乱，河南成为长期混战的战场。隋末瓦岗军攻打荥阳，与官军在北密林遭遇，毁坏了成片森林。明末农民军聚集河南，在荥阳屯兵大会，安营扎寨。长期的战争，人民颠沛流离，农田大多荒芜而变为次生灌丛、草地，百姓躲进山林避难，搭建蓬荜，烧荒种田，以野果充饥，其森林植被破坏的程度可想而知。

　　郑州是一个历史悠久的城市。根据考古发现，春秋战国时期郑州的冶铁业就已相当发达，形成了不少冶铁中心，如在新郑故城（今新郑）、阳城（今登封告成镇），发现了战国时期的熔铁炉底；在郑州北郊古荥镇，还发现了规模较大的汉代冶铁遗址。铁器的出现彻底改变了此前人与自然界的存在关系状态。铁器被用于制作生产工具和兵器成为普遍现象，人类对自然界开发利用的深度就开始了，对自然界的破坏力便也空前加剧。冶铜和冶铁技术的发展，也标志着木材消耗加大。铜铁必须使用木炭冶炼、制作生产工具和兵器需要木材做燃料，都必然大量砍伐林木。铁器的使用使人类能更大面积地开发农田、毁林垦荒。一些丘陵也被开垦，更有甚者，许多森林被人为火烧，"伐木而树谷；燔莱而播粟"。"使青葱荟蔚茂林，一旦变为灰烬，且恐其根株之有碍农作，必欲扫除净尽，而使其永无萌蘖之一日也。"甲骨文中，出现了"焚""析"等字。"焚"，即火烧林木之意；"析"，即以斧砍木之意，充分说明了当时林木的茂盛和人们火烧森林、砍伐树木行为的普遍。自秦汉至明清，郑州地区森林覆盖率一再下降，生态环境日益恶化，导致自然灾害频发，人类生存受到日益严重的威胁。

第三节　人为因素

　　上古时期，出生于郑州新郑的轩辕黄帝开创了中华民族五千多年的人类文明。在原始文明和农业文明的历史长河中，人类和自然界相互依存的关系是最直接、最紧密的。然而随着社会的发展与进步，人类自身的需求和对自然的破坏就变得越来越大。到秦汉南北朝时期，大规模地启山焚林以广田亩*、大肆破伐林木以广宫室、重丧事厚棺椁等破坏形式，使"斩伐林木无有时禁，水旱之灾未必不由此也"，对森林植被造成了严重的破坏。史念海先生曾说，黄河原来并不以黄相称，到西汉初年才有了"黄河"的名称，这和当时森林遭受破坏造成水土大量流失不无关系。1938年，蒋介石为抵抗日本侵略军南下，命部队扒开花园口黄河大堤，致使黄河自郑州向东南一泻千里，造成了广袤无垠的黄泛区，对郑州市生态环境造成了极大的破坏。在经历了连年战乱后，到1949年新中国成立时，郑州地区森林面积已经微乎其微，仅有12.7公顷。大量森林植被遭到破坏，水土流失严重，河流浑浊，土地盐碱化，草场退化、风蚀沙化，洪水，干旱，风沙等自然灾害频繁，林业基础极为薄弱。

大规模的人工砍伐森林，发生在20世纪50年代，在"全民大炼钢铁"的年月，大砍大伐林木，使新中国成立以后刚刚好转的生态环境又被破坏。风沙灾害再一次严重地对郑州的生态造成了伤害。在郑州东部、东南部的中牟、新郑、管城区、金水区，经常出现狂风、飞沙，形成流动、半流动沙丘，面积达到百余万亩。遇到狂风天气，黄沙随风滚动，掩埋农田、村庄，造成土壤沙化。

1978年党的十一届三中全会召开以后，郑州林业进入了一个新的发展时期。历届郑州市委、市政府响应党中央、国务院号召，花费了大量的精力，投入大量的财力，以防沙治沙为主要内容，动员全市人民积极开展植树造林、绿化祖国的活动，取得了辉煌成就。到20世纪80年代中期，郑州市曾以32.25%的绿化覆盖率位居全国317个城市中的三甲，赢得了"绿城"的美誉。

然而，随着经济、社会的高速发展，城市化进程的加快，经济、社会与生态环境的矛盾便日渐显露出来。在改革开放、发展经济的初期，随着老城区改造，城区钢筋水泥建筑急剧增多，楼房增多了，道路加宽了，城市绿地却逐渐减少了，使20世纪80年代位居全国绿化前列的"绿城"郑州褪了颜色。进入21世纪，郑州市委、市政府痛定思痛，决定带领全市人民恢复"绿城"荣誉，还人民群众一个碧水蓝天的生存环境，迅速掀起了新一轮植树造林的高潮，提出了一系列切实可行的造林绿化措施，启动了一批治理风沙、改善环境的大型生态建设工程。全市林业生产结构调整步伐加快，林业生产力与生态关系协调发展，林业建设逐渐由以木材生产为主向以生态为主转变，林业管护机制逐步健全，全民义务植树运动深入开展，森林资源持续增长，林业产值稳步提升，生态环境日益改善。

---

*1亩＝1/15公顷。

[第二篇]

决策规划

DIERPIAN JUECE GUIHUA

第一章 历史抉择

21世纪，我国已经进入全面建设小康社会的新阶段。要实现两个"一百年"的宏伟目标，就必须坚决贯彻落实科学发展的理念，走可持续发展的道路，实现经济发展和生态环境"双赢"。生态建设和环境保护是实现经济可持续增长的前提和保障。因此，加速现代林业发展，全面加强生态文明建设是我们实现中华民族伟大复兴的必由之路。

第一节　春风化雨

1981年，中共中央、国务院颁发了《关于保护森林发展林业若干问题的决定》。20多年过去了，我国已进入全面建设小康社会，加速推进社会主义现代化的新的历史阶段。加强生态建设，维护生态安全是人类面临的共同主题，也是我国经济社会可持续发展的重要基础。党的十六大把可持续发展能力不断增强，生态环境得到改善，资源利用效率显著提高，促进人与自然的和谐，推动整个社会走上生产发展、生活富裕、生态良好的文明发展道路，确定为全面建设小康社会的重要内容和奋斗目标。林业作为生态建设的主体，在实现经济社会可持续发展中具有重要作用，在推进全面建设小康社会的伟大进程中肩负着重要使命，得到了国家高度重视和全社会密切关注。

在这样一个关键时期，2003年6月25日，中共中央、国务院颁发了《中共中央　国务院关于加快林业发展的决定》（中发〔2003〕9号）（以下简称《决定》）。《决定》根据形势发展的需要，明确了新世纪林业建设的指导思想、主要任务、战略布局和管理体制、运行机制、政策措施等，对于调动全社会各个方面以更高的热情和更大的积极性参与、支持林业建设，推进林业跨越式发展，具有十分重大的现实意义和极其深远的历史意义。《决定》明确指出：在贯彻可持续发展战略中，要赋予林业以重要地位；在生态建设中，要赋予林业以首要地位；在西部大开发中，要赋予林业以基础地位。《决定》确立了我国以生态建设为主的林业可持续发展道路，是指导新时期我国林业加快发展的纲领性文件。

《决定》指出，加强生态建设，维护生态安全，是21世纪人类面临的共同主题，也是我国经济社会可持续发展的重要基础。全面建设小康社会，加快推进社会主义现代化，必须走生产发展、生活富裕、生态良好的文明发展道路，实现经济发展与人口、资源、环境的协调，实现人与自然的和谐相处。《决定》共分为加强林业建设是经济社会可持续发展的迫切要求；加快林业发展的指导思想、基本方针和主要任务；抓好重点工程，推动生态建设；优化林业结构，促进产业发展；深化林业体制改革，增强林业发展活力；加强政策扶持，保障林业长期稳定发展；强化科教兴林，坚持依法治林；切实加强对林业工作的领导等八个部分共25条。

《决定》指出，加快林业发展的指导思想是，以邓小平理论和"三个代表"重要思想为指导，深入贯彻十六大精神，确立以生态建设为主的林业可持续发展道路，建立以森林植被为主体、林草结合的国土生态安全体系，建设山川秀美的生态文明社会，大力保护、培育和合理利用森林资源，实现林业跨越式发展，使林业更好地为国民经济和社会发展服务。

加快林业发展的基本方针是，坚持全国动员，全民动手，全社会办林业；坚持生态效益、经济效益和社会效益相统一，生态效益优先；坚持严格保护、积极发展、科学经营、持续利用森林资源；坚持政府主导和市场调节相结合，实行林业分类经营和管理；坚持尊重自然和经济规律，因地制宜，乔灌草合理配置，城乡林业协调发展；坚持科教兴林；坚持依法治林。

加快林业发展的主要任务是，通过管好现有林，扩大新造林，抓好退耕还林，优化林业结构，增加森林资源，增强森林生态系统的整体功能，增加林产品有效供给，增加林业职工和农民收入。力争到2010年，使我国森林覆盖率达到19%以上，大江大河流域的水土流失和主要风沙区的沙漠化有所缓解，全国生态状况整体恶化的趋势得到初步遏制，林业产业结构趋于合理；到2020年，使森林覆盖率达到23%以上，重点地区的生态问题基本解决，全国的生态状况明显改善，林业产业实力显著增强；到2050年，使森林覆盖率达到并稳定在26%以上，基本实现山川秀美，生态状况步入良性循环，林产品供需矛盾得到缓解，建成比较完备的森林生态体系和比较发达的林业产业体系。

2009年6月份，中央林业工作会议在北京召开。这是新中国成立60年来的首次中央林业工作会议。温家宝总理在接见会议代表时强调指出了林业的"四个地位"：林业在贯彻可持续发展中具有重要地位，在生态建设中具有首要地位，在西部大开发中具有基础地位，在应对气候变化中具有特殊地位。回良玉副总理在讲话中对新时期林业的"四大使命"进行了科学分析，指出实现科学发展必须把发展林业作为重大举措，建设生态文明必须把发展林业作为首要任务，应对气候变化必须把发展林业作为战略选择，解决"三农"问题必须把发展林业作为重要途径。这"四个地位"和"四大使命"，是中央在深刻分析我国当前面临的新形势和新挑战的基础上作出的准确判断，是科学发展观在林业工作上的具体实践和对生态文明建设的新释义，是我们党对林业认识的最新成果和新形势下对林业工作提出的最新要求，这充分表明了党中央、国务院已经把林业建设摆在了前所未有的高度，赋予其在我国经济社会发展全局中更加突出的战略地位，必将对我国林业发展、生态文明建设，对整个国民经济和社会的可持续发展产生重大而深远的影响。

为学习和贯彻好《决定》精神，将其作为当前和今后一个时期各级林业部门面临的一项重大战略任务，2003年7月8日，国家林业局下发了《关于深入学习贯彻<中共中央　国务院关于加快林业发展的决定>的通知》（林办发〔2003〕101号）（以下简称通知），号召全行业兴起学习贯彻《决定》的高潮。《通知》要求要充分认识《决定》的重大现实意义和深远历史意义，《决定》是"三个代表"重要思想在林业上的集中体现；是党中央、国务院向全党、全国人民发出的加快林业发展、再造秀美山川的伟大号召，是统一思想、统一行动的有力武器；是指导当前和今后一个时期林业改革与发展的纲领性文件，是我国林业建设史上一个新的里程碑。

第二节 历史机遇

2003年10月17日，中共河南省委、河南省人民政府出台了《贯彻<中共中央 国务院关于加快林业发展的决定>的实施意见》（豫发〔2003〕20号）（以下简称《实施意见》）。河南省位于南北气候过渡地带，适生树种多，物种资源丰富，发展林业具有得天独厚的条件和巨大的发展潜力。改革开放以来，河南省林业持续健康发展。全省森林覆盖率已达到19.83%。林业在全省经济和社会发展中发挥着日益重要的作用。但是，河南省林业发展现状与全面建设小康社会的要求还有很大差距。森林资源总量不足，人均有林地面积、活立木蓄积量分别为全国平均水平的1/6和1/7。林业改革的任务繁重，林业发展的潜力巨大。《实施意见》要求要充分认识林业建设在经济社会可持续发展中的重要地位和作用。随着河南省经济发展、社会进步和人民生活水平的不断提高，社会对加快林业发展、改善生态状况的要求越来越迫切，林业在经济社会发展中的地位和作用越来越突出。大力发展林业，既是改善生态状况、保障国土生态安全的战略举措，也是调整农业结构、实现农民增收、农业增效、农村全面建设小康社会的重要途径，又是绿化美化环境、实现人与自然和谐、建设生态文明社会的客观要求。加快河南省林业发展的目标任务是：到2010年，森林覆盖率达到26%以上，全省生态状况整体恶化的趋势得到初步遏制；林业产值达到600亿元以上，林业产业结构趋于合理。到2020年，森林覆盖率达到30%以上，全省生态状况显著改善；林业产值达到1000亿元以上，林业产业实力明显增强。到2050年，森林覆盖率稳定在33%左右，基本实现山川秀美，生态状况步入良性循环，建成比较完备的森林生态体系和比较发达的林业产业体系。

为实现河南省林业发展目标，《实施意见》结合河南省实际，提出必须要抓好林业重点生态工程、退耕还林工程、天然林保护工程、防护林工程、野生动植物保护及自然保护区工程、防沙治沙工程等6大工程建设。加快林业产业结构调整。适应生态建设和市场需求变化，推动产业重组，加快形成以森林资源培育为基础、以精深加工和森林旅游为带动、以科技进步为支撑的林业产业发展新格局。不断深化林业体制改革，进一步完善林业产权制度；加快推进森林、林木和林地使用权的合理流转；放手发展非公有制林业；深化国有林场和国有苗圃改革。进一步加大对林业发展的政策扶持力度，各级政府要把公益林业建设、管理和林业基础设施建设的投资纳入财政预算，予以优先安排；从2004年起，启动省级森林生态效益补偿试点工作，并不断增加资金规模，逐步达到国家补偿标准；强化信贷扶持，继续对林业实行长期限、低利息的信贷扶持政策，并给予一定的财政贴息；实行林业轻税费政策。强化科教兴林，要加强林业科技工作，到2020年，全省科技进步对林业经济增长的贡献率要达到50%以上；深化林业科技体制改革；搞好林业教育和人才培训。坚持依法治林，加快林业立法步伐，制定退耕还林、湿地保护等方面的法规规章，修订完善河南省野生动物保护等现有法规；加大林业执法力度，严格森林、湿地、野生动植物和林地资源的保护管理，加强森林公安队伍建设；坚持不懈地抓好森林防火和病虫害防治工作；依法开展全民义务植树活动，认真贯彻《河南省义务植树条例》；健全林业执法监管体系，建立健全各级林业法制机构，切实加强林业法制教育和生态道德教育。

省委、省政府还要求：全省各级党委、政府要充分认识加强林业建设对实施可持续发展战略、全面建设小康社会的重要性和紧迫性，将其纳入国民经济和社会发展规划，做到认识到位、责任到位、政策到位、工作到位；坚持并完善林业建设任期目标管理责任制，政府主要负责同志是林业建设的第一责任人，分管负责同志是主要责任人；要动员全社会力量关心和支持林业工作，加强林业宣传教育工作，为实现中原大地山川秀美、全面建设小康社会而努力奋斗。

2011年9月28日，国务院出台了《关于支持河南省加快建设中原经济区的指导意见》（国发〔2011〕32号）（以下简称《指导意见》），对中原经济区建设进行了安排部署，其中明确要求林业工作要为中原经济区建设提供生态支撑。《指导意见》指出，建设生态网络构架，依托山体、河流、干渠等生态空间，构建区域生态网络，巩固退耕还林成果，推进平原沙化治理及防护林建设，构建平原生态涵养区，加强黄河湿地保护，建设沿堤防护林带，构建沿黄生态涵养带，全面增强可持续发展能力。

第二章 时代担当

DIERZHANG SHIDAI DANDANG

通过深入学习贯彻《中共中央 国务院关于加快林业发展的决定》，郑州市委、市政府深刻认识到，经济发展的最终目标是提高人民群众的生活质量，实现富国强民。以人为本，坚持走全面、协调、可持续发展的道路，实现人与自然和谐，是关乎中华民族生死存亡的大计。经济社会与生态的协调发展是可持续发展的基础和必由之路，生态和谐是构建和谐社会的基石。发展城市林业，建设以林业为主体的森林城市是新形势下城市建设的先进理念和城市发展的主流，生态化建设是森林生态城市建设的主体。

第一节　乘势而上

郑州市委、市政府以贯彻落实党中央、国务院精神为契机，决心围绕生态建设在全省范围内挑大梁走前头。于2003年12月适时作出了《加快林业发展的决定》（郑文〔2003〕166号）（以下简称《决定》），及时引入生态化的先进城市发展理念，制定了以林业为主体的森林生态城市建设的奋斗目标，明确提出，用十年时间，在城市周边营造百万亩森林，把郑州建设成为"城在林中，林在城中，山水融合，城乡一体"的森林生态城市。根据郑州市的地理自然条件和生态环境特征，提出了"增加森林总量，完善森林生态网络，加快林业产业发展，弘扬中原生态文化"为内涵的森林生态城市建设思路，2003年11月，将森林生态城市建设纳入全市经济社会发展的总体规划，全面推进林业和生态建设的跨越式发展。从此，郑州市的生态建设步入了跨越式发展的快车道，郑州市的林业建设也迎来了春天。

《决定》的出台是郑州市委、市政府贯彻《中共中央 国务院关于加快林业发展的决定》（中发〔2003〕9号）和《中共河南省委、河南省人民政府贯彻<中共中央 国务院关于加快林业发展的决定>的实施意见》（豫发〔2003〕20号）精神，落实以人为本的科学发展观，实施可持续发展战略的重大决策，也是郑州林业抢抓新机遇、谋求新发展、再创新辉煌的一项战略举措，对建设以森林植被为主体的国土生态安全体系，优化人居环境，率先全面建成小康社会和率先基本实现现代化，具有重要的现实意义和深远的历史意义。

《决定》提出：2005年年底前，全市森林覆盖率达到25%，到2010年，全市森林覆盖率达到30%，重点区域的生态环境明显改善，林业产业结构明显优化，林分质量显著提高，初步形成与国民经济和社会发展相适应的林业生态体系和林业产业体系，与社会主义市场经济发展相一致的林业管理和社会化服务体系。

为实现这一目标，郑州市以大工程带动大发展，在造林方面，突出抓好六大重点林业工程建设。分别是风沙源生态治理工程，要在郑州市近郊，以风沙源治理、治沙造林和生态片林建设为重点，2010年年底前造林总规模达到40万亩；嵩山山脉水源涵养林工程，2010年前，结合退耕还林工程，全面完成嵩山山脉水源涵养林工程，对嵩山山脉现有森林植被全面禁伐，对新造幼林地和灌木林地，全面实施封山育林，完善森林防火、森林病虫害防治基础设施建设；退耕还林工程，对符合退耕还林条件的西部坡耕地，东部风沙化严重的耕地及生态位置重要的地方，按照"因地制宜生态优先、政策引导、农民自愿"的原则，实施退耕还林、封山（沙）绿化，2005年年底前退耕还林总面积力争达到50万亩，2010年前全部完成退耕还林任务；黄河水土保持生态工程，在西北部邙山区和荥阳市沿黄95.2平方千米邙山范围内，实施综合治理，2005年前完成治沟建坝和修建小型谷坊工程621座，打井配套20眼，水窖及集雨工程720处，营造水土保持林及经济标4.8万亩；绿色通道工程，以国道、省道、高速公路及铁路、河道和旅游沿线为重点，建设"景观大道""生态大道"，省道、国道、高速公路每侧林带宽度20～50米；平原高标准绿化工程，以沟、河、路、渠林网林带建设为重点，全面推进平原绿化建设，2005年年底前全市78个平原、半平原9镇全部达到省级平原绿化高级标准，农田林网控制率达到90%以上，沟河路渠绿化率达到95%以上。同时要坚持开展全民义务植树活动，认真贯彻落实《郑州市全民义务植树实施办法》，要把全民义务植树工作纳入法制化的轨道；广泛动员和引导全社会的力量参与造林绿化，不断丰富和创新义务植树的实现形式，建立"军民共建林""青年林""三八林"等纪念林，建立市和县（市、区）两级义务植树基地；切实搞好部门绿化，要明确责任范围，落实分工负责制。道路建设和河渠整治要与通道绿化统筹规划，城市绿化要以城乡一体化建设为目标，大力发展城市森林和其他游憩性森林。

在林业改革方面，要加快林业改革步伐，搞好宜林"四荒"治理开发，鼓励机关、团体、个人经营林业，加大对林业发展的扶持力度，建立长期稳定的公共财政投资渠道，强化信贷扶持，实行林业轻税费政策，积极推进林业的产业化，抓好林业龙头企业建设，大力发展以森林资源为主要对象的生态观光旅游，力争到2010年市级以上森林公园面积占全市公益林总面积30%以上。在林业服务方面，必须实施科技兴林，加强林业科技体系建设，建立健全与当前林业发展相适应的林业科研和林业推广服务体系；加强林业科技攻关和新技术推广应用。在林业管护方面，要强化依法治林，加大林业法律法规的宣传力度，加快地方林业立法步伐，健全林业法制机构；加强森林资源管护，坚持林木凭证采伐、运输、经营加工制度，严格控制林木采伐量，坚持不懈地抓好森林防火工作，加强森林病虫害防治和检疫工作；加大林业执法力度。

《决定》是郑州市委、市政府关于郑州林业工作的一个重要文件，对造林、护林和林业发展都做了系统论述，为今后郑州市林业的跨越式发展指明了方向，为建设山川秀美、生态和谐、可持续发展的森林生态郑州提供了实施依据和政策支撑。

《中共郑州市委 郑州市人民政府关于强力推进郑州市社会经济跨越式发展的意见》（以下简称《意见》），为加快推进郑州森林生态城建设，增添了助推力。《意见》明确要求加快组织实施森林生态城市总体规划，以建成区为中心、五大森林组团为重点、大型生态林带建设和河渠湖泊疏浚为纽带、林业生态村建设为基础、森林公园和树木园建设为点缀，全力推进森林生态绿化工程，形成完整的森林生态网络体系。到2008年，3年累计新造林52万亩，造林保存面积达到129万亩，森林覆盖率达到30%以上。

第二节　荣膺桂冠

　　倡导生态文明、建设森林城市，是郑州市委、市政府响应党中央、国务院号召，顺应广大民意做出的重大决策，得到了省市各级各部门和广大市民的拥护和支持。按照"以创建促建设，以办会促提升"的工作思路，郑州市先后开展了创建国家园林城市、创建全国绿化模范城市、创建国家森林城市活动，承办了第二届中国绿化博览会和第二十四届中国（郑州）兰花博览会。通过每一阶段的创建成果、每一次绿化盛会，都不同程度地促进了城市绿化品位的提升、森林服务功能的日臻完善，使城市林业生态效益、经济效益、社会效益得到全面发展。

一、获得"国家园林城市"荣誉称号

　　20世纪80年代中期，郑州市以大树多、绿量大、绿化覆盖率高赢得了"绿城"的美誉。后来，随着城市人口剧增，道路不断扩宽，城区面积迅速膨胀，市区绿量愈显不足。为促使"绿城"回归，2000年，郑州市就提出开展创建国家园林城市活动。2003年12月，市委、市政府提出创建森林生态城市的目标以后，第一步就是将市区建成"国家园林城市"，各项绿化指标逐年提高。2005年6月，经建设部指定的有关单位卫星遥感测定，市中心城区绿化覆盖率34.9%，绿地率31.7%，人均公共绿地8.17平方米；2005年9月，全面通过国家园林城市专家考察组考核验收；2006年4月15日，被建设部授予"国家园林城市"荣誉称号。

二、获得"全国绿化模范城市"荣誉称号

　　2005年在成功创建国家园林城市的基础上，郑州市委、市政府做出了用2年时间，争取创建成全国绿化模范城市的重大决策。这是市委、市政府为加快全市国土绿化步伐，提升城市美誉度，实现城乡绿化跨越式发展而作出的重要举措，是加快森林生态城建设的重要载体。2006年2月，市委、市政府作出了《关于创建全国绿化模范城市的决定》，郑州市创建全国绿化模范城市的序幕正式拉开。专门成立了以市长为组长的创建全国绿化模范城市工作领导小组及办公室，制定印发了《创建全国绿化模范城市工作实施意见》，多次召开动员会、现场会、推进会，督察落实工作进度，创建工作迅速在全市铺开。经过共同努力，郑州建成区绿地率达到33.58%，绿化覆盖率达到36.74%，人均公共绿地9.98平方米。2007年11月30日，全国绿化委员会授予郑州市"全国绿化模范城市"荣誉称号。

三、成功承办中国第二届绿化博览会

　　为深入推进生态文明建设，进一步提高国土绿化水平，2008年，郑州市提出申办第二届中国绿化博览会。2005年南京首届绿博会举办以后，郑州市就开始为举办第二届绿博会做积极准备，并得到了省委、省政府的高度重视和全力支持。2007年12月初，全国绿化委员会办公室组成的专家考察团对郑州进行了申办条件评审；2008年年底，第二届中国绿化博览会承办权花落郑州。2010年9月26日，第二届中国绿化博览会在郑州胜利开幕，中共中央政治局委员、国务院副总理、全国绿化委员会主任回良玉同志专门为博览会发来了贺信。本届绿博会的主题是"以人为本，共建绿色家园"，副主题为"让绿色融入我们的生活"。通过建设郑州·中国绿化博览园，组织安排"8+1绿色城市"论坛、国土绿化成就

展、插花花艺大赛、书画摄影展、盆景奇石展等15项大型活动，集中展示了国土绿化和生态文明取得的新成就。展会期间，共有129个代表团约2000余名代表参加。参展建园单位94个，其中国内86个，国际友好城市8个，参展单位和建园数量均创造了绿博会创办以来的新纪录。第二届绿博会的成功举办，不仅全面展示了国土绿化和生态文明建设最新成果，有效促进了我国绿化领域的交流与合作，而且在全社会弘扬了绿色、生态、和谐的重要意义，同时对外体现了郑州精神和郑州速度，树立了生态郑州的新形象，扩大了河南、郑州的知名度和影响力，对内也凝聚了人心，锻炼了队伍，有力地推动了全市各项重点工作又快又好地发展。

四、成功承办第二十四届中国（郑州）兰花博览会

中国兰花博览会是全国性的大型兰花会展活动，是我国规模最大、档次最高、影响最广的国家级兰花盛会，每年举办一次。旨在弘扬中华民族兰文化，培植兰品种，推动兰产业的健康发展。为促进中原地区兰花产业、兰文化的传承和发扬，进而推动郑州市苗木花卉产业发展和生态文化建设，郑州市决定申办第二十四届中国兰花博览会。经过努力争取，2013年4月，郑州市取得第二十四届中国兰花博览会的举办权。2014年4月1日，第二十四届中国（郑州）兰花博览会在郑州开幕。本届兰博会的主题是"兰香绿城，美丽郑州"。兰博会期间，举办了国兰文化展、国兰精品展、洋兰景观展、洋兰科普展、书画展、摄影展、兰花及资材交易等各类活动。

兰博会主会场设在郑州绿博园，新建了国兰文化馆和国兰精品馆，改造了洋兰景观馆和科普馆，展示面积达1.5万平方米，共展出各地名贵国兰3000余盆，其中精品国兰1000余盆；洋兰单株400余盆；组合盆栽近300盆；兰文化作品300余幅，规模远远超过往届。

五、获得"国家森林城市"荣誉称号

2011年年底，市委、市政府决定在森林生态城建设的基础上，创建国家森林城市，把郑州打造成为自然之美、社会公正、城乡一体、生态宜居的现代化都市区。围绕"让森林拥抱城市，让市民走进森林，让绿色融入生活，让健康伴随你我"的建设理念，郑州市始终坚持政府推动、投入拉动、工程带动，先后实施了生态廊道绿化、林业生态乡村建设、城市绿岛建设、都市森林公园体系建设、森林质量提升、湿地和生物多样性保护、名特优经济林等重点工程，3年来，市本级财政投入造林资金达24.79亿元，新造林26.28万亩，城区新增绿地面积2637.3万平方米。通过这些措施，提高了建设水平，加快了创建速度，确保了创森质量。到2013年年底，全市森林覆盖率达33.36%；城区绿化总面积达1.4亿平方米，城区绿化覆盖率达到40.5%，人均公共绿地达到11.25平方米；其他各项指标均达到或超过《国家森林城市评价指标》的标准和要求。

2014年7月25日至28日，顺利通过国家森林城市核验组考核验收；2014年9月25日，被全国绿化委员会和国家林业局授予"国家森林城市"荣誉称号。

第三章 绘制蓝图

DISANZHANG HUIZHI LANTU

在绿城播绿进程中，郑州市始终坚持规划先行，高起点、高规格的科学规划设计。与国家林业局华东林业规划院、北京林业大学、河南农业大学、河南省林业监测调查规划院等单位建立了稳定的市院合作关系，长期实行市院合作。依托合作单位的技术优势，高起点、高水准的编制了绿城播绿建设工程的规划。先后编制了《郑州森林生态城总体规划（2003—2013年）》《风沙源生态治理规划》《嵩山水源涵养林建设规划》《郑州黄河湿地公园总体规划》《郑州市林业生态市建设规划》《郑州市黄河湿地公园建设规划》《郑州林业生态市建设提升规划（2013—2017年）》《郑州都市区环城苗木花卉产业规划》《郑州都市区森林公园体系规划》《郑州市林业产业发展规划》《郑州森林生态城西南·西北重点林区保护和综合利用规划》《郑州市森林城市建设总体规划（2011—2020年）》等多项总体规划和专题规划，为郑州市森林生态城、林业生态市、国家森林城市建设提供了科学的依据。

第一节 郑州森林生态城总体规划（2003—2013年）

一、规划背景

郑州是我国最古老的城市之一。据有关资料，远古时期郑州曾有过森林遍布、野生动物成群的历史。随着朝代的更迭、战争的摧残，植被受到极大破坏，加上干旱少雨，郑州生态环境日趋恶化，风沙危害严重，成为一个少雨、干旱、多风沙的城市。新中国成立后，为了改变面貌，郑州市历届党委、政府带领全市人民开展造林绿化、治理风沙，为改善生态环境做出了不懈的努力，经过几十年的努力，20世纪80年代，郑州市市区绿化覆盖率曾达到35.25%，人均绿地面积4.12平方米，位居国务院公布的全国317个大中城市前列，享有"绿城"之称。90年代以后，由于老城区改造和新城区建设的原因，城市绿化覆盖率不但没有上升，反而比80年代有所下降，"绿城"不再，生态恶化，郑州这颗中原大地的明珠失去了往日的光辉，这成为了郑州广大市民的沉重纠结。痛定思痛，郑州市委、市政府立足于经济社会科学有序、可持续发展的高度，决心让"绿城"再绿起来，靓起来。2003年6月26日，《中共中央 国务院关于加快林业发展的决定》中明确提出：贯彻可持续发展战略中要赋予林业以重要地位，在生态建设中要赋予林业以首要地位。郑州市委、市政府要求，要认真贯彻《中共中央 国务院关于加快林业发展的决定》，要借这一强劲东风，加快郑州市城市森林建设，把郑州建设成为森林生态城市，一定要让"绿城"重"绿"起来。郑州市委、市政府充分认识到，生态化是当今国际城市发展的主流，城市森林建设是生态城市建设的主要内容，把郑州建设成森林生态城市符合国际城市生态化发展的方向，同时也符合郑州生态建设的实际。虽然近几年郑州市以林业为主的生态建设成效显著，但水资源短缺、森林资源总量不足是郑州市生态建设面临的主要问题，近郊2800余平方千米内，现有林业用地仅有3980公顷，约占总土地面积的13.7%，森林覆盖率为18.42%，且森林分布不均，质量不是很高。郑州市北临黄河，西有邙岭，东有沙区，土地沙化和水土流失面积较大，每年都要受到风沙侵袭危害，给城市居民生活带来了严重不便，也极大地影响了省会城市的经济发展和人居环境，只有下大力气植树造林，才能从根本上改变郑州市的生态环境。另一方面，国外一些城市如莫斯科、华沙、亚特兰大的森林型城市和国内长春、贵阳、昆明、南京等城市森林建设都为郑州市建设森林生态城提供了很好的借鉴经验。

"把郑州市建设成为山川秀美的森林生态城市"是郑州市委、市政府贯彻落实党的十六大精神和《中共中央　国务院关于加快林业发展的决定》，实施省委、省政府《绿色中原建设规划》，坚持以人为本，落实科学发展观，全面建设小康社会，促进郑州社会经济可持续发展的重要举措，符合郑州市情，符合市民需求。

林业是生态建设的主体，是经济社会可持续发展的基础，发展林业是加强生态建设的根本性、持久性措施。科学发展，规划先行。为高起点、高质量地编制郑州森林生态城规划，特邀请中国林业科学研究院首席科学家彭镇华教授为总顾问，由国家林业局华东林业调查规划设计院牵头组成了项目组，依据《中共郑州市委　郑州市人民政府关于加快林业发展的决定》《郑州市人民政府关于抓好林业重点工程建设的通知》《郑州市人民政府关于抓好郑州市风沙源治理及嵩山山脉水源涵养林工程建设的通知》等文件精神，开始了编制《郑州森林生态城总体规划（2003—2013年）》（以下简称《规划》）的工作。

二、规划过程

国家林业局华东林业调查规划设计院，是国家级生态建设和林业工程规划甲级设计单位，该院参加或承担过国家、其他省（自治区、直辖市、市）和不少城市的生态建设发展意见、林业工程规划编制项目，多年以来一直负责核查验收郑州市以及河南省其他省辖市国家林业工程实施情况，对郑州市的自然、地理、气候、林业生态建设情况比较熟悉和了解。为给郑州森林生态城建设提供一个科学的依据，高起点、高质量编制出一套郑州森林生态城规划，2003年11月4日，郑州市林业局按照郑州市政府领导要求，专门委派时任郑州市林业局副局长姚喜民与相关人员，赴浙江省金华市国家林业局华东林业调查规划设计院，商洽委托编制《规划》事宜。这标志着《规划》编制工作正式启动。

2003年12月1日，郑州市政府召开政府办公会议，市长王文超在听取了市林业局局长王新义关于全市林业工作情况的汇报后，明确提出：要加快郑州市生态建设，提高城郊森林覆盖率，"在郑州周边原有30万亩森林的基础上，大规模营造核心森林，最终把郑州市建设成森林生态城市。"

2003年12月9日，郑州市委常务会专门听取了林业工作汇报，时任郑州市委书记李克就郑州市林业建设提出了新的要求，指出今后郑州市造林绿化的重点一是邙山、黄河风沙源治理，二是嵩山山脉水源涵养林，三是城郊绿化，尤其是黄河邙岭及城区周边要建造100万亩森林，要集中连片。会议要求在本届政府任期内，森林生态城工程要初具规模。

2003年12月10日，郑州市委、市政府顺应广大市民群众"绿城"复绿的民意，建设更加良好宜居生态环境的强烈呼声，作出了《中共郑州市委　郑州市人民政府关于加快林业发展的决定》（以下简称《决定》），明确提出用10年时间在城市周边营造百万亩森林，力争2013年前把郑州建设成为森林生态城市。《决定》立足郑州实际，客观分析了郑州市林业面临的主要问题，突出林业在国民经济发展中的重要地位，提出了郑州市林业建设的指导思想、基本原则和以郑州森林生态城建设为重点的主要目标。《决定》强调，在造林方面应突出抓好六大林业重点工程，坚持开展全民义务植树活动；在林业改革方面，要加快林业改革步伐，搞好宜林"四荒"治理开发，鼓励机关、团体、个人经营林业，加大对林业发展的扶持力度，建立长期稳定的公共财政投资渠道，强化信贷扶持，实行林业轻税费政策，积极推进林业的产业化，抓好林业龙头企业建设，大力发展以森林资源为主要对象的生态观光旅游；在林业服务方面，必须实施科技兴林；在林业管护方面，要强化依法治林；根据林业新的定位，各级党委和政府要切实加强对林业工作的领导，坚持和完善林业建设目标管理责任制。《决定》是郑州市委、市政府关于郑州林业工作的一个重要文件，对造林、护林和林业发展都做了系统论述，为今后郑州市林业的跨越式发展指明了方向，为建设山川秀美的森林生态郑州提供了重要依据和政策支撑。

2003年12月11日，郑州市召开了全市林业工作会议。会议传达了全国、全省林业工作会议精神，回顾总结了2003年林业工作，分析了郑州林业建设的新形势，对突出林业建设、加快林业发展提出了新的要求，明确了把郑州建设成为森林生态城市的目标，安排部署了当前和今后一个时期全市的林业工作。郑州市委、市人大、市政府、市政协、郑州警备区和省林业厅的领导出席了会议。参加会议的还有各县（市、区）长，主管林业的副书记、副县（市、区）长和各县（市、区）计划、财政、林业部门的主要负责同志，以及郑州市绿化委员会成员单位负责同志。会议由郑州市委副书记康定军主持。时任郑州市主管林业的副市长王林贺、省林业厅纪检组长李健庭、郑州市市长王文超先后讲话。会议印发了《中共郑州市委　郑州市人民政府关于加快林业发展的决定》。王林贺副市长首先作了题为《加强领导，强化措施，全面推进郑州市林业快速发展》的讲话，对2003年的林业工作进行了总结，对2004年的林业工作进行了安排部署，提出了要重点抓好的七个方面的工作。王林贺副市长在讲话中指出，要全面建设小康社会，实现经济发展与人口、资源、环境的协调，郑州市林业必须跨越式发展。要充分利用全社会对林业的认识大为提高、国家对林业的投入急剧增长等有利条件，上规模，抢速度，抓质量，求效益，开创新时期林业发展的新局面。市委、市政府决定，用10年左右的时间，在城市近郊营造百万亩林区，实现森林进城，城在林中，把郑州建设成为现代化的森林生态城市。建设森林生态城市，是一个全新的宏伟工程，顺应了现代城市发展的潮流，是进一步树立中原城市群龙头地位、全面提高人居生活质量的重要工程。总体思路是：在东至万三公路（万滩镇至三官庙）、西至绕城高速一线，北以黄河为界，南至新郑机场的范围内，用10年左右时间造林100万亩，森林覆盖率达到30%以上，基本实现城市生态化。主要建设构想是：依托郑州地貌和主要地表构筑物，构建大尺度的森林生态景观带，营造森林保护圈层和网络，编织郑州大地的绿色生态经纬线，形成森林生态网络体系；营造多项中小尺度组群式、条块状森林群落工程，采用面、线、点、廊（带）的组合链接方式，形成绿色森林环境的规模体系，最大限度地发挥森林群落的规模效应；凸现森林生态系统"亮点"工程，以生态建设、生态安全、生态文明为宗旨，建设具有郑州特色的森林生态系统重点工程，包括：黄河防护林、退耕还林、风沙源生态治理、森林生态旅游、生物多样性保护、绿色通道、花卉种苗、名特优林果基地等工程。关键是融合黄河文明和生态文明，建设"郑州森林生态城"标志性工程，提升郑州城市品位。计划到2013年，建立完善的郑州森林生态城指标体系，其中：森林覆盖率≥30.6%，城市周边森林达到100万亩以上，人均公共绿地≥10平方米。将郑州市建设成为与"经济繁荣、交通发达、环境优美、基础设施完善、服务功能良好、具有中原特色的现代化商贸城市"形象相匹配的，具有综合经济效益、社会效益和生态效益的"近自然型"生态城市。最后，王文超市长作了讲话，详细阐述了市委、市政府建设森林生态城市的决定，向全市人民做出了建设森林生态城市的总动员。明确提出了"计划用10年左右的奋斗，在城市近郊营造百万亩林区，实现森林进城，城在林中，把郑州建设成为现代化的森林生态城市"打造生态郑州的目标。王文超市长指出，当前，城市森林化已经成为城市发展的趋势，北京、长春、大连、深圳、杭州等地相继提出了建设生态城市的设想。在今后的10年时间内，郑州要在城市近郊营造百万亩森林，实现森林进城，城在林中，把郑州建设成为现代化的森林生态城市。王文超市长强调，森林生态城市建设要高起点规划，高标准建设。森林生态城市建设，是一项宏大的系统工程，需要各级政府和全社会的共同参与，要将其纳入全市经济社会发展计划。要邀请国内外高水平设计单位进行规划设计，使之成为全国一流的规划。规划一旦确定，就要严格执行，加快实施进度。郑州近郊的1300平方千米范围内，实施退耕还林和平原绿化，建设生态林、风景林，用绿色通道把县市城镇绿化和大的绿色板块结合起来，建成具有北方特色和中原风格的森林生态城市。要重点解决好投资机制和管理机制。市财政每年要安排5000万元支持林业建设，各有关县（市、区）也要按照工程建设要求，落实投资计划，把投入资金列入财政预算，大力吸引和利用社会资金。另一个是管理机制，各级、各部门要认真贯彻落实国家、省及市对林业建设工程建设的各项政策，把应给农民的各种补贴一分不少地发放到群众手里，维护好广大农民群众的利益，用政策调动广大群众参与林业建设的积极性。王市长要求各地要切实加强对林业的领导。按照国家和省的有关规定，各级政府是本地区林业建设的责任主体，主要负责同志、分管负责同志分别是林业建设的第一责任人和主要责任人，各级组织人事部门和纪检监察机关，要把责任制落实情况作为干部政绩考核、选拔任用和奖惩的重要依据，严格检查，定期通报，兑现奖惩。对因工作失误导致林业建设出现重大问题的，要追究政府主要领导和分管领导的责任。

2003年12月18日，国家林业局华东林业调查规划设计院院长傅宾领，亲自带领该院专家组从浙江金华市来到郑州市，与郑州市政府和林业部门商洽编制《郑州森林生态城总体规划》的工作方案，并就规划的指导思想、规划原则、规划范围、技术线路、技术指标以及完成《规划》编制的时限等有关情况进行了初步的商榷。

2003年12月19日至12月28日，国家林业局华东林业调查规划设计院专家组，会同郑州市和相关县（市、区）技术人员，对初步划定的规划区范围的基本情况进行实地调查，展开了总体规划的相关前期工作。

为加强对《规划》编制工作的领导和指导，2003年12月26日，郑州市人民政府成立了"郑州市森林生态城规划建设工作领导小组"，王文超市长任组长，副市长王林贺，市长助理、市建委主任刘本昕，国家林业局华东林业调查规划设计院院长傅宾领任副组长，成员有市林业局、市发改委、市规划局、市财政局、市国土局、市水利局及相关县（市、区）负责人，全面领导《规划》编制实施工作。

为高起点、高标准编制《规划》，2003年12月30日，郑州市和编制规划实施单位国家林业局华东林业调查规划设计院，特邀中国林业科学研究院首席科学家彭镇华教授为郑州森林生态城总体规划项目总顾问。彭教授在百忙之中，及时审阅《规划》初稿、送审稿、定稿，适时对《规划》的编制和修改进行了具体的指导。

2004年1月3日，国家林业局华东林业调查规划设计院专家与郑州市林业局的领导和技术人员进行座谈，认真、详细地商讨了郑州森林生态城总体规划的相关策划内容。

2004年1月6日，郑州市长王文超、副市长王林贺、政府副秘书长冯万福及郑州市林业局的领导，在龙源大酒店听取了国家林业局华东林业调查规划设计院专家关于郑州森林生态城总体规划方案汇报。王文超市长就规划范围、目标、布局等问题作了重要讲话。

2004年1月7日至1月12日，国家林业局华东林业调查规划设计院专家组会同郑州市和相关县（市、区）技术人员，深入已经商定的规划区的各乡镇、村，就郑州森林生态城总体规划方案的汇报反馈意见进行调研。

2004年2月2日，郑州市人民政府召开省会植树造林动员大会，会上王林贺副市长代表市绿化委员会作了《突出重点，明确责任，全面加快森林生态城建设步伐》的工作报告。

最后，市长王文超再次强调"奋斗十年，打造生态郑州"，今后的10年时间内，要在郑州近郊营建百万亩森林。

2004年2月28日始，国家林业局华东林业调查规划设计院9名专家，会同郑州市和相关县（市、区）的26名技术人员，分组到确定的《郑州森林生态城总体规划》规划范围的相关（市、区）实地踏查，落实编制《郑州森林生态城总体规划》相关内容。

2004年3月12日是国家规定的植树节，时任郑州市绿化委员会副主任、主管林业的副市长王林贺做客郑州电视台大型谈话节目《周末面对面》，并特邀国家林业局华东规划设计院邱尧荣总工程师作为特邀嘉宾，与郑州市人大代表、政协委员、市民代表共话建设"森林生态郑州"。为把省会郑州建设成为可持续发展的现代化森林生态城市，早日实现"城在林中、林在城中"的宏伟蓝图，使市民更好地了解森林生态城市规划、建设、实施的情况和重要意义，并积极地行动起来。人大代表、政协委员、市民代表及务林人围绕这一话题争相发言、谏言献策，表现出了极大的热情和关注。时任郑州市林业局局长王新义就林业局实施森林生态郑州建设这个中心工作谈了四个方面工作思路：一是抓好规划设计；二是探索好工作机制，包括投资机制、造林机制、管护机制；三是抓好风沙源生态治理工程、嵩山山脉水源涵养林工程、退耕还林工程、黄河水土保持生态工程、绿色通道工程、平原高标准绿化工程等几大重点林业工程建设；四是广泛动员全社会力量，积极参与森林生态环境建设。国家林业局华东林业调查规划设计院教授级高工、副总工程师邱尧荣就有关规划问题作了专题发言。王林贺副市长把郑州森林生态城市基本框架以及与群众关心的一系列问题做了如下阐述：今天这个节目主要是围绕如何打造"森林生态郑州"来进行的，刚好是植树节，非常有意义。在未来的工作中，郑州市将围绕"西抓水保东治沙，北造屏障（林带）南建园，三环以内不露土，城市周围森林化"的发展思路，以生态建设为主线，以重点工程建设为突破口，尽快把郑州建设成为山川秀美的森林生态城市。到那时，郑州将是城在林中、林在城中、人在绿中，让郑州更美、让人们的居住环境更舒适。

2004年3月16日，国家林业局华东林业调查规划设计院9名专家，会同郑州市和相关县（市、区）的26名技术人员，完成了分组踏查、落实郑州森林生态城总体规划相关内容的工作。

　　2004年4月28日，国家林业局华东林业调查规划设计院向郑州市提交了《郑州森林生态城总体规划》（初稿），征求郑州市及相关县（市、区）林业主管部门对《郑州森林生态城总体规划》的意见。

　　2004年6月5日，国家林业局华东林业调查规划设计院根据郑州市及相关县（市、区）林业主管部门对《郑州森林生态城总体规划》（初稿）的反馈意见，修改并提交了《郑州森林生态城总体规划》（送审稿）。

　　2004年9月18日，郑州市人民政府在黄河饭店召开了《郑州森林生态城建设总体规划》（以下简称《规划》）汇报会。郑州市市长王文超、副市长王林贺和《规划》的编制单位国家林业局华东林业调查规划设计院院长傅宾领、总工程师邱尧荣以及市发改委、财政局、规划局、林业局、农业局、国土局、水利局等部门的负责同志出席了会议。王文超市长听取汇报后，对《规划》的编制与实施、苗木花卉基地建设、林业投资和今冬明春植树造林等4项具体工作提出了明确要求：一要认真做好《规划》的编制工作。结合郑州实际，到2013年把郑州建成森林生态城市，届时规划区森林覆盖率达到40%以上。要尽快完成《规划》的编制工作，并抓紧组织评审论证，使《规划》尽早确定下来，尽早付诸实施。二要切实抓好育苗基地建设。苗木基地建设是森林生态城建设的关键，市林业局要搞好林苗一体化工程，确保本地育苗能基本满足森林生态城建设的需要。到2005年年底要新增7万亩优质绿化苗木花卉，使全市绿化苗木花卉基地达到10万亩。三要加大对森林生态城建设的投资力度。森林生态城建设需要大量的资金投入，从2005年起，市财政用于林业建设的资金要达到1亿元以上；以后视其需要逐年增加。旧城改造基本完成后，每年可以按3亿～5亿元予以安排。市发改委、财政局和林业局等部门要通过各种途径积极向国家和省争取项目和资金，并按照市场化运作的方式，大力吸引社会资金，调动社会各界投资林业的积极性。四要集中精力搞好今冬明春的植树造林工作，以黄河沿岸、邙岭绿化和嵩山山脉水源涵养林工程建设等为重点，掀起新一轮的植树造林高潮，保证2005年度植树造林任务春节前大头落地。

　　2005年2月19日，郑州森林生态城总体规划汇报会在嵩山饭店召开，郑州市委、市人大、市政府、市政协的领导听取了汇报，时任郑州市委副书记、市长王文超作了重要讲话，对规划给予了高度评价。时任郑州市林业局党组书记、局长史广敏和党组全体成员参加了会议。

　　2005年8月23至24日，我国城市森林建设领域中由市长和专家参加的最高级别的、继2004年11月在贵阳市举办首届论坛之后的"第二届中国城市森林论坛"在沈阳市举办。时任郑州市政府副秘书长冯万福、郑州市林业局局长史广敏、郑州市林业局办公室主任王恒瑞代表郑州市参加了论坛。论坛上，郑州市政府副秘书长冯万福代表郑州市继沈阳市后第二个发言，专题报告了郑州市森林生态城建设总体规划和实施情况，反响良好，受到了论坛组委会和会议代表的极大关注。

　　《规划》的编制，始终在郑州市委、市政府的高度关切和重视中进行，时任市委书记李克、市长王文超、副书记康定军、副市长王林贺等领导多次听取《规划》情况的汇报，多次就规划范围、目标、布局等问题和《规划》的编制与实施等，与国家林业局华东林业调查规划设计员《规划》编制专家和人员深入探讨和交流，多次要求规划起点一定要高，要大胆借鉴国内外先进城市的经验，反复强调要严格把握《规划》编制程序和标准，适时就《规划》的修改提出针对性的意见，从而使《规划》达到了高起点、高标准编制的要求。

从2003年11月4日，郑州市与国家林业局华东林业调查规划设计院商洽郑州森林生态城总体规划事宜，到2005年6月22日，郑州市人大常委会第12次会议全票通过《郑州森林生态城建设总体规划》（以下简称《规划》），《规划》从编制启动到最后完成，历时17个月，经过了调研、资料收集，外业调查、规划文本编制、征求意见、评审论证，提请郑州市人大审议4个阶段。采取计算机模型、航拍卫星照片、3S（遥感数据、地理信息系统和卫星定位系统）等现代化的手段和仪器，在对人口、土地、森林资源以及城市热岛效应等环境质量现状进行SWOT分析（即优势、劣势、机遇和挑战综合分析）的基础上，提出了郑州城市森林建设的总体布局和建设重点。总体规划与城市总体规划、土地利用总体规划、城市绿地系统规划、市区及周边地区水系规划、现代农业产业等专项发展规划广泛进行了对接，并吸纳了各系统、各县（市、区）对规划的修改建议。《规划》经过了商洽会、座谈会、咨询会、研讨会、汇报会、征求意见会、评审会、市人大常委会审议等数十次会议，经过诸多国内知名专家、相关技术人员的30多次补充和修改，全国16名知名专家评审，郑州市人大常委会第12次会议审议并全票通过，为郑州市森林生态城建设提供了一个有法律保障的科学的实施方案。

三、评审审议

2004年12月17日，由中国工程院院士李文华，国务院参事、中国林业科学研究院首席科学家盛炜彤，河南农业大学原校长、教授蒋建平，国家林业局教授级高工林进，中国林业科学研究院研究员孟平，中国林业科学研究院博士王成，上海市农林局总工、高级工程师许东新，河南省政府参事、林业厅教授级高工赵体顺，河南省林业厅副总工、博士冯建灿，河南省建设厅高级规划师虞绍涛，河南农业大学院长、教授杨秋生，河南省林业调查规划院院长、高级工程师甘雨，河南省农业厅国家级专家、推广研究员陈英照，河南省林业科学研究院博士、研究员樊巍，河南省水利厅副处长、高级工程师许春霞，河南省国土资源厅副处长、高级工程师梁世云等16位专家组成了专家评审委员会，专家评审委员会主任委员由中国工程院院士李文华担任，副主任委员由国务院参事、中国林业科学研究院首席科学家盛炜彤和河南农业大学原校长、教授蒋建平担任。评审委员会通过对《郑州森林生态城总体规划（2003—2013）》的评审，形成了郑州森林生态城总体规划专家评审意见。评审意见指出，2004年12月17日，在郑州市组织了《郑州森林生态城总体规划》的专家评审。与会专家详细审阅了总体规划文件，听取了规划单位的介绍，并进行了认真讨论，形成了以下评审意见：该项规划是以科学发展观为指导，根据《中共中央　国务院关于加快林业发展的决定》的要求，按照人与自然和谐发展的森林生态城市的原则进行的，符合郑州城市总体规划。指导思想、建设目标和任务明确，适应郑州市经济社会发展的总体要求。规划对郑州市建立健康和谐的城市生态环境、生态安全体系和山川秀美的生态文明社会具有十分重要的意义。该项规划从区域景观背景出发，应用"3S"技术，结合地面调查，对人口、土地、森林资源以及城市热岛效应等环境质量现状进行了SWOT分析。在此基础上，提出了城市森林建设的总体布局，确定了相关重点工程和基础设施建设内容，并针对空间区位、立地条件、树种选择和典型模式提出了具体建议。规划起点高，技术先进，内容全面，布局合理。规划编制体现了以人为本、人与自然和谐的原则。规划依据可靠、技术线路科学、基础资料详实、经济技术指标比较合理，符合国家有关规定和郑州的市情、林情和生态建设的需求。评审委员会一致通过《郑州森林生态城总体规划》，建议：加强森林生态城总体规划与土地等相关部门的规划的协调；在规划中，要增加林业产业发展的内容。时任郑州市委副书记、市长王文超，郑州市委副书记康定军、郑州市人大副主任主永道、郑州市主管林业副市长王林贺、郑州市政协副主席岳喜忠出席评审会。评审会议后，《郑州森林生态城总体规划（2003—2013年）》编制专家和人员，反复研究、认真吸纳评审专家和郑州市领导的意见，对《郑州森林生态城总体规划（2003—2013年）》补充和修改。

2005年6月22日，郑州市人大常委会第12次会议批准了《郑州市森林生态城总体规划（2003—2013年）》。6月21日上午，王林贺副市长受市政府和王文超市长委托，就《郑州市森林生态城总体规划（2003—2013年）》的编制过程、规划范围、规划的总体布局、规划的总体目标、规划实施的主要保证措施以及为什么提出建设森林生态城等需要说明的问题和有关情况，向市人大常委会全体会议作了说明，提请市人大常委会审定《规划》，用法律的形式将这一科学而宝贵的规划成果固定下来，确保规划方案得到认真实施，确保"十年造林百万亩"的宏伟蓝图得以实现。6月22日上午，郑州市林业局局长史广敏、常务副局长袁三军、副局长祖学亭、总工程师刘彦斌、办公室主任王恒瑞、退耕办主任黄广春参加了市人大常委会的分组讨论，解答了委员和代表们提出的有关总体规划的问题。6月22日下午举行的人大常委会全体会议由市人大常委会主任郝建生主持，以按表决器的方式，全票通过了《郑州市森林生态城总体规划（2003—2013年）》，并形成了《郑州市人民代表大会常务委员会关于实施郑州森林生态城总体规划（2003—2013年）》的决议》（郑人常〔2005〕26号）。决议指出：这个规划起点较高、布局合理，贯彻了科学的发展观和人与自然和谐相处的理念，符合郑州经济社会可持续发展的需要，对加强郑州生态建设、提高市民生活质量将起到积极作用，会议决定批准这个规划。为了保证规划的顺利实施，实现建设森林生态城的目标，会议作出如下决议：市人民政府要维护规划的严肃性，严格执行规划，任何人、任何部门不得随意改变规划；市人民政府要协调好森林生态城规划与其他各项发展规划的关系，正确处理种树与种粮的关系、生态效益与群众利益的关系、生态安全与社会发展的关系，保持郑州市各项事业可持续发展；市人民政府要加强对规划实施的领导，按照规划的要求，统筹安排、突出重点；加大投入、分步实施；细化目标、明确责任；制定配套政策，加强检查监督，保证规划顺利实施；全市人民和所有驻郑单位都要了解规划，宣传规划，大力支持、积极配合规划的实施，自觉植绿护绿，共同为郑州森林生态城的建设作出贡献。《郑州市人民代表大会常务委员会关于实施郑州森林生态城总体规划（2003—2013年）的决议》的形成和出台，为《规划》的实施提供了法律保障。

四、 内容介绍

《规划》以《中共中央 国务院关于加快林业发展的决定》（中发〔2003〕9号）为指针，以生态建设、生态安全、生态文明为方向，以《郑州市全面建设小康社会规划纲要》为基础。坚持统一规划，分期实施；优化生态，体现以人为本；合理布局，强调整体效益；突出重点，促进全面发展；师法自然，保护生物多样性；分类经营，突出因地制宜；"质""量"统一，坚持整体协调的原则，充分体现了郑州市委、市政府"生态立市"理念和建设"生态郑州"的总体要求。

《规划》在全国范围内率先提出了"森林（生态）城"的概念。"森林（生态）城"，是指以建设稳定的森林生态系统为主体的生态功能稳定且结构完善的现代近自然型城市，是以经济发展、社会进步、城乡环境绿化（美化、优化）、人与自然和谐共处为目标，为经济社会服务的社会—经济—自然复合系统。

《规划》的范围是以郑州市建成区为中心，东至雁鸣湖湿地及中牟沙丘东缘；西至郑州西北屏障邙岭及西南贾峪、新密市白寨一带的水源地；北以黄河、黄河滩地及标准化堤防为界；南至省道102线附近的龙王、薛店一带。其中包括城市中心建成区五区及中牟县、新密市、荥阳市、新郑市的部分乡镇。规划范围包括郑州城市及周边9个县（市、区）、43个乡（镇、场）、884个行政村，规划区总人口361.2万人，总土地面积2896.31平方千米。

《规划》的总体布局为："一屏、二轴、三圈、四带、五组团"。

"一屏"，即沿黄河建设一道绿色生态屏障，在郑州森林生态城北部建设一道绿色景观屏。位于郑州森林生态城北部，是与黄河平行的东西向绿色生态屏障，同时也是郑州森林生态城北部的景观屏。由黄河防浪护堤林及黄河风景区、黄河湿地自然保护区、生态观光园及其防护林、景观林等构成。

"二轴"，即以纵贯郑州南北的"107国道"和以横跨郑州东西的"310国道"为轴线，建成两条森林生态景观轴。以纵贯郑州的"107国道"为南北向森林生态景观主轴线，组织森林生态城"西抓水保东治沙"的建设格局；以横跨郑州的"310国道"为东西向森林生态景观主轴线，组织森林生态城"北筑屏障南造园"的建设格局。

"三圈"，即以市区为核心，沿三条环城路营造三层森林生态保护圈。依托郑州三条环城公路、结合公园与植物园，由绿色通道、森林公园及各类景观林、防护林等组成，作为大尺度的森林生态景观带，构造环匝郑州森林生态城的三层森林生态保护圈。

第一层森林生态保护圈，依托三环快速路，结合郑州国家森林公园、郑州世纪公园、郑州烈士陵园、西流湖公园、七里河公园，由绿色通道、森林公园及各类景观林、防护林等组成。

第二层森林生态保护圈，依托四环快速路，结合郑州尖岗森林公园、常庄植物园、西山植物园、贾鲁河公园、潮湖森林公园、古城森林公园，由绿色通道、森林公园及各类景观林、防护林等组成。

第三层森林生态保护圈，依托绕城高速公路，与黄河绿色生态屏障相联，结合雁鸣湖森林公园、湛山森林公园、洞林湖森林公园、唐岗森林公园，由绿色通道、森林公园及各类景观林、防护林等组成。

"四带"，即主要沿贾鲁河、南水北调中线总干渠、连霍高速、京珠高速营造四条"井"字形大尺度生态防护林带。按森林生态城建设的基本要求，以贾鲁河、南水北调中线总干渠、连霍高速、京珠高速四条主要河渠、道路构建的大尺度、辐射状生态防护林带为依托，沿路、河、渠、堤、农田、村镇住宅等建设不同尺度的防护林带，形成绿色网架，从而构成水网化、林网化的郑州森林生态网络体系。

"五组团"，即在城市近郊西北、东北、西南、南部和东南部，建设五大核心森林组团。按照"西抓水保东治沙，北筑屏障南造园，三环以内不露土，城市周围森林化"的构想，因地制宜，采用组合链接方式，集中与分散相结合，重点与一般相结合，同城市设施功能紧密结合，由组群式、条块状森林群落工程共同构成有机整体，构建森林组团，形成绿色森林环境的规模体系，最大限度地发挥森林群落的规模效应。

西北森林组团，位于规划区西北部，涉及北邙、高村、广武、古荥4个乡镇，属黄土沟壑地貌，水土流失严重，是郑州市主害风——西北风的风口处。冬春季节，风吹沙起，严重影响市区的空气质量；文化内涵较为丰富，有汉霸二王城、桃花峪、黄河游览区、黄河大观等景区，同时也是林木种苗和果品的主要产区之一。该组团以水土保持为主要功能，兼有森林旅游，以常绿树种为主的园林绿化苗木和石榴、核桃为主的干鲜果品生产等功能。

东北森林组团，位于规划区东北部，涉及万滩、东漳、刘集、大孟4个乡镇及中牟林场北林区，属黄河故道地区，区内河、池、湖、渠较多，地下水位较高，雁鸣湖湿地位于该区。该组团以湿地保护、防风固沙为主要功能，兼有森林旅游，落叶阔叶树种为主的苗木培育等功能。

西南森林组团，位于规划区西南部，主要涉及贾峪、马寨、侯寨、白寨等4个乡镇，是多条河流的发源地，也是郑州市重要的水源地，地貌为丘陵，沟多坡陡，地块破碎，植被稀少，水土流失严重，属生态脆弱区。该组团以水源涵养为主要功能，兼有水土保持、杂果生产等功能。

南部森林组团，位于规划区南部，涉及龙湖、十八里河、郭店、薛店4个乡镇，地貌为丘陵区，是南建园的中心地带。该组团以水土保持、杂果生产为主要功能，兼有森林旅游的功能。

东南森林组团，位于规划区东南部，涉及南曹、孟庄、谢庄、芦医庙、八岗、张庄6个乡镇，地貌为黄淮平原中的沙丘或平沙地，属我国著名的大枣产区之一，现有现代化的郑州林木繁育中心基地，中牟林场西林区位于该区。该组团以防风固沙、大枣生产功能为主，兼有森林旅游、林木良种繁育等功能。

郑州森林生态城规划期为10年，分为近期、中期、远期三个期限。近期为2003—2005年；中期为2006—2010年；远期为2011—2013年。投资总额为375649.19万元。按建设期分为近期投资100870.73万元，占总投资的26.8%；中期投资157278.74万，占总投资的41.9%；远期投资117499.72万元，占总投资的31.3%。

规划的重点工程主要包括绿色通道工程、水系林网工程、大地林网化工程、中心城区绿化工程、林木种苗花卉工程、湿地等生物多样性保护工程、森林旅游工程、生态公益性片林工程、速生丰产用材林产业工程、名特优经济林产业工程等十大重点林业建设工程。

规划的总体目标：经过不懈努力，到2013年，初步建成资源丰富、布局合理、功能完备、结构稳定、优质高效的郑州森林生态城，实现"增加森林资源总量，完善森林生态网络，加快林业产业发展，弘扬中原生态文化"的总体目标，基本满足社会经济可持续发展的需求。

增加森林资源总量。按照上述森林生态城森林总量的确定依据，结合碳氧平衡法的测算结果，确定郑州森林生态城森林总量的发展目标为：到2005年，新增森林面积19058公顷，森林总面积72408公顷以上，森林覆盖率达到25%，达到当前全市水平；到2010年，新增森林面积28963公顷；森林总面积101371公顷以上，森林覆盖率显著提高，达到35%以上，达到全国城市较高水平；到2013年，新增森林面积14482公顷；森林面积115853公顷以上，森林覆盖率稳定在40%以上，力争达到当时国际平均水平。

完善森林生态网络。重点加强主要水系防护林和绿色通道建设，积极恢复邙山、贾鲁河上游的丘陵岗地及东南沙丘等生态敏感区的森林植被，实行森林分类经营，扩大生态公益林建设规模，构筑森林生态网络。

加快林业产业发展。加快名特优经济林、速生丰产用材林和林木种苗花卉基地建设，进一步加强林业第一产业的基础地位；大力发展林特产品精深加工，提高综合利用水平，优化产品结构，强化产业素质；积极发展森林旅游为主的服务业，努力培育新的林业经济增长点。

弘扬中原生态文化。加强野生动植物及湿地自然保护区建设，保护生物多样性，倡导生态文化；结合郑州丰厚的人文景观资源，加快森林公园建设，推进森林生态旅游；加大古树名木、珍稀濒危物种种质资源和林区人文资源保护力度，保护森林文化遗产。

《郑州森林生态城总体规划（2003—2013年）》描述了郑州的美好未来，展望了《规划》的实施成效。到2013年，初步建成与郑州城市定位（经济繁荣、交通发达、环境优美、基础设施完善、服务功能良好、具有中原特色的社会主义现代化商贸城市、现代化多功能的国际商埠）相匹配，具有综合生态环境效益的近自然型森林生态系统，代表郑州这一新亚欧大陆桥上重要城市的绿色形象的森林生态郑州。通过10年的建设，全面构筑起绿色生态屏障，城乡环境绿化、美化、优化，初步实现"城在林中，林在城中，人在绿中，居在林中"的最佳人类居住环境，建成人与自然和谐相处的城市，成为"天更蓝，地更绿，水更清，居更佳"的现代化多功能国际商埠和亚欧大陆桥上的绿色城市。

第二节　郑州林业生态市建设规划（2008—2012年）

一、背景及过程

林业是生态建设和保护的主体，承担着保护自然生态系统的重大职责。2002年以来，郑州市在全市范围内相继实施了国家及省下达的退耕还林、防沙治沙造林、淮河防护林、黄河中游防护林、名优经济林和通道绿化、高标准农田林网、黄河湿地建设等工程，结合郑州市实际，先后启动了市本级安排的森林生态城建设、风沙源生态治理、嵩山山脉水源涵养林、绿色通道和贾鲁河林带、尖岗和常庄水库周边水源涵养林等重点林业建设工程，累计完成造林5.291万公顷，其中重点工程造林4.567万公顷。新建、完善平原林网10万公顷，绿化道路、河渠5600千米，林网间作控制率提高到93%，平原农田防护林体系已基本建成，全市9个平原、半平原县（市、区）、78个平原乡镇全部实现省级平原绿化高级达标，并发挥出明显的生态效益。特别是2003年以来，郑州市全力推进《郑州森林生态城总体规划（2003—2013年）》，在郑州市建成区周边2896.3平方千米范围内建设森林生态城，至2007年市财政已投入资金8亿元，森林生态城范围内完成新造林3.8万公顷，森林生态城年提供生态效益价值达到122.39亿元，"城在林中，林在城中，城乡一体，山水融合"的森林生态城建设已初具规模，生态效益逐步显现。森林生态城建设的成功实践，为郑州市经济社会的快速发展和生态环境的改善做出了突出贡献，也为全市7446.2平方千米范围的林业生态建设提供了经验和借鉴。

2007年，我国进入了经济社会跨越式发展的关键时期。建设生态文明，转变经济增长方式，降耗减排，实现国民经济又好又快发展，加快推进全面建设小康社会进程，对林业生态建设提出了新的更高的要求。2007年10月，党的十七大把"建设生态文明"提到了发展战略的高度，要求到2020年全面建设小康社会目标实现之时，使全国成为生态环境良好的国家。2007年11月，河南省委、省政府决定从2008—2012年用5年时间建设林业生态省，到2012年实现基本建成林业生态省的目标。2007年11月23日，河南省人民政府印发了《河南林业生态省建设规划》。2008年1月，省政府与各省辖市政府签订了林业生态建设目标责任书。站在新的历史起点上，在由物质文明和精神文明建设向生态文明建设转型过程中，作为河南省的省会的郑州，是全省的经济、政治和文化中心，在林业生态省建设中负有带头、引领的重任，应当在全省率先建成林业生态市。为全面贯彻落实党的十七大提出的"建设生态文明"的战略目标和省委、省政府关于建设林业生态省战略决策，尽快把郑州建设成为全省生态建设的首善之区，郑州市委、市政府决定在继续实施森林生态城建设的同时，从2008—2012年用5年时间把《郑州森林生态城总体规划（2003—2013年）》的理念思路、重点工程、基础设施建设内容、经济技术指标、树种选择和典型模式等相应扩展到全市范围，全面实施林业生态市建设。

河南农业大学，是河南省内农业（包含林业）综合性大学和最高学府，技术力量强，熟悉和了解郑州市的自然、地理、气候、林业生态建设情况，参加或承担过河南省内外以及郑州市许多生态建设规划编制和评审，也是郑州市发展林业和生态建设的院地科技合作单位。为编制一个符合国家、省有关规定和规划，符合郑州市情、林情和生态建设需求，指导思想、建设目标和任务明确，适应郑州市经济社会发展的总体要求的高质量、高标准的林业生态市建设规划，把落实《河南林业生态省建设规划》与实施《郑州森林生态城总体规划（2003—2013年）》有机结合起来，在全省率先建成林业生态市，使郑州成为河南省林业生态建设的首善之区，郑州市政府和林业主管部门严格按照有关规定程序，确定由河南农业大学风景园林规划设计院承担编制《郑州林业生态市建设规划》。

2007年11月下旬，郑州市收到河南省人民政府下达的《河南省人民政府关于印发河南林业生态省建设规划的通知》（豫政〔2007〕第81号）后，郑州市林业局及时联系河南农业大学风景园林规划设计院，通报郑州市委、市政府关于要在全省率先建成林业生态市的决定和对编制郑州市林业生态市建设规划的要求，与其规划设计人员一道认真学习领会河南省人民政府的通知和规划，洽商编制《郑州林业生态市建设规划》的工作方案，并就规划的指导思想、规划原则、规划范围以及完成规划编制的时限等有关情况进行了商榷。经过了调研、资料收集、规划文本编制、征求意见、修改完善，市政府研究以及评审论证等过程，由于要求完成规划的时间紧、任务重、要求高，期间又时值春节，郑州市林业局有关领导、技术人员和河南农业大学编制规划人员，基本放弃了正常的周末和节假日，加班加点，集中精力和时间，历时3个月，河南农业大学风景园林规划设计院于2008年2月25日圆满完成了《郑州林业生态市建设规划（2008—2012年）》（以下简称《规划》）编制工作。

二、内容简介

《规划》指导思想是，以党的十七大精神为指导，深入贯彻科学发展观，依据《河南林业生态省建设规划》，以《郑州森林生态城总体规划》为基础，以创建林业生态县、乡、村为载体，以发展林业生态文化为纽带，融自然、生态、产业、文化于一体，生态优先，兼顾效益，全面提高区域生态环境质量，全力推进生态文明建设，构建"城在林中，林在城中，山水融合，城乡一体"的绿色有机整体，把郑州打造成为"地更绿、天更蓝，水更清、城更美，人与自然和谐相处"的生态环境首善之区，成为全省林业生态建设的领跑者。

《规划》坚持以人为本，人与自然和谐相处；坚持生态优先，兼顾效益的原则；整体规划，分步实施；因地制宜，突出特色；科技创新，提高质量效益；政府主导，市场调节等原则规划了林业生态市建设目标。

《规划》范围为郑州市全市域，总面积7446.2平方千米，涉及巩义、登封、荥阳、新密、新郑、金水、二七、中原、惠济、管城、上街、郑东新区、高新技术开发区、经济技术开发区等15个县（市、区），149个乡（镇、办）和2254个行政村。规划时间自2008—2012年，分为两个阶段，前三年2008—2010年完成造林任务，后两年2011—2012年完善提高。规划总投资42.35亿元（含森林生态城建设、嵩山山脉水源涵养林等工程市级投资）。

《规划》的总体目标是，到2012年，全市新造林11.273万公顷，新增有林地面积4.834万公顷，达到21.399万公顷；森林覆盖率增长10个百分点，达到33.34%，其中山地丘陵区森林覆盖率达到35%以上，平原农区森林覆盖率达到25%以上。全市林业年产值达到31.25亿元。全市所有县（市、区）全部达到林业生态县（市、区）建设标准，实现林业生态市。

《规划》的具体目标是，全市4.041万公顷宜林地全部得到绿化，其中荒山荒地2.443万公顷，宜林沙地0.266万公顷，其他宜林地1.332万公顷；2.008万公顷的沙化耕地全面得到治理，1.763万公顷的低质低效林基本得到改造；全市林木覆盖率达到33.34%，其中平原防护林网、农林间作控制率达到95%以上；绿化生态廊道7408.25千米，沟、河、路（铁路、国道、高速公路、省道、景区公路、县乡道、村道等）、渠绿化率95%以上，城镇建成区绿化覆盖率35%以上，平原村庄林木覆盖率45%以上；加快森林公园、湿地和各种休闲观光游园建设，总面积达6.153万公顷，占国土面积的8%以上；珍稀濒危动植物物种及古树名木保护率达到100%。新造生态能源林0.633万公顷，改培0.223万公顷，达到0.857万公顷；新增园林绿化苗木花卉基地0.539万公顷，达到0.927万公顷；年新增森林和湿地资源年固定二氧化碳能力276万吨。

《规划》在空间功能上对郑州森林生态城有突破。立足市域，应对中原城市群生态安全，在市域范围内，打破行政界线，更加强调郑州市域山体与流域的完整性，形成郑州市域山水一体、城乡一体的完整的生态山脉和生态水脉。空间功能上形成中原城市群生态核。郑州森林生态城规划面积2896.3平方千米，本次规划面积7446.2平方千米。在综合标准上对河南省林业生态建设规划有突破。重点突出郑州市依托嵩山、濒临黄河的特点，着力营造郑州市"衔山抱水"的城市山水格局，把中国的崇山文化与亲水文化融入森林绿地规划中，体现市域林业生态规划的两根基本骨架，形成市域范围内完整的生态、健身、休闲、旅游、观光的生态服务系统。

《规划》有5个突出的基本特色。

依托嵩山山脉与黄河水脉构成的郑州特有的山水格局，构建具有郑州地域特色的森林生态系统。强调尊重自然生态要素的生态过程，强化自然生态廊道的生态功能，维持自然山体、水系的完整性；特别突出构建嵩山山脉与黄河水脉为主的郑州林业生态系统的两大骨架，体现郑州森林雄浑、粗犷、原始、自然的特点；将土地资源保护、水系生态资源保护、林业生态资源的保护与市域城镇体系结构有机结合起来，把它们看作一个完整的区域生态系统，确立区域整体生态圈的概念和"网状组团式"城市区域结构，构筑郑州城市区域特有的自然生态和人工生态两个层次的空间架构；通过生态系统类型与功能区的划分，如自然植被生态系统、湿地生态系统、水源生态系统、人工绿地生态系统、农业生态系统、观光生态系统、一专多能生态系统（兼具以上几种生态系统特征），使森林分别执行组团隔离、净化空气、涵养水源、水土保持、林业产业、农业生产、休闲观光、美化环境、科普教育、文化展示等功能中的一种或多种；恢复郑州市历史上环境优美、生态平衡、适于人居、林茂粮丰的景象，通过"一核、二脉、三区、一网络"的规划布局，营建"可进入式森林"，融自然、生态、文化、产业于一体，形成绿脉、水脉、文脉相互交织的多功能复合型现代森林生态系统。

《规划》根据郑州市特有的山水格局与自然区域特征以及中原城市群生态安全的需要，凸显郑州市林业生态规划特点，提出了概括为"一核、二脉、三区、一网络"全市林业生态建设的总体布局。

"一核"，指以郑州森林生态城为依托的生态绿核，规划范围2896.3平方千米。该区是郑州市林业生态建设的核心区域，是郑州人居环境质量和生态安全的关键控制点。应继续完善森林布局与结构，提高质量与标准；丰富、完善内部功能，加强林业科技创新与优质精品工程建设，突出生物多样性保护，发挥省会城市的示范与辐射带动作用，使以郑州为依托的"绿核"成为整个河南省林业生态建设的典范。结合郑州丰厚的人文景观资源和历史文化底蕴，在进一步提升森林建设中的文化内涵，使郑州市由生态城市迈向更高层次的生态文明城市。

"二脉"，指以郑州市山水格局为依托的两条大型绿脉。

以嵩山山脉及其发源于嵩山余脉的贾鲁河为依托的大型绿脉。西起嵩山山脉郑洛界，经五指岭、浮戏山、环翠峪、尖岗常庄水库、贾鲁河、龙湖、龙子湖，至贾鲁河郑汴界。山水相连，形成一条穿过郑州市绵延160余千米的绿脉，是郑州市最大的带状绿地，规划范围约1783.8平方千米。该绿脉的建成，可以大大缓解城市生存与发展的矛盾，构建巨型郑州城市绿色骨架，为公众提供一处景观丰富、生态健全、功能完善的森林游憩地。涉及登封、新密、二七、中原、惠济、金水、中牟等7个县（市、区），由西向东逐步由石质山地向黄土沟壑、城市建成区、平原农区过渡。范围内以涵养水源、保持水土、森林游憩为主要功能，兼具生物多样性保护、调节气候、净化水质、分隔城市组团等功能。

以黄河水脉为依托的大型绿脉。位于郑州市北部的黄河南岸，西起巩义，东至中牟，全长110千米，规划范围约710平方千米。涵盖与黄河紧密相连的邙山黄土丘陵区、大堤内外的黄河湿地保护区，由邙山水土保持林、黄河防风固沙林、风景游憩林、黄河湿地及雁鸣湖湿地等组成。该绿脉的建成，形成郑州北部横贯东西的重要生态屏障，既是城市绿地的延伸，又是郑州市域景观生态安全格局的重要组成部分，为公众提供一处亲水休闲、体验大河文化的森林游憩地。该绿脉西部涉及巩义、荥阳、惠济等3个县（市、区），属黄土沟壑地貌，水土流失严重，是郑州市冬季主要的风沙源；东部涉及惠济、金水、中牟等三个县（市、区），属黄河故道地区，区内河、池、湖、渠较多，地下水位较高。区域内文化内涵较为丰富，同时也是林木种苗和果品的主要产区之一。该绿脉以水土保持、湿地保护、防风固沙、森林游憩为主要功能，兼有园林绿化苗木和石榴为主的干鲜果品生产等功能。

"三区"，指依据郑州市地形地貌及立地类型划分的三大功能区，即石质山地区、黄土沟壑区、平原农区。

石质山地区。位于郑州市西南部和南部，属于伏牛山区向东部黄淮平原过渡地带，地貌多为中山、浅山，立地条件差，土层瘠薄，包括巩义、登封、荥阳、新密、新郑、上街等6个县（市、区），总面积为15.307万公顷，占全市国土面积的20.29%。该区海拔高度一般在500～1500米，最高山峰为嵩山峻极峰，海拔高度1512米。采用封山育林、人工造林和低质低效林改造，大力营造乔灌结合的水源涵养林，提高森林的涵养水源和调节地表径流的生态防护功能。

黄土沟壑区。位于郑州市北部、中部及南部地区，地貌为丘陵，沟壑纵横，水土流失严重，包括巩义、荥阳、新密、新郑、惠济、二七、上街等7个县（市、区），总面积为22.962万公顷，占全市国土面积的30.42%。该区海拔高度一般在500米以下，区域内水土流失较为严重，易发生沟蚀、崩塌。采用封山育林、人工造林和低质低效林改造，通过强化综合治理，大力营造水土保持林和经济林，逐步恢复区域地带性森林植被，为经济社会的可持续发展提供生态安全保障。

平原农区。位于郑州市中、东部，包括中牟、金水、中原、管城、高新技术开发区、郑东新区、经济技术开发区、新郑、新密、荥阳、惠济等10个县（市、区），总面积2.45万公顷，占全市国土总面积的49.29%。其中一般平原区2.1475万公顷，风沙区0.333万公顷。该区域内按照"配网格、改品种、调结构、强产业、增效益"的要求，建设高效的农田防护林体系。通过完善政策机制，拓展林业发展的领域和空间，大力营造防风固沙林，积极发展新郑大枣等名优经济林和园林绿化苗木花卉基地等。

"一网络"，指由河流水系网络与道路交通网络组成的廊道网络体系。

郑州市廊道网络体系，包括南水北调中线工程总干渠、全市所有铁路（含国铁、地方铁路）、公路（含国道、高速公路、省道、县乡道、村道、景区道路等）、河渠（含黄河、淮河流域的干支流河道及灌区干支斗三级渠道）及重要堤防（黄河河流堤防）的绿化。在原有廊道绿化的基础上，高起点、高标准、高质量地建成绿化景观与廊道级别相匹配、规划布局与人文环境相协调，集景观效益、生态效益和社会效益于一体的绿色廊道网络。

规划的林业重点建设工程有石质山区林业生态工程、黄土沟壑区林业生态工程、平原农区林业生态工程、防沙治沙工程、城乡林业生态工程、矿区生态恢复与重建林业生态工程、湿地保护与建设生态工程、廊道网络林业生态工程、森林游憩生态工程、林业产业生态工程、科技创新与示范林业生态工程等十大生态工程。

石质山区林业生态工程，建设范围涉及巩义、登封、新密、荥阳、新郑、上街等6个县（市、区）。规划新造林任务1.237万公顷，中幼林抚育2.347万公顷，低质低效林改造0.418万公顷。采用封山育林、人工造林和低质低效林改造，通过强化综合治理，逐步恢复区域地带性森林植被，构建较为完备的山地森林生态体系。

黄土沟壑区林业生态工程，建设范涉及巩义、荥阳、新密、新郑、惠济、二七、上街等7个县（市、区）。规划新造林任务1.045万公顷，中幼林抚育1.349万公顷，低质低效林改造0.417万公顷。采用工程造林与水土保持工程措施相结合的方式，营造生态经济型水土保持林和水源涵养林，以减少市区风沙危害、保障水源区安全，同时提高该区农民的经济收入。

平原农区林业生态工程，包括平原生态防护体系改扩建工程、防沙治沙工程。

平原生态防护体系改扩建工程，建设范围涉及中牟、金水、中原、管城、高新技术开发区、郑东、经济技术开发区、新郑、新密、荥阳、惠济等10个县（市、区）。规划新造林任务0.487万公顷，其中完善提高农田林网5.301万公顷，折合片林0.186万公顷；更新农田林网3.848万公顷，折合片林0.27万公顷；新建林网间作0.419万公顷，折合片林0.031万公顷。中幼林抚育0.673万公顷。针对该区部分农田林区进入成、过熟期，网格不完整，断带现象严重，绿化标准不高，树种单一，防护效能低下，极易发生病虫害等问题，重点抓好农田防护林体系的恢复和重建，既为农业生态提供保障，又可改善农区人居环境。

防沙治沙工程，建设范围涉及新郑、中牟、管城、惠济、经济技术开发区等5个县（市、区）。建设新造林任务0.341万公顷，其中防风固沙林0.027万公顷；农田林网间作折合片林面积0.075万公顷，包括完善农田林网间作折合片林0.031万公顷，更新农田林网

0.037万公顷，新建农田林网间作0.006万公顷。针对小树多、大树少，现有防风固沙林老化、屏障和防护效能日趋低下等问题，因地制宜，因害设防，保护优先，宜林沙荒地全部营造防风固沙林，沙化耕地上营造小网格农田林网和林粮间作，以改善市区内生态环境，发展沙产业提高农民收入。

城乡林业生态工程，包括城市林业生态建设工程、村镇绿化工程。

城市林业生态建设工程，规划新造林绿化任务0.653万公顷，其中环城防护林带0.465万公顷，在城市周边，营造城郊森林、围城林，建设森林公园或生态游乐园，增加绿化厚度，实现城在林中；郑州市建成区绿化面积0.187万公顷，高起点、高标准加快街道及居民区的绿化、美化步伐，扩大街头游园、滨河公园、休闲游憩园等城中绿岛建设规模，增加城市绿量，实现林在城中。

村镇绿化工程，涉及全市149个乡（镇、办）和2254个行政村。规划新造林任务0.936万公顷。结合新农村建设，以村镇为中心、以农户为单元，根据街道和建筑物布局特点，以村镇周围、村内道路两侧和农户房前屋后及庭院绿化美化为重点，抓好围镇、围村林建设和街道、庭院绿化美化，形成混交、多层，生态功能与景观效果具佳的村镇植被生态系统，实现城乡造林绿化一体化。

矿区生态恢复与重建林业生态工程，建设范围涉及巩义、登封、新密、荥阳、新郑、二七、上街等7个县（市、区）。规划新造林任务0.529万公顷，针对由于开发利用矿产资源而造成的植被破坏、水土流失加重，农田弃耕等问题，按照"因地制宜、分类施策"的原则，在露天采掘、尾矿堆集、煤矿沉陷等区域，实施矿区生态修复工程，恢复矿区森林植被和生态系统。

湿地保护与建设生态工程，重点加强黄河湿地自然保护区建设，实施濒危野生动植物拯救工程，建立健全野生动植物救护繁育、野生动物疫源疫病监测体系，开展湿地生态恢复与重建，建设国家湿地公园，并逐步加大对其他类型湿地的保护工作。包括郑州国家湿地公园与湿地保护体系建设、野生动植物保护管理体系建设。

郑州国家湿地公园与湿地保护体系建设，湿地公园建设包括湿地景观恢复与保护工程、污水净化示范工程、黄河湿地博物馆建设、公园管理基础设施建设、旅游服务设施建设等。

野生动植物保护管理体系建设，通过加强野生动植物保护管理监管体系、野生动物疫源疫病监测站、濒危野生动植物拯救工程建设，构建完备的动植物保护管理体系。重点是加强省级野生动植物保护管理站建设，完善5个野生动植物保护管理站，新建野生动物疫源疫病监测中心和10个野生动物疫源疫病监测站；建立濒危野生动植物保护小区或保护点、野生动物救护繁育中心。

廊道网络林业生态工程，建设范围涉及全市铁路、公路、水系等两岸（侧）。规划绿化生态廊道7408.7千米，造林规模5.032万公顷。其中新绿化里程3906.05千米，造林面积3.095万公顷，包括线路绿化折合2.613万公顷，宜林荒山荒地绿化0.481万公顷；完善提高3502.2千米，造林面积1.357万公顷，包括线路绿化折合1.287万公顷，宜林荒山荒地绿化0.071万公顷；更新造林1442.15千米，折合造林面积0.581万公顷。在原有通道绿化的基础上，高标准地建成绿化景观与廊道级别相匹配、绿化布局与人文环境相协调，集景观效益、生态效益和社会效益于一体的生态廊道网络。加大绿化厚度，增加森林植被，构建森林景观。

森林游憩生态工程，建设范围涉及市域内主要风景名胜区、文物古迹保护单位、森林公园、自然保护区、国有林场等。规划任务3.067万公顷，其中中幼林抚育2.0万公顷，低质低效林改造1.067万公顷。此外，建立自然保护区3个，森林公园15个。通过低质低效林的改造，进一步提高森林景观质量，建设集景观、游憩、度假休闲等功能于一体的森林游憩地。

林业产业生态工程，包括生态能源林工程、园林绿化苗木花卉建设工程、用材林产业工程、经济林产业工程。

生态能源林工程，建设范围涉及巩义、登封、新密、荥阳、新郑等5个县（市、区）。规划任务0.839万公顷，其中新造0.633万公顷，改培0.223万公顷。采用集约经营的方式，营造优质高产、含油率高的木本油料林基地，形成林油一体化的能源产业。

园林绿化苗木花卉建设工程，建设范围涉及巩义、登封、新密、荥阳、新郑、中牟、二七、惠济等8个县（市、区）。规划任务0.539万公顷。以现有园林绿化苗木基地为依托，大力发展名特优鲜切花、盆花植物和观赏苗木，积极开发、引进和培育新品种，打造名牌产品、特色产品，促进产业升级，提高郑州市苗木花卉产品的竞争力。

用材林产业工程，建设范围涉及郑州市全部县（市、区）。按照"适地适树、适当集中"的原则，结合平原生态防护林体系及防沙治沙工程，充分利用沿黄"四荒""四旁"沙地等土地资源，大力发展用材林，在基础好，林地资源丰富的县（市、区），适当集中，形成基地。积极扶持林产品生产、加工龙头企业，提升人造板加工和果品贮藏、加工能力，完善林产品市场基础设施建设，特别是木质林产品以外的苗木、花卉、干鲜果品大型批发市场和集散中心，促进林产品流通。

经济林产业工程，建设范围涉及全部县（市、区）。根据各县（市、区）的传统优势和宜林地资源，按照"市场主导、因地制宜"的原则，结合产业结构的调整，形成山区以核桃、柿、金银花为主，黄土沟壑区以石榴、核桃、柿为主，沙区以枣为主，郊区以葡萄、樱桃、桃等时令水果、观光采摘园为主，各具特色的经济林生产区域。继续加快经济林产业结构调整，大力发展经济林产品深加工，延长产业链条，提高附加值。到2012年，实现年新增果品贮藏、加工能力20万吨，达到24万吨。

科技创新与示范林业生态工程，建设范围涉及荥阳、新郑、二七、惠济、中原、新密等6个县（市、区）。规划任务建设郑州树木园、新郑枣种质资源保护区、石榴种质资源保护区、樱桃种质资源保护区、巩义核桃种质资源保护区、乡土树种种质资源保护区、桃李杏暖温带水果种质资源保护区。重点开展种质资源收集与保护、科技创新基地和示范推广基地，为郑州市乃至全省林业生态建设提供科技支撑和示范。

《规划》展望了《规划》实施的前景，届时郑州市所有县（市、区）全部达到林业生态县（市、区）建设标准，率先在河南省建成林业生态市，成为全省林业生态建设的领跑者首善之区，向全省以及中部地区林业生态建设的冠顶明珠迈出一大步，郑州市的知名度、美誉度和综合竞争力将进一步提高，全市人民将享受到更加美好的生态建设成果，身居"城在林中，林在城中，人在绿中，居在林中"、人与自然和谐相处的郑州市，其归属感和自豪感将更加强烈。

第三节 郑州市森林城市建设总体规划（2011—2020年）

一、基础背景

郑州是国内较早提出建设森林城市理念的城市之一。营造城市森林，建设森林城市是郑州市全市人民自2003年以来矢志不渝的梦想和追求。2003年，郑州市委、市政府全面贯彻《中共中央 国务院关于加快林业发展的决定》，深刻领悟党中央、国务院关于加快林业发展的战略部署，作出了"用10年时间，把郑州建设成为'城在林中，林在城中，山水融合，城乡一体'的森林生态城市的决定"，确立了在城区周边2896平方千米范围内新增6.67万公顷森林的"森林生态城"宏伟建设目标，从此拉开了城市森林建设和以林业为主体的生态建设跨越式发展的序幕。委托国家林业局华东林业调查规划设计院编制了《郑州森林生态城总体规划（2003—2013年）》，并经过市人大表决通过，纳入城市总体规划一并实施。成立了市委书记、市长为组长的森林生态城建设领导小组，坚持一张蓝图绘到底，以大工程带动大发展，大投入推进大跨越。市政府自2004年起，连续5年将"完成森林生态城工程造林0.67万公顷"作为向市民承诺的十件实事之一，全力推进郑州森林生态城建设。2005年，郑州市荣获了"国家园林城市"荣誉称号。2006年，郑州市委、市政府决定争创"全国绿化模范城市"，同时把森林生态城建设作为全市经济社会跨越式发展三年行动计划的八大重点工程之一。全市上下协调一致，齐心努力，在城市森林建设与效益研究方面进行了不懈的努力和深入的探索，取得了丰硕的成果。2009年年底，按照《郑州森林生态城总体规划（2003—2013年）》提前四年完成了在森林生态城范围内新造6.67万公顷森林的栽植任务，森林生态城"一屏、二轴、三圈、四带、五组团"的森林生态网络基本形成。2010年，全市完成林业生态建设规模1.3887万公顷。2010年9月26日至10月5日，第二届中国绿化博览会在郑州举办，取得了圆满的成功，建成了总面积近200公顷的郑州·中国绿化博览园，为郑州增添了一个东花园和中原地区最大的生态主题公园。2011年，全市共完成新造林1.577万公顷（其中生态林营造1.293万公顷，林业产业工程0.283万公顷）；完成森林抚育0.775万公顷。到2011年，主城区公园达62个，绿化广场达19个，公共绿地总面积达到1858.51公顷。为给森林生态城建设提供科学的依据，郑州市与河南林业生态工程技术研究中心合作建立了森林生态效益监测与评估机制，自2007年起开始对郑州林业生态资源生态效益进行监测与评估。据郑州林业生态资源生态效益监测与评估报告，2009年郑州市林业生态效益总价值为278.3亿元，其中郑州森林生态城林业生态效益的总价值达159.11亿元；2011年郑州市林业生态效益总价值达352.39亿元，其中森林生态效益总价值为316.86亿元，湿地生态效益的年总价值为35.53亿元。2003—2013年，市本级财政森林生态城建设总投资达32亿元，通过实施绿色通道工程、水系林网工程、大地林网化工程、城镇村庄绿化工程、林木种苗花卉工程、生物多样性保护工程、森林旅游工程、核心森林工程等，初现了"城在林中，林在城中，山水融合，城乡一体"的和谐景象，郑州森林生态城建设取得了显著成就，为国家森林城市创建和郑州森林城市建设创造了条件，打下了坚实的基础。

2011年9月28日，国务院出台了《关于支持河南省加快建设中原经济区的指导意见》（以下简称《意见》），建设中原经济区、加快中原崛起和河南振兴成为国家战略，《意见》明确提出林业要为中原经济区建设提供生态支撑。河南省政府提出了把河南建成林业生态省的宏伟目标，国家林业局与河南省人民政府签订共同推进中原经济区建设框架协议。郑州市委、市政府以此为契机，及时提出了建设以"绿色生态"为基础、以良好安全的生态体系为支撑的郑州都市区，打造中原经济区的核心增长极的战略构想，描绘了郑州经济社会可持续发展的灿烂前景，明确了林业在郑州都市区建设中的重要地位和作用，为林业工作提出了更高的目标和要求。郑州市委、市政府认为，通过城市森林建设来改善城市环境，维持和保护城市生物多样性，改善郑州"绿城"生态环境，提高城市综合竞争力，促进城市走可持续发展道路，这也是现代城市生态环境建设的重要内容和主要标志。为加快推进郑州都市区建设，努力打造中原经济区核心增长区，建立人与自然和谐相处、健康、安全和可持续发展的现代城市，理应把城市森林建设作为生态环境建设的重要一环。绿色是城市美好形象的基础和象征，城市森林是向国内外展示现代化和生态文明发展水平的重要窗口。城市森林与人的身心健康、生命安全紧密相关，它不仅是绿化美化的需要，更重要的是保障城市生态安全以及周边地区农业生产安全、影响陆地生态系统整体生态功能的需要。加快城市森林建设，创造良好的城乡生态环境，建设生态城市，既是郑州市发挥城市功能的重要基础，也是促进农民增收，促进城乡生态建设一体化发展，全面提升郑州城市品位，丰富生态文化内涵，满足人们休闲、旅游等活动需求，统筹人与自然和谐发展的一项基础工作，更是打造中原经济区核心城市，呼应、引领中原经济区建设的重要举措和推进绿色中原建设的具体行动。为此，必须加强城市森林建设。

创建"国家森林城市"，是由全国政协人口资源环境委员会、全国绿化委员会、国家林业局、国家广播电影电视总局、中国绿化基金会和中华全国新闻工作者协会等六家单位联合组成的"关注森林活动组委会"倡议，依托由其创办的"全国城市森林论坛"在全国城市中开展的一项评比活动。旨在宣传和倡导人与自然和谐的理念，提高人们的生态和森林意识，提升城市形象和综合竞争力，推动城乡生态一体化建设，全面推进我国城市走生产发展、生活富裕、生态良好的可持续发展道路。同时，也是弘扬森林生态文化的一项重要实践活动。从2004年起，全国绿化委员会、国家林业局启动了"国家森林城市"评定程序，制定了《国家森林城市评价指标》和《"国家森林城市"申报办法》，每年举办一届的"中国城市森林论坛"（2014年改为"城市森林座谈会"）命名一批国家森林城市。至2011年年底，"中国城市森林论坛"已经成功举办了八届，先后授予贵阳等31个城市的"国家森林城市"称号。

郑州市委、市政府深刻认识到：国家森林城市是目前我国对一个城市生态建设的最高评价，是最具权威性、最能反映城市生态建设整体水平的荣誉称号。它不仅仅是一块牌子、一项荣誉，它蕴含着科学发展、社会和谐、生态文明、幸福城市等丰富的内涵和深刻的寓意。作为城市唯一有生命的绿色基础设施，"森林城市"建设将是未来我国城市发展过程中最重要的生态建设内容。创建国家森林城市是改善城市生态环境、提高人民生活质量的迫切需要，是构建充满活力富有竞争力城市的重要途径。通过近十年的艰苦努力和耕耘播绿，郑州森林生态城建设已取得阶段性的预期成效，城市森林和森林城市建设已基本达到了国家森林城市评价指标，市民享受到了生态建设的成果，还先后获得了"国家园林城市""全国绿化模范城市"荣誉称号，成功举办了"全国一流，世界有影响"的第二届中国绿化博览会。郑州市创建国家森林城市的条件已经成熟和具备，必须尽快全面启动。

2011年11月8日，郑州市召开的郑州都市区新型城镇化重点工作推进会上，郑州市委、市政府明确提出了"力争2013年，确保2014年成功创建国家森林城市"的目标。

2011年11月19日，郑州市人民政府向河南省人民政府呈报《郑州市人民政府关于创建国家森林城市的请示》（郑政文〔2011〕277号），恳请省政府批准郑州市创建国家森林城市，同时按创建要求承办第十届中国城市森林论坛。

2011年12月13日，为切实做好创建国家森林城市的前期筹备工作，进一步推动郑州市生态建设，经郑州市林业局局长办公会研究，决定成立郑州市林业局创建国家森林城市工作领导小组。

2011年12月16日，郑州市林业局向河南省林业厅呈报《郑州市林业局关于创建国家森林城市的请示》（郑林〔2011〕201号），恳请省林业厅批准郑州市创建国家森林城市。

2011年12月22日，河南省林业厅向河南省政府专题呈报了《河南省林业厅关于同意郑州市创建国家森林城市并举办第十届城市森林论坛的报告》（豫林宣〔2011〕349号），省林业厅认为，郑州市通过不懈的努力，已基本达到了"国家森林城市"各项指标，为促进中部地区生态文明建设和城市林业发展，加快中原经济区和郑州都市区林业生态建设，建议省政府向国家林业局推荐郑州市创建国家森林城市并举办第十届城市森林论坛。

2011年12月29日，河南省人民政府向国家林业局报送了《河南省人民政府关于申请郑州市举办第十届中国城市森林论坛的函》（豫政函〔2011〕138号），认为近年来郑州市在加快经济建设的同时，认真贯彻落实党中央、国务院加强林业生态建设的战略部署，以科学发展观为指导，高度重视林业生产和生态环境建设，国土绿化事业快速发展，城市生态环境持续改善。经认真研究，特申请2013年在郑州市举办第十届国家森林城市论坛。

2011年12月31日，河南省林业厅也专题向国家林业局呈报了《河南省林业厅关于郑州市创建国家森林城市的请示》（豫林宣〔2011〕349号），说明郑州市经过充分调研和慎重研究，决定创建国家森林城市。认为郑州市具备了创建国家森林城市的基础条件和能力，郑州市创建国家森林城市对推进中原经济区生态建设具有十分重要的示范和带动作用，恳请全国绿化委员会、国家林业局批准郑州市创建国家森林城市。省林业厅将积极支持郑州市的创建活动。

2011年12月31日，市委、市政府出台了《中共郑州市委 郑州市人民政府关于创建国家森林城市的决定》，决定从2011年开始，经过2～3的努力，在森林生态城建设和获得全国绿化模范城市的基础上，把郑州市建设成为国家森林城市。

2012年3月26日，国家林业局宣传办公室向河南省林业厅回复了《国家林业局宣传办公室关于对做好郑州市人民政府申请创建国家森林城市的复函》（宣管字〔2012〕25号）。复函明确指出，国家林业局对郑州市提出创建"国家森林城市"给予充分肯定。希望河南省和郑州市按照《国家森林城市评价指标》的要求，加强领导，健全机构，科学规划，加大投入，发动群众，扎扎实实做好各项工作，并及时反馈创建情况。国家林业局宣传办公室将积极指导和支持，并适时进行创建工作考评。

二、编制过程

国家林业局华东森林资源监测中心（即国家林业局华东林业调查规划设计院）是《郑州森林生态城总体规划（2003—2013年）》主编单位，《国家森林城市评价指标》（LY/T 2004-2012）的形成和出台过程中，该院专家曾经参与过讨论、修改，对《国家森林城市评价指标》（LY/T 2004-2012）的条款和内容了解全面，对《国家森林城市评价指标》（LY/T 2004-2012）体系的构成和含义理解深刻。在郑州森林生态城建设和实施过程中，该院专家几乎每年都到郑州市核查验收国家林业工程实施情况，调研郑州森林生态城规划建设的进度和情况，对郑州市森林生态工程的实施和森林城市的建设状况了解和熟悉。为高起点、高质量编制出一套郑州市森林城市建设规划，给郑州市森林城市建设提供一个科学的蓝图，并在森林城市建设过程中得到国家级专家的及时指导，在实施前期调研、征求意见、参观学习、洽谈商议的基础上，2011年下半年郑州市林业局建议郑州市政府，并通过了必须、必要的程序决定，委托国家林业局华东林业规划设计院在原《郑州森林生态城总体规划（2003—2013年）》和《郑州市林业生态市建设规划（2008—2012年）》的基础上，依据《国家森林城市评价指标》（LY/T 2004-2012），具体负责编制《郑州市森林城市建设总体规划》（以下简称《规划》）。

为进一步准确摸清郑州市城市森林的底数，高标准、高质量编制出符合郑州市市情及郑州市森林发展现状，符合《国家森林城市评价指标》《国家森林城市建设总体规划编制导则》等标准与要求的《规划》，国家林业局华东林业规划设计院规划编制项目专家组与郑州市政府和林业部门多次洽商《规划》编制工作方案，就规划的指导思想、规划原则、规划范围、技术线路、技术指标以及完成《规划》编制的时限等有关情况进行了充分的商榷，经过调研、资料收集，外业调查、规划文本编制，征求意见、修改完善等阶段，在《郑州森林生态城总体规划（2003—2013年）》和《郑州市林业生态市建设规划（2008—2012年）》的基础上，与城市总体规划、土地利用总体规划、城市绿地系统规划、市区及周边地区水系规划、现代农业产业等专项发展规划紧密衔接，认真吸纳各系统、各部门、各县（市、区）对规划的修改建议。先后召开商洽会、座谈会、咨询会、研讨会、汇报会、征求意见会等数十次会议，经过20多次修改和完善，于2012年5月完成了《规划》文本编制工作，为郑州市森林城市建设提供了一个科学的实施方案。

三、评审立规

为使《规划》编制及时得到国家级专家的指导，使之理念更加新颖、目标更加明确、布局更加合理、符合实际，具有科学性、引领性和可操作性，郑州市人民政府于2012年5月20日组织召开了《郑州市森林城市建设总体规划（2011—2020年）》评审会，邀请中国工程院院士、教授尹伟伦，国家林业局宣传办公室主任、新闻发言人、《国家森林城市评价指标》（LY/T 2004-2012）主要起草人程红，中国林业科学院党组书记、副院长、《国家森林城市评价指标》（LY/T 2004-2012）主要起草人叶智，国家林业局调查规划设计院副院长、教授级高工张煜星，中国林业科学研究院研究员张华新，国家林业局华东森林资源监测中心院长、教授傅宾领，河南省人民政府参事室参事、教授级高工赵体顺，河南省林业科学研究院研究员、博士樊巍和河南省林业调查规划设计院有关领导等9名国内知名专家，组成了《规划》评审委员会，主任由中国工程院院士、教授尹伟伦担任，副主任由国家林业局调查规划设计院副院长、教授级高工张煜星担任，主管林业的郑州市正市长级干部王林贺，省林业厅党组副书记、副厅长刘有富与会指导并致辞。郑州市发展与改革委员会、财政局、城乡规划局、国土资源局、园林局、环保局、林业局有关负责同志参加了评审会。与会专家听取了《规划》编制的汇报，经过质询、讨论和研究，认为《规划》全面、深入地分析了郑州市生态环境特点、森林城市建设现状与发展潜力。分析透彻，论证科学，编制本规划对创建国家森林城市，有效改善郑州市生态环境，实现人与自然和谐，促进城乡经济社会可持续发展等具重要的指导意义；《规划》确立了"让森林拥抱城市，让绿色融入生活，让健康伴随你我"的基本理念，目标明确、空间布局合理、重点突出，效益评价科学，提出的保障措施有力；《规划》资料丰富，数据翔实，分析深入可靠，切合郑州市实际，提出的发展指标系统全面，量化科学，具有科学性、引领性和可操作性。评审委员会充分肯定了《规划》编制成果，认为该规划符合《国家森林城市评价指标》（LY/T2004-2012）、《国家森林城市建设总体规划编制导则》等标准与要求，一致同意通过该规划评审。评审委员会建议编制单位根据各方面意见修改完善，并请郑州市尽快批准实施。

为将《规划》及其实施以法律的形式规定下来，2012年12月26日，郑州市十三届人大常委会第三十二次会议认真审议了市政府提请的《郑州市森林城市建设总体规划（2011—2020年）》（草案）和关于规划草案的说明。会议认为规划贯彻了科学的发展观，符合郑州经济社会可持续发展和建设美丽郑州的需要，对加强郑州生态文明建设、提高人民群众生活质量将起到积极作用。会议表决通过批准了《郑州市森林城市建设总体规（2011—2020）》，并形成了《郑州市人民代表大会常务委员会关于实施〈郑州市森林城市建设总体规划（2011—2020）〉的决议》（郑人常〔2012〕40号）。决议指出，市人民政府要严格维护规划的严肃性，严格执行规划，任何人、任何部门不经法定程序不得改变规划；市人民政府将规划实施纳入郑州市经济社会总体发展规划，正确处理生态效益、经济效益和社会效益的关系，保持各项事业可持续发展；市人民政府要按照规划的要求，制定实施方案，细化目标，明确任务，加强监督，保证规划落到实处；市人民政府要制定相关政策，积极探索市场化投入机制，广泛动员社会资本，保障资金需求，并加强资金监管，确保资金效益；全市人民和驻郑单位都要大力支持、积极配合规划的实施，形成人人爱绿、人人植绿、人人护绿的社会氛围，共同为建设美丽郑州做贡献。《郑州市人民代表大会常务委员会关于实施〈郑州市森林城市总体规划（2011—2020）〉的决议》的形成和出台，表明了郑州市以人大决议的形式这个法律手段把《规划》规定下来，为郑州市森林城市提供了一个有法律保障的建设规划，标志着郑州市国家森林城市建设迈入了一个按新的蓝图加速描绘的新阶段。

四、《郑州市森林城市建设总体规划（2011—2020）》介绍

《郑州市森林城市建设总体规划（2011—2020）》（以下简称《规划》）分为项目背景与意义、建设条件与分析、规划总体思路与建设布局、城市林业体系建设规划、森林城市重点林业工程规划、城市森林建设支撑体系工程规划、森林生态系统建设典型模式、投资估算与效益分析、规划实施的保障措施等9章。

《规划》的指导思想是，以科学发展观为指导，紧紧围绕郑州市委、市政府"建设郑州都市区、推进新型城市化"的战略部署，以创建国家森林城市为载体，在郑州生态市建设中赋予林业以首要地位，在全面实现小康社会中赋予林业以重要地位，在生态文明建设中赋予林业以基础地位，在郑州都市区建设中赋予林业以特殊地位，以"让森林拥抱城市，让市民走进森林，让绿色融入生活，让健康伴随你我"为理念，以打造"森林都市，绿色郑州"为主题，全力营建功能完备的城市森林生态体系、高度发达的城市森林产业体系和内涵深厚的城市森林文化体系，努力构建环境优美、人与自然和谐的国家森林城市。

《规划》坚持注重整体，形成森林网络空间格局的原则，立足郑州市域，按城乡一体化生态型城市标准，重视区域大范围的森林生态空间的保护和完善，使自然生态系统成为城市发展的良好生态背景，维护城市与外围环境生态格局的连续性。重视城乡整体功能的完善和协调，在市域范围内，通过林水相依、林山相依、林城相依、林路相依、林村相

依、林居相依等模式，建立城市森林网络空间格局；坚持师法自然，构建近自然森林群落的原则，按照森林生态系统演替规律和近自然林业经营理论，根据不同植物的生态适应性和生物学特性，遵循自然规律进行种植设计，因地制宜，确定营林模式、树种配置、管护措施等，使造林树种本地化，林分结构层次化，林种搭配合理化，形成与天然植被特性相似的近自然森林植物群落，促进生态系统稳定性。坚持城乡统筹，优化森林城市结构的原则，对市域范围内的城乡生态建设统筹考虑，实现规划、投资、建设、管理的一体化。充分重视城市森林建设各个层次和层次之间要素组合的结构方式，及其对于整体城市森林功能实现的作用和影响，把握最适合郑州市的结构模式，通过规划使这一结构清晰化，通过城乡统筹发展，使郑州森林城市建设整体结构更加优化。坚持因地制宜，体现鲜明地方特色的原则，从郑州市的经济社会发展水平、自然条件和历史文化传承出发，实现自然与人文相结合，历史文化与城市现代化建设相交融。充分考虑郑州市地域自然条件特色、城市森林绿化基础和历史文化资源现状，利用其独特的地域特征和文化特色，引导城市功能空间和自然生态空间的发展，创造既统一又多变的城市森林景观，培育"郑州都市区、中原经济区核心增长区"的城市环境、生态、人文的多样性。坚持以人为本，实现建设成果惠民的原则，坚持以人为本，在追求生态稳定的前提下，协调处理好森林建设与城市发展的关系，实现人与自然的和谐共存。充分考虑市民的需求，最大限度地为市民提供便利，有效地发挥森林在改善生态和提高人居环境质量中的重要作用。进一步巩固和提高生态公益林建设成效，同时大力发展以森林旅游、苗木花卉、特色经济林等资源开发利用的特色林业产业，实现生态效益、经济效益和社会效益最大化，促进城乡共同富裕，协调发展，从而实现兴林富民与惠民。坚持节约建设，激发森林城市发展活力的规划原则，坚持科技进步，推广节水、节能、节力、节财的生态技术措施和可持续管理手段，发挥市场作用，推广节约建设措施，降低城市森林建设与管护成本。做到建设与保护并重、新建与改造并举，政府主导与市场运作相结合，最大限度释放森林城市的发展活力。

《规划》按照《国家森林城市评价指标（LY/T2004-2012）》要求，在全市域范围内，应对中原城市群生态安全需求，打破行政界线，在强调郑州市域山体与流域的完整性的同时，形成郑州市域山水一体、城乡一体的完整的生态山脉和生态水脉。空间功能上以郑州森林生态城（面积2896.3平方千米）为生态核心，将规划范围拓展到总面积7446.2平方千米的整个市域范围，规划内容亦相应分为市域和森林生态城两个层次。

规划区范围为郑州市所辖的6个市辖区，5个县级市、1县，总面积7446.2平方千米。分核心区和拓展区两个部分。

核心区，即森林生态城范围，由中心城区及近郊区构成。包括郑州城市及周边共9个县（市、区）的43个乡（镇、场），面积为2896.3平方千米。中心城区包括郑州市区行政辖区内的中原、金水、二七、管城、惠济五区，面积990平方千米，与郑州市城市总体规划中的中心城区范围一致。近郊区包括中心城区周边至绕城高速沿线范围的中牟县和新密市、荥阳市、新郑市的部分乡镇，面积1906.3平方千米。

拓展区，即核心区外的市域。郑州市行政区域范围，面积为7446.2平方千米。其中核心区外的市域（远郊区），面积为4550平方千米，涉及郑州市区行政辖区内的5市（新郑市、登封市、新密市、荥阳市、巩义市）、1县（中牟县）、1区（上街区）。

《规划》以2010年为规划基准年，规划期10年（2011—2020年），2011—2013年为近期，2014—2016年为中期，2017—2020年为远期。规划期总投资1696647.38万元。其中基础性生态工程442904.83万元，林业产业工程965926.65万元，林业社会化服务体系35815.90，其他252000.00万元。

总体规划目标，是按照"让森林拥抱城市，让市民走进森林，让绿色融入生活，让健康伴随你我"的理念，健全森林网络、提高森林健康水平、发展林业经济、丰富生态文化内涵、提升森林管理能力，实现生态文明，把郑州市建设成为森林生态网络基本健全，森林健康水平明显提高，林业经济建设稳步发展，森林生态文化内涵丰富，森林管理能力迅速提升的环境优美、物种多样、人与自然和谐的国家森林城市，逐步使郑州由原来的绿城变绿都、绿都变花都、花都变文都。

到2013年，进一步完善森林城市体系，将森林城市建设与环境保护、生态经济、重点林业工程有机地结合起来，最大限度地发挥城市森林生态功能，实现城乡一体化的绿色生态网络，全面达到森林城市建设标准。全市森林覆盖率达到32%以上，城市建成区绿化覆盖率达到41.20%以上，建成区人均公共绿地面积达到11.5平方米以上，中心城市区人均公共绿地面积达到10平方米以上；城市郊区森林覆盖率达到40%以上；水岸和道路绿化率达到90%以上；乡村绿化面积逐年增加；全民义务植树尽责率达到92%以上；国家森林城市创建市民知晓率、满意率分别达95%和92%以上。确保各项森林建设指标达到或超过国家森林城市的评价指标要求，使郑州初步呈现"城在林中，林在城中，山水融合，城乡一体"的美丽画卷。

到2016年，在进一步巩固和提升生态建设成效的基础上，努力打造产品关联度高、产业链长、附加值高的比较发达的林业特色产业体系。一是做大第一产业，积极发展花卉苗木、速生丰产用材林、名特优经济林及林下经济等；二是做精第二产业，发展特色林产品加工；三是做好第三产业，以品牌"森林人家"特色服务为抓手，大力发展森林旅游业。从而发挥城市森林在新农村建设及惠民工程中的作用，使全市森林覆盖率稳定在34%以上，其中建成区绿化覆盖率达到42%以上，人均公共绿地面积达到12平方米以上，初步建成生态较完善、产业较发达、文化有特色的城市森林体系。

到2020年，进一步巩固和提升13.57万公顷生态公益林建设成效，全市森林覆盖率稳定在35%以上，其中建成区绿化覆盖率达到45%以上，人均公共绿地面积达到13平方米以上，建成以林木为主，乔、灌、草分布自然，结构合理，功能高效，景观优美，林水相依的森林城市景观，形成生态完善、产业发达、文化繁荣的城市森林体系，城市生态环境进入良性循环。

《规划》的郑州森林城市建设目标，主要通过建园造景、美化环境、提升功能、繁荣文化、发展产业、增效惠民等举措，主要依托构建"三网融合"的生态廊道、营造组团式的新型城镇景观林、布局多层次的生态防护林、维护多元化的生态公益林、创建多内涵的特色森林公园、发展发达的高效林业产业等6大途径来实现。

《规划》的总体布局，即依托交通干线及沿线城镇，逐步形成以森林生态城为主体、外围县级森林城市群为支撑、重点乡镇为节点、森林村（社区）拱卫的层级分明、结构合理、互动发展的网络化森林城市体系，使郑州市域在森林景观空间结构上形成"一核、二轴、三环、四带、五园、六城、十组团、多点多线"的布局结构。

"一核"，即以森林生态城为核心。以郑州市建成区及其近郊区作为中心区，辐射链接各县（市、区）森林生态建设，使市域内的城区与近郊的森林生态建设成为一个有机的整体。突出城市风格和建设理念，体现森林景观与水文景观、人文景观相结合的思想。按照《郑州森林生态城总体规划（2003—2013年）》，以郑州城区为核心，在周围卫星式分布城市绿地组团，构建由"城、镇、河、村、田"构成的环状、辐射状及块状的森林生态体系。增绿量、加厚度、提质量，完善提高"一屏、二轴、三圈、四带、五组团"的森林景观空间结构。建设一道黄河南岸绿色生态屏障，构建集生物主廊道、城市生态安全屏障、生态文化风光带三位一体的综合防护林带；建成纵贯郑州南北的"107国道"和以横跨郑州东西的"310国道"为轴线的两条森林生态景观轴；依托郑州三条环城公路（三环快速路、四环快速路、绕城高速公路），构造环匝郑州森林生态城的三层森林生态保护圈；依托贾鲁河、南水北调中线总干渠、连霍高速、京珠高速等主要河渠、道路构建四条大尺度、辐射状生态防护林带，沿路、河、渠、堤、农田、村镇住宅等建设不同尺度的防护林带，形成绿色网架，构成水网化、林网化的郑州森林生态网络体系；按照"西抓水保东治沙，北筑屏障南造园，城市周围森林化"的构想，构建"西北森林组团、东北森林组团、西南森林组团、南部森林组团、东南森林组团"五个森林组团，形成绿色森林环境的规模体系，最大限度地发挥森林群落的规模效应。

"两轴"，即东西向、南北向两条城市森林发展轴。东西向发展轴，以中原路—金水路—郑开大道为主轴，并连接沿线城镇森林所构成，以该轴线组织森林生态城"北筑屏障南造园"的建设格局；南北向发展轴，以中州大道—机场高速为主轴，连接沿线城镇森林所构成，形成郑州城市的第二条环城生态防护绿道。以该轴线组织森林生态城"西抓水保东治沙"的建设格局。

"三环"，即依托三环快速路、四环快速路、绕城高速公路建设的"内环、中环、外环"生态廊道体系。内环，依托四环快速路，结合郑州尖岗森林公园、常庄植物园、西山植物园、贾鲁河公园、潮湖森林公园、古城森林公园，由绿色通道、森林公园及各类景观林、防护林等组成。东四环、西四环路以建设生态景观林为主，南四环路以建设生态防护林为主，北部与连霍高速相连，围合形成森林生态隔离廊道。中环，依托绕城高速公路，与黄河绿色生态屏障相联，结合雁鸣湖森林公园、湛山森林公园、洞林湖森林公园、唐岗森林公园，由绿色通道、森林公园及各类景观林、防护林等组成，与北部黄河生物廊道和东部京珠高速林带连接，围合构成森林隔离廊道，形成"森林围城"的景观效果。外环，是连接六城的重要生态廊道，由绿色通道及沿线的森林公园及各类景观林、防护林等组成。东线依托新"G107国道"，西线依托焦作至许昌高速公路，北线依托黄河沿堤绿带，南线依托机场至少林寺高速公路，以建设生态防护林为主。

"四带"，即4条大尺度生态景观防护林带。以连接郑州森林生态城及远郊的大尺度、辐射状的南水北调干渠、黄河滨河大道（S314）、郑登快速通道、贾鲁河水系等廊道为依托，构建贯通市域的南水北调渠生态景观防护林带、黄河滨河大道（S314）生态景观防护林带、郑登快速通道生态景观防护林带、贾鲁河水系生态景观防护林带等四条大尺度生态景观防护林带，形成郑州森林城市的市域生态景观框架。

"五园"，即5个分别位于南、北、东、西、中的特色森林生态文化园。建设具茨山国家森林公园（新郑），依托具茨山"黄花绿叶"所代表的黄帝文化和生态文化，围绕"中华民族之根，中华文明之源"这一主题，把具茨山打造成为中华民族共有的精神家园、华夏儿女向往的心灵故乡，弘扬中华人文始祖轩辕黄帝文化；建设郑州黄河国家湿地公园，弘扬郑州黄河湿地文化；建设雁鸣湖生态文明示范园（中牟），以"国家级生态文明示范区"为目标，将其建设成为黄淮海平原生态城镇建设的榜样与模板，使之成为具有中原文化特色的国家级旅游休闲度假区和文化会议中心，以及河南省小城镇与社会主义新农村"城乡统筹"的示范园区；建设中国花卉博览园（荥阳），在维护植物现状的基础上，通过种植名优新苗木花卉，形成特色植物景观，并用于承办河南省、中国花卉博览会；郑州野生动物园（新密），依托原有的山形地貌，以开放展出为主要方式，让游客步行或驾车穿越山水，零距离接触动物，感受生态自然，使"动物本性的精彩，休闲娱乐的享受"在园内得到充分体现，彰显动物本性的精彩。形成南山、北水、东文、西花、中精彩的特色森林生态文化格局。

"六城"，即6个融合发展的市级森林城市。加快郑州都市区组团融城发展，建设航空城、新郑新城、中牟新城、巩义新城、新密（曲梁）新城、登封新城"六城"的城市森林建设。以森林城市的发展理念，以历史文化传承、生态文化建设为抓手，突出郑州历史文化特色。以历史为线索，以历史文化基地绿色背景打造为载体，进一步做好城市公共休闲绿地、城市湿地公园建设；以水为载体，以发扬光大郑州水文化为龙头，做好市区洛河、伊河和涧河等河流市区段的水体生态保护和生态建设工作；加快环城隔离林带地区绿化建设，发展花卉盆景、苗木等城市绿化产业，大力发展采摘、休闲为主的农林复合观光产业，使"六城"的城市森林各具特色。

"十组团"，即十大宜居城市的核心森林及绿色生态空间建设。重点推进宜居教育城、宜居健康城、宜居职教城、新商城、中原宜居商贸城、金水科教新城、惠济高端服务业新城、二七生态文化新城、先进制造业新城和高新城"宜居城市十组团"建设。按十组团及相关森林乡镇（街道）、森林村（社区）等构建多层次的城镇森林体系，使森林景观、水文景观、人文景观互相协调，提升森林城市建设水平，引导形成"宜居、宜业、宜商、宜游"的城市新区，打造覆盖城乡、全民共享的"中原绿色都市区"。

"多点、多线"，即多类多个片状、块状和线状森林生态建设。依托郊野森林公园群及自然保护区、风景名胜区，森林乡镇（街道），森林村（社区），工农业产业发展区块绿地，山区特色经济林产业发展区块等多点构建片状块状森林生态体系，以及生态廊道以外的其他道路、水系沿线的线状森林生态建设。

《规划》按照生态良好、产业发达、文化繁荣及发展和谐的要求，着力构建郑州市森林城市的生态体系、产业体系和文化体系等三大林业体系，充分发挥森林的多种功能和综合效益。实施并抓好森林生态廊道建设、三网建设（水岸绿化、道路绿化、农田林网建设）、城区绿化、村屯绿化，促进城市森林网络建设；实施森林质量提升工程、生物多样保护工作、多种生态营造林措施，加强城市森林健康建设，提升郑州市城市森林质量，营造完善的生态体系。做大第一产业，做精第二产业，做活第三产业，创建发达的产业体系。通过加强森林文化基础设施建设，积极开发森林文化，努力构建主题突出、内容丰富、贴近生活、富有感染力的森林文化体系。在丰富生态文化内涵方面，重点围绕全民义务植树基地、古树名木保护、文化节庆打造、创森纪念林、都市区森林公园体系等建设，构筑繁荣的森林生态文化体系。

《规划》坚持工程带动，高起点、大力度、大手笔规划了九大重点城市森林建设工程。生态廊道绿化工程，对连接"六城、十组团"的主要道路、水系和重要节点，进行高标准绿化和改造升级，对快速通道、三环两侧、出入市口等重点区域实施大拆迁、大绿化，加快推进生态水系建设项目。规划近期，初步建成沟通中心城区、六城及各组团、各森林公园之间的景观丰富、布局合理、功能稳定、结构完善的生态廊道网络。规划期末为都市区建设提供强有力的完善的生态廊道体系；林业生态乡村建设工程，按照《河南省林业生态乡（镇）、村建设标准》，规划期内建成林业生态乡（镇、街道）100个、林业生态村（社区）1100个（其中林业生态示范村50个），大力发展乡村绿化，编织大地绿色经纬线，健全森林生态网络体系，改善农业生产条件，保护基本农田，保障粮食安全、改善乡村人居环境；城市绿岛建设工程，在城市建成区以街旁绿地、居住区公园、专类公园、区域性公园和全市性公园等为主，以屋顶绿化、垂直绿化和地面停车场绿化等为辅建设绿岛工程，以保护城市生态环境和改善气候条件，健全生态体系，保护生物多样性和城市历史文化，优化和提升总体绿化水平，实现布局合理，形成鲜明的城市绿化特色。规划期内新建城市绿岛146处，2527.73公顷；森林质量提升工程，通过实施低效林改造、环城防护林及城郊森林的林相改造、中幼林抚育、封育管护、建立十大市级森林质量提升工程示范基地等森林质量提升工程，使13.57万公顷森林质量得到明显改善，森林健康度达95%以上，生态公益林一、二类林比例达70%；湿地及生物多样性保护工程，以加快郑州黄河湿地自然保护区建设为突破口，进一步扩大湿地和种质资源保护面积，建立类型齐全、布局合理、等级完善、功能齐全的自然保护区和自然保护小区。进一步完善湿地公园体系建设，加强珍稀特有植物种源培育。规划期内，建成总面积37574.1公顷的湿地自然保护区2个（黄河、双洎河湿地自然保护区），自然保护小区2个（大枣、石榴自然保护小区），面积200公顷的动物园1个（雁鸣湖动物园）；花卉苗木产业工程，利用5年左右的时间，将郑州市建设成为地域特色鲜明、产业体系完善、三大效益突出、在国内外具有较高市场影响力和占有率的花卉苗木生产基地、全国重要的花卉交易市场和物流信息中心，使花卉苗木产业技术水平整体提升，成为郑州市国民经济和社会发展中重要的支柱产业。到2015年郑州市花卉苗木产业生产总规模将达到1万公顷，建设花卉苗木种苗繁育中心66.67公顷，各类花卉苗木品种结构和区域分布更加合理，花卉苗木生产基本实现标准化、规模化、专业化，花卉贸易实现便捷化和规范化；名特优经济林产业工程，根据各县（市、区）的传统优势和宜林地资源，按照"市场主导、因地制宜"的原则，结合产业结构的调整，形成山区以核桃、柿、金银花为主，黄土沟壑区以石榴、核桃、柿为主，沙区以枣为主，郊区以葡萄、樱桃、桃等时令水果、观光采摘园为主，各具特色的经济林生产区域，全市名特优经济林总面积达到9271.998公顷；速生丰产用材林工程，规划在8个县（市、区）实施，重点在新密、中牟、新郑、荥阳和登封，到2013年，全面完成郑州1.54万公顷速生丰产用材林基地建设任务，基本满足郑州市重点企业人造板生产等主要木材加工业的产业化用材需求，达到木材供需基本平衡，实现林产工业原料的基地化、规模化、一体化；都市区森林公园体系工程，规划期内，森林公园总数达到32处，总经营面积80000公顷，建成生态林业观光园28处，与自然保护区、植物园、城市公园和风景名胜区构建城郊一体化布局的森林旅游体系，形成完整的城郊一体化生态旅游网络，积极发展森林旅游业，年接待森林旅游人数达到700万人次以上，森林旅游综合社会产值达到3亿元以上。

《规划》做了美好的展望。《规划》的实施，将极大地改善郑州市的生态环境，缓解城市的热岛效应，降低PM2.5数值，增加城市空气中的负氧离子含量，提高全市年优良空气天数，提升全市人民的健康指数和幸福指数。将进一步提高人们保护自然环境的自觉性和积极性，唤起全民的生态意识，使区域内森林资源数量和质量全面提升，生态环境和投资环境明显改善，为中原经济区和郑州都市区建设提供良好生态支撑。到那时，一幅"天更蓝、地更绿、水更清、人与自然更和谐"的美丽郑州画卷将展现在全市人民面前。到那时，城市的承载力、聚集力、竞争力不断增强，一座宜居的生态绿城初步显现。到那时，郑州市民将因森林城市建设而欢呼，也因生态文明放飞新的理想而振奋、而骄傲。

蓝图已经绘就，行动待争朝夕。

第四节　郑州黄河湿地省级自然保护区总体规划
（2007—2010 年）

一、资源基础

湿地是指天然的或人工的，永久的或暂时的沼泽地、泥炭地、水域地带，带有静止或流动、淡水或半咸水及咸水水体，包括低潮时水深不超过6米的海域。

湿地与森林、海洋一起并列为全球三大生态系统，被誉为"地球之肾""生命的摇篮""物种的基因库""鸟类的天堂"，也是重要的"储碳库"和"吸碳器"。湿地不仅具有维持生物多样性、调蓄洪水、防止自然灾害、降解污染物、调节气候、涵养水源、促淤造陆等巨大的生态功能，而且还为人类生产、生活提供多种资源。湿地独具特色的生态景观也是开展生态观光与旅游、宣教与科研的基地。坚持不懈地搞好湿地生态环境保护和建设，加强湿地资源的保护与合理利用，是保护湿地生物多样性、维护湿地生态功能、改善生态状况，实现人与自然和谐，生态、经济和社会协调发展，更是建设生态文明，实现中华民族伟大复兴的需要。

黄河被誉为中华民族的"母亲河"，是华夏文明的发源地。黄河沿岸历史悠远灿烂，历史文化底蕴浑厚，自然人文景观俯首皆是。黄河中下游自郑州桃花峪分界，冲击出广阔无垠的下游大平原，成为中华民族的发祥地，从这里开始，黄河尽显"雄、浑、壮、阔、悬"的独特气质和风采。

黄河郑州段自巩义市杨沟入郑州辖区，在中牟县东狼村东入开封境内，河道全长158.5千米，境内河道宽5～10千米。桃花峪以上属中游，系禹王故道，距今有4000余年的历史，其南岸为邙山天然屏障，北岸为清风岭黄土高坎；桃花峪以下属下游，系明清故道，距今有500余年的历史。

黄河郑州段两岸相距10千米之遥，苍茫寥廓，不论是阴风怒号，浊浪排空，还是上下天光，波澜不惊，都具有摄人心魄的宏大之美。黄河河床内流量变化、泥沙沉积成为沙滩和泥滩，经风吹日晒，形成了多姿多彩的地貌景观。而朝晖夕阴，烟霞漫天，更是气象万千，足以极目骋怀，富于变幻无穷的色彩和雄浑之美。

郑州黄河湿地位于黄河中游下界和下游上首的右岸（南岸）。其中巩义、荥阳段属黄河中游地区，惠济、金水、中牟段属黄河下游地区。北临焦作市的孟州市、温县、武陟县和新乡市的原阳县，西接洛阳市的偃师市，东靠开封市的郊区，南沿郑州市北部，横跨郑州市东西，紧邻郑州市区，自东向西涉及中牟县、金水区、惠济区、荥阳市、巩义市等5个县（市、区）。

郑州黄河湿地自然景观优美，历史文化底蕴深厚，人文景观资源丰富。

黄河风景名胜区、邙岭生态园、黄河大观、广阔的滩区沼泽和草原以及宽广平坦的林荫大堤等构成了独具特色的黄河风光旅游带；汉代冶铁遗址、楚汉古战场、古荥阳城、西山遗址、纪信将军墓、惠济桥等构成了独具魅力的文物旅游群。花园口扒口遗址、黄河迎宾馆、黄河公路大桥、京广铁路大桥、炎黄二帝塑像、丰乐葵园、郑州农业科技示范园、富景生态游乐世界等构成了令人神往的现代名胜群，形成了独特的黄河风光、黄河文化。在这里，自然景观与人文景观相映成趣、融汇交合，就像五千年的黄河文化，映射着人们顺应自然和改造自然的探索精神和艰辛历程。

郑州黄河南岸的邙山海拔300米左右，为我国的历史名山之一，是通往西部的军事要隘。邙山为黄土丘陵地，桃花峪是黄河中下游的分水岭。自古有"生在苏杭、葬在北邙"的俗语，是古代帝王理想中的埋骨处所，为陵墓聚集地。邙山还是道教名山。隋炀帝开运河、下江南就是先通广武之间（即鸿沟）由这里东下入汴河，再入运河，而历史上著名的楚汉相争的战场就在此。

众多的名人墨客如王维、李白、韩愈、李商隐、王安石、苏东坡等在郑州留下了大量的诗篇，而最早在《诗经·郑风》中，绝大部分是爱情诗篇，具有很高的艺术价值，这在列国诗歌中独树一帜，完全有理由说，郑州黄河是爱情诗的一个重要发源地。以郑风为代表的爱情诗与湿地是密不可分，如：

野有蔓草

野有蔓草，零露漙兮。有美一人，清扬婉兮。邂逅相遇，适我愿兮。
野有蔓草，零露瀼瀼。有美一人，婉如清扬。邂逅相遇，与子偕臧。

《野有蔓草》这首诗写出了水边风光清新、渺茫，人物美丽轻盈，相会美好和谐，这样一幅动人的图景。

溱洧

溱与洧，方涣涣兮。士与女，方秉蕑兮。女曰："观乎？"士曰："既且。""且往观乎？"
洧之外，洵訏且乐。维士与女，伊其相谑，赠之以勺药。
溱与洧，浏其清矣。士与女，殷其盈矣。女曰："观乎？"士曰："既且。""且往观乎？"
洧之外，洵訏且乐。维士与女，伊其将谑，赠之以勺药。

在河边，踏青游憩，春日放歌，这是多么美好的图景啊！春季有个很著名的节日，叫上巳节。每逢农历三月上旬的巳日（三国魏以后一般定为三月初三），男男女女穿上新缝制的春装，倾城而出，或到山谷采摘兰草，或到水滨嬉戏洗浴，或到郊野宴饮行乐。认为这样可以祓除不祥，名之曰春禊。上巳春禊就是一项春游活动，《溱洧》对东周郑国已流行的这个风俗进行了很生动的描绘。有更多的证据表明，先秦的春游并不限于上巳一日。《诗经·郑风·出其东门》云："出其东门，有女如云"，这首诗也道出了青年男女平日则去东门外探春的情景。

郑风中的大量诗篇都描述了湿地的优美风景和水边发生的美好爱情，是先秦诗篇中宝贵的作品，在诗歌史上具有重要的价值和意义。

郑州黄河湿地是河南省生物多样性分布的重要地带，面积广阔，湿地内物种繁多，生态系统类型多样，是我国河流湿地中最具代表性的地区之一，区内物种丰富，生态系统多样，是我国中部地区生物多样性分布最为丰富的地区之一，也是我国三大候鸟迁徙通道的中线通道，是候鸟迁徙的重要停歇地、繁殖地和觅食地区，更是郑州市重要的水源地，具有重要的生态学价值。

郑州黄河湿地内黄河频繁改道，积水、洼地、滩地众多，特别是在低浅滩区形成大面积的湿地资源，蒿草丛生，水源充足，水草肥美，芦苇景观特征尤为突出，灌丛景观尤为典型的，柽柳群落的景观特征尤为明显。黄河大堤内分布着大面积防护林和经济林。林木苍翠，郁郁葱葱。无论是春、夏、秋、冬，这些植被都显现出独特的美。春日，青草蔓生；夏日，雨打浮萍；秋日，芦苇泛金；冬日，枯蓬残雪。远望，河水汤汤，沙洲伸展，苇丛苍苍，萍藻田田，茅草茫茫，极富迷离，旷远之美。

以鸟类和湿地植物为主构成的郑州黄河湿地景观，形成了一个完整和谐的生态系统，具有和谐、动静皆宜的生态美。郑州黄河湿地是重要的候鸟迁徙地和繁殖地，区内滩涂广阔，为鸟类提供了良好的觅食场所，每年都有大量候鸟在此停歇和越冬，珍稀鸟类繁多。冬季，大量的候鸟自北而来，春季由南而来，遮天蔽日，这些珍禽异鸟，在黄河湿地停留、翱翔、盘旋、跳跃，呈现出一派热闹非凡、吉祥欢乐的景象，令人叹为观止。区内湿地锦鳞游泳、沙鸥翔集、万类祥和欣然，极具生命之美。

郑州黄河湿地，承载着厚重的历史，辉煌的文化，灿烂的艺术，是历史和人文景观滋生的源泉，这些有形和无形的遗产将随着湿地的有效保护而得到更好的传承和发展。

中国政府于1992年1月3日加入《湿地公约》。为了认真履行《湿地公约》，更好地保护黄河这一重要的生态环境和湿地资源，郑州市于2003年组织实施了郑州黄河湿地区内动植物、水文等自然环境和周围社会经济情况调查，掌握了生物本底资源状况，完成了《郑州黄河湿地野生动植物资源调查报告》，2004年完成了《郑州黄河湿地省级自然保护区建设可行性研究报告》和《郑州黄河湿地建立省级自然保护区申报书》。2004年11月19日，《河南省人民政府关于建立河南郑州黄河湿地省级自然保护区的批复》（豫政文〔2004〕215号）批准建立了河南郑州黄河湿地省级自然保护区，并列入《河南省野生动植物保护及自然保护区建设工程总体规划》。

二、编制和评审

为了进一步规范和加强河南郑州黄河湿地省级自然保护区（以下简称保护区）的保护和建设工作，郑州市人民政府和郑州市林业局根据国家有关法律法规和政策规定，按照河南省人民政府的批示和要求，于2005年3月委托河南省林业调查规划院承担《河南郑州黄河湿地省级自然保护区总体规划》（以下简称《总体规划》）的编制工作。2006年3月20日，郑州市机构编制委员会批准成立了副处级全额事业单位、隶属郑州市林业局的"郑州黄河湿地自然保护区管理中心"。下设5个管理站和10个保护点，分别隶属于涉及的县（市、区）林业局（农委），形成了中心、站、点的黄河湿地保护管理体系。河南省林业调查规划院经多次实地考察、座谈、反复论证和数次修改，于2006年11月完成了《总体规划》文本编制工作。2006年12月9日，河南省林业厅邀请省环保局、黄河水利委员会水政局、建设局及河南农业大学、河南教育学院等单位有关专家和省、市有关职能部门的负责同志，在郑州召开了《总体规划》评审会。被邀请专家组成了论证委员会，主任委员由叶承忠担任，副主任委员由河南教育学院教授王文林、河南省林业厅总工杨朝兴担任。各位专家现场考察郑州黄河湿地保护区，认真听取设计单位的汇报、审阅相关资料后，经充分讨论，形成了对《总体规划》的评审意见。评审专家委员会认为，河南郑州黄河湿地省级自然保护区是我国中部地区湿地生物多样性分布的重要地区，湿地生物物种繁多，湿地类型多样，是我国中部地区河流湿地中具有代表性的地区之一，是鸟类重要的繁殖地和越冬地，也是迁徙鸟类重要的停歇地。该自然保护区的建立将把河南黄河湿地国家级自然保护区和开封柳园口省级湿地自然保护区连续起来，有利于提高黄河湿地的保护效果。《总体规划》的编制，对改善郑州市生态环境，建设生态黄河，实现黄河中下游沿岸可持续发展具有重要作用。《总体规划》符合《省级自然保护区总体规划编制大纲》的要求，规划指导思想和原则明确，依据充分，功能区划分合理，比较符合实际，主要目标经过努力可以逐步实现。《总体规划》工程安排合理，符合发展要求，内容详实，重点突出，投资计算规范，图表清晰，文本符合要求。论证委员会一致通过《总体规划》，建议按专家意见修改后上报审批。

三、《总体规划》简介

《总体规划》以国家、省有关自然保护区法律、法规和政策为依据，认真贯彻"严格保护，积极发展，科学经营，持续利用""全面保护自然资源，积极开展科学研究，大力发展生物资源，为国家和人类造福"和"加强资源保护，积极驯养繁殖，合理经营利用"的方针，全面保护自然资源和生态环境，开展科学研究，拯救珍稀濒危物种，发展生物资源，扩大种群数量，积极探索湿地生态系统的结构、功能、生产力和生物的自然演替规律；搞好科普教育和生态监测，为科研和教学实习创造良好的条件；在保护好自然资源的基础上，合理利用自然资源，因地制宜地开展多种经营和生态旅游，提高自然保护区自养能力；正确处理保护区与周边社区生产、生活的关系，充分发挥保护区的综合效益，实现保护区和周边社区的可持续发展；积极引进国内外先进技术设备和管理手段，逐步实现保护管理规范化，科学研究现代化，综合利用合理化，基本建设标准化，把河南郑州黄河湿地省级自然保护区建成河南省中部地区自然保护、科学研究、合理利用、科普旅游和社区协调发展的，有自己特色和示范意义的多功能保护区。

《总体规划》的保护区工程建设期为2007—2010年，分两个阶段实施，2007—2008年为第一阶段，2009—2010年为第二阶段。

《总体规划》的保护区，由西至东分别与巩义市的康店、河洛2个乡（镇），荥阳市的高山、汜水、王村、高村、北邙、广武6个乡（镇），惠济区的古荥、毛庄、花园口3个乡（镇），金水区的姚桥1个乡（镇），中牟县的万滩、雁鸣湖、狼城岗3个乡（镇）等，共5个县（市、区）15个乡（镇）97个行政村相邻。总长度158.5千米，跨度23千米，总面积38007公顷。

《总体规划》的保护区以黄河中下游湿地生态系统及其生物多样性，国家和省重点保护鸟类及水禽、候鸟的繁殖、停留、迁徙地，经济价值较高的水生动植物资源，如芦苇、黄河鲤鱼、铜鱼、鳗鲡等，列入我国政府和其他国家签定的候鸟保护协定的候鸟，其他典型自然景观为保护对象。确定河南郑州黄河湿地省级自然保护区为"生态系统类别"的"湿地类型"的自然保护区。

《总体规划》规划的保护区总体建设目标是，全面保护自然资源和自然环境，坚持依法保护，提高管理水平；大力开展科学研究，拯救珍稀濒危物种，发展生物资源，扩大种群数量，实现保护、科研和宣传相结合；加强自然保护区的基础设施和保护设施建设，完善和增加现代化设备，实现保护管理的科学化和高效率；扩大对外开放和技术合作，正确处理保护区与周边社区的关系；有限度地开展生态旅游、多种经营，提高保护区的自养能力，实现保护区的可持续发展，到规划期末，把河南郑州黄河湿地省级自然保护区建设成为布局合理、设备完善、管理规范、多功能、高效益的自然保护区。

《总体规划》的保护区近期（2007—2008年）建设目标是，搞好保护区基础设施建设，完善保护设施，使保护区内生产、生活条件得到根本改善，解除职工的后顾之忧；尽快健全保护体系，对保护区内生态系统，野生珍稀动植物资源进行有效保护；调整、充实、完善保护区的管理机构，健全各种规章制度，改善人员的年龄和智力结构，培养一支政治素质好、专业能力强、训练有素的职工队伍，使保护区的事业走向专业化、规范化、法制化的轨道，实现保护区的有效管理；加大宣传教育力度，增强周边群众的保护意识和法制观念，最大限度地保护其独特的生态系统及自然状态，使之免遭人为干扰和破坏；积极扩大珍稀濒危物种的种群数量；建立和完善科研机构，充实科研力量和科研基础设备，完善湿地生态监测固定样地、样线等设施建设，拓宽研究领域，积极开展水禽及候鸟种类、种群数量的变动、繁殖、迁徙、濒危状况及原因、保护措施等方面的研究；在保护的前提下，充分发挥保护区自然资源和景观资源的优势，通过开展生态旅游和多种经营项目，提高自然保护区的自养能力，促进可持续发展目标的实现。

《总体规划》中期即二期（2009—2010年）建设目标，即基础设施全面完善，各项建设基本形成规模，保护管理手段先进，各项工作开展顺利，自然资源数量持续增长，环境生态系统质量不断提高；宣传教育工作进展顺利，职工素质全面提高，自然保护区生态、社会、经济效益明显，知名度不断扩大；开展各类型湿地生态系统结构、功能、生产力和生物自然演替规律的研究。应用科学研究取得较大进展，技术创新能力增强，高科技研究逐步开展；开展对候鸟迁徙路线和迁徙规律的研究；大力开展多种经营活动和生态旅游工作，生态旅游规范化，力争多种经营和生态旅游取得明显经济效益；社区居民生产生活条件得到明显改善，经营活动规范与保护区融洽相处，生活水平有较大提高。

《总体规划》规划的保护区远期建设目标是：进一步优化郑州黄河湿地生态系统，为珍稀、濒危野生动植物创造良好的生存环境，逐步扩大珍贵稀有野生动物物种特别是水禽的种群数量，确保自然生态平衡；建成具有区域特色、布局合理、配套协调、并能充分发挥多项功能的开放式自然保护系统，促进区域社会经济的可持续发展。

《总体规划》将保护区划分为三个功能区，即核心区、缓冲区和实验区。

核心区面积9209公顷，共划分8块核心区，分别是西起巩义市康店镇井沟村，东至巩义市河洛镇神北村，面积1310公顷；西起巩义市河洛镇神北村，东至巩义市河洛镇金沟村，面积885公顷；西起荥阳市薛村行政村鹿坡自然村，东至荥阳市王村镇石横沟北，面积645公顷；西起荥阳市北邙乡官庄峪自然村，东至荥阳市广武镇王沟村，面积863公顷；西起惠济区古荥镇黄河桥村，东至惠济区花园口镇花园口村，面积960公顷；西起惠济区花园口镇南月堤村，东至惠济区花园口申庄村，面积240公顷；西起金水区姚桥乡来潼寨村，东至中牟县万滩乡三刘寨村，面积1026公顷；西起中牟县雁鸣湖乡辛寨村，东至中牟县狼城岗乡东狼城岗村，面积3280公顷。

缓冲区面积2617公顷，从西到东把8个核心区保护起来。西起巩义市康店镇井沟村，东至巩义市河洛镇神北村，面积610公顷；西起巩义市河洛镇神北村，东至巩义市河洛镇金沟村，面积480公顷；西起荥阳市薛村行政村鹿坡自然村，东至荥阳市王村镇石横沟北，面积243公顷；西起荥阳市北邙乡官庄峪自然村，东至荥阳市广武镇王沟村，面积204公顷；西起惠济区古荥镇黄河桥村，东至惠济区花园口镇花园口村，面积235公顷；西起惠济区花园口镇南月堤村，东至惠济区花园口申庄村，面积113公顷；西起金水区姚桥乡来潼寨村，东至中牟县万滩乡三刘寨村，面积220公顷；西起中牟县雁鸣湖乡辛寨村，东至中牟县狼城岗乡东狼城岗村，面积512公顷。

实验区面积26181公顷，位于缓冲区的边沿。西起巩义市康店镇曹柏坡，东至中牟县狼城岗乡东狼城岗村。自西向东经过巩义市、荥阳市、郑州市惠济区、郑州市金水区、中牟县。

《总体规划》总体布局上将保护区划为保护区域和经营区域。

保护区域，包括核心区和缓冲区，主要是保护湿地生态系统及野生自然资源（尤其是珍稀濒危物种）。该区域珍稀濒危物种分布集中，是重点保护区域。核心区的保护严格执行国家有关规定，核心区除保护管理部门依法进行巡护、定位观察研究和定期资源调查外，禁止其他人为活动。因科研教育目的，确需进入核心区从事科学研究、教学学习、采集标本的，应事先向保护区提出申请和计划，经批准后方可进行。

经营区域，范围控制在实验区内，主要是探索持续合理利用自然资源的模式，实验区内可以从事科学考察、教学实习、采集标本以及设立定位观测点、实验地等；繁殖、培育珍稀濒危野生动植物，探索和研究野生动植物资源的合理开发利用途径；开展湿地生态系统结构、演替规律的研究，探索提高湿地生产力的途径；开展科普性参观、生态旅游、夏令营等活动，对游人进行保护自然、保护环境和热爱祖国的教育等活动。

《总体规划》根据保护区的管理实际，规划保护区实行"管理中心—保护管理站—保护管理点（检查哨卡）"三级管理体系，并分别划定了具体职责。

保护区管理中心负责自然保护区的全面管护工作，主要职责是贯彻执行国家及上级主管部门制定的方针、政策、条例。制定全区管制制度、管理措施及管理计划，监督、检查、协调指导保护区保护管理站的工作，行使管理中心对全区的调控职能。

《总体规划》规划建立中牟、金水区、惠济区、荥阳市、巩义市5个保护管理站，10个保护管理点。每个保护管理站建办公宿舍400平方米，配套设施70平方米，每个保护点建筑面积80平方米，具体明确了各保护管理站管辖范围。

巩义保护管理站，面积6792公顷，保护范围是东至荥阳与巩义交界，西至巩义与孟津交界，东西长35千米，下设沙鱼沟、马峪沟2个保护管理点。

马峪沟保护管理点，保护范围是东至河洛镇与康店交界，西至巩义与孟津交界，东西长22千米，保护面积935公顷；

沙鱼沟保护管理点，保护范围是东至荥阳与巩义交界，西至河洛镇与康店交界，东西长13千米，保护面积5857公顷。

荥阳保护管理站，保护面积14117公顷，保护范围是东至郑州市郊与荥阳交界，西至荥阳与巩义交界，东西长45.5千米，下设牛峪、王村坡2个保护管理点。

王村坡保护管理点，保护范围是东至高村与王村交界，西至荥阳与巩义交界，东西长20千米，保护面积8967公顷；

牛峪保护管理点，保护范围是东至郑州市郊与荥阳交界，西至高村与王村交界，东西长25.5千米，保护面积5150公顷。

惠济保护管理站，保护面积5964公顷，保护范围东至金水区界，西至郑州市郊与荥阳交界，东西长28千米。下设花园口、西牛庄、韩洞3个保护管理点。

韩洞保护管理点，保护范围东至绍庄，西至惠济区荥阳市界，东西长6千米，保护面积1187公顷；

西牛庄保护管理点，保护范围东至十八孔闸，西至绍庄村，东西长6千米，保护面积1196公顷；

花园口保护管理点，保护范围东至惠济区与金水区界，西至十八孔闸，东西长16千米，保护面积3581公顷。

金水保护管理站，保护面积557公顷，保护范围是东至中牟与金水区交界，西至金水区与惠济区交界，东西长6千米，下设马渡保护管理点。

中牟保护管理站，保护面积10577公顷，保护范围东至开封市郊与中牟交界，西至中牟与郑州市交界，东西长44千米，下设辛庄、万滩2个保护管理点。

万滩保护管理点，保护范围东至雁鸣湖与万滩交界，西至中牟与郑州交界，东西长20千米，保护面积1948公顷；

辛庄保护管理点，保护范围东至开封市郊与中牟交界，西至雁鸣湖与万滩交界，东西长24千米，保护面积8629公顷。

规划在巩义管理站的温巩大桥、荥阳管理站霸王城、惠济管理站的西牛庄、中牟管理站的太平庄建立4个检查哨卡，每个检查哨卡建筑面积50平方米，共200平方米。

《总体规划》具体编制了野生动植物保护、防火、病虫害防治等保护区管理规划。

规划在管理中心建设动物救护站1处，主要用于水禽等其他野生动物的救护，结合科普旅游，开展科学教育、宣传野生动物救护政策，建筑面积300平方米，包括仓库、饲料加工室、兽医室、治疗观察室、办公用房等，笼舍800平方米，购置救护设备1套。规划设野外给饲站5处，在沙渔沟保护点、西牛庄保护点、王村坡保护点、万滩保护点、辛庄保护点各设野外给饲站1处。每个给饲站需建贮藏室15平方米，并于实验区各选择一小片水沼，保持水湿条件，定期投食。在惠济区等区县恢复扩大芦苇、香蒲、柳树、杨树等草本植物和木本植物面积1000公顷，营造适宜水禽栖息繁殖环境。建管护码头5处，采用实体式斜坡码头。购买管护船艇5艘。在湿地周边建立防护林带500公顷。在村镇、路口、人员干扰较大的地方设置生物围栏8千米。生物围栏种植生长高度能够到2米以上有刺的乡土乔木或灌木，栽植3行，行距3米。在实验区与湿地鸟类经常出没的地方，种植4行乡土灌木（行距2.5米）或芦苇等宽度不小于6米的生物墙20千米，作为隐蔽地。

规划管理中心建立一支专业消防队伍，配备必要的装备。各保护管理站人员和保护管理点巡护人员为骨干，各建立一支半专业的消防队伍；各保护管理站联系辖区群众，抽调年轻力壮、责任心强的群众组成义务扑火队。在巩义市孟寨岭、荥阳市木楼坡和中牟县狼城岗设立3个防火瞭望塔。建设防火隔离带，初步规划防火隔离带带宽20米，总长50千米。在保护区内部建立无线通讯网，总台设在保护区管理中心。各保护管理站和瞭望塔配备无线电台和手持对讲机。保护区管理中心配置有车载电台的防火指挥车1辆（管理中心防火用车和保护用车合用1辆车），瞭望塔配置高倍望远镜等配套设备；管理中心及各保护管理站风力灭火机等其他防火专用设备，努力实现扑火装备现代化。

规划在温巩大桥和惠济花园口保护管理点设立植物病虫害防治检疫站，总建筑面积300平方米，配备防治设备2套。

《总体规划》重点规划了科研监测、宣传教育、基础设施、社区共管、生态旅游、多种经营等项目。

规划近期以本底资源补充调查、常规资源及环境监测、常规性研究项目为主，中远期重点开展专题性和经营技术性研究项目。在常规性研究的同时，开展生态观测活动。

规划在保护区管理中心建立科研中心1处,建筑面积300平方米,辅助建筑面积100平方米。科研设备1套,信息管理系统1套,标本制作及保管设备1套;在保护区管理中心建立环志站1处,建筑面积300平方米,辅助建筑面积100平方米。环志设备1套;实施资源与生态环境监测,在金水保护管理站建立气象观测站1个,在巩义沙鱼沟保护管理点、惠济花园口保护管理点、中牟万滩保护管理点共建立水文、水质监测点3个,在保护区设立固定样地40个,固定样线30千米。建立鸟类环志站1个;购置科研设备。

本底资源补充调查,主要开展生物环境本底调查、社会经济本底调查、常规和专项调查。

生物环境本底调查内容主要包括自然地理、动物与植物区系、植被类型与动物种群、物候现象。通过对以上调查数据的分析整理,建立生物多样性数据库。

社会经济本底调查,通过调查分析,找出保护区周边居民的需求及其与保护之间的冲突,为保护管理提供依据。

常规和专项调查主要对国家重点保护野生动物分布范围调查。采用样方、样带调查和野外巡护相结合的方式,对保护区内黑鹳、白鹳、大鸨、白尾海雕、金雕、白肩雕、玉带海雕、白头鹤、丹顶鹤、白鹤等10种国家一级重点保护动物,大鲵、角䴙䴘、白鹈鹕、斑嘴鹈鹕、黄嘴白鹭、白琵鹭、白额雁、大天鹅、小天鹅、鸳鸯、鸢、苍鹰、雀鹰、松雀鹰、大䴔、普通䴔、乌雕、秃鹫、白尾鹞、鹊鹞、白头鹞、鹗、游隼、红脚隼、红隼、灰鹤、蓑羽鹤、领角鸮、雕鸮、纵纹腹小鸮、长耳鸮、短耳鸮、水獭等33种国家二级重点保护动物的分布范围、栖息规律、生态生物学特性进行长期调查研究,确定保护区内国家重点保护野生动物的分布范围,绘制分布图,并对国家重点保护野生动物资源进行周期性的数量动态或储量估计。

常规资源及环境监测,主要设置固定样地对湿地生态系统的结构、功能、空间分布、优势生物种群等的数量与动态变化进行湿地生态系统监测。

近期着重开展本底资源补充调查、黄河调水调沙对黄河鱼类的影响、黄河断流对黄河洄游鱼类的影响、郑州黄河湿地水质状况监测、候鸟迁徙规律研究、珍稀濒危物种生物科学研究、水产养殖试验研究、湿地利用技术研究、黄河湿地生态景观型高效利用研究、黄河湿地资源价值评估体系研究等科研项目。

中长期主要开展水禽驯养繁殖试验研究、湿地生态系统结构与功能研究、湿地恢复研究、河流变迁与湿地景观演变关系研究、鸟类环志试验、垦荒等农业生产对湿地的影响研究、利用动植物等生物指示器进行环境监测研究、种间关系研究;自然保护区科学管理及综合效益评价、社区共管论研究等科研项目。

规划建立包括环境因子信息系统、生态系统信息系统、濒危物种信息系统、分类标本收藏信息系统和遗传资源信息系统等的生物多样性保护信息系统。通过收集、处理有关生物类群的空间分布数据,借助GIS、GPS等技术,建立生物类群的地理信息系统。

规划管理中心建立1个宣教培训中心,面积300平方米,辅助设施100平方米,配置宣教设备1套。内设1个电化教室,会议室1个,制作室1个,购置必要的宣传教育、培训设备,包括摄像和音响设备、电化设备、编辑制作系统。制作一批幻灯片、录像带、VCD光盘、宣传标牌、信息栏、视听材料,向保护区内及周边地区居民、游客特别是中小学生播放,提高保护区的知名度,逐步地增加人们对大自然的了解,并自觉加入到保护大自然的队伍中来。

规划保护区管理中心址选在郑州市北郊,紧邻保护区,靠近郑州市区,对外便于联络的地点。拟征地40亩。建设内容包括新建办公楼面积1200平方米，食堂、锅炉房、车库、水塔等配套建筑面积300平方米。购置必要的办公设备。建设中牟县保护管理站、金水区保护管理站、惠济区保护管理站、荥阳市保护管理站、巩义市保护管理站等5个保护管理站，拟征地20亩。管理站办公场所总建筑面积2000平方米，辅助建筑面积350平方米。购置必要的办公设备。

规划在保护区区界及核心区界、缓冲区与实验区之间的区界均设立界桩，每300米设置1个，约共需设界桩500个。

规划保护区修巡护步道20千米。管理中心和保护管理站共需保护用车7辆、救护用车1辆、科研监测用车1辆、环志工作用车1辆、宣传用车1辆、办公生活用车1辆、卫生用车4辆；每个保护管理点配摩托车2辆，全区共配摩托车20辆。全区共需车辆16辆，摩托车20辆。

规划管理中心建配电房一座，输电线2千米，变压器1台。5个保护管理站共需输电线5千米，变压器5台，柴油发电机5部。保护点需输电线10千米，购置供电设备。规划安装固定电话41部，手机11部，车载电台6部，对讲机33部，发射台1处等。

规划管理中心配置输水管0.5千米，机井1眼，调频液压给水设备1套，排水沟0.5千米，化粪池50立方米。站址共需输水管2.5千米，机井5眼，调频液压给水设备5套，化粪池100立方米。规划管理中心装广播电视接收设备1套、5个保护管理站装广播电视接收设备5套、保护管理点装广播电视接收设备10套。无法接收电视信号的检查哨卡配备电视信号地面接收系统4套，加强各检查哨卡的电视信号接收能力，满足检查哨卡的日常需要。规划管理中心需锅炉1个，保护管理站需锅炉5个，保护点用采暖炉20个。规划管理中心和5个保护管理站绿化美化1公顷。

《总体规划》对保护区旅游资源进行了客观地分析和评价。保护区旅游资源丰富，既有保存完好的天然风貌和丘陵风光，又有远近闻名的人文景观，丰富的旅游资源使河南郑州黄河湿地省级自然保护区极具旅游开发利用价值。郑州黄河湿地极具黄河文化优势和区位优势。保护区距郑州市区仅10千米，紧邻邙山东沿的余脉，登邙山极目远望，万千景象，尽收眼底。山上峰回路转，层林叠翠；山下烟波浩淼，帆船点点。铁桥如长虹跨浪，长河共水天一色。游人任山风拂面，听涛声贯耳，览大河胜景，如痴如醉，心潮遂浪，不禁有"登邙山举高瞰远广阔无垠伟伟乎神州大地，观黄河抚今追昔汹涌澎湃悠悠然华夏摇篮"之慨。黄河不仅有悠久的历史，灿烂的文化，而且有独特的大河风情，既有"地上悬河，滔滔东流，烟波淼淼""奔流到海不复回"的大气，也有"芳草萋萋""鹤舞黄沙""两个黄鹂鸣翠柳，一行白鹭上青天"的灵秀。是游人寻悠问古，舒心踏青的绝佳之地。

黄河滩涂有大面积防浪林，主要树种有：杨树、柳树、刺槐、苹果、梨等。区内水源充足，水草丰美，芦苇、香蒲、稗、莲等草本植物茂盛。春夏岛屿上，背河洼地，广阔滩涂上林木苍翠，遮天蔽日，微风吹拂，柳枝轻轻摇曳，婀娜多姿，令人陶醉，池中莲叶碧绿，荷花含苞欲放，如诗如画，秋风起时，金黄色的苇叶飒飒作响，洁白的芦花纷纷扬扬，漫天飞舞，如絮似雪。

保护区内水草丰富，为珍禽异鸟创造了良好的栖息环境，正因为有这样得天独厚的生态环境，每年保护区引来成群的灰鹤、大鸨、鸭、雁、苍鹭、白鹭等鸟类，这些珍禽异鸟，时而成群结伴漫步岸边，时而翱翔天空。这里成了鸟的天堂，呈现出一派热闹非凡、吉祥快乐的景象。

保护区有黄河公路大桥、岗李水库、南裹头护堤、扒口处遗址等丰富的人文景观资源。

黄河公路大桥始建于1984年，1986年10月1日正式通车，当时号称"亚洲第一大公路大桥"，全长5550米。大桥凌空飞跨大河两岸，波涛滚滚的黄河水从桥下奔涌而过，一泻千里。邓小平同志念念其当年渡河之艰辛，欣然题写桥名以作纪念。

岗李水库是黄河滩上一座特别的水库，它始建于1958年的花园口水利枢纽工程，原是20世纪五六十年代的产物。当时人们想把黄河从此拦腰截断，改变黄河的流向造福两岸人民。但由于设计标准偏低，建成后的土坝于1960年大水时又被迫炸开，仅余这十八孔闸桥、消力池和河中一段神奇般残留至今的残坝。水域面积为461亩，水质清澈透明，可垂钓岸边，可泛波湖中，尽享大自然的情趣。

南裹头护堤处，黄河滔滔，一望无际，河水直击南裹头护堤，是黄河中下游涛声最响、漩窝最大、观看黄河视野最开阔的去处之一。在这里你可以尽情"投入母亲的怀抱，喝着母亲的乳汁，领略母亲的风采"。游人可以一边欣赏黄河风光，一边利用免费提供的烧烤台和铁钎进行自助烧烤；也可以乘着渔船观览黄河雄浑壮阔的两岸风光，欣赏水鸟、野鸭的怡然自得，充分领略人与自然的和谐；还可以在体验黄河漂流惊险、刺激的同时品尝到以世代打鱼为生的"黄河吉卜赛人"热情献上的纯正黄河佳宴，畅饮"黄河情"酒。夏季在黄河河道中央踩着滑软细腻的泥，泥似波动，从脚趾间流出，头顶烈日炎炎，四周水波荡漾，而脚下的阵阵凉意却直透心脾，十分惬意。

扒口处遗址有民国堵口合龙纪事碑亭、扒口处雕塑和决口口门界碑等处景点。民国堵口合龙纪事碑亭又叫八卦亭，这里是当年国民政府扒开大堤之后堵口闭气的地方，由2座六角的琉璃瓦亭相对而立，亭内各有六面柱体石碑一通，西为国民党所立，东为共产党所立。西碑亭是1947年5月，国民党政府实施花园口堵复后，其总裁蒋介石在急于打内战的同时，以标榜为人民做善事而立。该六面柱体碑上有蒋介石亲笔题写的"济国安澜"四字和行政院院长孙科题写的"安澜有庆"四字。

规划在黄河大堤内侧营造防浪林，外侧营造护坡林。保护区内沿路、沿线及游路路旁，实行乔灌草相结合的立体式护路绿化，并逐步实现公路、游路和乡村路林荫化。保护区沿边乡村在保护和利用现有植被的基础上，点、线、面相结合，以乡土树种为主调，巧用植物季相变化，达到保护区沿边村庄四季有景的风貌。管理中心、站址周围采取规则式和自然式相结合的绿化方式，选择富有当地特色及具观赏价值的花草和树种营造绿地、遮阴林和花境。职工住宅周围采取庭院式的绿化方式，在房前屋后孤植、丛植一些观型、赏色、闻香的风景树和花草，使建筑物若隐若现，使居民置身于绿色氛围中。

规划在旅游区内修建环保厕所100平方米，固定垃圾箱50个，其他垃圾箱100个。由专人负责清理旅游垃圾，配置卫生车4辆，及时将旅游污染物及其他垃圾运到指定地点进行处理。

规划在惠济旅游景区建设停车场500平方米，餐馆和售货亭200平方米，在巩义、惠济等建3处观鸟台（观鸟台同时兼具防火瞭望作用及保护湿地和水禽的瞭望作用），购置游船2艘。在主要旅游入口处及分叉路口设置旅游线路、景点解说牌，各种标牌与湿地保护知识及注意事项等指示性和说明性标牌。

规划开展渔业生产、特色果蔬种植、建立苗圃花卉种植基地等多种经营项目。在现有以养鱼为主的鱼塘等基础上，扩改建2个水产养殖区，养鱼10公顷；因地制宜地开展一些林果业项目和蔬菜种植；规划充分利用区内丰富的花卉资源，建1处苗木花卉基地。苗圃花卉种植基地规划投资100万元，主要工程为建设温室等，购置生产设备等；林果业项目和蔬菜种植10公顷，规划投资10万元。

《总体规划》规划了生物多样性保护工程、科研设施和监测工程、宣传教育和培训工程、生态旅游设施工程4个重点建设工程。

生物多样性保护一期重点工程，建保护管理点10个，每个建筑面积80平方米；检查哨卡3个，每个建筑面积50平方米；瞭望塔3个；管护码头5个；野外给饲站5处，每个给饲站需建贮藏室15平方米；生物墙20千米；防火隔离带40千米；巡护道路5千米，输电线10千米；设置界桩500个、界碑30个，设置标牌50块；保护仪器及设备：保护车辆、风力灭火机、干粉灭火器、其他扑火设备等基础性保护设备。二期重点工程，建检查哨卡1个，50平方米；巡护道路15千米；生物围栏8千米；建动物救护站1处，建筑面积300平方米，包括仓库、饲料加工室、兽医室、治疗观察室、办公用房等。笼舍800平方米，救护车1辆，救护设备1套；建植物病虫害防治检疫站2处，总建筑面积300平方米，防治设备2套；扩大和保护湿地植被，封滩育草1000公顷，防护林500公顷。

科研设施和监测工程一期重点在保护区管理中心建科研中心1处，建筑面积300平方米，辅助建筑面积100平方米；在保护区管理中心建环志站1处，建筑面积300平方米，辅助建筑面积100平方米；设立固定观测样地40个，固定样线30千米；购置科研仪器设备，其中显微镜1台、绘图仪1台、扫描仪2台、卫星定位仪5部、数字经纬仪1台、标本制作及保管设备1套、鸟类环志设备1套、台式电脑3台、笔记本电脑2台、打印机2台、数码相机2部、冰箱1台、传真机2台、复印机1台、UPS电源4部、烘干箱1台、恒温箱1台等。二期工程重点建立气象观测站1处，配备气象观测设施设备和办公设备；建立水文水质监测站3处，配备相应设备和办公设备；建立管理信息系统和信息网站，购买相关设备；配备其他科研设施、设备。

宣传教育和培训工程重点工程，宣教工程在一期完成，重点建宣教中心1处，建筑面积300平方米，辅助建筑面积100平方米；购买光显沙盘1个、数码摄像机1部、投影机1个、幻灯机1台、编辑机1台、字幕机1台、视听材料1套、电视机2台等设备；制作宣传品。基础设施建设工程一期重点工程，征管理中心建设用地40亩，管理站建设用地20亩；建管理中心办公楼1200平方米，配套设施300平方米。5个管理站各建1座办公楼，建筑面积共2000平方米，辅助建筑面积350平方米；管理中心和管理站建配电房6座、配电盘6个、变压器6台，架设供电线路7千米；管理中心和管理站安装固定电话21部、移动电话10部、发射台1处、车载台6部、对讲机10部等办公设备；管理中心和管理站建机井6口、输水管3千米、排水沟500米、给水设备6套、化粪池150立方米等。基础设施建设工程二期重点工程，管理中心绿化0.4公顷，管理站绿化0.6公顷。

生态旅游设施重点工程安排在二期完成。建观鸟台120平方米，停车场500平方米，餐馆及售货亭200平方米，环保厕所100平方米，固定垃圾箱50个，购置卫生车、游船等。

多种经营重点工程安排在二期完成。其中，渔业生产10公顷，果蔬种植10公顷，苗圃花卉10公顷。

保护区工程建设（2007—2012年）总投资4313.31万元。其中一期工程（2007—2009年）总投资3081.78万元；二期工程（2010—2012年）总投资1231.53万元。

河南郑州黄河湿地省级自然保护区总体规划实施后，可以进一步完善保护区保护管理、科研监测等方面的基础设施，有利于提高保护区整体管理水平，对改善沿岸广大地区生态环境，提高工农业用水质量，促进黄河中下游地区社会经济可持续发展具有重要作用。对河南省涵养水源（减轻水旱灾）、保护水土、改善小气候、吸收二氧化碳、净化大气、游憩资源、生物保护等方面具有重要的生态效益。

把保护区建设成为我国中部地区目标明确、思路清晰、设备完善、管理规范的省级自然保护区，对于研究过渡带湿地生态系统和珍稀野生动植物，对于河南省生态环境保护和社会经济发展的意义重大。

[第三篇]

播种耕耘

DISANPIAN BOZHONG GENGYUN

第一章 建设森林生态城

DIYIZHANG JIANSHE SHENLIN SHENGTAICHENG

郑州市委、市政府在现代化城市的发展中，引入先进的"生态立市"建设理念。2003年作出决定，全面贯彻落实《中共中央　国务院关于加快林业发展的决定》，用10年时间，在郑州近郊建成100万亩的森林，从而实现"城在林中，林在城中，山水融合，城乡一体"的生态环境优美、和谐宜居的现代化大都市。2003年12月11日，市政府向全市人民做出了建设森林生态城市的总动员，阐述了市委、市政府建设森林生态城市的决定，要求规划要高起点、建设要高标准，并提出要研究制订相关政策，探讨建设机制，重点解决好投资机制和管理机制。

十年来，郑州市坚持一张蓝图绘到底，一届接着一届干，出台多项支持政策，投入了大量人力、物力、财力，大力开展植树造林，着力改善城市生态环境，取得了显著成效。

在森林生态城建设中，郑州市将高起点、高质量的规划设计作为森林生态城建设的先导。市委、市政府首先提出了"增加森林资源总量，完善森林生态网络，加快林业产业发展，弘扬中原生态文化"为内涵的森林生态城建设思路。成立了郑州森林生态城规划建设工作领导小组，并特邀中国林业科学研究院首席科学家彭镇华教授为总顾问，由国家林业局华东林业调查规划设计院牵头，历时1年，编制了《郑州森林生态城总体规划（2003—2013年）》。2004年12月17日，该规划经16位国家级专家评审论证通过。2005年6月22日，经郑州市十二届人大常委会第十二次会议，全票通过了《郑州森林生态城总体规划（2003—2013年）》，并形成决议，将《郑州森林生态城总体规划（2003—2013年）》纳入城市总体规划。

郑州森林生态城的建设范围以城区为中心的2896平方千米的区域，建设期限从2003—2013年，以"到2013年新增森林面积100万亩，森林覆盖率稳定在40%以上"为总体目标。总体规划确定了"一屏、二轴、三圈、四带、五组团"的布局。"一屏"，即在郑州风沙起源的北部，沿黄河大堤，建立起一道长67千米、宽1.1千米的绿色生态屏障，为郑州遮挡来自西北的风沙。"二轴"，即在纵贯郑州南北的107国道和横跨郑州东西的"310国道"两旁，种植宽50米的防护林带，形成两条森林生态景观的主轴线。"三圈"，即依托郑州三条环城公路，结合郑州国家森林公园、西流湖公园、尖岗森林公园等星罗棋布的大小公园，构造由绿色通道、森林公园及各类景观林、防护林环绕郑州的三层森林生态保护圈。"四带"，即以贾鲁河、南水北调中线总干渠、连霍高速、京珠高速四条主要河渠、道路构建四条大尺度、辐射状的生态防护林带。"五组团"，即构建西北、东北、西南、南部、东南五大森林组团，形成绿色森林环境的规模体系，最大限度发挥森林群落的规模效应。通过森林生态城建设，最终在郑州近郊新增森林100万亩，实现森林进城，把郑州建设成为现代化的森林生态城市。

为加快森林生态城建设，市委、市政府专门成立了由市长任组长的森林生态城规划建设工作领导小组，统一组织协调森林生态城建设，有关县（市、区）、乡（镇）也建立了相应的组织，创建了分级管理、部门协调、上下联动、良性互动的组织领导体系。2004年以来连续5年将"完成森林生态城工程造林10万亩"，作为向市民承诺的十件实事之一认真办理落实。2006年，郑州市在全力创建并获得"国家园林城市"荣誉称号的同时，把森林生态城建设作为全市经济社会跨越式发展的八大重点工程之一，强力推进。市林业局围绕森林生态城市的建设目标，及时制定了"西抓水保东治沙，北造屏障南建园，三环以内不露土，城市周围森林化"的林业发展思路，并积极推进各项林业改革，每年造林20万亩以上，并强化森林资源管理，全市森林资源快速增长。

在郑州森林生态城工程实施中，坚持以大工程带动大发展，科学施工，严格管理，确保成效。要按照总体规划搞好详细规划，按照规划搞好设计，按照设计组织施工，按照施工标准组织验收，按照验收后的面积进行补贴。森林生态城主要实施了绿色通道、水系林网、大地林网化、中心城区绿化、林木种苗花卉、湿地等生物多样性保护、森林旅游业、生态公益林片林、速生丰产用材林产业、名特优经济林产业等十大工程。

绿色通道工程。郑州是我国重要的交通枢纽，铁路、公路纵横交错，形成了发达的路网系统。森林生态城范围内现有和规划的铁路、各级公路将近3000千米。绿色通道建设的重点是沿主干道路两侧建设了大尺度的生态景观林带和生态防护林带，构建了森林廊道，形成了道路林网系统的骨架，达到了增强行车安全、丰富城市景观、提高森林覆盖率、改善城市生态环境和保护生物多样性等目标。

水系林网工程。郑州森林生态城规划区内，主要水系有位于城市北部的过境黄河和淮河二级支流贾鲁河为主，呈梳状分布的城市内河水系，以及规划于城市南部的南水北调中线总干渠等，总长度将近5000千米。根据各水系的自然特点和分布，突出生态功能，兼顾景观效应，沿河区两侧建设了水源涵养林、防浪固堤林、水土保持林、生态景观林，构成了不同尺度的森林廊道，形成了林水相依、林水相连、以林涵水的水网化、林网化格局，实现了水清、岸绿、景佳的目标。

大地林网化工程。郑州森林生态城规划范围内有县（市、区）道路350.7千米，乡村道路1768.6千米。规划县（区）道路林带总面积1403公顷，其中2002年之前已绿化面积213公顷，至2005年完成新建林带面积1190公顷，实现了县（市、区）道路全部绿化。高标准农田林网网格个数1.038万个，至2005年全部达标，新增林网覆盖面积856公顷。至2010年，全市共建成林业生态县（市、区）5个、林业生态乡镇20个、林业生态村300个、林业生态模范村13个。

中心城区绿化工程。提升中心城区绿化水平，是建设"城在林中，林在城中，山水融合，城乡一体"的生态郑州新格局的重要内容。建设过程中，郑州市遵循已经批准实施的《郑州市城市绿地系统规划》确定的指标，按照"绿环围绕、绿线穿插、绿点均布"的绿地系统布局结构，通过建设分布均匀、布局合理的绿地景观类型，最大限度地提高了城市绿化覆盖率，实现了人均公共绿地面积近11平方米，城市绿化覆盖率40%的城区绿化指标。中心城区的大气污染、绿岛效应、粉尘污染得到有效控制和改善，基本满足了市民对生态环境、旅游娱乐、游憩健身、防灾减灾和审美的需要，中心城区人居环境质量明显提高，促进了城市社会经济可持续发展。

林木种苗花卉工程。从组织形式、生产管理、苗木营销、市场拓展、信息网络等方面及时加以引导，结合"五大森林组团"建设，按照"以苗养林""林苗一体化"的发展思路，着力发展绿化苗木产业，全市绿化苗木总面积基本保持在6666.67公顷（10万亩），确保了森林生态城建设的种苗与花卉供应。重点建设了以常绿树种为主的苗木基地，以阔叶树种为主的苗木基地，以常绿、彩化树种为主的苗木基地，以常绿、鲜切花为主的特色苗木基地，以常规造林及经济林苗木为主的苗木基地等五大林木种苗花卉基地工程。

湿地等生物多样性保护工程。本着就地保护为主、迁地保护为辅的原则，构成由自然保护区、自然保护小区、植物园、保护点组成的生物多样性保护网络。建设湿地自然保护区1个、自然保护小区3个、植物园2个；为保护古树名木而设置了保护点。使郑州森林生态城珍稀野生动植物得到有效的保护、恢复和发展，野生动物栖息环境有所改善，实现野生动植物及湿地资源的良性循环和永续利用，为郑州经济发展和社会文明进步服务。

森林旅游业工程。在郑州森林生态城构建了"三圈、五组团、多点"的森林旅游格局。新建省级以上森林公园5个，森林公园总数达到19处，总经营面积近2万公顷，重点建成在省内外享有较大影响的森林公园7处、生态林业观光园8处，与自然保护区、植物园、城市公园和风景名胜区构成了完整的城区、城郊一体化的旅游网络。

生态公益片林工程。以实现森林围城等主要目标，根据郑州森林生态城各森林组团的主导功能，依据森林生态城生态功能分区，围绕建设生态屏障，建设了以生态公益片林为主要形式，以防风固沙林、水土保持林、水源涵养林等为主要功能，以集中连片13.33公顷（200亩）为最小片林面积的森林板块。西南核心片林面积达到了9000公顷（13.5万亩）。

速生丰产用材林产业工程。速生丰产用材林工程是一项以经济效益为主，兼有生态功能的基础产业工程。实施中，采取集约经营的方式，选择沿黄、东部沙区、西南部丘陵区以及"四荒""四旁"等地，营造速生丰产林1万公顷，使速生丰产林面积达到1.5万公顷以上。

名特优经济林产业工程。结合五大森林组团，本着因地制宜、适地适树，科学布局、标准化管理的原则，新发展名特优经济林基地1万公顷，全市经济林总面积达4.67万公顷，年果品产量达24万吨，优质果率达到80%。形成了东南沙区大枣基地、西北邙岭河阴石榴基地、东南近郊桃树基地、南部樱桃基地、西南葡萄基地、西南大杏基地等六大特色经济林基地。新郑奥星实业有限公司生产的"好想你"大枣系列产品已成为国内名牌产品。郑州市东湖人造板有限公司生产的"老木牌"刨花板俏销国内各大城市。全市具有一定规模的林产品加工企业约110个，年产值52340万元。快速增长的森林面积也为生态旅游产业的发展提供了基础，依托森林的生态观光、林果采摘等各类风情游迅速发展，给经营者和当地群众带来了良好的经济效益。

经过多年来的不懈努力，至2009年郑州市全市累计完成森林生态城工程造林6.67万公顷（100多万亩），造林成活率和保存率均提高到90%以上，提前4年实现了预期目标。通过实施森林生态城建设，黄沙漫漫的黄河故道已是满眼碧绿，光秃秃的邙岭也已郁郁葱葱，熊儿河和东风渠两岸披上绿装，气势恢弘的郑州树木园浓绿如黛。如今，沿城市北部黄河大堤建起了一道宽1100米、长74千米的绿色屏障，沿公路、铁路及主要河流建成了多道绿色长廊，围绕中心城区，建成了西南、西北、东北、南部、东南5个10万亩以上的核心森林组团，在西南尖岗、常庄水库周边，采用集中连片、多树种混交、常绿树为主、近自然式栽植的模式，营造了8000余公顷的水源涵养林；在西北部的邙岭上，新营造了7000余公顷的水土保持林，现在的邙岭到处"层林尽染，绚烂夺目"，美不胜收，已成为郑州市近郊的一处靓丽风景；在东北部，以湿地保护为主要功能营造了5000公顷的生态防护林；在南部，建立了2000多公顷的名优经济林示范园区；在东南部，实施了防沙治沙造林工程，营造了6000多公顷的防风固沙林；在平原农区，按照"小网格、窄林带"模式，沿沟、河、路、渠，建立了农田防护林网。如今"城在林中，林在城中，山水融合，城乡一体"的森林生态城建设目标已展现在全市人民面前。

发展现代林业是一项重要的公益事业，林业建设具有"多效性、长效性、迟效性"的特点，因此在林业生态建设中，政府应该居于主导地位，盛世兴林已在全市达成广泛共识。自2003年启动森林生态城以来，郑州市投入森林生态城的建设资金逐年增加，2003年3000万元、2004年5000万元、2005年1亿元、2006年2亿元、2007年4.7亿元、2008年4.7亿元、2009年4.7亿元、2010年4.6亿元，累计投入22.5亿元，为林业生态建设提供了有力保障。森林生态城建设工程建设规模宏大，涉及面广、投资大，光靠政府投入，难以保障工程的需求。为此，郑州市创新投入体系，建立多元化的投融资渠道，首先加大政府财政投入，市财政承担大头，县（市、区）财政按1/3配套，其次是吸引社会投资，鼓励、支持和吸引社会资金参加项目建设。同时，积极贷款融资，于2006年成立了"郑州市森威林业产业发展中心"，做到了"造林、管护、经营"三位一体，并作为郑州市林业建设融资平台，在2007—2010年市财政保证每年投入2.5亿元的基础上，4年内共向国家发展银行申请贷款8.7亿元。

为调动群众参与的积极性，郑州市政府因地制宜，出台了一系列的优惠政策，对规划区内参与森林生态城建设的农民，享受不低于国家退耕还林补助标准的优惠政策，分工程、区域制定了不同的造林补助标准，并及时向群众兑付补助资金。在保障林区农民收益的前提下，在城市郊区营造大面积森林组团，为城市生态环境的改善发挥了重要作用。

为提升森林生态城建设品位和造林质量，郑州市借鉴其他地区林业建设的先进做法，逐步建立健全了造林和管护机制。在造林工程建设管理方面，郑州市实行了"组织形式多样化、栽植模式科学化、质量监督统一化、市县行动一体化"的工作机制。采用工程造林管理模式组织造林，在北部邙岭水土保护林、尖岗水库水源涵养林等重点生态林建设中，引入竞争机制，不但降低了造林成本，而且包栽包活，大大提高了林木的成活率和保存率。每年入夏，市林业局整合优势力量，会同市政府督查室、发改委、财政局，组织开展营造林检查验收，促进提高造林质量，强化工程资金监管。同时，郑州市通过高标准的科学规划，在树种选择上突出了生态树种，增加了树种数量，加大了常绿树种在造林中的比例，并采用多树种混交的栽植模式，在科学防治森林病虫害的同时，也增强了生态防护功能及景观效果和品位。如在西南尖岗水库周边10余万亩的水源涵养林建设中，规划了60余种树种，并采用了近自然式的混交造林模式。

在管护方面，改变过去重造轻管的现象，坚持"三分造七分管""一元钱栽树，三元钱管护""明确责权利，不栽无主树，不栽无主林"。郑州市林业局成立了重点工程建设管理处，工程区县（市、区）都建立专门的管护网络，乡（镇）也增加了专职和兼职管护人员，形成机构健全、多措并举、上下齐动的管护网络。还成立了3个森林防火大队，从组织机构建设上为减少火灾的损失奠定了基础，确保造林成果的管护到位。

通过森林生态城工程的实施，郑州市已经呈现出一幅"城在林中，林在城中，山水融合，城乡一体"的美丽画卷，正逐步成为人与自然和谐相处的最佳人类居住城市之一。

第二章 创建国家园林城市

DIERZHANG CHUANGJIAN GUOJIA YUANLIN CHENGSHI

20世纪90年代初，随着城市建设的迅速发展，城市面积的扩大和人口增加，郑州市建成区绿化覆盖率有所下降。对此，郑州市委、市政府历届领导班子十分重视，把加快城市绿化建设摆到改善生态环境以及实现现代化的战略高度，统一思想，加大建设力度，促进城市绿地面积的大幅度增加，保证了各项绿化指标逐年提高。

2000年，郑州市委、市政府提出争创园林城市的目标，拉开了创建省级和国家园林城市序幕。2003年，郑州市委、市政府进一步明确要求，"十五"期间要把郑州市建成国家园林城市。市委、市政府成立了"四城联创"领导小组（即创建国家园林城市，创建国家卫生城市，创建国家环保模范城市，创建全国文明城市），由时任市委书记李克同志担任组长，市长王文超同志和省有关厅局负责人、郑州军分区的领导任副组长，成员由市委、市政府分管领导及各区区长，市直有关部门主要领导担任，各区也都成立了相应的领导小组，加强对创建工作的领导。同时还落实创建工作责任制，把创建园林城市工作纳入各区、各有关部门和单位的考核内容，签订目标责任书，加强监督检查。

为成功创建国家园林城市，郑州市将科学编制规划，完善绿地布局，努力构筑具有中原文化特色的城市绿地系统作为第一要务。2001年根据郑州建设和发展的需要，市政府组织市市政局（园林局）、规划局和北京林业大学北林地景园林规划设计院，历时10个月共同完成了《郑州市绿地系统规划》，2002年8月通过国家级专家组的评审，2003年市政府批准实施。《郑州市绿地系统规划》按照规定标准确定各类绿化用地的面积、范围，按区位和用地性质明确指标，采取"一环、四楔、两渠四链、十路二线"的点、线、面、环等形式，合理布局绿地。通过建设沿河（渠）、沿路大型状带绿地，开辟中心城区小型公共绿地，加强道路绿化和城市隔离带建设等。完善现有公园、游园及居住区绿化、形式、布局合理、生态健全、功能完善、景观优美，具有中原文化特色的城市绿地系统。同期，还编制了《郑州市老城区居民游憩绿地体系规划》，给市民创造更多的绿化空间，让老百姓出门500米就能走进一处公园或游园。

在创建国家园林城市活动中，郑州市采取规划建绿、拆墙透绿、拆房植绿、沿河布绿、见缝插绿等有效措施，实施公园、游园、广场建设，城市河道治理绿化，城市道路整治，出入市口整治绿化，单位庭院居住区绿化达标建设，城市防护林建设等大规模中心城区综合整治和系列性创绿建绿工程，新增绿地2000多公顷，各类绿地大幅度增加尤其是公共绿地快速增长，绿化建设呈现出跨越式发展。

拆墙透绿工程。为了还绿于民，郑州市从1997年就提出了城市主要干道沿街单位要全面实施拆墙透绿。实施中首先从市内公园开始，而后逐步推向全社会，重点抓好机关、学校、医院等社会公共单位的拆墙透绿工作。到2006年，建成区有800多个单位实施了拆墙透绿，共增加绿地150多万平方米。

城区河道整治工程，建设开放式滨河公园。郑州市政府投资1.5亿元对贯穿市区12千米，占地近百万平方米的金水河进行大规模改造和绿化，建设了序园、篁墙凝翠等15个景区，隋河宋肆等20多个景点，建成了开放式滨河公园。对贯穿市区、曾被居民称为"龙须沟"的熊儿河、东风渠进行了大规模的拆迁、截污、护砌和绿化美化，形成了绿树、碧水、园林小品相互交融的滨河景观"绿廊"。

公园、广场、游园建设工程，大面积增加公共绿地。郑州市按照绿地系统规划，在中心城区新建了熊儿河滨河公园、月季公园等16个公园。先后将绿城广场面积扩大到12.6万平方米；抓住市园艺场、园林场原属农业用地闲置的机会，及时将其近千亩的土地改建成两个广场、一个大型公园；采取承包农村集体土地方式建设了绿茵、航海、光大、风筝、启明、中心等广场；采取政府支持、单位出资建设形式，建成了裕达、未来等广场。建成了占地47万平方米的世纪游乐园、"五一"公园、占地212万平方米的森林公园等，启动了占地面积15平方千米的西流湖大型公园和市郊环城防护林体系等大型公共绿地建设项目。郑东新区按照建设生态园林城区的目标，建成了中央公园、城市公园、交通公园和河川公园。在中心城区建筑密集、可用空地紧缺的情况下，按照绿地服务半径500米布局，结合旧城改造、城中村改造、产业结构调整和拆除违章、临时建筑等工作，建成小游园138个。完成了市区10个出入市口的整治绿化，以及绵延100多千米的环城快速路和主要干道两侧各30～60米的绿化带建设，基本实现了"绿不断线，景不断链"。到2005年，建成区有公园45个、绿化广场17个，游园156个。主城区绿地分布均匀，有效地改善了人居环境，方便了市民晨练、休闲和文化娱乐活动的开展。

高标准绿化道路。城市道路按照树种多样、色彩丰富、乡土为主、栽植大规格苗木的原则，因地制宜，绿化美化。中心城区内人民路、金水路等百余条道路，行道树以法桐为主，树干粗壮挺拔，冠大荫浓，构成了庞大的林荫路系统，成为郑州城市绿化的特色。在保护和发展这一特色的同时，道路绿化与道路建设同步进行，提高道路绿化覆盖率、绿地率。先后完成了金水东路、郑汴东路、大学南路、中原西路、嵩山南路、天河路等90多条新建主次干道的绿化工作，并通过大规模拆迁违章、临时建筑，着重提高道路绿化档次，设计坚持高标准，施工采用高品质、大规模苗木，注重植物品种多样化，增加造型、色彩和动感，完成了东、西、南、北三环路、郑花路、科学大道的整治绿化。道路绿化已形成点成景、线成荫、带成廊、片成林、相互交织的有机整体。

单位、居住区绿化建设。单位庭院、居住区绿化是城市绿化的基础。为了抓好主城区单位、居住区的绿化，郑州市根据不同庭院和小区情况，依形就势，充分利用楼间、屋顶等空间，让能绿的地方都绿起来，做到"开门见绿，推窗见景"。新建单位和居住区严格按照规定留足建好绿地，做到建一楼，绿一片，建一区，绿一方。现有单位、居住区积极开展"园林式单位""园林式居住区"创建活动，挖掘潜力，扩展绿化空间，提升品位档次，不断加快绿地的补充改造和完善，实施拆墙透绿、拆违（危）建绿、见缝插绿、破硬造绿、立体绿化等方式整治提高，最大限度地增加绿量，提高环境质量。在全市范围内还开展了居住小区以绿化、美化、安全、方便、居住舒适为主要内容，机关、单位以绿地达标、环境优美为主要内容的创建活动；对新建单位、居住区绿化建设一步到位；对老单位进行改造完善、提高品位；对绿化差的单位，先促达标、再上台阶，使全市单位、居住区绿化在原有水平上提高了一个层次。

到2005年9月，郑州市建成区的绿化覆盖面积为5672万平方米，绿地面积4880万平方米，公共绿地面积1564万平方米，绿化覆盖率为35.45%，绿地率为30.5%，人均公共绿地面积为8.68平方米，初步形成了以道路景观为骨架，郑州公园、广场、游园均匀分布，滨河公园贯穿市区、三季有花、四季常绿、大树大绿，具有中原特色的城市绿化体系，各项指标均已达到或超过国家园林城市标准。2005年9月23日，郑州市创建国家园林城市工作顺利通过建设部国家园林城市专家考核组考核验收、评审。郑州市成功步入"国家园林城市"行列。

第三章 创建全国绿化模范城市

创建"全国绿化模范城市",是全国绿化委员会和国家林业局为了贯彻落实"全党动员、全民动手",努力提高国土绿化水平的战略方针,在全国范围内组织开展的绿化领域高规格的一项评比工作。建设成为"全国绿化模范城市",无疑是国家赋予一个城市绿化水平的最高荣誉,也是国家赋予城市造林绿化工作规格最高、分量最重、含金量最足的一个奖项。

2006年,郑州市委、市政府把创建全国绿化模范城市作为建设森林生态城市的重要载体,作出了《关于创建全国绿化模范城市的决定》。提出从2006年开始,在创建国家园林城市基础上,经过2年时间的努力奋斗,力争2007年把省会郑州建设成为全国绿化模范城市。动员号召全市社会各界力量,统一思想,本着"统一规划、完善提高、分工建管"的原则,积极投身全市城乡绿化事业,大力开展创建全国绿化模范城市活动。郑州市还把创建"全国绿化模范城市"作为"民心工程"、生态建设重点项目,纳入市政府重要议事日程。在2006年市第九次党代会工作报告和年初的政府工作报告中,都把创建"全国绿化模范城市"工作作为重要内容,列入年度工作重点,全力推进。2006年2月14日,省会郑州全民义务植树暨创建全国绿化模范城市动员大会在郑州市青少年宫召开,时任河南省副省长刘新民,郑州市绿化委员会主任、市委书记王文超,市委副书记康定军,市人大常委会副主任主永道,市人民政府副市长丁世显、王林贺,郑州警备区司令员李文忠等几位郑州市绿化委员会副主任出席了会议,会议对郑州市的创建全国绿化模范城市工作进行了动员部署。

为确保创建"全国绿化模范城市"工作的顺利开展,成立了郑州市创模工作领导小组,以市长为组长,相关局委、县(市、区)一把手任成员,实行主要领导负责制,细化、量化了创建目标,各级政府及有关单位层层签订了目标责任书,立下了军令状。对创建"全国绿化模范城市"工作实行挂牌督办,定期听取有关创建工作情况的汇报,市领导带头参加大型宣传及创建活动,保证了创建"全国绿化模范城市"各项工作的扎实有效开展。

在创建工作中,郑州市高起点、高标准编制了《郑州市林业生态工程建设规划》《郑州市城市绿地系统规划》《郑州市老城区居民游憩绿地体系规划》《郑州市园林植物多样性保护规划》《郑州森林生态城总体规划》等,并纳入郑州市城市总体规划,全力保障实施。其中森林生态城总体规划绘就了"新绿城"郑州的生态发展规划:以建成区为中心,投资37亿元,构筑"一屏、二轴、三圈、四带、五组团"的总体布局。在城市近郊实施十大重点林业建设工程,在城区采取"一环、四楔、两渠、四链、十路、二线"的"点、线、面、环"等形式,构筑布局合理、生态健全、功能完善、景观优美、具有中原地域文化特色的城市绿地系统，从而"织"出一幅"绿城"的锦绣蓝图。

"全国绿化模范城市"评比条件非常严格，分为三大类67小项，强调城乡绿化一体化，考核内容不仅包括城区的绿化，而且包括郊区的绿化。以城代乡，城乡一体，郑州在城乡绿化建设上围绕"城区园林化，郊区森林化，道路林荫化，庭院花园化"的指导思想，确定了"增强城市首位度、构建全省生态环境首善之区"的生态建设新理念，进一步加大资金投入，加快发展速度，加强政策扶持，力促城乡绿化同步发展，让城乡居民共享郑州经济迅猛发展与生态不断优化的成果。

城市郊区绿化。郑州市采取以生态林业重点工程带动造林绿化事业大发展的战略，以实现城乡绿化一体化为建设目标，紧紧抓住国家对林业确定的新定位、实施六大林业工程的良好机遇，在抓好退耕还林工程、治沙造林工程等国家、省重点林业建设工程的同时，全面实施了环城生态防护林工程、风沙源生态治理工程、嵩山山脉水源涵养林工程、通道绿化工程、森林生态城工程等市本级林业重点工程。以增加森林资源总量、完善森林生态网络为突破口，加强平原、主要水系防护林和绿色通道建设，积极恢复邙山、贾鲁河上游等丘陵岗地及东南沙丘等生态敏感区的森林植被，扩大西南水源涵养林建设规模，加快名特优经济林、速生丰产用材林和林木种苗花卉基地建设，在城市周边营造了多重森林生态屏障，编织了一张防护城市的绿色生态网络，推进了林业现代化建设，实现了林业的跨越式发展。至2007年，全市造林38000公顷，省级以上道路、铁路绿化率达99.52%，沟河渠绿化率达98.3%。

在广大平原地区，以农田林网化为目标，以"小网格、窄林带"为原则，建设河沟路渠林网林带，组织实施了平原绿化高级达标活动。全市16个平原和半平原乡镇全部实现平原绿化高级达标。各县（市、区）按照统一的林业生态镇和生态村的建设标准，大力开展生态镇、生态村建设，实施"林路相依、林村相依、林水相依、林山相依"，村村都建设了小公园或小游园。

城区绿化。郑州市"以民为本"的理念贯穿于城市绿化的始终，确立了"净、绿、亮、美"的工作思路，采取了拆墙透绿、拆违植绿、沿河布绿、见缝插绿、挤地增绿、租地建绿等强有力措施，形成了以道路绿化为骨架，公园、游园、广场均匀分布，滨河公园贯穿市区，绿树葱茏，绿荫如盖，绿云奔涌，花香四溢，具有中原特色的城市绿地系统格局，基本保证了每年新增绿地面积500公顷，实现了大树与高楼同生长，绿色与城市共延伸。以公园、游园均衡分布、建设精品绿地为目标，城市绿化量不断增加。至2007年城区建有公园62个，绿化广场19个，游园184个。

郑州市按照树种多样、乡土为主、色彩丰富、生态绿化、景观优美、栽植大规格苗木的原则，注重道路绿化与道路建设同步进行，注重植物品种多样化、层次化，增加造型、色彩和动感，形成一街一景、一路一貌的绿化格局。郑州市区已形成"点成景、线成荫、片成林"的林荫路系统。

居住区绿化。郑州市倡导景观、生态、功能的和谐统一，使园林地产、生态景观理念在新型居住区的开发中得到广泛应用。对原有居住区坚持普遍绿化、重点提高的方针，大力推广立体绿化，通过实施墙面、屋顶绿化，不仅丰富了绿化景观，而且在一定程度上解决了城市绿化用地紧张的问题，增加了绿量，提高了绿化覆盖率。

全民义务植树活动。郑州市不断强化对义务植树的宣传、组织工作，在全市形成了"全社会办林业，全民搞绿化""人人为城市添绿做贡献"的浓厚氛围。在郑州，每年第一个大型会议就是由省市各界千余人参加的省会全民义务植树暨造林绿化动员大会；将3月份确定为"郑州市全民义务植树集中活动月",每年组织的第一个大型活动就是省、市四大班子领导带队参加的义务植树活动。2002年11月,郑州市政府以政府令的形式出台了《郑州市全民义务植树管理办法》,在社会上逐步树立起了义务植树法定性、强制性和义务性的意识。义务植树平均尽责率达到93.37%,义务植树建卡率为95.1%,造林存活率显著提高,带动了城乡绿化工作的发展。

古树名木保护。郑州市一直重视对古树名木的保护和管理工作。从20世纪70年代末,郑州市就组织对全市古树名木进行了初步调查登记,1984—2007年又先后4次组织力量进行了全面的普查认定,并建立了较完善的古树名木档案,对已调查出的古树名木进行了登记、编号、挂牌、设立标志和拍照建档,安装防护设施,落实责任单位,签订责任状,制定养护、复壮措施,安排专人定期检查及养护。

郑州市启动创模工作以来,为使创建全国绿化模范城市富有文化内涵,市委、市政府广泛动员社会各界参与到创模活动中来,先后组织开展了"绿色郑州"摄影、书法、美术大赛及征文、采风系列活动,形成了"看绿、写绿、画绿、颂绿、爱绿"的良好社会氛围。2006年6月,郑州市委、市政府在绿城广场举办了"郑州市创建全国绿化模范城市——全民参与建绿城,万名儿童画绿城"活动。学生代表、妇女代表、青年代表在活动中向全市人民发出了创建全国绿化模范城市的倡议。郑州市创模办、团市委、市少工委2007年以来还相继开展了"让青春点靓郑州,携手创建绿化模范城"系列活动、"保护母亲河"春季植树造林行动、"小手拉大手,创模争先走"活动、"绿色理念进生活"等活动;设计制作了一系列的宣传纪念品,使"创模"宣传走进人们的日常生活,营造了郑州人"植绿、护绿、爱绿、兴绿、创绿"的浓厚社会氛围。

郑州市自开展创建全国绿化模范城市活动以来,全市上下团结一心,精心组织,广泛动员,分工负责,城乡联动,加快推进森林生态城、城市绿地系统工程建设,城市建成区及近郊整体绿化水平显著提高,各项绿化指标均达到或超过了"全国绿化模范城市"规定的标准。

2007年9月1日至3日,由全国绿化委员会组织的原国家林业部部长、天津市委书记高德占任组长的全国绿化模范城市验收组,采取听取汇报、调阅资料、实地考察、随机抽样、问卷调查的方式,对郑州市创建全国绿化模范城市工作和达标情况进行了全面的验收。经验收,郑州市建成区绿地率达到33.58%,绿化覆盖率达到36.74%,人均公共绿地9.98平方米,中心城区人均公共绿地8.18平方米;城市郊区森林覆盖率提高到29.17%,其中丘陵地区森林覆盖49.21%,平原地区森林覆盖率25.37%,其他指标均达到或超过"全国绿化模范城市"的标准和要求。

2007年11月,郑州市在100多个申报城市中脱颖而出,跻身获奖的14个城市(区)之列,全国绿化委员会正式确定郑州市为"全国绿化模范城市(区)""绿城"的桂冠重新回到了郑州这座千年古都的身上。2008年4月3日,全国绿化委员会、国家林业局在人民大会堂召开会议,表彰了包括郑州市在内的2007年度获得"全国绿化模范城市(区)"荣誉称号的14个城市。郑州市委副书记、市长赵建才专程赴京参加会议,并登上主席台从中共中央政治局委员、国务院副总理回良玉的手中接受了"全国绿化模范城市(区)"荣誉称号的奖牌。2008年4月5日,郑州市委、市政府在政府办公大楼前隆重举行了郑州市荣膺"全国绿化模范城市"挂牌仪式。市委书记王文超、市长赵建才携手将"全国绿化模范城市(区)"荣誉称号的奖牌悬挂在市政府办公大楼门口的墙上。

第四章 承办第二届中国绿化博览会

DISIZHANG CHENGBAN DIERJIE ZHONGGUO LÜHUA BOLANHUI

第一节 全力争办

中国绿化博览会（以下简称"绿博会"）是我国绿化领域组织层次最高的综合性博览会，以宣传我国国土绿化方针政策，展示我国国土绿化和林业事业建设成就，交流我国绿化领域的新技术、新理念、新成果、新产品为宗旨，对提高我国国土绿化水平，推进我国绿化产业和绿化事业发展具有重要意义，被誉为"绿化行业的奥运会"。绿博会由全国绿化委员会、国家林业局和承办城市所在的省级人民政府共同主办，由承办城市人民政府和所在省绿化委员会、林业厅承办。绿博会每五年举办一届，实行申办制。

绿博会由室内展览、室外展园、绿色论坛、学术交流研讨及贸易活动等组成。其中绿博会的精彩之处是室外展园，即绿化博览园，各参展团体在设计范围内自主建设代表本地标志性文化、展示其人文历史、风土人情、国土绿化新成就等内容的特色园林。绿化博览园建成后，无疑将为举办城市落成一座绿色氧吧与观赏休闲为一体、并永久性存在的大型生态主题公园。

2005年南京首届绿博会举办以后，郑州市就开始为举办第二届绿博会做积极准备。在成功摘取全国绿化模范城市荣誉桂冠的基础上，以申办绿博会为契机，进一步加大造林绿化、环境整治、交通道路升级改造、服务设施完善、场馆设施建设等工作力度，加快推进城乡一体化绿化步伐。

2008年4月28日，郑州市正式提出了承办"第二届中国绿化博览会"的申请，时任市委书记王文超、市长赵建才明确要求"要全力以赴，力争申办成功"，并先后多次委派市领导康定军、王林贺到全国绿化委员会办公室汇报申办筹备工作。郑州市申办绿博会工作，受到了河南省委、省政府的高度重视。时任省委书记省人大常委会主任徐光春、代省长郭庚茂、副书记陈全国、副省长刘满仓等省主要领导先后做出批示，同意并全力支持郑州申办绿博会，要举全省之力，举办一届政府搭台、全民参与的国际性行业盛会。省政府于2008年6月30日向全国绿化委员会提交了《河南省人民政府关于申请举办第二届中国绿化博览会的函》（豫政函〔2008〕64号），并指出尽全省之力支持申办、筹办工作。

举办绿化博览会，不仅为全市人民建设一个高标准、高质量亲近自然的大型生态乐园，同时展示了全国国土绿化的新成就，从而推动现代林业和生态建设向新的高度发展，郑州市在申办过程中得到了全市人民的大力支持。

除了领导重视、群众拥护外，郑州市申办绿博会还有几大得天独厚的优势条件，为郑州市举办一届成功的"中国绿化博览会"奠定了坚实的基础。

一、地处中原，交通便利

郑州是全国重要的交通、通讯枢纽，处于我国交通大十字架的中心位置，京广、陇海两大干线在此交汇，周围还有京九、焦柳、月石、平阜线通过，形成三纵三横干线框架，郑州北站是亚洲最大的铁路编组站。郑州是全国7个公路主枢纽城市之一，国道107线和310线以及境内18条公路干线组成了四通八达的交通网络。郑州新郑国际机场是全国五大航空港之一，为一类航空口岸。郑州市内公共交通便利，开辟了多条城乡公交、近郊旅游景区公交等线路，进一步完善了城市、城乡交通道路网。

二、设施齐全，经验丰富

郑州作为全国重要的商贸城市，近几年来，通过加大展馆设施建设，优化、整合全市旅游接待资源，使会展业快速发展起来。每年举办全国性、区域性大型商贸活动上百次，郑州国际会展中心是亚洲一流的会展场所，全市现有住宿、餐饮等接待设施齐全。先后成功举办了世界客属第十八届恳亲大会、第二届中国中部投资贸易博览会、2008中国（郑州）世界旅游城市市长论坛、中国河南国际投资贸易洽谈会、第十届亚洲艺术节、第十届中国科协年会等大型会展活动。从2002年开始，郑州市每年举办的黄帝故里拜祖大典，都会吸引成千上万的海内外华人、华侨来郑拜祖寻根、投资兴业。

承南启北，生境多样。郑州地处豫西山区向黄淮平原过渡地带，地形上有承东启西之势，地形地貌丰富多变，气候处于亚热带向北温带过渡地带，属于干旱、半干旱的北温带季风型气候，四季分明，物种丰富。郑州地区位于黄河中下游分界线处，土壤主要为褐土、潮土、棕土等，所有的北方植物和大多数长江以南的植物均能在郑州地区健康生长，这里已成为很多植物南引北移的中转站。

三、潜心播绿，成效显著

郑州素有"绿城"的美誉，历届市委、市政府均高度重视生态环境建设，造林绿化一直被纳入到城市经济社会整体发展的战略布局当中。尤其是2003年以来，郑州市围绕"城区园林化、郊区森林化、道路林阴化、庭院花园化"的指导思想，在城区，按照"一环四楔、两渠四链、十路二线"进行科学规划，合理布局，实施森林进城，增加乔木总量，调整草坪比例，提高绿化景观质量与效果，建设沿河（渠）、沿路大型带状绿地，开辟中心城区公共绿地等。完善了公园、游园及单位（居住区）绿化，从而形成点、线、面、环、网相结合，布局合理、功能健全、效益明显、结构完整的城市园林绿化体系。在郊区，郑州市根据《郑州森林生态城总体规划》，按照"一屏、二轴、三圈、四带、五组团"的总体布局，全力加快森林生态城建设，推进城乡一体化绿化步伐。如今"城在林中，林在城中，山水融合，城乡一体"的森林生态城建设目标已展现在全市人民面前。2008年郑州市又紧紧抓住省委、省政府建设林业生态省的战略机遇，全面加快林业生态市建设，按照"一核、两脉、三区、一网络"的总体布局，大力实施十大林业生态工程建设，着力打造林业生态强市，规划到2012年年底新造林11.3万公顷，使全市森林覆盖率提高到35%以上。

为能够成功获得"第二届中国绿化博览会"承办权，并且把它办成具有国际影响的绿化领域综合性盛会，按照"绿博会"的申办条件和要求，郑州市多次召开政府常务会议、市长办公会、协调会、成立了由市长任组长、市直相关单位主要领导任成员的郑州市第二届中国绿化博览会申办工作领导小组，明确了分工；并拨付筹办专项经费，确保申办、筹备工作高效开展；同时，开展了主题征集活动，编制了"第二届中国绿博会"的概念性方案，多次派出相关工作人员到南京、沈阳、昆明、成都、上海等成功举办展会的城市，学习经验，加快完善基础设施建设，加大造林绿化力度，展开选址地上附属物调查摸底，为举办展会做了充分准备。

申办第二届中国绿化博览会是一项生态领域竞争激烈的活动，成都、太原、贵阳、上海闵行区等9个城市（区）与郑州市共同角逐绿博会的申办权，全国绿委办在综合分析各申办城市（区）的生态、经济和环境条件等情况后，拟将郑州、成都两市作为候选城市。2008年12月1日至2日，全国绿化委员会办公室组成的专家考察团一行9人，对郑州市申办"第二届中国绿化博览会"工作进行为期2天的申办条件评审，特别是对郑州市的的各项条件、前期筹备工作和举办绿博会的构想进行考评。在申办汇报会上，主管林业的副市长王林贺全面、系统地汇报了郑州市承办绿博会的优势、条件和方案，受到了与会专家的一致赞同。时任市长赵建才代表市政府作出郑重承诺：如果郑州能够承办第二届绿博会，将集全市之力、聚全市之智为举办盛会提供最佳的场地，做出最科学的设计，创造最优良的环境和服务，为加快生态文明建设，实现生活富裕、生态良好、人与自然和谐相处的目标作出新的更大的贡献。

经过专家团的严格考核、多轮投票评比，2008年12月5日，全国绿化委员会办公室正式确定郑州市为2010年第二届中国绿化博览会的举办城市。

第二节 精心筹备

2008年12月5日，全国绿化委员会办公室正式确定第二届中国绿化博览会（以下简称第二届绿博会）于2010年9月26日至10月5日在河南省郑州市举办。第二届绿博会由全国绿化委员会、国家林业局、河南省政府共同主办，承办单位是河南省绿化委员会、河南省林业厅、郑州市人民政府，协办单位是各省、自治区、直辖市绿化委员会、林业厅（局）和各部门（系统）绿化委员会。

第二届绿博会突出"以人为本，共建绿色家园"的主题和"让绿色融入我们的生活"的副主题，秉持"绿色、人文、和谐、创新"的理念，实现"生态绿博、人文绿博、和谐绿博、科技绿博"的办会目标。

第二届绿博会的筹备工作是一项复杂的系统工程，涉及方方面面，从2008年12月5日正式确定郑州市为第二届绿博会的举办城市到会期开幕，所剩时间仅有500多天，筹备任务十分繁重。

一、领导重视、组织健全，是成功办好绿博会的重要前提

全国绿化委员会、国家林业局和省委、省政府领导高度重视，2009年6月全国绿化委员会成立了由时任全国绿化委员会副主任、国家林业局局长贾治邦和省长郭庚茂任主任的第二届绿博会组委会，负责统一领导和协调绿博会的各项工作，下发了《第二届中国绿化博览会总体方案》。主要领导亲自安排部署，分管领导亲自抓落实。各级领导多次到筹备一线

听取汇报，视察指导工作，督促加快进度，多次组织协调，强力推进。国家林业局局长贾治邦亲自安排部署，明确了总体要求；李育材副局长先后10余次到郑州视察调研并坐镇指挥。为确保第二届绿博会办成"国际领先，国内一流"的盛会，全国绿化委员会于2009年7月22日至23日、2009年11月11日、2010年5月6日先后三次在郑州召开"全国绿办主任工作会议"。河南省委书记卢展工、省长郭庚茂多次听取汇报，召开专题会议研究部署，并多次到郑州·中国绿化博览园（以下简称"绿博园"）施工现场视察指导；主管副省长刘满仓先后主持召开13次协调会、现场办公会，及时研究解决筹备工作中存在的问题，明确工作方向和重点，提出具体要求和部署。省林业厅多次召开党组会和厅长办公会议，研究绿博会筹备工作，指导制定筹备工作方案和计划，积极向全国绿委办、国家林业局和省委、省政府汇报，协调省直有关单位办理有关手续，成立省筹备工作协调小组，筹划、组织河南园规划、设计、建设工作。

郑州市作为承办城市，市委、市政府更加重视，把筹备举办绿博会列为市委、市政府的重点工作之一，主要领导更是投入了大量的精力和时间，多次召开专题会议研究绿博会筹备工作，在土地形势日益严峻的情况下，拿出近2平方千米的土地建设绿博园。2009年4月14日，郑州市召开全市动员大会，成立了第二届绿博会执行委员会，下设综合协调部、规划设计建设部、邀展部、宣传与大型活动部、布展部、市场开发部、接待部、安全保卫部、市容部、商务部。执委会由时任市长赵建才任主任，市四大班子领导分别任常务副主任，并明确由市政府副秘书长姜现钊专职负责，从市直各有关部门抽调精兵强将，组成了筹备工作队伍，先后召开执委会主任会议8次、执委办例会28次，全力协调推进。郑州市林业局更是把筹备绿博会工作作为全局工作重点，在保障日常工作正常开展外，领导班子分工负责、各抓一项工作，全系统80%多的人走向了一线，全力以赴。特别是自从绿博园开始施工以来，吃住现场、昼夜加班、靠前指挥。

二、科学规划，精心施工，是建好绿博园的关键

郑州市以建设"中国一流、世界有影响的绿博园"为目标，着眼于绿博园的长期利用和永续发展，坚持高标准规划、高水平设计、高起点建设为目标。2009年2月，郑州市启动了绿博园规划方案国际征集工作，从众多规划设计单位中，筛选出美国EDSA、英国阿特金斯集团、中国建设规划设计院和上海同济城市规划研究院4家单位进行方案编制，完成了绿博园规划方案评审工作，并委托上海同济城市规划设计研究院对4家方案进行了优化整合和修建性详规设计。2009年7月5日、7月18日，郑州市又2次组织专家论证，最终完成了"郑州·中国绿化博览园规划方案"的编制工作。绿博园选址在郑州新区突出位置，规划面积2939亩，园区内以植物造景为主，展示各地的特色植物、自然景观、历史文化和绿化、园林技术。景观结构分为"一湖、两轴、三环、八区、十六景"，除设计公共绿化、服务设施、基础设施外，安排室外展区94个。

绿博园的建设，是第二届绿博会筹备工作的重中之重。在省政府、省林业厅和郑州市相关部门的积极努力下，绿博园园区建设所需各项报批手续完成，拆迁、地面清理、建围墙等各项前期准备工作相继完成。

2009年8月26日，绿博园正式奠基。市政府专门成立了绿博园建设项目部。随后，相继完成了基础建设招标，景观绿化工程招标，主要建设和钢结构工程开标，各施工单位陆续进场。到2009年年底，园内260余亩的中心湖和30余亩湿地、河道的开挖任务已完成；内、

外环道路、桥梁建设基本完工，具备通车条件；市政管网、地形改造、国内外各参展团展区定位等工程全部完成；2010年春节前，抢抓时机，绿化工程完成过半；绿博园开园前，绿化、建筑、市政等工程全部完工。绿博园工程建设涉及规划、设计、土建、工程、装修装饰等多个环节，专业性强，项目部建立了一系列机制：大事集体讨论、集体研究决定，防止决策的盲目性；关键技术环节邀请建筑、法律、工程造价等方面的专家给予指导，提高决策的科学性。项目部严格实行项目法人制、招投标制、监理制，建立了进度通报制度和严格的奖惩制度，定期组织各参展单位召开观摩会、座谈会和施工单位工程质量进度汇报会。工程管理人员24小时坚守岗位，组织相关专家对工程质量进行定期检查、定期在媒体上通报。经过一年零一个月的努力，累计完成投资近14亿元（概算），吸引各参展单位投资近3亿元，一处功能齐全、景色优美的大型生态园林——郑州·中国绿化博览园，如期以靓丽的身姿展现在世人面前。

三、实行"一对一"邀展服务，是绿博会成功的有力保障

绿博会参展团和客商的规模及质量，对办好绿博会具有至关重要的作用。执委会以省长和省政府名义向45个拟邀展省、部级单位寄发了邀请函，郑州市以市长名义向全国各省（区、市）、计划单列市、国内大型行业及部门、全国绿化模范城市等83个地区或单位发出了邀请。2009年8月27日郑州市召开了邀展动员大会，由8名市级领导带队，市直88个单位，成立了东北、华北、西南、华东、西北、中南、河南省及国内大型行业、港澳台和省（市）国际友好省（市）、客商9个"一对一"邀展组，通过逐一上门邀展和信函等多种形式，积极开展邀展、邀商，推介绿博会，宣传参展的优惠政策等工作。对各参展团，提供一对一接待服务。同时，通过河南省、郑州市外事部门以省、市长名义向38个国际友好城市、38个世界历史都市联盟会员城市和港、澳、台地区发出了邀展函。最终全国各省（自治区、直辖市）、计划单列市、国内大型行业及部门、全国绿化模范城市等境内参展建园单位86家，境外参展单位8家，共94家单位参展建园。

郑州在绿博会整体服务上，首次提出"一对一服务"，即一个市直单位或企业对口服务一个建园单位。2010年3月5日，郑州市委、市政府召开市直"一对一服务"工作动员会，展会期间，郑州市制定了详细的接待方案，由45位副市级以上领导同志分包负责，108个市直单位负责一对一服务，使整个邀展及会议接待工作卓有成效，受到参展单位和与会代表的一致好评。

四、广泛宣传，营造氛围，是办好绿博会的必要前提

绿博会执委会开通了第二届绿博会专题网站，及时收集、编发、更新信息，展开网络宣传。组织编发《绿博动态》236期和《绿博园建设快报》89期，及时报送有关领导参阅，掌握情况。2009年9月4日和2010年1月6日，先后两次在北京召开新闻发布会，向国内100多家新闻媒体通报了举办第二届绿博会情况和会徽、吉祥物、主题口号的征集评定情况，引起了社会的广泛关注，共收到主题口号10472条、会徽193件、吉祥物68件，并最终确定会徽为双手呈伸展与呵护状的图案，吉祥物为将郑州市市树法桐树叶塑造而成的天真可爱孩童形象的"绿童"，主题口号为"和谐绿博会，生态新郑州"。2010年3月2日，第二届绿博会会徽、吉祥物和主题口号颁奖晚会的举办再次吸引了人们的视线。

此外，"绿博会倒计时一周年"活动、"绿博电视知识竞赛决赛""争创巾帼文明岗，优质服务迎绿博"活动、"相约云蒙山，共植绿博林""绿博会倒计时100天"活动等一系列

的大型活动的开展，不但增进了市民对绿博会的了解，也营造了社会各界广泛参与绿博会的良好氛围。特别是2010年4月7日，郑州市人民政府副市长、第二届中国绿化博览会执委会常务副主任王跃华走进郑州电视台大型谈话节目《周末面对面》录制现场，以"让绿色融入我们的生活"为主题，与政协委员、广大市民、大学生等各界群众代表面对面亲切交流，现场解读绿博会，扩大了绿博会的影响。宣传画册、宣传展板、第二届绿博会倒计时电子牌、公交车身广告等形式多样的宣传，也进一步增强了绿博会参与的广泛性。

五、精心准备，周密组织，是办好绿博会的基本要求

第二届绿博会围绕"让绿色融入我们的生活"主题，会期将组织安排15项大型活动。为保证各项大型活动开展的成功圆满，2010年春节过后，绿博会执委会根据《第二届中国绿化博览会总体方案》，对春节至开幕前需要筹备的活动及工作倒排工期，制定了绿博会开（闭）幕式及系列大型活动工作方案和实施细则，并对会务活动、来宾接待、安保、市容整治等方面进行精心部署，明确任务，落实责任，反复彩排各项活动，保证了各项大型活动目的明确、责任明晰、准备充分、精益求精，为在会期有序、热烈、圆满开展各项活动奠定了坚实的基础。

第三节　百园荟萃

郑州·中国绿化博览园（以下简称绿博园）地处郑州新区突出位置，位于郑汴产业带2千米以南、贾鲁河以北，西临万三公路，东至中牟县人文路。于2009年8月26日奠基破土动工，经过一年零一个月的建设，于2010年9月25日全部建成，于2010年9月26日第二届中国绿化博览会开幕当天正式对外开放。一座功能齐全，景色优美，融历史文化与现代文明、人文景观与自然山水、传统园林艺术与现代绿化科技于一体，充分展示最新生态文明成果的绿化博览园，展示在世人面前。

绿博园是第二届绿博会的主会场，也是第二届绿博会核心成果展示区。绿博园纳百园于一园，汇万芳而炫斓，集中了海内外园林建造手法之精华，汇聚了珍稀苗木花卉于园中，是一处"国内一流，具有世界影响"的生态园林景观。绿博园的"绿色、人文、和谐、创新"的设计理念，全方位诠释了第二届绿博会"让绿色融入生活"的主题。

绿博园总面积195.74万平方米（2939亩）。各类绿化面积160万平方米，栽植各类乔灌木63.6万株，植被花草80多万平方米，新、奇、特树木4480株，湖面、湿地等水系面积320亩，生态资源丰富。

绿博园的景观布局为"一湖、二轴、三环、八区、十六景"。一湖，指的是中心湖区"枫湖"。二轴为"绿色宣言"景观轴和"山水中原"景观轴，二轴线交于枫湖，形成全园视觉中心。"三环"指的是3个景观环：内景观环，体现湖光山色的"绿博"美景，该环主要围绕中心的"枫湖"；中间景观环主要为各类展园，为"绿博园"精华荟萃带；外景观环为葱茏蓊郁的背景森林带，是整个园区的绿色大背景。"八区"指的是全园的8个区域，分别是入口区、枫湖区、展园区、湿地区、背景森林区、绿色生活体验区、休闲娱乐区和苗木花卉交易区。"十六景"指外八景和环湖八景。外八景是指内环以外八景，包括挹秀峰、花廊、多彩大地、绿色生活体验区、森林氧吧、科技园、儿童天地、花语广场。环湖八景包括枫湖半岛、

枫湖广场、阳光沙滩、音乐喷泉、生态浮岛、湿地、雕塑"和谐"、雕塑"自然"。

绿博园是各地各部门绿化成就展示最主要的平台，各地建设的室外展园是绿博园的亮点。全国31个省（自治区、直辖市）和5个计划单列市、5个行业部门、34个全国绿化模范城市、1个非全国绿化模范城市的部分省会城市、8个国际友好城市、5个企业以及河南省内4个古都城市参加建园。自开工建设以来，各地政府都给予了高度重视，科学设计方案，精心组织施工。不少省、市政府领导亲临现场视察督导。修改完善方案，补充丰富苗木品种，使本展区的地域风情、历史人文内涵得以充分体现，筑就了别具匠心、独具地方魅力的园林佳作。

94个展园设计理念新颖，建设特点突出，精彩纷呈，在绿博园内随时可以领略到北国风光、南疆美景、西域高原、东方神韵和异域风情。既体现本届绿博会的办会主题和宗旨，又展示了最新的绿化成就和科技成果；既传承了传统造园文化，又探索利用了现代造园手法；既展现了植物、建筑、小品的景观和谐美感，又融入了人文、历史元素，打造出了具有鲜明时代特色的生态主题公园，形成了中原地区新的旅游景观品牌。

北京园位于园区东北，以北海静心斋为蓝本，体现了恢宏大气的皇家园林风格。展园借山建亭，濒水砌榭，布局规整严谨。园区中心，亭台轩榭，国槐、侧柏，绿树掩映，开阔的湖面，周边以汉白玉做护栏，鹅卵石、睡莲点缀其中……独特深厚的文化内涵，抒写着皇家园林的雍容华贵；古朴、现代与人文观念的完美融合，凸显了北京开放、多元、包容的地域风情。

天津市的"津豫缘"展区中央为"凭海临风"主题雕塑，以两个倾斜向上的巨大不锈钢桅杆，支撑起两片巨大的不锈钢鼓风镂空船帆，船帆镂空部分各雕塑一组振翅高飞的不锈钢海鸥造型。整座雕塑以直插云霄的震撼感，表现了新天津、新滨海在改革开放的大潮中，天津人搏击风浪、锐意进取、踊跃潮头的精神，充分彰显天津乘风破浪、敢为人先的城市气魄、现代大都市风貌和时代风韵。展区周边绿树葱茏，内部草坪豁然铺展，旁边甬路曲折蜿蜒呈"人"字形，与绿植浑然融合，体现天津"绿色生态城市"的现代宜居城市特色。

河北园精巧地勾勒出河北省版图主景观区轮廓，将地形地貌、风光名胜和绿色植物情景交融。通过中共七届二中全会主席台、赵州桥等历史文化遗存，用植物元素辅景，渐次展现了燕赵大地绿色文明的古老神韵。使游人在游览过程中不仅重温了河北的光辉历史，也领略其构筑京津生态屏障的艰辛历程。

山西省的"诗礼园"，以晋商常家大院作主景点，布局规整，尊卑有序，充分展示了"为商，利逐四海，财取天下"的儒商之道。展园重点展现了常家儒商风范—诗礼传家，揭示了晋商辉煌600年之文化渊源。踏进园区，仿佛进入了儒家文化的殿堂，无论是砖雕石刻，还是匾联彩绘，都表达了对儒学文化的推崇。石芸轩书院大门两侧嵌刻的"学海"两字是王羲之的手迹，门楣上"贞而不谅"四字出自于《论语》，是儒商常家对儒学的基本态度，其儒商风骨尽得展现。

内蒙古园骏马奔腾、牧歌悠扬，不仅反映了六大林业工程的辉煌成就，也展现了浓郁的民族风情和民族文化。园区内"6"字型园路，螺旋上升的植物模纹象征自治区60年辉煌的发展历程。8个立体花坛以苏鲁德图腾柱为中心，集中展示了内蒙古自治区民族风情（生活、娱乐、体育、文化）、自然风光（草原、沙漠、森林）、经济发展（风电）等8个内容，分别以不同颜色的哈达状植物景桥与轴心相连，形成一个植物蒙古包外形轮廓，表现了蒙古族的民族特色。

辽宁园将远古化石、红山文化、满清风情与丰富的植物元素结合，营造了一个错落有致、季节色相变化丰富的生态园林。园区入口两端C型对称的一对玉龙犹如红山文化时期的图腾卫士，展现了辽宁特定时期内典型的文化特性；矗立在辽河畔、园路旁的古木化石年轮上树木特有的岁月痕迹，默默注视着您漫步进入一个上古久远的时代；取材于具有典型满清文化特色的沈阳故宫的"永安"亭，呈现了300年满清风情文化和永远安宁的辽宁的内涵。

吉林园是吉林省和吉林市的联袂佳作，展园将长白天池、人参娃娃等自然风光和新中国电影文化有机相融，将传统的剪纸文化、印章文化与传统景观表现符号"花窗"有机结合，形象地呈现了吉林著名的"八景"，充分反映了地域特色与良好的生态环境。

黑龙江园的"行政版图"广场、立体腾起之龙"坐龙"主题雕塑、文化景墙、五大连池微缩景观、镜泊湖早河景观、湿地、旱溪、草坪、火山石、木质平台等古朴的自然元素，再现了五大莲池、镜泊湖风光，表现了金源文化的璀璨，彰显了东方欧陆风情的别样风采，展示了黑龙江在发展、在崛起和勇于拼搏、永不止步的龙江精神。

上海园采用海派手法建园，绿树环抱、花丛簇拥、花园洋房、历史建筑反映了上海大都市的文化特征。园内主体建筑以上海著名百代唱片公司留下的历史建筑为蓝本，以绿色植物和老洋房建筑共同构成具有庭院特色的绿化围合空间，体现了上海精致的绿色时尚和绿色风情。

江苏省和张家港市、常熟市共同建设的"苏园"以"绿韵江南"为设计意境，叠山理水，掇山筑亭，"山、水、林、园"融为一体，创造出现代城市繁忙节奏下的婉约气质空间和步移景异的视觉景观效果。展园将自然融入景观空间，有围有聚，内聚居多，围透相宜。门、亭、榭、廊飞檐斗拱；苗木花草，疏密有致，展示了古典园林的高超水平和江南水乡的秀美。

浙江园主题为"越乡人家"。园区以越文化中越俗、越艺、越学将景区逐步展开并相互衔接，以越剧元素、浙江山林和"之"字形的水系为骨架，用浙江民居、小桥、农田耕地等越人生活方式，地形、水系、植物的自然布置和铺装、"求实"雕塑等和三者的互联渗透，充分表达了森林浙江越乡人民的品质生活。

安徽省的"皖山情缘"，以天柱山风光为主景点，集中展现出安徽的生态环境、人文环境和黄梅戏故乡的徽文化。风景旖旎的天柱山主峰——天柱峰美景，微缩徽派建筑风格墙垣、槐荫古树、董永七姐的彩塑、蜿蜒其间的天仙河，环抱着山峦、湿地和村庄，牵携着董永草亭、临水小桥，依连着弯曲的小径，流向那浓郁的丛林……以而构成了园区的主体画面，展现出天柱山的生态环境、人文环境和黄梅戏故乡之文化精髓。

福建省的"八闽绿韵"，以武夷山玉女峰、九曲溪、永定土楼为景点展示了八闽绿韵。海边礁石、高大榕树、起伏土坡、曲折河流、茂盛树木，展现了福建省的青山绿水。游人进园即感到曲径通幽，步移境迁，别有洞天。

江西园中的井冈红旗、南昌硝烟充分展示了江西的革命传统的深厚与浓重，"傩"、鄱阳湖等展现了具有地方特色的文化体系和生态风光的神秘与深邃，彰显了博大精深的江西文化、人文思想和自然景观。

"齐鲁园"由山东省、青岛市、威海市、日照市、胶南市合建，坐落在绿博园"枫湖"的西岸，形状像一条来自滨海山东的金色之鱼，畅游在绿博园的绿波之中。微缩的"五月的风"、崂山石、海草房、琅琊台、岱宗坊、趵突泉、鲁壁、海浪沙滩等景点和元素，形象地表现了青岛、威海、日照、胶南等地的地域特征和历史文化。整个园区集中展现了齐鲁大地生态绿色、春华秋实、人与自然和谐生活的意境。

万里长江万里景，最是楚天吴越风。湖北省的"楚魂"园以楚文化为载体，营造出了浓烈的楚风楚韵。通过具文化性、观赏性及趣味性的园门造型和园内伟大诗人屈原"九歌唱晚"景墙、龙舟竞渡、雄黄仙粽、端阳情思等小品和特色植物，充分展现了非物质文化遗产的"端午节"文化、楚风楚韵和荆楚大地深厚的文化积淀，展现了湖北融古通今的文脉传承和与时俱进的时代精神风貌。

湖南省和长沙市的"湖南·长沙园"，通过对文字载体——竹简的观赏，备料、片解刮削、杀青（上胶液）、编联、书写等竹简制作工艺流程介绍和竹简文化展示，整体展示了长沙吴简历史文化，体现了长沙文化名城的特色，从侧面反映了"宁可食无肉，不可居无竹"的湖南竹文化。

广东省的"南粤林苑"，以世界自然遗产红石公园——丹霞山为主体的粤北原生态山林景观，融入广东名士康有为的万木草堂、佛山南风古灶、广州迎春花市、潮州功夫茶等元素，展现了古桥瀛洲、草堂观海、幽竹茶语和陶林迷花的美景，表现了"五岭北来峰在地，九州南尽水浮天"的广东地理格局和岭南文化风俗画卷。

广西园"绿满八桂"的壮家吊脚楼，透露出浓郁的壮家民族风情，表现了壮乡自然之美、风情之美。古朴依旧的对歌台，依稀传出刘三姐悠扬的歌声，呈现了从古至今的八桂欢歌的场景和对歌文化。世界长寿之乡广西巴马酷似汉字草书的"命"字河环绕于民族特色小亭之中，河的源头为叠水"寿源"，表达了"长寿"与生活环境的密切相关。

海南风情园椰风椰韵、五指飞瀑。瀑布自五指山峰间直下，流经曲折变化的小溪涧，缓慢注入大海。乔灌花草，疏密相间、错落有致，富含热带风情。园路、平台、小桥、凉亭、大海、沙滩，充分展现了海南国际旅游岛迷人的原生态山水景色和旖旎的热带滨海风光。

重庆园着重展现了"森林重庆，碧水三峡"的巴渝文化特色。郁郁葱葱的森林和流淌溪水组成的森碧流筋，充分显示出重庆山水之韵，自然之美。浓缩的"青溪渔钓"三峡著名景点和高低错落的渔网拉幕，形象夸张地呈现出三峡古老而质朴的江边垂钓、渔民收获的丰收景象和重庆三峡江边独特的巴渝（渔）文化。雄壮的夔门、浩瀚的江水、明净的桂魄，交相辉映，构成一幅巧夺天工深邃朦胧的夔门秋月水墨画，令人陶醉神往。碧波绿屏展示了三峡库区碧波荡漾与绿色屏障共生的美好景象。

四川省的"天府之家"集观赏性、文化性、四川特色于一体，充分表现了巴山蜀水风光与浓厚的历史底蕴。川西建筑风格的楼牌，大中见小、粗中藏细；天府人家，轻盈精巧的川西民居建筑造型，朴素淡雅的建筑色彩，朴实飘逸的地域风格，古朴典雅、秀丽清朗，人情味十足；门泊万舟，取自诗圣杜甫"窗含西岭千秋雪，门泊东吴万里船"的名句，反映了深厚的四川文化；蜀景沉香，清奇古雅、生机勃勃、意韵深远的川派盆景，表现了植根于巴蜀大地的盆景传统艺术的独特魅力；拥翠亭，楹联匾额辅以巧妙的植物搭配，将拥有无与伦比的奇山妙水、旖旎风光的文化之邦四川，巧妙地展现在游人面前；太阳神鸟浮雕为重点的古蜀掠影，引得游人在此沉醉于悠远的历史，陷入对文化历史传承的思考。

贵州省的"苗岭人家"，以最具苗族建筑风格的吊脚楼、美人靠、门楼、歌坪、图腾柱等景观，集中展示了靠山而居的贵州苗族民居文化及生活。通过贵州高原广袤的喀斯特山地和特有的原生态植物景观，充分展现了贵州人民与自然和谐相处的新风貌。

云南园中，哈尼梯田，农耕文化，茶马古道，傣家竹楼，凤尾竹下，芦笙恋歌，潺潺流水，哈尼人家，反映出人与自然和谐的云贵高原，风光秀丽，民俗如诗如画。使游人在一个个神秘、新奇而富节奏的景观空间中洗涤心灵、认识云南、感悟自然、亲近自然、保护自然。

西藏自治区展园的藏式门楼、典型拉萨地区的藏式民居、藏汉风格结合的双亭建筑、藏式帐篷和经幡、牦牛雕塑、群落布局的绿化种植等，充分体现了西藏自治区的民族特色和藏汉文化是不可分割的互通互融整体。

陕西园，以古都西安象征性建筑大雁塔为中心景点，辅兵马俑塑像，将铺装广场、园路、微地形和植物种植等元素巧妙结合，再现了唐代园林风格，充分体现了"人文陕西、山水秦岭"的陕西历史文化和山水特色主题。

联袂西域，襟带万里的甘肃省"陇园"内，"黄河九曲""中山铁桥""反弹琵琶"主题雕塑，见证了甘肃历史的沧桑。"两山绿化"，陇上地域文化特色下的森林、河流、沙漠、戈壁，展示了新甘肃时期独特的森林文化之大美和循环经济发展之新模式，展现了国土绿化辉煌业绩，呼唤着绿色文明的美好未来。

青海园以黄河、沙丘、胡杨木、治沙草格、高原植物等自然景观和彩陶装饰景墙、藏八宝地雕、牧羊女雕塑、玛尼石墙和黄河源牛头碑等人文景观为主题，将绿色、文化、自然景观与之交融，真实地反映了高原多彩的民族文化风情和奇特的自然景观，呼唤着人们保护自然、尊重自然、关注三江源地区的生态环境。

宁夏园的"宁"字地刻，雕刻着阿拉伯文的祝福语的景墙，造型新颖、典雅凝重、气韵生动的四角镂空亭，亭中心十字形水系，象征伊斯兰教义中的蜜、乳、酒、水四条天河，营造和凝结了浓浓的伊斯兰风情和鲜明的民族特色。贺兰山山体上雕刻着贺兰山岩画，再现了贺兰山古朴雄宏的气势，更反映出了宁夏悠久的地域文明。开阔、自然、开敞的水面，反映了"塞上江南、鱼米之乡"和"塞上湖城——银川"的新貌，展示了沙漠、荒漠化治理的巨大成就。

新疆园以"和谐·新疆"为主旋律，通过民族浮雕组雕、植物花、叶图案装饰铺装，突出展示了新疆的地方特点和民族特色，展现了新疆"瓜果之乡""歌舞之乡""沙漠绿洲"的绿色地域特点、绿色文化特征和绿色生活风情，充分反映了新疆各族人民对绿色美好生活的不懈追求和幸福享用。

台湾园运用中国传统园林叠山理水手法，将台湾平面图、日月潭、土著民居等微缩景观元素融入园中，展示了宝岛的文化特色。

香港特区的"维港绿悠悠"园，象征维多利亚港的优美水景、以立体花坛镶嵌而成的香港特色建筑，色彩缤纷的花卉和绿油油的青草，充分展现了香港国际大都会的新面貌。

澳门园中具有西方风格的回廊连接着最具澳门地方特色的妈祖庙和金莲花水池、矗立水池中的金莲花雕塑、渔民出海打渔的场景雕刻、设于高台之上的欧式教堂与灯塔……既体现了澳门背山面海的地形地貌特征，又展示了澳门独特的地理位置、历史背景和丰富多彩的地域文化和风情。

解放军展园，入口景石广场以"巨石"鲜明地表达了展区的性质和全军的气势。和平使命广场以军徽形态构成纯净水幕广场，19.27米高的主题雕塑巍巍矗立的形态是军旗与和平鸽抽象的结合，深刻地表达了人民军队是维护国家安全的铜墙铁壁和中坚力量，同时也体现人民军队追求和平的核心使命。军旗广场迎风飘扬的军旗给纯净的亲水氛围带来一种浪漫的色彩。果岭飘香集中展示了我军在支援祖国绿化建设方面的成果。军营建设以"训练的战士""数码迷彩""科技建设"等为主题的雕塑小品、展示小品散落林间，构成现代军营建设的片片场景。再造绿洲在碎石营造的"荒漠"中用现代的手法营造一片新的"绿洲"，借以表达军队防风治沙、再造绿洲的奇迹。飞机机翼的形象表达人民军队展翅翱翔、鹰击长空的风采。浪漫军旅中拉军歌等文体活动呈现了现代军营生活的多彩。展园充分体现了与人民群众同呼吸、共命运的军队宗旨。同根九干的"八一"香樟树，可称珍稀苗木之最。

武警部队的"武警绿苑"中的祖国地貌、国旗、金盾、绿色叶脉、忠诚卫士等元素，形象地表达了中国人民武警部队的特色风貌、忠诚卫士本色和维护祖国绿色和谐的主题。武警帽徽、中央国旗护卫队主题雕塑，寓意武警部队永远做党和人民的忠诚卫士。内环观光道路以金盾形式，维护着中央的国旗。5个分区水系，表达着武警部队官兵来自五湖四海，时刻守卫祖国山河，保障人民安居乐业。浮雕景墙，勾勒出武警官兵时刻守护祖国森林、保卫祖国绿土和绿化祖国的和谐场景。祖国国旗和武警国旗护卫队雕塑，寓意中国人民武装警察部队担负着维护国家安全和社会稳定的神圣使命。高低错落的竹林方阵，犹如绿色长城的缩影，象征中华民族坚强团结、坚不可摧的伟大力量和百折不挠、英勇奋斗的民族精神。红杨林矩阵的植物方阵，表达了武警官兵坚韧挺拔、团结一致、百折不屈。9条卧龙石象征中华大地，在红杨林的守护下，祥和安宁、百业俱兴。9组直流喷泉表达着中华民族振兴的伟大乐章。

铁道部展园巧妙地将园区入口设计在动车造型中，园中小品、景墙展示了铁路这一国之命脉的发展里程；名为"中国速度"的主题雕塑代表了铁路的飞速发展。展园将中国铁路的飞速发展和与时俱进的铁路文化表现得淋漓尽致。

中国钢铁工业协会的"钢铁风情园"通过"钢铁奉献"主题雕塑和"点石成金"等景点，用园林艺术，形象地表现了钢铁文化内涵和行业特点。

中国石化集团的"石化园"位于绿博园区东南侧，占地面积3168平方米，园区景观由入口广场、中心活动场、山水景观三部分构成。园内绿化苗木品种达60余种，广场雕塑展示了中国石化是集石油勘探开采、炼油化工与国际贸易、成品油销售、科技研发等为一体的特大型能源化工企业。整体设计理念遵循中国石化保护环境，发展低碳经济，奉献清洁能源的理念，以及发展企业、贡献国家、回报股东、服务社会、造福员工的企业宗旨。

北京市朝阳区展园以区徽丹凤朝阳为主题，以经典的中国红作为景观的主色调，以斜坡形廊桥为展园主体，提炼首都鸟巢、水立方、CBD、798艺术区等代表性的现代景观和日坛、东岳庙等古迹，融合绿色植物，通过剪影、琉璃灯等传统形式，彰显了朝阳区的历史文化底蕴和朝阳区重视立体绿化、科技绿化、低碳环保理念的绿色文化，突出了朝阳区现代化、国际化风貌。

北京市顺义园以首都国际机场T3航站楼为主要标志，紧扣"绿色国际港""让绿色走进生活"的主题，以"腾飞的绿色国际港"为立意，充分展示了顺义区辉煌的绿色建设成就。

北京市怀柔区展园，慕田峪古长城蜿蜒曲折，游走在山岭之间，是园区一道亮丽的风景，一侧的绿色长廊，像一道天然屏障，诉说着怀柔的历史和文化，反映了地域文化特征和国土绿化的巨大成就。

秦皇岛市展园中毛泽东手迹"浪淘沙·北戴河"、秦始皇雕像、天下第一关城楼、万里长城、海滩风光等特色旅游景点镶嵌其中，绿地、园路、水体和缤纷多彩乔灌树木别具匠心的配置，相映成趣的自然景致，勾画出秦皇岛人文与环境和谐共融的古朴优雅风姿。

廊坊市展园集大气、锐气、和气于一体，通过新材料、新技术的大量运用，展示了廊坊人民锐意进取的精神面貌，凸现了"实力廊坊、效率廊坊、和谐廊坊"的历史和现实风情风貌及生态建设成就。

晋城市展园以特有的名胜古迹皇城相府为主景点，把历史悠久、文化底蕴厚重、具有书香气息的现代晋城展现在游人眼前。功德牌坊、御书楼、字书广场、黄阁青山、一品当朝、指点江山……展示了累官至文渊阁大学士兼吏部尚书的清朝重臣陈廷敬一生居官恪慎清勤、德高望重的形象及其"为官，恪慎清勤，民事为先"的理念，古今对话，仍给今人以启迪。"千峰万壑争攒聚，云山幻影瞬息变"的王莽岭秀色彰显了晋城市独特自然生态的优美山川景观。

沈阳市展园秉承"绿色、文明、和谐、创新"的理念，将沈阳市历史文化、现代文明、自然风光相互衔接，不仅展现了沈阳市现代、生态的城市特点和森林城市风貌，也通过历史文化遗存，展现了古老的"盛京印象"。

大连市展园通过"星海广场""金沙滩"、足球雕塑等精巧的小品景点、奇特的景石、蓝色渐变的园路、贝壳状的水系，搭配市花——月季、市树——槐树集中展示了这座滨海花园式城市、森林城市的生态化、现代化特点。

长春园运用长春市特有的多种元素，充分展现了长春市电影城、汽车城、森林城的文化内涵和北国春城的地域特点，打造了一个粗犷大气、富有地域个性的北方园林景观。

上海闵行园内古井、石桥、门窗均绘制了以鹿、鹤为主体的吉祥图案，鹿、鹤与"六和"谐音，梅、椿、花草寓指春天的到来。池水辗转奔流、池岸低枝浮水。六合同春展现了闵行区的历史人文内涵和国泰民安，展示了闵行区国土绿化的新成就，反映了闵行人民对理想人居环境的向往与憧憬。

春暖花谷，神鹿跳泉。上海市松江区的"茸晖园"的虹桥方塔、醉白池、飞瀑流泉……营造出自然山水之秀美，加上溪旁一组神鹿雕塑栩栩如生，构成松江景区地标性的象征。

满载着南京人民的深情厚谊和承办首届绿博会的成功经验，南京市的"金陵园"古朴典雅，精妙绝伦。牌楼、山峦、水榭、廊桥、轩等将园区围合成一处幽雅胜景，莫愁湖位于展园中央，汉白玉莫愁女塑像亭亭玉立于荷塘之中，赏月轩内，香茗青花，品味风拂荷塘月色，吟音榭中，丝竹笙簧，浅吟金陵散曲。加上诗文景墙，集中体现了金陵园的人文主题。主入口处栽造型石榴，寓意南京人民让莫愁女返回河南，留驻家乡。

杭州市的"缘苑""一湖、一环、一轴、八景"的总体布局，通过亭、榭、桥、景点，将地域文化与古典园林有机地结合在一起，彰显了杭州的千年文化和古风雅韵。"峨嵋一跃到西湖，浓抹清妆恋画图。借伞雨中心已许，红楼招作女仙夫"。杭州"缘苑"以非物质文化遗产"白蛇传"故事为主题，将断桥借伞、同心订盟、水漫金山、祭塔团圆等场景依次呈现，让游客仿佛游走在白蛇许仙的浪漫爱情故事之中。

宁波市展园形似一本打开的书，以海上丝绸之路为主题，其"书藏古今，港通天下"的商文化深刻内涵，阐述了宁波从古到今的经济与文化。富有古典园林建筑特色的天一阁入口、船形花坛、圆形广场、扬起风帆的仿制古商船，船的后舱陈列海上丝绸之路运输的货物；帆形景墙上的大型宁波港浮雕，反映了充满活力与爱心的甬城。

嘉兴市的"嘉禾园"，以中共一大会址南湖红色圣地为中心，以水乡绿色景观为主题，使水、绿、文有机融合。绿荫水波之中红色记忆浮雕广场、南湖画舫、湖心岛、访踪亭、问石忆史、墨华古韵等美景一一展现。让游人在欣赏水乡绿城秀丽风光，品味禾城乡土人情的同时，领略红色的革命情怀，加深对新中国历史的进一步了解。

建德市的"梅园"以山为景、以江为轴，以水为魂。采用古典园林的写意手法，相地合宜，坡、林、江尽显自然之美；文化重构，亭、台、桥体味古韵今风；绿色、清净、通畅、亲水，山水的灵性将建德地域文化和江南古典园林有机结合，于古典中尽展建德严州府古城门台、子胥野渡、"西子三千个，群山已失高；峰峦成岛屿，平地卷波涛。"郭沫若诗赞的新安江水电站等人文荟萃的名胜古迹、丰富的文化底蕴和"奇山碧水"的旖旎山水城市风光。

马鞍山市展园，彰显了马鞍山的诗歌文化。园区以诗仙李白塑像为主景中心，巨大景石、厚重的木质观景台、清澈的溪水、吟诗亭等自然高低错落地组成一副"虽由人做，宛自天开"的天然画卷。溪水清澈透底，加上睡莲散落其中，秋日莲花别样美丽，掬一潭清溪，泛起层层涟漪，酒仙李白在这山水之间自然闲适，自得其乐，让人感受到了"鱼米之乡、山水诗都"深厚的文化底蕴。

厦门市展园以市花三角梅、红砖白石、雕花漏窗、琉璃燕尾表现了浓郁的闽南风格。在百余种植物的掩映下，曲径石桥、镂花亭廊、苍松翠竹、莲塘水榭相映成景，与点缀的水瓶、石磨、茶壶等小品搭配在一起，共同营造了一种独具魅力的闽南风光。门口的石景与三角梅树桩展示了厦门的形象特征。观赏展厅既可观赏厅内的奇花异草，又可临水小憩。展园既展现了厦门的风土人情、民俗文化和传承，又折射出厦门的时代特征。置身其中，人们悠然体味到了闽南山水园林的"现代骨、传统魂、自然衣"。

宜春市展园以"森林宜春、月亮之都"为主题，浓缩宜春明月山国家级森林公园主景"云谷飞瀑""丹桂月影""月照松林""嫦娥奔月"等景观，以江南亚热带森林景观、全世界仅宜春独有的国家一级保护植物中华木莲、明月山的风光等为景观特色和亮点，呈现了"森林宜春人，月亮显风情"的迷人意境。

景德镇市展园，以陶瓷为主线，以瓷布景，以景画瓷，精美的青花盘龙灯柱，特色的流瓶涌泉，古典的瓷桌瓷凳，特别是以古老窑口为模型制作的大门入口、徽派建筑的青花屏风、精美的瓷板画、用碎瓷片铺就的环形小路……讲述着景德镇陶瓷市情、历史、工艺和文化，加之外以乔木、内以灌木和花卉布景为衬托，使人们处处都感受到景德镇的陶瓷历史和城市绿化的完美融合，领略千年瓷都的文明和风彩。

开封市的"宋谈园"，呈现了古都城市开封特有的汴特点、宋文化主题风韵。大梁门、开宝铁塔、亲水平台、记载了七朝古都开封那被尘封的历史；苏轼《西江月·顷在黄州》、朱敦儒《鹧鸪天·西都作》、辛弃疾《青玉案·元夕》……等宋词景墙刻文宣诉说着宋词的辉煌和文学的传承。

洛阳市展园，雕有牡丹花的汉白玉门柱、"天子驾六"、牡丹花溪、牡丹华亭，龙门山色、马寺剪影等景观，将现代与传统、理性与浪漫融为一体，处处展示了十三朝古都的风貌。

安阳市展园以"殷墟"为文化主题，突出了古都、古城的特色。安阳的文化符号周易文化广场、司母戊大方鼎、甲骨文等，讲述着殷商的繁华和中华文明的悠久历史，"红旗渠"精神则体现了安阳人民艰苦卓绝的奋斗历程。

漯河市展园"城市意象"，融自然风光和人文景观为一体，一个白色石雕海螺置身于花海之中，优美的园路和记忆长廊融入地域特色，两条旱溪在园内相交，隐喻沙澧两河在漯河交汇，突出漯河北方水城的城市特色。通过螺海花影、生态廊架、沙澧舞韵、桃花胜境、宜居家园等景点，呈现了漯河如诗如画般的城市环境，展现了漯河文化艺术的一脉传承和繁荣，让游人感受到了漯河文化底蕴深厚、和谐宜居城市的无限活力。

娄底市的"娄底风情园"，以世界自然文化遗产新化紫鹊界梯田为主景，融入全国重点文物保护单位晚清重臣曾国藩故居和家训、全国知名品牌企业涟源钢铁集团有限公司元素，以小桥流水、山青水秀的南国田园风光为主调，将"风景这边独好"的潇湘娄底自然风情和文化特色展现得淋漓尽致。

深圳市展园以"绿叶"作为载体，利用现代景观构筑物宣传了深圳园林绿化取得的成就。展园以现代的景观艺术形态演绎都市繁花（繁花叶）、枯木沙丘（沙漠叶）、湿地甘泉（湿地叶）、荒山育林（森林叶）的景观序列，展示都市繁华的背后，过度开发导致环境恶化，气候变暖，土地沙漠化日趋严重……由此唤醒人们在低碳时代植绿爱绿的意识，寻找绿色的平衡点，保护湿地、培育森林，让绿色无处不在，使生态环境更加理想。

东莞展园以象征写实的手法表现了东莞市传统与现代的文化特色与绿化建设成就。莞香弥久、风情万种花街花市、南国风光和古老的南粤民俗文化尽显现于展园。进入园区仿佛穿梭于森林之中，丰富多彩的景观在有限的空间一一展现。

南宁市展园，绿水绕城、锦绣鼓歌、骆田流韵、邕州撷影、岜来奇趣五景争艳。以太极两仪八卦的图形，结合广西的壮民族建筑形式与古邕州文化，展现了南宁"绿树、秀水、城楼"相融的生态园林城市主题。结合两环——绿环之绿城情调，水环之水城风韵，传达着古城的文明与今日绿城的和谐。通过山水、建筑、植物的形，历史文脉的神，现代的景观形式，精炼的园林语言，构造了一个充满了浓郁南国风情和现代气息的"魅力南宁"。

桂林市的"桂林山水"展园精雕细琢，漓江放排、阳朔风光、象鼻山、骆驼山等景点，使人看到了甲天下的桂林山水。游走在桂林园，风光旖旎，别具匠心，多彩画卷，移步换景，可谓是天上人间，风采尽显。

重庆市北碚区的"碚园"浓缩北碚的缙云九峰、嘉陵江、北温泉等地理环境特色，运用花卉、植物、盆景、竹景，充分展示了缙云山下、嘉陵江畔生态北碚的地域风貌和优美的人文景观。

乐山市展园荟萃四面佛、灵宝塔、睡佛、乐山大佛等乐山特色景观，充分展现了乐山的佛文化，三江汇流奇观、错落有致的茶园、坡地绿化及特色乔灌花草，真实地呈现了乐山市自然风景秀美。

贵阳园，选取西江苗寨为主元素，通过文字书简、石刻等景观小品表现了明代哲学家王阳明的"知行合一"思想。让游人在游览中深刻领悟"知是行的主意，行是知的工夫；知是行之始，行是知之成。""知行合一"。

古称播州的遵义市的展园，以小青瓦、坡面屋、转角楼、雕花窗、白粉墙的遵义特色黔北民居为主题，梯形茶场、农家小路、民居建筑、溪流及汀步与石桥、环保农田、乡土植物，展现了承载着农民对"富在农家、学在农家、乐在农家、美在农家"殷切希望的遵义市现代农村的欣欣向荣风貌。

宝鸡市的展园"绿色宝鸡"中的秦岭山脉、渭水风光、关山草原、农林田网、柳影婆娑、西凤玉液等小品和名片，展现了山青水秀、生态和谐的绿色宝鸡的惊艳魅力。

非洲风情园开设了一个中非友谊窗口，园中金字塔、狮身人面像、非洲草原野生动物群雕等景观，展现了非洲大沙漠、大草原、热带雨林等特色风光。

大洋洲风情园内，一组土著毛利人建筑展示了当地土著民族的历史文化和生活。无边的草原，茂密的森林，袋鼠、绵羊分散在草地上，构成了独特的大洋洲风情。

南美洲风情园以复活节岛为主景区，图腾柱将印加文化与玛雅文化结合，体现了悠久的南美历史文化和热情奔放的南美民族性格。

巴西风情园展示了印第安人热舞的土著文化特色，反映了亚马孙河这个咖啡王国的热带丛林乡土民俗风情。

北美洲风情园以"奇琴伊查"古城遗址为蓝本，羽蛇神柱、千柱群、恰克摩尔神像等，展现了安第斯山脉高原的中北美自然风貌和异域文化特征。

欧洲风情园的水系、常绿植物和廊柱体现了欧洲三大造园要素。中轴对称、摒弃自然、规整严谨的布局及小品，突出了典型的西方古典园林的设计特点。

韩国晋州展园内的足浴池、水车等景观小品展示了韩国人崇尚自然、注重养生的生活习俗。

俄罗斯萨马拉州展园的小木屋和绿化风格，法国怡黎园协会"路易圣景"的"凯旋门"和植物造景，保加利亚舒门市展园的马达拉骑士和玫瑰，日本三重县展区的"枯山水"景观、石灯笼、九重塔等和典型的日式庭院，刚果金展园的猴面包树、象牙柱，布隆迪展园的图腾柱，河南永煤集团承建的"巴西风情园"的印第安人热舞雕塑、巴西土著文化特色的图腾柱、直径三米的足球雕塑等各有关国家和国际友好城市的展园都充分展现了本土的民俗风情和特色文化。

河南好想你枣业有限公司的"好想你民俗村"、香港东方之子国际集团有限公司的"保加利亚玫瑰山庄文化园"、河南中土实业有限公司的中土园、山东菏泽农林科技有限公司的"牡丹园"、淅川县京水源苗木有限公司的"彩叶树种展示园"等企业展园，均展现了企业文化特点和对绿色生态的向往和追求。

泱泱河之南，苍茫天地中。河南省的"豫华园"以盛世金象、豫华天宝、绿网中原、桐花飘香、黄河人家、层林尽染、琼台揽胜、商都遗韵等为主要景点，突出表现了"山水河南、魅力中原"的厚重的历史地理与质朴的人文风貌，集中表达了河南人民热爱自然、创造美好家园的激情和文化。入口处，一群铜制豫象从太行山中走来，紫铜叶片门标、铜爵和8块铜质浮雕，代表了中原悠久灿烂的文明和绿色文化。18个雕刻有地市名称的硕大铜质脚印，象征中原儿女脚踏实地、建设生态文明的历程。豫华亭寓意物华天宝、人杰地灵，绿网中原、桐花飘香景区展现了平原绿化的巨大成就和农林间作创举。人民公仆焦裕禄塑像屹立在泡桐林中，彰显着共产党员永恒的示范作用。绿树葱茏的山林下，一处幽静的窑洞式庭院——黄河人家，使"让绿色融入生活"的绿博会主题完美凸现。一座高约十数米的琼阁建在园区最高点上，登高远眺，绿博园美景尽收眼底。

本届绿博会东道主的郑州市展园，主题形象恢宏大气，文化内涵厚重。坐落形为商城遗址基座之上，外部饰商代青铜纹理的标志建筑名"月祭坛"，其形如甲骨文"商"字，材用五行，其意为融。置沙漏于天地之间，水晶雕塑的市花月季位于正中，意纳天地精华。两侧"祥云"托起，示和谐进取之意。三圈铺装，融合了商都、大河村、裴李岗、炎黄、黄河等诸多文化元素，不同的壁雕表现了人文始祖黄帝、上古贤人许由、春秋时期郑国名相子产、战国早期道家名师列子、战国末期法家集大成者韩非子、秦代农民领袖陈胜、唐代诗圣杜甫、盛唐艺苑大家郑虔、唐代诗人白居易和北宋建筑宗师李诫等众多的郑州历史名人，显郑州深厚之文化底蕴。园区遍植市树法桐、绽放的市花月季及石榴、枣、柿树等乡土植物，配以银杏、桂花、紫薇等景观植物，展绿城之美。整个园区弘扬了郑州深厚的文化，展示了郑州国土绿化水平，体现了郑州城市的发展张力。

第四节　绿化盛典

从2008年12月5日到2010年9月25日，经过一年多共659天的精心筹备和紧张工作，"以人为本，共建绿色家园"为主题的第二届中国绿化博览会，于2010年9月26日至10月5日在河南省郑州市隆重开幕。

第二届中国绿化博览会是全国的绿化盛会，得到了各省、市、有关部门（系统）的积极响应和支持。共有94个地方和单位参展，共129个代表团参加盛会，参会代表达2000多人；31个省、自治区、直辖市和5个计划单列市全部参加室外景点展，有5个行业部门和34个全国绿化模范城市、8个国际友好城市和企业、河南省内4个古都城市参展建园；绿博园内集中展示了1000多种植物。400余家苗木、花卉、绿化机械企业参加展销和项目洽谈，展示林业科技新产品、新技术52个，达成意向性合同2.6亿元。第二届绿博会参展范围之广，层次之高，创造了同类型展览之最，达到了动员全社会力量参与国土绿化事业的目的。

2010年9月26日上午，郑州·中国绿化博览园上空彩旗飘扬，园内鼓乐齐鸣，人头攒动，礼花满天，第二届中国绿化博览会隆重开幕。党和国家领导同志高度重视本届绿博会，时任中共中央政治局委员、国务院副总理、全国绿化委员会主任回良玉同志专门对绿博会发来贺信。全国政协副主席罗富和专程出席开幕式，并宣布第二届中国绿化博览会开幕。开幕式上，郑州市市长赵建才同志致辞，河南省省长郭庚茂和全国绿化委员会副主任、国家林业局局长贾治邦分别讲话。全国绿化委员会部分成员、有关省、市、区绿化委员会领导，共35名省部级领导同志、各参展团代表及郑州市各界群众代表5000多人参加了开幕式。

展览展示活动丰富，精彩纷呈。本届绿博会围绕"让绿色融入我们的生活"主题，组织安排了室外展园、灯箱绿化成就展、书画摄影作品展、插花艺术展、"8+1：对话绿色城市"论坛等15项一系列大型展览及活动。室外景点展，各展团根据各地的自然景观、植物资源、历史文化等特点，建设了各具特色的景观，有近1000种植物在绿博园内展示并安家落户，体现了"山、林、花、草"的绿化风貌和人文特色，体现了人与自然和谐的理念。灯箱绿化成就展，国家林业局和各省市、有关部门等共71个地方和单位参加了绿化成果展，运用图片、电视屏、文字的形式，充分展示了各地各行业林业和绿化建设的成就和水平。插花花艺展览展示，来自北京、上海、江苏、安徽、福建等地以及韩国、日本的插花高手，创作展示了一批高水平的插花作品。盆景奇石展，展出了各地的精美盆景和奇石作品。书画作品展，展出了来自国内各地各行业的书画作品，表达了"以人为本，共建绿色家园"的办展主题。废弃物再利用设计作品展，通过废弃物再利用，倡导人们节约资源、低碳生活、保护环境的绿色生活理念。"8+1：对话绿色城市"论坛，围绕"畅想生态文明，共建绿色城市"这一主题，邀请国内外有关专家、学者和我国中部、东部、西部地区绿化模范城市市长，就如何建设生态城市，促进城市可持续发展进行了研讨。同时，还举办了国家级非物质文化遗产传承技艺展演、"绿博之星"评选等活动，会期10天，每天组织安排了4场地方群众特色综艺表演活动，活动内容丰富多彩，形成了浓厚的文化氛围。

绿博会不仅是全国各地绿化成就的展示会，同时也是全国各地苗木、绿化机械供应客商的一次大集会。展销活动分为苗木花卉类展销、林业科技新产品、新技术展销、绿色家居用品（饰品）展销、林业（园林）机械展销、生态旅游用品展销、绿色旅游产业推介、绿色宜居家园创意展示、绿色健康食品、饮料类展销八大类。

2010年10月5日，第二届中国绿博会在河南省郑州市精彩落幕。第二届中国绿化博览会组委会副主任、国家林业局原副局长李育材，时任国家林业局副局长张永利，第二届中国绿化博览会组委会副主任、河南省副省长刘满仓出席闭幕式暨颁奖仪式。张永利在闭幕式上说，本届绿博会围绕"以人为本、共建绿色家园"这一主题，深入宣传了我国国土绿化的方针政策，展示了我国国土绿化和生态文明建设成就，交流了我国国土绿化领域的新技术、新成果、新理念，展会活动内容丰富、文化氛围浓厚，达到了预期的效果。绿博会组委会为河南省绿化委员会、河南省林业厅、郑州市人民政府、郑州市林业局颁发了特别贡献奖。为江苏园、山东园、北京园、浙江园、八一园颁发了室外展园特等奖。此外，还评选和表彰室外展园金奖10个、银奖25个、优秀组织奖25个，表彰第二届中国绿博会工作先进单位141个、先进工作者336名。插花花艺活动、盆景奇石、书画摄影展及其他活动也都评出和表彰了相关奖项。

展会期间，郑州绿博园共接待国内外500余个组团、100余万名游客。

通过举办第二届中国绿化博览会，集中展示了国土绿化方面的新理念、新成果、新技术和新产品，全面展现了各地区、各行业绿化工作的巨大成就，进一步激发了人们植绿、爱绿、护绿的意识和关心、支持、参与林业建设的热情，为加强国土绿化领域的交流与合作搭建了重要平台，为推动国土绿化事业和生态文明建设提供了有益借鉴。

第二届中国绿化博览会将以"世界影响，中国一流"永远载入我国国土绿化的史册。一座气势恢宏、精彩纷呈的绿博园也将永远存留于中原大地。

第五节　辐射影响

2010年10月5日，第二届中国绿化博览会完美落幕，虽然会期仅有短短的10天，但对于本届绿博会的举办地——河南省郑州市，其所产生的经济效益和社会效益、生态效益不可估量。通过绿博会的举办和绿博园的建设对提升郑州市核心竞争力，建设生态城市，调整农业产业结构，促进农民增收，改善生态环境和投资环境等方面具有重要作用，对促进中原崛起，实现"三化两型"国家区域性中心城市战略目标，更具有深远意义。

一、建成了一座大型生态主题公园

郑州·中国绿化博览园是第二届中国绿化博览会的最重要的成果，全面展示了国土绿化和生态文明建设的新成就，涵盖了全国各地的人文历史、风土人情、国土绿化和特色园林，饱含着浓厚的生态文化元素，给广大群众提供了一处高水平的亲近自然、享受经济发展和生态建设成果的精品园林。开园以来，凭借良好的生态环境和优质服务，以及郁金香展、蝴蝶兰展、问花节、端午节、中秋节等一系列丰富多彩的主题活动，吸引了周边地市的游客前来休闲度假，更成为市民周末、节假日必选的休憩地。特别是2014年绿博园获得"国家AAAA级旅游景区"后，众多旅行社把绿博园列入了郑州市的旅游线路中，推出了绿色郑州一日游项目，成为了中部地区新的旅游景观品牌。

二、推动了区域经济发展

通过绿博会，给郑州市经济发展注入新的活力，为郑州走向世界提供了广阔舞台。郑州绿博园的建设极大地改善了当地的基础设施条件和生态环境，提升投资价值，从而刺激周边地产、交通、物流、旅游、餐饮等行业的快速发展，实现投资效益最大化，对拉大城市框架、带动郑汴产业带发展起着积极的推动作用。"绿博组团"和"绿博文化产业园"应运而生。绿博文化产业园区以绿博园为中心，覆盖面积27平方千米，规划36.5万人，是中原经济区、郑州都市区、郑东新区"三区叠加"的核心，在绿博会筹办期间，深圳华强集团就斥资75亿元，选择在郑州绿博园的对面，建设"方特欢乐世界"和"方特梦幻王国"

两大主题公园。由于生态环境改善的带动，绿博园周边房地产一路飙升，多家楼盘一经推出就销售一空。

郑州绿博园直接为周边民众提供了1000余个就业机会。一方面园区内养护、保洁和维修等日常管理，聘用了周边民众600余人，并对他们进行了培训，提升他们的业务技能，促使他们转变经济发展方式，逐步从土地上解放出来，早日转农民为市民。另外，还有近500余人开始在绿博园周边从事饭店、超市等商业活动。绿博园的建成和开放，有效地带动了当地经济发展，周边的旅游、物流、地产、餐饮等第三产业也被迅速激活，改善了当地人民的生活方式，给区域经济发展带来了前所未有的生机和活力。

三、改善了城市生态环境

绿博园是一个以展示生态、科技、绿化为核心的园林景区，景区面积2939亩。各类绿化面积160万平方米，栽植各类乔灌木63.6万株，植被花草80多万平方米，新、奇、特树木4480株、湖面、湿地等水系面积320亩。景区负氧离子含量平均值比市区高出18倍。即使在郑州市城区雾霾最为严重的时候，绿博园的天空基本都是清的。绿博园的生态小气候已经形成，在改善周边生态气候的同时，也有效改进了郑州东区乃至全市的生态环境。

四、提升带动了城市基础设施建设

郑州绿博园的建设拉大了城市的框架，促使郑东新区市政建设先行先试，2010年为迎合绿博园的开园，提前4年修通了绿博大道（原名郑汴物流通道）和人文路两条路，完善了地下市政管网和周边电力、通讯配套设施，开通了两路市区到绿博园公交专线，中牟县以绿博园为中心，规划了新城建设，新建了多条一、二级生态廊道。目前，中牟县新城区建设已初具规模，绿博园周边道路已是四通八达。

第五章 创建国家森林城市

郑州特有的地理环境，决定了郑州是一个少雨、干旱、多风沙的城市。为了改变这种面貌，郑州市历届党委、政府带领全市人民开展造林绿化、植花种草，为防风固沙、涵养水源，改善城市生态环境，做出了不懈的努力。到20世纪80年代中期，郑州绿化覆盖率位于国务院公布的317个城市的前列，赢得了"绿城"的美誉。但到了90年代以后，由于老城区的改造和道路拓宽中忽视了造林绿化，使城市绿化率不升反降，"绿城"失去了往日的光辉。对于这个问题，市委、市政府给予高度重视，先后启动了老城区居民游憩绿地、风沙源生态治理、嵩山山脉水源涵养林建设、沙化治理和平原绿化等重点造林绿化工程，努力恢复"绿城"面貌，收到了一定成效。2003年6月，《中共中央 国务院关于加快林业发展的决定》出台以后，市委、市政府认真学习《决定》精神，认为这是发展林业的又一次历史机遇，必须抓住这次机遇，在全市掀起新的一轮造林绿化高潮。经过充分酝酿，统一了思想，决定用10年时间在城市周边营造百万亩森林，把郑州建设成为城在林中、林在城中、山水融合、城乡一体的森林生态城市。通过全市上下持之以恒、坚持一张蓝图绘到底的不懈努力，2009年创建森林生态城的目标已基本实现。

2011年，国务院出台《关于支持河南省加快建设中原经济区的指导意见》，提出了"加强黄河湿地保护，建设沿堤防护林带，构建沿黄生态涵养带"的生态建设任务，明确要求林业要为中原经济区建设提供生态支撑。省政府也提出了把河南建成林业生态省的宏伟目标。如何落实国务院和省政府的战略部署？怎样把郑州建成生态宜居环境城市？经过多次调研论证，郑州市委、市政府认为必须在森林生态城建设的基础上，确定一个新的载体，选择一个更高的目标，这个载体和目标就是创建国家森林城市。

创建国家森林城市，建设城市森林的终极目标是改善人居环境，维护人的健康生活，让城市升值、市民受益。是让森林走进城市，让每一个人都能直接享受到生态建设的成果，从而推动城市生态建设，弘扬绿色文明，促进人与自然和谐共生。它蕴含着科学发展、社会和谐、生态文明、幸福城市等丰富的内涵和深刻的寓意。为此，郑州市在2011年初酝酿开展创建国家森林城市初期，就把全民共建共享生态建设成果作为工作的出发点和落脚点，提出了"让森林拥抱城市，让市民走进森林，让绿色融入生活，让健康伴随你我"的森林城市建设理念。郑州市委、市政府决定在森林生态城建设的基础上，以创建国家森林城市为载体，把郑州打造成为自然之美、社会公正、城乡一体、生态宜居的现代化都市区，这是郑州市委、市政府全面贯彻党的十八大精神、建设生态文明，打造生态郑州、美丽郑州的正确选择，具有重要的现实意义和深远的历史意义。

第一节 城市森林建设

进入新世纪以来，郑州市委、市政府在发展经济社会的同时，认真贯彻落实党的十七大、十八大关于建设生态文明的战略部署，把城市森林建设作为践行生态文明的重要举措，阔步向国家森林城市的目标迈进。

在森林城市建设中，郑州市始终坚持绿色发展，不断推进绿色工程，倾力打造生态郑州、绿色郑州、美丽郑州，牢牢树立了"让森林拥抱城市，让市民走进森林，让绿色融入生活，让健康伴随你我"的理念，统筹兼顾城乡发展，建设集中连片的森林斑块，营造道路、水系、农田森林生态带，以社会主义新农村建设为契机，大力实施林业生态县、（乡）镇、村（社区）建设，着力打造星罗棋布的绿化点，最终形成点、线、面相结合，片、带、网紧相连的生态网络体系。

城区绿化，郑州市在全力做好"创建国家园林城市"工作并于2006年获得"国家园林城市"称号的基础上，通过规划建绿、拆迁增绿、沿河布绿、依法治绿、科学护绿等形式，坚持工程带动，以街旁绿地、居住区公园、专类公园、区域性公园和全市性公园等为主，以屋顶绿化、垂直绿化和地面停车场绿化等为辅，实施涵盖郑州市建成区及郊区的道路绿化、单位绿化、住宅区绿化、公共用地绿化、公园建设等的城市绿岛建设工程。着力构建了以街道、公园、广场、游园、企事业单位、居住小区"条块结合"的绿色网络，形成了市区园林与城郊绿化汇融，大树大绿，三季有花，四季常绿，具有中原地域特色的园林绿化体系。市区共有公园绿地309处，其中综合公园及专类公园44处、游园165处、广场23处、带状公园77处，使市民出门500米有休闲绿地，基本满足本市居民日常游憩需求。通过开展企事业单位拆墙透绿、居住小区绿化美化家园等居民身边添绿、增彩活动，不断增加城区绿化面积和绿化空间，丰富城区森林生态景观，提升了城区绿化品质和档次，营造了"市民接触到绿，享受到荫，观赏到景，品尝到果"的生态宜居环境，使市民充分享受到了森林城市的建设成果。

同时，坚持适地适树、丰富多样原则，大量栽植法桐、国槐、乌桕、白蜡、栾树、毛白杨、大叶女贞、雪松、侧柏、小叶女贞等树种，充分表现植被特色、反映郑州城市风貌，作为郑州城市标志性景观。合理配植灌木花草，提高了城市绿量，增加了城市森林近自然度。乡土树种绿化面积占城市乔木型绿地面积的99.74%。坚持多种树、少种草，城区乔木栽植面积占绿地面积的74.55%，做到单一树种的栽植数量不超过数目总量的20%。在绿地面积中，能单独区划小班的优势树种（组）64个，其中面积最大的树种法桐（悬铃木）占绿地总覆盖面积的13.13%。炎炎夏日，大街小巷一排排高耸的市树法桐，遮天蔽日，为过往车辆和行人带来清新凉爽。

在城市近郊，构建点、线、面有机结合的生态防护网络，新增造林面积150万亩。沿黄河南大堤营造了一条长74千米、宽1100米的大型生态屏障。沿"107国道""310国道"、三条环城路以及贾鲁河、南水北调中线总干渠、连霍高速、京珠高速营造了多道"井"字形、环形防护林带。在城区西北、西南、东北、东南、南部分别建造了5个10万亩以上的核心森林组团。

"林网、路网、水网"绿化有机融合。郑州市以路、河、沟、渠为骨架，以城乡道路绿化、水系林网和农田林网建设为支撑，合理布局，统筹绿化，实现"路网、水网、林网"三网融合，精心打造绿色林网。

在全市平原农田营造了高标准防护林网10.77万公顷，呈现出田成方、林成网、路相通、沟相连的农田林网建设景观。

在道路林网建设中，选用生态效益好、观赏价值高的乡土树种为主，注重植物合理配置，与公路、铁路建设同步实施绿色通道建设。在城市的出入口，在高速公路、国道、高铁及铁路等重要交通沿线，遵循生态环保出行和"公交进港湾，辅道在两边，骑行走中间，休闲在林间"的建设理念，按照"大绿量，高规格；乔灌花，四季青"的要求，进行高标准绿化，构建绿廊和慢行系统。林带穿境、纵横交错、层次多样的生态景观廊道，成为了展示现代化大都市形象的绿化风景线。3年来，新建、改造提升生态廊道2083.3千米，绿化面积1.28亿平方米，公路、铁路等道路林木绿化率在84.51%以上。

在水系林网建设中，结合《郑州市生态水系建设规划》的实施和河道治理，着力加强了河流沿岸、水库周边生态保护和近自然水岸绿化，大力实施了水系林网工程。2004年4月郑州黄河标准化堤防建成，郑州市从点到线，从线到面，不断加大黄河沿岸绿化工作建设的力度。结合黄河工程实际和防洪功能，本着美观、实用、自然的原则，对黄河堤防实施绿化、亮化、美化，在大堤两侧建起各50米的防护林。其中，堤顶行道林植有大叶女贞、槐树、栾树、火棘球、雪松等树种，达到了高低错落有致，多彩搭配。淤区植树以经济林和苗圃为主，植有松树、红叶李、大叶女贞、杨树、桐树、白蜡等树种。前戗、淤区外边坡种植杨树。临河种植柳树，形成防浪林带。堤坡、坝坡栽植葛芭草护坡，实现工程管理与自然协调发展的有机结合。在主城区的金水河、东风渠、熊儿河、十七里河、十八里河、魏河和索须河等七条河道，建起了单侧绿地宽度12米的滨河绿带。目前，全市所有可绿化的江湖河道实现全绿化，水岸林木绿化率达92.01%，沿河渠两侧建设了水源涵养林、防浪固堤林、水土保持林、生态景观林，营造了近200千米沿水防护林带，构成了不同尺度的森林廊道和水岸保护林网，基本实现水清、岸绿、景佳的目标。

到2013年年底，全市市域总面积74.46万公顷，林地面积已达23.69万公顷。特别创建3年来，郑州市共完成造林面积22632公顷。按年度分：2011年6951公顷；2012年9978公顷；2013年5703公顷。平均每年完成新造林7544公顷，占市域面积7446.2平方千米的1.01%。全市森林覆盖率达到33.36%，城市建成区（包括下辖区市县建成区）绿化覆盖率达到40.50%以上，城区人均公园绿地面积达11.25平方米。

通过一系列的生态建设，郑州市这座古老而又崭新的城市，森林以前所未有的速度，无与伦比的缤纷色彩，点、线、面层层推进的形式，构建了林城相依、林水交融、林路一体、人居依林的生态空间架构和大森林格局。

第二节　生态廊道建设

生态廊道建设是城市交通、道路、生态、绿化的一次综合建设，也是一次城市道路建设的"革命"。它不是一般的道路景观绿化提升，而是用新型城镇化和城市建设的先进理念，赋予城市道路保护生态、改善民生、发展经济，特别是舒缓城市热岛效应的绿色功能综合开发作用。

2011年以来，郑州市市委、市政府审时度势，准确把握郑州市经济社会发展的态势，紧紧抓住国家推进中原经济区建设的战略机遇,科学谋划布局,实施大枢纽、大产业、大都市和建设国家中心城市的"三大一中"发展战略,强力推进以交通道路、生态廊道、四类社区、组团起步区、中心城区功能提升和产业集聚区建设"六大切入点"为引领的新型城镇化建设。

郑州市委、市政府借鉴国内外廊道建设经验,把生态廊道建设纳入推进新型城镇化的"六个切入点工程",并作为提升新型城镇化建设档次和品位的重要内容,创新理念,高站位、高起点、高标准谋划,提出了生态廊道建设的基本思路,即在城市"组团发展、廊道相连、生态隔离、宜居田园"的布局下,通过中心城区到县市、到新城镇、到乡村,用交通道路相连,把"两环十七放射"作为先行重点,建设"公交进港湾,辅道在两边,骑行走中间,休闲在林间"的绿化廊道。

郑州市委、市政府将交通道路和生态廊道作为新型城镇化建设的两个切入点和先导工作,科学规划,全力推进。"两环十七放射"的生态廊道建设,是对连接"六城十组团"的主要道路、水系和重要节点实施生态廊道建设,对快速通道、环路两侧、出入市口等重点区域实施大拆迁、大绿化。全市通过大投入、大建设,按照"公交进港湾,辅道在两边,骑行走中间,休闲在林间"的规划定位,在铁路、公路、水系沿线两侧,规划建设长度达数千千米、单侧绿化宽度为10~50米的高标准生态绿化廊道。同时配置完善服务设施并点缀地域历史文化元素符号,融入人行道、自行车道、公交港湾、绿道加油站等公建设施综合体,构建绿廊加慢行体系,使其成为沟通境外、连接城乡的重要通道和窗口,并达到交通、绿化、生态、景观、人文、自然的和谐统一。

"两环十七放射"即郑州市中心城区"环形加放射"快速路路网体系。"两环"即三环路、四环路,三环路全长44千米,绿化总面积420万平方米;四环路全长93千米,绿化总面积约930万平方米。"十七放射"即起始于中心城区或三环,通向四环及以外的十七条放射状道路,具体为郑州市中心区域"环形加放射"快速路网体系。"二环"即三环路、四环路(含四港联动大道)。"十七放射"即三环、四环之间的十七条放射道路,分别是金水东路、商都路、机场高速、郑新路、中州大道南段(北段)、大学南路、嵩山南路、郑密路、航海西路、中原西路、郑上路、化工路、科学大道、江山路、京广快速南延线(北延线)等,是郑州市重要的交通道路网和出入市口,道路总长度365千米。"两环十七放射"建设内容包括道路两侧绿线范围内征地、拆迁、绿化和配套综合体建设。

"六城十组团"即郑州为加快城市化进程提出的发展模式,以周边航空城、巩义新城、新密新城、登封新城、中牟新城和新郑新城6个县城新区作为融城先导,统筹宜居教育城、宜居健康城、宜居职教城、新商城、商贸城、金水科教新城、服务业新城、文化新城、制造业新城、高新城10个组团,合理调整城市空间布局和功能分区。

生态廊道建设不同以往的通道绿化,而是在借鉴"绿道"概念基础上,结合郑州实际提出的道路绿化建设新模式,其突出特点是充分体现了"以人为本"的核心思想。生态廊道的建成既方便机动车辆的行驶,又最大程度地保障骑行者和步行者充分享受生态建设成果。在生态廊道建设中,郑州市委、市政府在城市"组团发展、通道相连、生态隔离、宜居田园"的布局下,将国道、省道、市区到县城、县城到农村以及农村社区之间的道路、水系,分别分为4级,并分别按照道路级别在公路两侧建设10~50米宽的绿化廊道,公路交叉处设置10~50亩不等的节点游园,并在廊道里建设有自行车道、人行步道、公交港湾、休闲驿站等配套综合体。其中人行步道宽为1~2.5米,采用渗水环保砖为主的环保材料铺设；自行车道宽为3～4米，采用透水混凝土、沥青混凝土等环保材料铺设，实现了"公交进港湾，辅道在两边，骑行走中间，休闲在林间"，充分体现了"以人为本""自然和谐"的理念。

为保证生态廊道的景观效果和服务效果，郑州市在生态廊道建设中通过"大绿量，高密度；多节点、多功能；乔灌花，四季青；既造林，又造景"的绿化要求，突出"生态、景观、健身、休闲、旅游、文化、科技、示范"等8个方面的功能，高标准地实施和建设。比如，位于郑东新区的四港联动大道与金水东路交叉口的公交车站，车站与机动车道之间建设了宽约10米的绿化隔离带，还在车站后约50米宽的绿树丛中建设了便利店、茶社、医疗室、公厕等基础设施，不仅提高了车辆停靠的安全性，而且为乘客和行人提供了生活便利。

郑州市在生态廊道建设中还明确了多项实施细则，体现了工程的生态功能、美学原理和低碳节约理念：在规划设计和建设中，实施适地适树，多树种搭配，以发挥物种多样性和空间多样性功能；在道路景观建设中，主要以植物造景，通过不同植物群落营造不同的生态体系；在廊道功能组织中，融入多元化因子，构建网络化的生态基础设施。生态廊道建设所需绿化苗木规格要求高于一般的绿化工程，树种丰富，景观优美，单位面积投资标准一般不低于60元/平方米，重要景点、节点和示范段达到300元/平方米以上。通过建设，基本形成了"山水融合、森林环抱、人与自然和谐共生"的生态体系，构建了"城在林中，林在城中，林水相依，林路相随"的生态功能区和连绵带。

为抓好生态廊道建设，市委、市政府建立了有效的长效推进机制。市委、市政府成立了由市领导任组长、副组长，市绿委成员单位负责人及各县（市、区）政府主要领导任成员的工程建设领导小组，统一领导郑州都市区生态廊道建设工作。各级党委、政府和各有关部门把以生态廊道为主的造林绿化工作纳入重要议程，成立相应的工作领导小组和工程建设指挥部，加强领导，明确责任，主要领导亲自过问、亲自部署、亲自督导，分管领导亲自指挥、亲自抓项目建设。各有关部门各司其职，密切配合，各级林业部门适应新形势下绿化发展的新要求，转变职能，积极出谋划策，及时高水准搞好规划设计，加强督促检查和技术指导。市发改委按要求及时做好项目审批，及时下达投资计划；市规划局认真做好道路规划，对立项、开工的道路，在道路控制红线外，按照廊道级别规划出绿线控制区，专门用于廊道绿化；市国土部门在符合土地政策的前提下及时做好通道、水系两侧土地种植结构调整工作，绿线控制区用于绿化或种植苗木花卉；财政部门做好资金筹措，确保资金投入及时到位，保证工程如期完工；市交通委、畅通办等部门抓好协调工作，为规划建设创建设好的环境和条件；项目所在地政府负责协调落实土地和组织建设。市委、市政府通过组织全市范围的观摩、评比、讲评等措施，持续推进。市林业局成立了生态廊道建设办公室，建立例会、观摩会和定期情况通报机制，有效做好了上下衔接和督促的工作。

为快速推进生态廊道建设工程，确保工程建设质量，郑州市建立了工程建设重大问题由班子集体决策；相关领导分片包干，责任到位；重大工程向社会公开招标，实行阳光操作；定期或不定期开展检查验收、及时纠正解决发现的问题等机制。各县（市、区）在征地拆迁、工程建设上也纷纷出台了措施，例如：郑东新区党委书记和常务副主任带领相关部门负责人，每天下午4：00准时现场督促拆除违章建筑进度，现场解决存在问题，并倒排工期，严格控制工期节点；新郑市分路段进行综合排名，对协调力度大、工程进展快、施工环境好、综合排名前三名的乡镇给予奖励；中牟县提前建好了安置房，只要涉及拆迁，拆迁户确定之后可以随时搬迁到新盖好的房屋内，并且保证补偿资金到位。

几年来，郑州市先后对39条主要道路、10条水系河道和10个道路节点进行了高标准绿化和升级改造，累计完成生态廊道3845千米，绿化面积达2.98亿平方米；建设林中步道711千米，自行车道路660千米，完成拆违（危）1449万平方米，培土9132万立方米。建设综合体355个，完成投资200多亿元，基本形成了覆盖全市域的三级生态廊道网络，使全市森林覆盖率增加了近2个百分点，每年固定二氧化碳100万吨，释放氧气10万吨，涵养水源423万立方米。通过高标准、高起点、高品质的生态廊道建设，生态廊道建设与城市发展紧密结合，道路沿线生态环境明显改善，基本形成了复合环形、纵横交错、向外放射的绿化生态廊道，构成了城市森林、生态廊道、城区生态园林的新格局。

郑州市生态廊道建设，通过实施道路景观绿化，提高了生态环境质量，促进了城市可持续发展。在郑州城区密集的建设生态廊道，形成乔、灌、草多种类，多层次的植被结构，起到了净化空气、改善环境和维护区域生态安全的作用。周边环境随着负氧离子的释放得到了进一步改善，动植物生长与繁衍不断丰富自然生态景观，带动了周边土地价值增值，促进了城市可持续发展。

生态廊道建设，通过构建慢行系统，保障了交通安全。郑州中心区域通过环形、纵横加放射的绿化生态景观廊道与县市、新市镇、乡村道路相连，慢行交通与快速交通的有机衔接，改变了郑州市传统的道路建设模式，改变了人们的出行理念，改变了过去城市出入市口和城乡结合部人车混行的局面，人们更愿意选择绿道内出行，既健康又安全。骑自行车或步行，生活节奏放慢下来，更有利于身体健康。同时，缓解了城市交通混乱和拥挤问题，达到交通、人行、绿化、生态的和谐统一。

生态廊道建设，通过优化国土布局，促进了产业发展。建设生态廊道，也是为城市发展"留白"的过程。通过生态廊道建设，把拆迁出来的土地通过绿化转换为农业和林业用地，腾出来的建设用地指标置换到产业集聚区或是最需要土地的地方和最能升值的地方，有效缓解了建设用地紧张的局面，为郑州都市区未来发展留下了空间。据统计，仅"两环十七放射"就收储土地约1.3万亩，为郑州未来发展留下巨大空间。将道路两侧50米以外的市场、小作坊、小企业等搬迁整合到产业集聚区或农民创业园中，建设高标准厂房，置换出来的土地重新规划利用，有力地促进了调整产业布局、实现规模经营、推进产业升级，有效地解决了彻底治理原置换区域内存在的非法生产、非法经营、非法建设问题，维护了社会大局稳定。

生态廊道建设，是市委、市政府贯彻落实十八大精神、建设生态文明，为民办实事的具体举措。大力推进生态廊道建设，为广大市民提供了一个环境更加优美、设施更加完善、自然更加亲近的休闲空间。生态廊道绿地内修建了步行、骑行便道内，还配建了公厕、小卖部、自行车驿站、休闲小广场、加油站综合体，为市民的出行提供了便利。行人在绿地内散步或者骑行，既安全便捷又会觉得幽静惬意。疲惫时可坐下休息的同时，还可以欣赏附近的绿树红花美景，极大提高了生活的舒适度和幸福感。在休闲广场定期组织开展群众娱乐活动，吸引了大批群众参与，成为了人们休闲娱乐的好去处。一位市民说："一个周末的雨后，我骑上自行车来到中原西路生态廊道，一进入廊道顿感神清气爽，穿行在廊道间少了些车辆疾驰而过的喧嚣，多了份静怡的通幽，在廊道中三三两两的骑行者、散步者、摄影者和我一样，都在享受雨后清新的空气和初冬廊道的景色。此情此景，让我切身感受到'公交进港湾，辅道在两边，骑行走中间，休闲在林间'的设计理念之美。切身体会到，生态廊道建设是一项为全市人民谋福祉的民生工程。"

生态廊道建设，为郑州市新型城镇化建设奠定了生态基础。生态廊道建设是新型城镇化的基础性工程，是增加郑州市城市综合竞争力的重要手段，也是生态文明建设的具体实践。作为新型城镇化建设的重要组成部分，生态廊道建设不但为新型城镇化建设奠定了生态基础，而且更坚定了人们树立绿色、低碳、循环、可持续发展理念，坚定不移地走"以生态建设推进经济结构调整和转型升级，构建资源节约型、环境友好型社会"的新型城镇化发展道路的决心和信心。

郑州市在建设生态廊道过程中，还注重构建以森林生态廊道为主、体系完整、布局合理的生态系统网络，在主要森林、湿地等生态区域之间建设了宽度适宜的贯通性森林生态廊道。分别以森林公园、黄河湿地自然保护区、核心森林组团、郊野公园、重要水源地等为重点，构筑了建城区北、南、西、东生态防护森林组团和生态隔离区。在尖岗水库、邙山提灌站、西流湖等重要水源地周边建设了以生态林为主的水源涵养林和生态游憩林。构筑了以尖岗水库水源涵养林—郑州树木园—郑州植物园—常庄水库—西流湖公园为核心的西南部森林生态廊道；以黄河湿地自然保护区—黄河名胜风景区—邙岭森林公园—汉霸二王城森林公园—桃花峪森林公园—唐岗水库—西北森林组团为核心的西北部森林生态廊道；以中牟森林公园—雁鸣湖生态文明示范园—郑州·中国绿化博览园—郑州森林公园为核心的东部森林生态廊道；以黄河湿地自然保护区—滨黄河森林公园—黄河名胜风景区为核心的北部森林生态廊道；以郑州树木花卉博览园—潮湖森林公园为核心的南部森林生态廊道。森林生态廊道的贯通，不仅为本地区关键物种的迁徙提供了便捷的贯通廊道，满足了生物的生存需要，而且又为老百姓的出行、休憩、娱乐、健身等提供了和谐的生态空间和好去处，更有效促进和推动了郑州都市区、新型城镇化建设，提高了城市辐射能力，改善群众生活质量，为郑州市经济社会发展增添了助力。

第三节　林业生态县乡村建设

2013年9月7日，国家主席习近平在哈萨克斯坦纳扎尔巴耶夫大学发表重要演讲时，强调：建设生态文明是关系人民福祉、关系民族未来的大计。中国明确把生态环境保护摆在更加突出的位置。我们既要绿水青山，也要金山银山。宁要绿水青山，不要金山银山，而且绿水青山就是金山银山。我们绝不能以牺牲生态环境为代价换取经济的一时发展。我们提出了建设生态文明、建设美丽中国的战略任务，给子孙留下天蓝、地绿、水净的美好家园。

改善人居环境，建设生态经济发达、生态环境优美、生态家园和谐、生态文化繁荣的林业生态乡（镇）、村，是郑州市创建国家森林城市，健全城市森林网络，增强县、乡、村硬实力的重要内容。

2003年，郑州市编制的森林生态城总体规划中，就明确提出了村镇绿化的模式和目标。郑州市政府要求：林业生态村、镇建设一定要坚持高标准，要做到村外绿化，村内美化，道路彩化，突出乡村文化。强调按照"产城融合，城乡一体，廊道连接，田园隔离，保护优先，生态宜居"的理念，首先搞好规划设计，再分期分批逐步实施。2006年，郑州市开始实施林业生态村建设，明确规定林业生态村居住区林木覆盖率要达到45%，村民房前屋后绿化控制率达到90%以上，荒山荒地造林面积占到宜林地总面积的90%以上；村间干道每侧栽植行道树2行以上，形成林荫大道。

林业生态县、乡、村建设中，郑州市坚持城乡绿化一体化发展，以城带乡、以乡促城、城乡联动、整体推进。以"生产发展，生活富裕，乡风文明，村容整洁，管理民主"为目标，以"产业发展形成新格局，农民生活实现新提高，乡风民俗倡导新风尚，乡村面貌呈现新变化"为重点，增加村镇绿量，提高绿化质量，建设生态经济发达、生态环境优美、生态家园和谐、生态文化繁荣的林业生态乡（镇）、村。注重了居住区绿化、环村防护林带或生态片林营造、村间干道绿化、村内街道和庭院绿化、田林路渠综合治理、宜林四荒绿化等。依托农村的自然生态、田园景观、民俗文化和地方特色，把村镇绿化与新农村建设、农民增收、生态文化有机结合起来，把村镇绿化美化与健身、休闲、娱乐有机结合起来。

结合山、水、林、田、路综合治理，大力开展村旁、路旁、水旁、宅旁"四旁"绿化。以路、河、渠、堤林带为基本框架，完善已建林网，增加乔灌草多层次、多树种模式配置。坚持多种植乡土树种，乔灌结合、常绿落叶结合、见缝插绿。围村林建设与农田、水体、道路、山体绿化相融合，村内道路绿化与与庭园绿化相结合。打造"村在林中，林在村里"的优美环境和富含乡村情趣、错落有致、绿化、美化、香化、彩化、园林化的村镇绿化景观。

在林业生态县、乡、村建设中，郑州市明确要求作业设计单位和施工单位均不能低于二级园林绿化工程资格。村级小游园，是村庄居住区绿化中的"掌上明珠"，也是"画龙点睛"之笔。郑州市要求，每个林业生态村在居住区内或村庄附近均应建设村级小游园3处以上，每处小游园面积不低于1亩，其中应有一个超过2亩，游园内大乔木与花灌木配置比例为6：4，当年苗木成活率不低于95%；每个乡镇所在地应建有公园或小游园2处以上，每处公园或游园面积不低于2亩，其中应有一个超过5亩，游园必须建在主要居住区内或附近，以方便居民娱乐、游玩。

在林业生态县、乡、村建设实施中，郑州市创新思路，分类实施，因地制宜地解决了林业生态县、乡、村用地问题。可耕地少、农民主要靠土地生活的传统村落，实施了见缝插绿，加强生态修复。新密市超化镇黄固寺村，除村内街道绿化外，家家户户门前只要有空地就栽植上小叶黄杨、白玉兰、百日红等绿色植物。为了不占用耕地，村内小游园就是把荒沟填平，进行整体绿化而建成的。对采矿沉陷区的村庄，实施整体搬迁后，将老宅基地整地复耕和绿化，按林业生态村建设标准搞好新住宅区、新型社区的规划设计，一步建设到位。与此同时，还将林业生态村建设与森林公园建设有机结合起来。

郑州市通过林业生态县、乡、村建设，改善了村容、村貌，提升了群众生态意识，把森林城市的美，从中心城市延伸到广袤乡村，为新农村建设注入了新鲜血液，让人民群众更多地享受到美好生态带来的福祉。同时，保护了传统农村，提升了农村土地价值，促进了规模化农业发展，增加了农民收入，并为加快构建新型农业经营体系、推进城乡要素平等交换和公共资源均衡配置进行了有益的探索，找到了一个城乡一体化发展的最佳路径和结合点。通过林业生态县、乡、村建设，改善了农村的生产生活环境，增加了居住区及周边的绿量，提升了绿化质量和品位，基本形成了四季有绿、特色鲜明、季相分明、层次丰富的绿化、美化、香化、彩化和园林化的村镇绿化景观。至2014年6月，郑州市共建成林业生态县（市、区）8个、林业生态乡（镇、街道）40个、林业生态村（社区）590个，其中林业生态示范村（社区）14个。全市集中居住型村庄林木绿化率达32.14%，分散居住型村庄达27.96%以上。

第四节 "创森"活动

党的十八大提出经济建设、政治建设、文化建设、社会建设、生态文明建设"五位一体"的总体布局，把建设美丽中国、实现中华民族永续发展作为奋斗目标，生态文明建设和城乡一体化被党中央摆到了更加突出的位置。创建国家森林城市，加快林业生态建设，即是郑州市落实党的十八大精神，践行生态文明的重要举措。

早在2003年，郑州市委、市政府就作出了建设森林生态城市的重大决策，提出用10年时间建设百万亩城市森林，为广大市民提供良好、宜居的生态环境。至2009年，郑州市提前4年完成了规划提出的新增6.67万公顷（100万亩）森林的栽植任务，全市森林面积大幅增加，生态环境持续改善。

2011年，为落实国务院《关于支持河南省加快建设中原经济区的指导意见》的战略部署，郑州市作为中原经济区核心城市，必须率先崛起、强力引领，建设以全域城市化、生态和环保共同推进的"三化"协调、科学发展的先行示范区，建设华夏文明的重要传承区，进一步增强承载力、辐射力和整合力。为此，郑州市委、市政府在原有森林生态城基础上提出了"创建国家森林城市"的目标，决心通过创森，进一步完善生态体系，不断提升城市品质和内涵。

2011年11月，郑州市委、市政府印发了《中共郑州市委 郑州市人民政府关于创建国家森林城市的决定》，决定在全国绿化模范城市基础上，把郑州市建设成为国家森林城市。以生态、宜居、健康、福民为目标，举全市之力，并加大力度开展了一系列的创森行动，快速推进国家森林城的任务。2011年11月27日，郑州市人民政府正式向国家林业局提交了创建国家森林城市的请示。

2012年3月26日，国家林业局复函，对郑州市提出的创建"国家森林城市"给予充分肯定。同意郑州市开展创建"国家森林城市"工作，并希望按照《国家森林城市评价指标》的要求，加强领导，健全机构，科学规划，加大投入，深入宣传，发动群众，扎扎实实做好各项工作。

郑州市市长马懿强调："创建国家森林城市，是郑州在中原经济区建设中'挑大梁、走前头'的具体行动，蕴含着科学发展、社会和谐、生态文明、幸福城市等丰富的内涵和深刻的寓意"。

郑州建设国家森林城市是生态文明建设的具体行动和实践。森林城市建设范围为7446平方千米，是在以往10年建设森林生态城市的基础上，对森林生态城市范围上的再扩大、功能上的再拓展和质量上的再提升。同时，通过森林资源的提升和开发利用，建设森林公园，发展林业产业，丰富生态文化，改善生态环境，为广大市民提供一个巨型"氧吧"，减小热岛效应，改善空气质量，减少噪音和光污染，增加地下水储量，以此达到提升市民生活质量，丰富市民文化生活，增加林农收入，为广大市民提供更多的休闲好去处的目的。从而提高城市综合竞争力和城市品位，促进城市可持续发展和城乡生态建设一体。

为全面推进创建国家森林城市各项工作，郑州市委、市政府专门成立了由市委副书记、市长马懿任组长，正市长级干部王林贺任常务副组长，市四大班子分管领导任副组长，各相关职能部门负责人、各县（市、区）主要领导为成员的创建国家森林城市领导小组，全力推进全市创森工作。市、各县（市、区）党委联动，实行"一把手"负责制，形成了主要领导研究部署、分管领导组织协调、党政齐抓共管、部门各负其责的领导体制和工作机制。为取得全国绿化委员会、国家林业局对郑州市创建国家森林城市工作的及时指导和支持，市长马懿、正市长级干部王林贺等领导，多次到国家林业局汇报郑州市森林城市建设的情况。

郑州市先后组织召开创建国家森林城市动员大会、省会郑州全民义务植树动员大会、全市林业系统工作会、全市农业农村重点工作会、全市创建国家森林城市推进大会、创森业务工作会、郑州市创建国家森林城市工作推进会、郑州市生态建设工作动员大会等对创森工作进行了安排部署。2012年12月4日，郑州市政府召开了郑州市创建国家森林城市推进大会，市长在会上作了重要讲话，对创建国家森林城市工作提出了明确要求，会上还印发了《郑州市创建国家森林城市工作实施意见》，对创森工作任务进行了细化和分解。市县两级政府签订了目标责任书，并纳入到市政府年度工作任务中考核；出台了《郑州市创建国家森林城市考核办法》和《郑州市创建国家森林城市考核细则》，明确了考核内容、考核形式、奖惩措施等。按照办法和细则，市里采取周例会、月点评、季考核的办法定期对各地进行督导，加快了创建工作进度。同时，郑州市政府还把创森工作作为向市民承诺的实事扎实办理。在日常工作中，郑州市人大代表、政协委员们也多次提出议案、提案和建议，密切关注郑州市的生态建设，尤其要关注国家森林城市的创建工作，并希望通过创建国家森林城市活动，使郑州市的绿化美化水平进一步提高，人居环境明显改善，城市品位明显提升，让广大市民充分享受到国土绿化的成果。在全市范围内掀起了造林绿化的热潮，推进了创建工作的深入开展。

科学规划，依法实施。在建设森林城市进程中，郑州市始终坚持规划先行，高起点、高规格的科学规划设计。委托国家林业局华东林业规划设计院编制了《郑州市森林城市建设总体规划（2010—2020年）》，计划投资169亿元，提出森林城市建设的总体布局，即依托交通干线及沿线城镇，逐步形成以森林生态城为主体、外围县级森林城市群为支撑、重点乡镇为节点、森林村（社区）拱卫的层级分明、结构合理、互动发展的网络化森林城市体系，使郑州市域在森林景观空间结构上形成"一核、二轴、三环、四带、五园、六城、十组团、多点、多线"的森林布局结构。该规划先后通过了专家评审、市规划委员会审核和市政府常务会议研究，2012年12月26日，市人大常委会高票通过了规划，以法制形式保障森林城市建设工作一张蓝图绘到底。2013年6月20日，郑州市人大审议通过了郑州市人民政府关于森林城市建设工作情况的报告，对郑州市森林城市建设给予了充分认可。

广泛宣传，营造氛围，提高市民创森知晓率。结合实际，郑州市制订了《郑州创建国家森林城市宣传方案》。2012年4月12日，郑州市人民政府、郑州市绿化委员会在郑州·中国绿化博览园举办创建国家森林城市宣传活动启动仪式。一方面充分发挥新闻媒体作用，在报纸、电视台、电台和网站等媒体多渠道宣传创森工作，各级媒体播发郑州市创森稿件累计200多篇。与《大河报》《河南商报》等媒体联合组织开展了"建设绿色家园，义务植树有我""共植小记者林""践行绿色承诺，建设生态家园""美丽中国，从种树做起""绿动中原，品质河南"等主题创森义务植树活动。市委书记、市长带头担任郑州护绿志愿者，全市上下形成了建绿护绿的浓厚氛围。另一方面举办森林文化节、湿地文化节等一系列创森宣传活动。特别是2013年，郑州市委、市政府为了让全市群众感受森林城市创建成果，提高森林城市创建的社会支持率和满意度，组织社会各界万名群众开展了为时5个多月的"走进廊道、走进森林、走进社区、认识郑州、热爱郑州、奉献郑州"的"三走进，三郑州"主题活动，广大市民亲身感受到了森林城市建设取得的累累硕果。在系列活动的举办过程中，累计吸引200多万市民参与，发放各类创森宣传资料50多万份。在日常工作中，还开展了创森知识竞赛、书画摄影比赛、征文比赛、演讲比赛等形式多样宣传活动，制作了《十年耕耘 生态硕果累累》大型专题宣传片和《森林城市 绿色郑州》宣传画册。通过强有力的宣传，进一步宣传了造林绿化成果和创建国家森林城市的重大意义，普及生态知识，扩大了创森的知晓面和影响力，充分调动了市民广泛参与创建国家森林城市、推进绿色郑州建设的主动性、积极性、创造性，关注生态、关心绿化、关爱森林、支持创森已成为全体市民的共同心声。经问卷调查，郑州市民对森林城市建设的支持率和满意度达到了98%。

通过创建国家森林城市，生态环境显著改善，城市品位显著提升，市民幸福指数显著提高。截至2014年，郑州市林地面积达23.69万公顷，森林覆盖率达33.36%；城区绿化总面积达1.4亿平方米，绿化覆盖率达40.5%，人均公共绿地达到11.25平方米。

2014年7月25日至28日，国家林业局从"国家森林城市专家库"中随机抽取的国家林业局中南林业调查规划设计院院长、教授级高工周光辉，中国林业科学研究院党组成员、副院长、高级工程师李岩泉，北京林业大学研究生院常务副院长、教授、博士生导师张志强、国家林业局城市森林研究中心工程师王晓磊、国家林业局城市森林研究中心工程师王艳英、国家林业局城市森林研究中心工程师张喆、国家林业局宣传办新闻处副处长那春风、国家林业局宣传办文化处副处长杨轩等专家组成的核验组，由国家林业局宣传办副主任樊喜斌带队，采取听取汇报、实地考察、调阅资料、随机抽样、问卷调查的方式，对郑州市《国家森林城市评价指标林业行业标准》40项指标达标情况、国家森林城市建设总体规划实施情况以及创建国家森林城市的相关工作进行了全面的核查验收。2014年7月25日下午，国家森林城市核验组在黄河迎宾馆听取了郑州市创建国家森林城市工作情况汇报。郑州市委副书记、市长、市创建国家森林城市领导小组组长马懿，代表郑州市委、市政府和郑州市900万人民致欢迎词，对国家森林城市核验组到郑州核验和检查指导工作表示热烈的欢迎和衷心的感谢。郑州市主管林业的正市长级干部王林贺受市委、市政府和马懿市长的委托，专题汇报了郑州市创建国家森林城市工作情况。汇报会上，核验组还观看了郑州市委、市政府制作的《森林城市 绿色郑州——郑州市创建国家森林城市纪实》汇报片。汇报会后，核验组随机抽样确定了核验路线和地点，调阅了郑州市委、市政府编纂的包括"创森自查篇""组织领导篇""创森基础篇""森林网络篇""城区绿化篇""生态廊道篇""生态村镇篇""森林健康篇""林业经济篇""生态文化篇""全民参与篇""科学规划篇""法规制度篇""投入机制篇""科技支撑篇""监测保护篇""成效荣誉篇""创森简报篇""报刊集锦篇""创森工作篇"等共20篇的《郑州市创建国家森林城市的资料汇编》以及其他有关资料。

2014年7月26日至28日上午，核验组分为综合组、专家一组、专家二组、专家三组、社会调查组等5个组，利用5个半天的时间，对随机抽样确定的核验路线和地点进行了实地核验和抽验。

十年建设、三年创建，郑州市终获殊荣。2014年9月25日，在山东省淄博市召开的"2014中国城市森林建设座谈会"上，包括郑州在内的17个城市被全国绿化委员会、国家林业局授予"国家森林城市"称号。"绿城"郑州继荣获"国家园林城市""全国绿化模范城市""中国优秀旅游城市""国家卫生城市""全国文明城市"等荣誉之后，又添"国字号"美誉。会上，郑州市委副书记、市长马懿登上主席台，领取了全国绿化委员会、国家林业局颁发的国家森林城市奖牌，并代表郑州市委、郑州市人民政府作了热情洋溢的专题演讲，受到了与会领导和代表的一致好评。

2014年9月28日上午，秋高气爽，又是一个收获的季节。郑州市在市政府办公楼前举行"国家森林城市"揭牌仪式，向全市人民通报郑州市荣获"国家森林城市"称号的喜讯。市领导马懿、王璋、白红战、王林贺、张俊峰，市政府秘书长王春山等出席仪式。市委副书记、市长马懿，市人大常委会主任白红战为"国家森林城市"牌匾揭牌。市委副书记、市政协主席王璋主持揭牌仪式。

郑州市主管林业的正市长级干部王林贺在仪式上致辞说："国家森林城市"的创建成功，是市委、市政府正确决策、正确领导的结果，也是市人大、市政协正确决议、监督落实的结果，更是全市上下共同努力、全市人民共同参与的结果。郑州市将充分开发利用好现有森林资源，使它们发挥更大的效益，让人们享受到创森带来的更多的成果和红利，再经过十年的努力，郑州必将"天更蓝、地更绿、山更青、水更净、城更美、人民更幸福"。

王璋在主持仪式时表示，在新的征程上，郑州市将继续和发扬优良传统和优秀作风，以更加昂扬向上的精神、更加奋发有为的斗志，不断巩固"国家森林城市"创建成果，努力开创生态文明建设新局面，为早日把郑州建设成为自然之美、社会公正、城乡一体的现代化田园城市作出新的更大的贡献。

至此，郑州市已荣膺全国绿化委员会、国家林业局组织和评选的"全国绿化模范城市""国家森林城市"两项桂冠和"中国绿化博览会"举办权。截至2015年上半年，全国所有大中型城市中，获得这三项殊荣的只有郑州和南京两个城市。但郑州市委、市政府深知，森林生态建设只有起点，没有终点。"让森林拥抱城市，让市民走进森林，让绿色融入生活，让健康伴随你我"是郑州森林生态建设的永恒主题。

第六章 保护黄河湿地

DILIUZHANG BAOHU HUANGHE SHIDI

第一节 郑州黄河湿地保护

　　湿地与森林、海洋并称为地球三大生态系统，在大自然的生态循环体系中具有重要的独特作用。作为一种特殊的生态系统，具有维护生态安全、保护生物多样性等多种功能，被誉为"地球之肾""淡水储存库"和"生物基因库"。改革开放以来特别是进入新世纪以来，党中央、国务院高度重视湿地保护工作。2000年，国家制订了《中国湿地保护行动计划》。2004年，国务院办公厅发出了《关于加强湿地保护管理的通知》。随后，国家又启动了《全国湿地保护工程实施规划》。各级党委政府把湿地保护作为生态建设的主要内容，各级林业部门把湿地保护作为现代林业建设的重要内容，不断加强对湿地的保护与恢复。

　　郑州黄河湿地省级自然保护区于2004年11月经省政府批复成立，是省会郑州唯一的自然保护区。保护区位于郑州市北部，面积36574.1公顷，全长158.5千米，跨度23千米，地理坐标在北纬34°48′～35°00′，东经112°48′～114°14′之间。所辖巩义市6800公顷（10.2万亩），荥阳市14133.33公顷（21.2万亩），中牟县10600公顷（15.9万亩），金水区533.33公顷（0.8万亩），惠济区5933.33公顷（8.9万亩）。按功能区划分为核心区面积9206.67公顷（13.81万亩），缓冲区2613.33公顷（3.92万亩），实验区26180公顷（39.27万亩）。郑州黄河湿地属黄河的中下游地区，其中巩义、荥阳段属黄河中游地区，惠济、金水、中牟段属黄河下游地区。

　　郑州黄河湿地区位独特，优势明显。黄河湿地紧邻郑州市区，水域面积广阔，淡水资源丰富，是省会郑州重要的水源地和区域小气候调节区、稳定区。保护区是我国河流湿地中最具代表性的地区之一，是我国中部地区生物多样性最为丰富的湿地之一，位于我国三大候鸟迁徙通道的中线通道，是鸟类重要的繁殖地和越冬地。保护区内生物资源丰富，生态价值极大，有维管束植物80科284属598种，陆生野生脊椎动物295种，其中，鸟类247种，其中国家一级保护鸟类10种，国家二级保护鸟类31种。通过连续几年来的监测，每年在保护区越冬的候鸟总数百万余只。特别是大鸨为世界濒危、国家一级保护动物，国内东方亚种仅有2000只左右，保护区连年观测到稳定的越冬种群，最大种群达140只，黄河湿地作为大鸨的越冬地已引起了国际保护组织和国家有关专家的关注。郑州黄河湿地自然保护区内自然生态及人文景观丰富，历史悠久，文化底蕴深厚，生态文化建设内容丰富；是典型的河流湿地、城市湿地，也是重要的生态资源和重要的科研教育文化资源。郑州桃花峪是黄河中游与下游的分界处，从这里开始，黄河由地下河变为地上河，尽显其"雄、浑、壮、阔、悬"的独特气质和风采。

近年来，郑州市将郑州黄河湿地保护作为生态文明建设的一项重要内容、森林生态城市建设的一个重要举措，不断加大保护力度。2006年3月，市政府批复成立郑州黄河湿地自然保护区管理中心，负责制定并实施黄河湿地生态环境和保护规划；承担湿地保护区内有益的或有重要经济、科学研究价值的野生动植物资源保护管理工作。2007年2月，郑州市编委办又批复保护中心增挂"郑州市野生动植物保护管理站"，全面负责黄河湿地保护区及全市野生动植物保护、管理和陆生野生动物疫源疫病监测防控工作，承担国家级疫源疫病监测防控站职能。

为切实加强郑州黄河湿地保护管理工作，2006年7月，郑州市政府及时下发了《关于加强郑州黄河湿地自然保护区保护管理的通知》。2007年12月，郑州市委、市政府把黄河湿地保护作为打造生态郑州，建设生态文明的重要任务，与森林生态城、生态水系并列为生态郑州建设的三大工程。2009年，市委、市政府将黄河湿地保护纳入跨越式发展新三年行动计划——节能减排和生态环境工程。2010年11月5日，市委、市政府下发了《进一步加强黄河湿地开发保护的工作部署》（第37期），对黄河湿地保护提出了明确要求。2011年5月9日，市政府成立郑州黄河湿地保护规划建设领导小组，全面组织协调郑州黄河湿地规划、建设等相关工作。

为切实加强黄河湿地保护，郑州市积极开展基础设施建设、依法保护、疫情防控、资源监测和科普宣教等湿地资源保护管理工作。2006年郑州市组织编制了《郑州黄河湿地自然保护区总体规划》、2010年编制了《郑州黄河湿地自然保护区详细规划》、2008年编制了《郑州黄河国家湿地公园总体规划》、2012年编制了《郑州黄河国家湿地公园一期建设修建性详细规划》等相关规划设计文本，为对保护区的建设提供了理论依据及建设方向，正确引导保护建设管理工作。

在基础设施建设方面，郑州市不断加大对保护区投入力度，累计完成湿地保护资金8657万元。开展了树标定界工程、原生态湿地保护工程和鸟类栖息地保护工程等，共树立界桩545个、界碑25个、警示标牌190个、大型宣传标示牌10个，完成隔离水系5千米，建立移动式监测站3个，对17块原生态湿地和7块候鸟栖息地进行了抢救性保护，逐步扩大湿地面积，恢复湿地生态功能。

在依法保护管理方面，2008年5月，郑州市人民政府第175号政府令通过了《郑州黄河湿地自然保护区管理办法》，并于当年8月1日起实施，为保护区依法管理提供了有力保障。为保护候鸟及栖息地安全，保护区严格按照有关法律法规，严厉打击非法开垦、侵占破坏湿地资源等违法活动，不间断开展保护执法巡护活动。同时，湿地管理部门、地方政府、河务、森林公安等多部门开展一系列联合执法活动，查处非法采砂、非法破坏侵占湿地资源和毒杀、捕杀候鸟等违法行为；与市水产局联合开展捕鱼治理活动，划定禁捕期和禁捕范围，在候鸟迁飞期及7个候鸟集中停歇地和越冬区域严禁捕鱼，与河务部门和地方政府联合开展了取缔非法采砂、采铁活动。在候鸟集中栖息地建立监测保护点、聘用保护协管员，实行全天候巡查保护，切实加强候鸟等野生动物保护工作。2009年，森林公安局和保护区执法人员在检查巡护中抓获两名用自制土炮非法猎杀4只灰鹤的犯罪嫌疑人，两人分别被判刑5年和3年。

2010年，查处了《水浒》剧组在湿地保护区核心区内拍摄，严重破坏湿地生态环境案件，并进行了处罚。2011年，巩义水厂、惠武浮桥未批先建，保护区依法处理，责令停止建设并补办手续。2013年以来先后处理了桃花峪黄河铁路大桥、特高压输电线路、中石油输油管道等重大工程穿越保护区6起。近年来所有重大工程均报请省厅批复，按要求办理了相关审批手续，累计收缴湿地补偿款近千万元。

在监测管理和疫源疫病监测防控方面，保护区承担着野生动植物保护及禽流感等疫源疫病监测防控工作。按照国家、省、市政府要求，坚持做好巡视监测和疫情报告工作，做到勤巡护、早发现、严控制、不扩散。开展野生鸟类同步资源调查，主要做好大鸨、灰鹤、雁鸭类等鸟类的种群数量、停留区域等记录观察情况。实行24小时不间断巡查值班制度，建立健全监测网络，购置相关监测设备设施及应急物资，制定防控应急预案，做到第一现场发现，第一时间控制，切实做好禽流感等陆生野生动物疫源疫病监测防控工作。2013年我国各地相继爆发了多起人感染H7N9禽流感病例，为了严密防范H7N9禽流感传播扩散，维护好公共安全和社会稳定，根据《河南省林业厅关于进一步做好H7N9禽流感病毒溯源排查和野生动物疫源疫病防控工作的紧急通知》，郑州市启动了应急防控措施，分别对惠济中牟、巩义荥阳、市区等监测区域，进行全线地毯式监测排查，采集野生鸟类新鲜粪便、组织样品、环境样品等300余份，经郑州市疾控中心检测未发现禽流感疑似病例。

在科普宣传方面，为提高公众对湿地保护重要意义的认识，提高全社会对黄河湿地自然保护区建设的知晓度和参与度，保护区每年通过组织各级媒体广泛宣传，开展了"世界湿地日""爱鸟周""湿地文化节""湿地生物多样性科普展""湿地知识进校园"、湿地观鸟等活动，印制湿地知识台历、宣传画册。2012年以来，保护区连续3年举办了"郑州黄河湿地文化节"，并结合郑州市政府主办的"三走进"活动，开展了湿地文化系列活动，举办了丰富的文化活动和民俗文化展演活动，获得了国家局、省、市政府和广大市民的广泛好评。

据科研部门测算，郑州黄河湿地生态环境已产生了重要的生态价值。该湿地生态系统已实现生态服务功能年货币化价值11.9743亿元。

湿地保护是一项社会公益事业，它体现的生态效益、社会效益是不可限量的。郑州黄河湿地是大自然赐予郑州人民的宝贵财富，是郑州市的后花园，通过保护建设，郑州黄河湿地必将能够永远存在、永续利用，为郑州人民造福。

第二节　郑州黄河国家湿地公园建设

湿地公园是湿地保护的一种重要形式。为充分利用湿地在物种及其栖息地保护、生态旅游和生态环境教育等方面的多种功能，提高郑州黄河湿地整体保护效果，实现郑州城市发展战略，推动区域社会经济可持续发展，2007年，郑州市政府提出在郑州花园口附近湿地范围内建设郑州黄河国家湿地公园，委托国家林业局规划设计院编制完成了《郑州黄河国家湿地公园总体规划》，并上报了国家湿地公园试点申请。2008年11月国家林业局批复同意建立郑州黄河国家湿地公园试点（林湿发〔2008〕234号）。

郑州市委、市政府高度重视郑州黄河国家湿地公园建设工作。认为担负国家湿地公园（试点）建设任务，不仅是一种荣耀，而且是一个重担和责任。不仅给湿地公园建设带来了新的机遇和挑战，更有着保护湿地生态系统、科学普及和建设生态文明的重任。先后成立了郑州黄河湿地保护规划建设领导小组、郑州黄河国家湿地公园建设验收领导小组，由主管副市长任组长，发改、财政、林业、土地、规划、环保、河务、惠济区政府等各相关单位为成员，全力推进郑州黄河国家湿地公园建设。

郑州黄河湿地是我国三大候鸟迁徙通道的中线通道，是我国河流湿地中最具代表性的地区之一，也是我国中部地区生物多样性最为丰富的湿地之一，具有独特的生态、文化保护价值。郑州黄河湿地是母亲河赐予郑州的宝贵财富，不仅资源丰富，而且湿地公园紧邻郑州城区，是郑州市重要的水源地和区域小气候调节节、稳定区。保护黄河湿地对改善郑州市生态环境，调节郑州区域气候，净化、补充城市用水，均化洪水，提升新型城镇化建设质量具有重要意义。

郑州黄河国家湿地公园位于郑州黄河湿地自然保护区区域内，处于郑州市惠济区北部，紧邻郑州市区，规划区东至花园口大桥，西至保合寨14号导控坝，南至黄河大堤内侧防浪林北缘，北达南裹头广场，总面积1359公顷。这里是鸟类的天堂，鸟类重要的繁殖地和越冬地。公园区域内动植物资源丰富，记录到的鸟类约有10目16科90种，包含有二级保护鸟类大天鹅、白琵鹭、红隼、白尾鹞等4种，另有大量雁鸭类和林鸟。每年10月中旬至次年4月上旬冬候鸟迁徙和越冬的重要时期，国家一级保护动物大鸨、东方白鹳、黑鹳等，国家二级保护动物灰鹤、大天鹅、小天鹅、白琵鹭、多种猛禽，以及大种群的雁鸭、鸬鹚、银鸥、苍鹭等鸟类都会飞抵这里栖息、觅食、越冬。据调查，候鸟数量达百万只以上，并呈现出日渐繁茂景象。春天，白鹭、灰头麦鸡、黑水鸡、燕鸥、翠鸟等在这里生儿育女、繁衍后代。记录到的植物有45科185属345种（约10个变种），包含有白茅、芦苇、柽柳等为优势种和国家二级保护植物野大豆。

湿地保护，必须有高标准的规划作为保障。2008年郑州市编制完成《郑州黄河国家湿地公园总体规划》，根据总体规划，郑州黄河国家湿地公园划分为生态保育区、科普宣教区、滩地探索区、黄河农耕文化体验区、休闲娱乐区和综合服务区6个功能区。2012年编制完成了《郑州黄河国家湿地公园一期建设修建性详细规划》，对南裹头以东区域（总面积约1万亩）进行单独规划。《规划》以"保护优先、科学恢复、适度开发、合理利用"为总方针，以立足现状、因地制宜、统一规划、分期实施、不求所有、但求所在为建设原则，以"生态保护之典范、科普学习之课堂、黄河文化之长廊、郑州品位之名片"为目标定位，通过"大黄河""大生态""大人文""大旅游""大统筹""大管理"等功能的充分发挥，在保护修复的基础上做适度的开发利用，打造水系连接、道路连通、田园隔离、一园一景的黄河国家湿地公园，归纳总结设计了郑风和鸣、花信风语、芦荡雁影、柽柳迎春、黄河晓渡、五谷丰登、黄河云卷、逸园春早、风荷映日、黄河九曲等十大景点。

郑州黄河湿地公园建立在千里黄河堤防起始点上，属黄河下游上首的人口密集区，对整个下游可持续发展而言，保护其生态功能的健康发挥责任重大、意义深远。因此，必须筑牢根基，着力提升湿地保护和恢复的动力。

郑州黄河湿地公园建设伊始，即严格按照《国家湿地公园建设规范》的要求和《郑州黄河国家湿地公园总体规划》的需要，制定了严格的湿地保护和恢复方针，高标准制定了详细的湿地公园建设实施方案。在建设过程中，严格坚持"保护优先、科学修复、合理利用、持续发展"及"统一规划、分期实施"的原则，优先对生态保育区进行全面保护，优先实施保护恢复和科普宣教基础设施建设。

郑州黄河湿地公园一期总面积3960亩，其中生态保育面积3300亩，景观建设面积660亩，建设有生态广场、观景栈道、生态水系、科普长廊、休闲廊亭以及观鸟台等设施。2011年12月公园一期建设工程开工，并向市民承诺同年5月1日开放。为圆满完成湿地公园建设任务，确保按时向市民兑现承诺，郑州市林业局专门成立了"郑州黄河国家湿地公园建设工程项目部"。项目部全体人员在3个多月的建设期间，加班加点，日夜兼程，最终湿地公园建设工程于4月28日全部竣工，面向社会免费开放。随后，按规划和实施方案实施了水系沟通、植被恢复、鸟类栖息地保护、对重点区域设立标桩和警示牌等一系列湿地保护恢复工程，不断增加湿地恢复面积。湿地公园内还配备了完善的基础设施。目前，已完成了生态保育区原生态湿地保护与恢复工程、水系沟通工程、科普宣教等基础设施建设工程、科研监测站建设等。在生态保育区周边开挖了隔离沟，沟通了水系，设置了隔离围网，有效地保护了原生态湿地。正在建设的还有科普宣教中心、野生动物驯养救护站、园区主干道、停车场等，年底即可全面投入使用。

在建设管理过程中，湿地公园对生态保育区实行最严格保护，安装了监控，设置了防火检查站，对进入生态保育区的团体游客实行预约制，将每天进入生态保育区的游客人数严格控制在1000人以下，在候鸟迁徙期、冬季防火期和黄河调水调沙等敏感时期实行闭园，为水禽繁衍营造和维护了良好的栖息环境，有效地保护了湿地资源和湿地的生物多样性，使公园湿地生态系统功能更趋完善。据监测，湿地公园生物物种种群数量明显增加，栖息的野生鸟类由建园前的58种增加到目前的114种。

郑州市将湿地公园建设作为一项重要的公益和民生项目高度重视。明确了湿地公园规划区域土地权属，按照"一园一法"的要求，起草制定了《郑州黄河国家湿地公园管理办法》，近期经市政府研究审议后即将颁布实施。郑州市政府连续4年将其列为郑州市生态建设重点工程，重点给予财政资金保障。2007年以来，湿地公园已完成总投资8.7亿元，其中市本级财政投资约1.09亿元，社会融资约7.6亿元。郑州市投入巨资开展郑州黄河湿地公园建设，不仅让其成为了郑州市的后花园、未来海绵城市建设的港湾，更成为了生态文明建设的大舞台。

国家林业局党组成员、纪检组长陈述贤，省林业厅副厅长刘有富，郑州市人大常委会主任白红战、正市长级干部王林贺等领导先后视察湿地公园，对湿地公园建设给予了高度评价。

公众既是湿地资源的消费者，也是湿地资源的保护者，公众参与的广度和深度在很大程度上决定着湿地保护的水平。现阶段，在湿地保护立法日趋完善的情况下，大力向公众宣传普及湿地知识，唤起公众自觉保护湿地的意识，吸引公众参与，是湿地公园加强保护湿地的一个重要抓手。这是郑州黄河湿地公园的建设者和管理者的一个共识。因此，自2008年湿地公园建设以来，他们注重文化引领，着力搭建全社会参与湿地保护的大格局。坚持以生态文化为导向，深入挖掘湿地文化，开展特色宣传教育活动，致力打造全社会参与湿地保护的科普宣传教育大平台。

2012年9月1日至10月8日，建成开放不久的郑州黄河湿地公园成功举办了"河南郑州首届黄河湿地文化节""大美黄河 多彩湿地"书法美术摄影展、黄河民俗文化展演、黄河湿地游览和特色游园、湿地科普展览等9项大型活动，展示了黄河文化、中原文化和湿地文化，弘扬了生态文明。自此，"黄河湿地文化节"和黄河湿地文化系列活动年年举办，形成了以"黄河湿地文化节"为代表的颇具号召力的湿地文化宣传品牌。引发了广大市民亲近黄河湿地、认识黄河湿地、爱护黄河湿地的热潮，走进湿地、走向大自然、享受绿色低碳生活已成为广大市民的时尚。

针对每年冬天都会有大批候鸟飞临黄河湿地内停歇的特点，湿地公园把观鸟摄鸟活动作为保护鸟类的有效载体。自建园伊始，就与河南省野生鸟类观察学会、郑州市摄影家协会等联合，成立观鸟爱好者队伍，定期在湿地公园内观鸟摄鸟，不仅为湿地公园保存了一大批影像资料，同时还通过观鸟爱好者队伍积极开展保护鸟类活动，把鸟类知识、观鸟知识、对鸟的热爱传递出去。2013年8月8日，"大自然的精灵"——郑州黄河湿地野生鸟类科普摄影展在郑州科技馆开幕。展览共汇集了14位野生鸟类摄影家90余幅珍贵鸟类摄影作品，标本30余件，撷取了鸟儿灵动美妙的瞬间，展现了鸟儿生命活力。随后，摄影作品又在郑州黄河国家湿地公园（试点）、黄河博物馆等地巡回展出，展览活动持续1年，参观人数达10万人次，这一系列特色活动收到了良好的传播效果。

为宣传湿地保护的功能和价值，提高公众对湿地及其生物多样性与生境保护的意识和积极性，郑州市坚持创新湿地保护宣传形式，扩大宣传范围，使科普宣传像春雨润物一样潜移默化地改变着人们的理念、行为。坚持以郑州黄河湿地公园为展示平台，积极开展形式多样的科普宣教活动。每年定期开展世界湿地日、爱鸟周、野生动物宣传月、观鸟活动、湿地公园野生鸟类科普摄影展、河南郑州黄河湿地文化节等专题宣传活动。坚持进社区、入学校、到机关、下农村，湿地公园组织开展了科普展览，生物科技夏令营、科技活动周、全国科普日等活动。围绕"野生动物保护宣传月""地球日""湿地日""环境日"等节日，开展形式多样的科普宣教活动，有效地利用广播、电视、报纸、网站、平面媒体、户外媒体进行广泛宣传。设计制作"二维码"，通过手机扫描接收植物、动物、鸟类等生物多样性的科普知识；开通网站、微博、积极利用互联网、手机等新媒体开展线上和线下科普教育活动。现在，不仅是大中小学校环保社团，就连科协、环保、水务，老年协会、民间环保组织等部门和社会团体也常常在湿地公园举办活动，深入开展生态保护和科普知识交流与合作。

2014年，郑州市邀请省内环保、河务、水产、文化、旅游等方面的专家学者参加，在郑州黄河湿地公园成功举办了"黄河湿地与黄河生态文化研究研讨会"，收集文化、科技论文20余篇，并结集成书。

郑州黄河湿地公园建成免费对公众开放以来，越来越多的社会力量凝聚到了湿地保护事业中来，不断有志愿者到湿地公园开展环保科普宣讲、环境清理和导览讲解等服务，累计达5万人次。

自2008年11月以来，郑州黄河湿地公园先后被授予全国野生动物保护科普教育基地、河南省生态文明教育基地、河南省科普教育基地、河南省野生鸟类观察学会活动基地、郑州市科普教育基地、惠济区未成年人校外活动场所等称号。郑州黄河湿地公园正在成为一个社会各界参与湿地保护共建生态文明的大舞台、提高公众生态意识的活动场所、湿地保护的科普宣传教育基地。

郑州黄河国家湿地公园优越的地理位置、丰富的湿地资源、独特的湿地景观、厚重的历史积淀、浓厚的人文景观、便利的交通条件、完善的服务设施、一流的服务质量吸引着全国游客前来观光。2012年建设开园以来，累计接待游客达210万人。

2015年9月23日，国家林业局组织专家对郑州黄河国家湿地公园（试点）建设情况进行了全面验收。

2015年12月31日，国家林业局下发《关于2015年试点国家湿地公园验收情况的通知》，批复同意包括河南郑州黄河国家湿地公园（试点）在内的46处试点国家湿地公园通过验收，正式成为"国家湿地公园"，从而为郑州市市民又添一处集湿地保护恢复、科普宣教、科研监测和生态旅游等多功能于一体，水系连接、道路连通、田园隔离、一园一景、景随步移的"国字号"湿地生态主题公园。

第七章 开展全民义务植树活动

　　新中国成立以来，党和国家十分重视绿化建设。20世纪50年代中期，毛泽东同志就曾号召"绿化祖国""实行大地园林化"。同时他还谆谆告诫："绿化，不经过长期奋斗，是不可能实现的"。1956年，我国开始了第一个"12年绿化运动"。1979年2月23日，在第五届全国人大常委会第六次会议上，根据国务院提议，为动员全国各族人民植树造林，加快绿化祖国，决定每年3月12日为全国的植树节。1981年夏天，四川、陕西等地发生了历史罕见的水灾。根据邓小平同志的倡议，1981年12月，五届全国人大四次会议审议通过了《关于开展全民义务植树运动的决议》。1982年，国务院颁布了《关于开展全民义务植树运动的实施办法》，明确规定，中华人民共和国公民，每人每年都要参加义务植树。1982年的植树节，邓小平同志率先垂范，在北京玉泉山上种下了义务植树运动的第一棵树。自此，全民义务植树以其独有的全民性、法定性载入我国绿化事业的史册，一个声势浩大的、具有中国特色的全民义务植树运动在中华大地上蓬勃开展。

　　1982年，郑州市政府印发了《关于开展全民义务植树运动的通知》，并成立了郑州市绿化委员会。长期以来，在省、市和各级党委、政府的组织领导和带领下，在社会各界的高度支持和参与下，郑州市全民义务植树工作采取多种形式对全民义务植树的法定性、义务性、全民性进行广泛宣传发动，从城市到农村，从机关到学校，以建设郑州市良好的生态环境为中心，以搞好荒山造林、平原绿化和提高城区绿化覆盖率为重点，以建设义务植树基地和创建绿化模范单位（原为花园式单位）为手段，全市动员、全民动手，明确责任、落实任务，狠抓基地化、科学化、规范化、制度化建设。特别是2003年郑州市启动森林生态城市建设工程以来，各级绿化委员会办公室以搞好城市近郊防护林、绿化荒山、风沙源治理为重点开展义务植树活动，有力地推动了森林城市建设各项工程的顺利实施，全市以各种形式参加义务植树的公民达人数累计4171.84万人次，义务植树16242.93万株，成活率和保存率均在90%以上，为加快郑州市国土绿化、建设森林郑州做出了巨大贡献。

第一节　　机构建设

　　1982年2月11日，郑州市绿化委员会成立，历届绿化委员会主任均由市长担任，市直有关委局和各县（市、区）为成员单位，下设绿化委员会办公室。市绿化委员会办公室在

1995年11月前，设在原市园林局。1995年11月机构改革后，改设在市林业局，由市林业局局长任绿委办公室主任，一名副局长主抓绿委办工作。1999年6月11日，郑州市机构编制委员会下发了郑编[1999]09号文件，明确郑州市绿化委员会办公室为正科级事业单位，设在郑州市林业局，事业编制5名，其中领导职数2名，经费实行全额预算管理，并根据人事变动情况适时调整，负责统一组织协调全市绿化工作。目前，郑州市绿化委员会办公室在编人数已达15人。各县（市、区）都相继成立了绿化委员会，负责贯彻落实国家、省市有关全民义务植树及造林绿化的法律、法规和政策，编制全市义务植树规划，具体组织开展全民义务植树活动。

郑州市绿化委员会办公室主要职责是：贯彻落实国家、省市有关全民义务植树及造林绿化的法律、法规和政策；组织开展全民义务植树和国土绿化的宣传发动工作；负责编制郑州市全民义务植树和造林绿化规划、计划，并组织实施；指导各县（市、区）、各部门制定全民义务植树、城市绿化、部门造林绿化规划、计划，并督促其实施；负责全民义务植树、城市绿化和部门造林成果的统计、汇总、上报和评比、表彰、奖励工作；负责向市绿化委员会和市政府报告全市全民义务植树和造林绿化工作的情况。

郑州市绿化委员会变更情况

时间	主任委员	副主任委员	办公室主任	委员人数
1996 年	朱天宝（市长）	孟繁兴（市人大常委会副主任） 王治业 （副市长） 周建秋 （副市长） 赵景平 （市政协副主席） 段京进 （郑州军分区参谋长）	王新义 （市林业局局长）	51 人
1999 年	陈义初（市长）	裴允功（市人大副主任） 周建秋（副市长） 李柳身（副市长） 谷秀峰（市政协主席） 李建华（郑州军分区参谋长） 李珹印（省直机关事务管理局副局长）	王新义 （市林业局局长）	42 人
2005 年	王文超（市长）	王永道（市人大副主任） 丁世显（副市长） 王林贺（副市长） 张忠义（省直机关事务管理局副局长） 岳喜忠（市政协副主席） 李建华（郑州警备区副司令员兼参谋长）	史广敏 （市林业局局长）	40 人
2015 年	马懿（市长）	王铁良（市人大副主任） 张俊峰（副市长） 杨福平（副市长） 李玉辉（市政协副主席） 尚守道（郑州警备区司令员） 吴勇进（省直机关事务管理局巡视员）	崔正明 （市林业局局长）	49 人

为进一步调动市民参加义务植树活动的热情，使义务植树管理工作走上制度化、规范化的道路，郑州市绿化委员会办公室组织人员先后走访了一些先进地市，并根据前些年工作中的经验教训，结合实际，制定了"以市为主，分级管理，系统负责"的义务植树管理办法，即在郑州市绿化委员会办公室的统一协调管理下，在市区，市绿委办公室直接组织市属行政企事业单位及驻郑单位、私营企业的义务植树，各县（市、区）绿化委员会办公室负责组织县（市、区）属及个体工商户的义务植树工作。同时，市绿化委员会办公室每年组织全市各大单位负责同志对当年全市义务植树完成情况进行检查、验收，增加群众对绿化委员会工作的了解和信任。通过这些措施，市绿化委员会办公室工作从无声无息到有声有色地开展活动，义务植树工作也逐步走上了规范化、制度化的轨道。

第二节　制度保障

然而，随着形势的变化，特别是20世纪末，全民义务植树工作遇到了许多问题，突出表现在思想认识淡化，法制意识淡薄，组织管理薄弱，适龄公民义务植树尽责率下降等。为了深入开展全民义务植树运动，加快郑州市造林绿化进程，促进生态环境建设的发展，2002年11月，市政府以政府令的形式出台了《郑州市全民义务植树管理办法》（以下简称《办法》），《办法》分别对义务植树管理体制、组织办法、成果保护、行政奖罚等方面做出了规定。对于义务植树的管理体制、组织办法、成果保护、行政奖罚均做出了明确的规定。《办法》的颁布实施，使义务植树的组织管理、行政执法工作发生了重大改变，义务植树管理方式由以政府号召为主向依靠行政执法管理转变。

长期以来，社会上流传着"年年栽树不见树，明年栽树老地方"这类话。义务植树成活率低的主要原因是重栽轻管，管理部门没有建立一个适应当前形式的运行机制。因此，要提高义务植树成活率，必须改变过去那种集中行动、大轰大嗡的粗放造林方式。1996年，市绿化委、市财政局、市物价局联合下发了《关于全民义务植树绿化费收缴及资金管理使用办法的通知》。《办法》颁布实施之后，缴纳绿化费的尽责形式在各类义务植树尽责形式中的比例明显上升。《办法》中对绿化费的征缴对象、标准以及使用做出了新的调整，明确指出"绿化费全额上缴同级财政，实行收支两条线，用于完成义务植树任务。"市属及各县（市、区）属机关、团体、全供事业单位的职工不再直接参加义务植树活动，改由财政代扣一天工资的形式完成义务植树任务；其他各单位原则上以缴纳绿化费为主，在保证成活率的前提下，可以直接参加义务植树。所收的绿化费由绿委员办统一调拨使用，主要用于市重点造林绿化工程及义务植树基地建设。从2003年起，市政府要求全市各级绿化委员会办公室必须向社会各界成立的绿化专业队发包，义务植树任务由绿化专业队完成，加强栽植管理，提高义务植树成活率。通过这些措施，基本做到了"植一棵、活一棵，栽一片、成一片"的目标，较好地解决了植树成活率的问题。

义务植树是一项长期而复杂的工作，其执法工作有较强的政策性、专业性、知识性、没有一支政治素质、业务素质较高的执法干部队伍，是无法完成这一艰巨、复杂任务的。为规范各级绿委办执法行为，市绿化委员会办公室在加强自身建设的同时，要求各县林业局领导要努力为搞好义务植树行政管理工作创造必要的条件，每县（市）至少要选拔两名政治素质好、业务能力强的干部，专职从事绿委办工作。市绿化委员会办公室针对全市绿化委员会办公室普遍缺乏执法工作经验的状况，对绿化委员会办公室执法工作中常用的法律文书式样进行了统一规定，并对全市的执法骨干进行了培训和闭卷考试，凡未通过培训考试的，不得从事义务植树行政执法工作。市绿化委员会办公室统一制作的17种法律文书式样和培训考试内容被省绿化委员会作为经验在全省重点推广。具体是：郑州市全民义务植树公告；行政执法核实（调查）单位人数笔录；义务植树任务通知书；送达回证；限期履行义务植树任务通知书；全民义务植树现场栽植验收单；全民义务植树任务完成情况证明；缴纳绿化费通知书；行政处罚立案登记表；询问笔录；行政处罚告知书；听证通知书；听证委托书；听证笔录；行政处罚决定审批表；行政处罚决定书；送达回证。

为规范义务植树管理，市绿化委员会先后印发了《关于实行全民义务植树卡的通知》和《关于进一步规范全民义务植树登记卡的通知》，逐步建立了一套完整的义务植树登记制度。建立义务植树登记卡制度是义务植树管理制度的重要内容，也是提高义务植树尽责率的有效依据，是推动全民义务植树活动深入开展的有效措施，其主要作用：一是有利于宣传发动，做到家喻户晓；二是有利于任务落实；三是有利于检查监督；四是有利于奖惩兑现；五是有利于建立义务植树档案。

多年来，随着义务植树法规政策、管理制度的逐步完善，郑州市各级绿化委员会系统坚持不懈地"内练精气、外练筋骨"，全市义务植树的管理和服务能力明显增强，为保证义务植树活动的顺利开展提供了有力保障，在社会上逐步树立起了义务植树法定性、强制性和义务性的意识，义务植树尽责率明显提高，郑州市的全民义务植树工作在全省乃至全国都走在了前列。

第三节　全民参与

1981年12月13日，五届全国人大四次会议作出了《关于开展全民义务植树运动的决议》（以下简称《决议》）。《决议》规定："凡条件具备的地方，年满十一岁的中华人民共和国公民，除老幼病残者外，因地制宜每人每年义务植树三至五棵，或者完成相应劳动量的育苗、管理和其他绿化任务"。郑州市开展全民义务植树运动以来，义务植树作为全市造林绿化的主要力量，在荒山绿化、治沙造林、平原林网建设中发挥了巨大作用，并取得了明显的生态、经济、社会效益。

为充分调动全体公民积极投身义务植树运动，每年年初，市委、市政府都要组织由党政领导参加的全民义务植树动员大会，表扬上一年做出成绩的先进集体和个人，部署当年的国土绿化和义务植树任务。植树节期间，市、县（市、区）五大班子领导带头参加植树活动，为这项活动的开展做出了表率，真正形成了一级带着一级干、一级干给一级看的良好风气。

多年来，郑州市始终坚持在全市范围内，采用报纸、电视、广播、黑板报、标语口号等多形式、多渠道进行广泛宣传，把绿化的重要意义和市政府确定的工作目标、内容及当年的工作任务向全市人民通报，定期报道城市绿化法律、法规、政策，有针对性的开展宣传教育，增强了市民的绿化和生态意识，关心、支持、参与绿化建设的人越来越多，参加义务植树活动的积极性也越来越高涨。为满足广大市民参与绿化、回归自然的美好愿望，各级绿委针对不同地区和各类社会人群的不同特点，不断探索着丰富和拓展公民履行植树义务的方式方法，一是组织适龄公民直接参加植树劳动。向市区范围内的市属及市级以上所属机关、团体、企事业单位、私营企业、外商及港澳台投资企业和部属、外地驻郑单位下达《义务植树任务通知书》，要求各单位在3月份利用双休日组织本单位职工到市义务植树基地完成植树任务。二是拓宽全民义务植树形式。在坚持由各级绿化委员会办公室组织公民直接参与义务植树的前提下，结合社会主义新农村建设，引导群众在房前屋后、田间地头、荒岗荒滩等地方进行植树造林，拓宽义务植树的覆盖面，同时，根据实际情况，坚持自愿的原则，对于无法到现场完成植树任务的单位和个人，按照《郑州市全民义务植树管理办法》的规定，实行以资代劳的形式履行义务。三是组织开展植主题林、种纪念林活动。与驻郑部队、教育、妇联、共青团、新闻媒体等单位联合，开展"将军林""巾帼示范林""社会主义新农村青年林""公仆林""连理林"等活动。四是积极推动林木绿地认建认养活动的开展。印发出台《郑州市林木绿地认建认养管理办法》，鼓励机关、团体、企事业单位或个人通过一定程序，自愿以资代劳或投工投劳等形式，开展一定数量、面积的林木、绿地或古树名木的建设、养护及管理的行为。同时，也鼓励大专院校、中小学生参加力所能及的植树或爱绿、护绿宣传活动。通过这些措施进一步拓宽了郑州市义务植树的实现形式，组织、吸引了更多的公民积极投身到国土绿化事业当中。森林城市建设以来，全市以各种形式参加义务植树的公民达人数累计达4171.84万人次，义务植树16242.93万株，成活率和保存率均在90%以上。

在全市广大群众植树热情的影响和各级绿化委员会办公室的积极推动下，市委、市政府职能单位以及驻郑的铁路、部队等部门，按照市绿化委员会关于部门造林绿化分工负责制的要求，开展了大规模的植树造林活动，各部门在完成应向社会公众承担义务植树任务的同时，积极搞好本部门、本系统、本单位的绿化美化建设。单位庭院、居住小区踊跃参加市政府开展的创建"郑州市绿化模范单位（乡镇）"（原名花园式单位、园林式居住区）活动，努力增加绿地面积，加大管理力度，进一步提高了单位庭院、居住小区的绿化规模和绿化质量。截至目前，全市共有902个单位被市政府授予"郑州市绿化模范单位（乡镇）"（原名花园式单位、园林式居住区）称号。

第四节　广建基地

邙山东端的黄河游览区是河南省全民义务植树十佳基地之一。自1982年开始，郑州市的党政军民义务投工投劳，整修台田，架设管道，整修绿化道路，坚持开展全民性的植树绿化活动。风景区里的23个山头被划分为18个林区。面积达到了4000亩。1986年，彭真委员长视察黄河游览区时，对在黄土高原余脉栽活40万株树深有感触。他说："别说栽活了40万棵，就是栽活了4万棵，也说明了黄土高原是可以绿化起来的！"

1994年，郑州市人民政府在黄河游览区树立义务植树纪念碑，树碑铭志，以激励后人奋进，碑身上记载着河南省郑州市各级领导率先垂范，80万干群踊跃参加，不畏艰辛，风餐露宿，奋战邙山，12年植树54万株的丰功伟绩。目前，基地里建有"中央绿化委员会四次会议纪念林""亚太地区青年友好会见纪念林""邙山青年林"等纪念林9处。另外，还修建了盆景、月季、牡丹3个专类花卉观赏园，建造了楼、台、亭、榭、雕塑等。如今的邙山，绿树成荫，繁华似锦，环境清净优雅，风光秀美，吸引了众多的游人，是河南省首批省级风景名胜区。

2003年9月27日颁布的《河南省义务植树条例》规定，县级以上人民政府应当因地制宜，统筹安排，制定义务植树规划，建立义务植树基地。省委、省政府做出各级领导都要承包造林绿化点决定后，市、县（市、区）领导不但每年都要挤时间参加义务植树活动，而且还亲自到绿化点进行植树、督促、指导及时解决造林中的热点、难点问题。在市、县（市、区）领导的高度重视和带动下，各级都先后建立了各自的绿化基地。为进一步规范义务植树基地建设，市绿委先后下发了《关于进一步加强义务植树基地建设的意见》（郑绿办〔2002〕16号）、《关于进一步推进各级党政领导干部办绿化点活动的通知》（郑绿办〔2003〕19号）文件，明确要求市、县（区）、乡镇三级都要建立义务植树基地和领导干部绿化点，要认真组织好规划协调和配套建设。

各级绿化委员会办公室把全民义务植树与领导植树点相结合，建立了各种形式的义务植树基地和领导干部绿化点，基本上达到每个县（市），每个乡（镇）都有自己的义务植树基地和领导干部绿化点，从而推动义务植树规模化。在植树活动期间，每个基地都有专职工作人员负责监督挖坑、栽植、浇水、封土等每一植树环节，确保造林质量。目前，全市各级已建设义务植树基地199个，面积6797.4667公顷。领导造林绿化点71个，面积2907.9133公顷。

第八章 发展林业产业

DIBAZHANG FAZHAN LINYE CHANYE

> 郑州市在森林城市建设中，把城市森林的经济效益与生态效益、社会效益有机结合起来，在建设生态林业的同时，尤为重视建设民生林业，注重林业经济的发展。

第一节 生态旅游

建设生态林业，强化民生林业是我国现代林业发展的方向和侧重，唯如此，才能达到林兴民富，构成人与自然和谐共荣的生态文明新局面。

郑州市在城市森林建设中，按照"生态建设、生态安全、生态文化"的战略思考，统筹发展和增强林业的生态效益、经济效益和社会效益，使广大人民群众不仅充分享受绿化成果，同时也极大地促进了生态旅游产业的发展。

郑州市充分发挥区位优势、森林生态和人文历史优势，在保护中开发，在开发中保护，高起点、高标准、高质量规划和建设，着力构建了城区和城郊一体化布局的森林旅游体系，建设了都市区森林公园体系，构成了以森林生态环境为基调的集生态休闲游、山水风光游、名人文化史迹游、名胜古迹游、宗教文化游、民俗风情游等为一体的森林生态旅游新格局。

近年来，郑州市按照规划，以改善森林生态环境，提升森林旅游的接待能力和规模，促进森林旅游业发展为目的，以生态景观林、林业基础设施、河道整治、森林旅游基础设施等为主要建设内容，实施都市区森林公园体系工程，建设郑州郊野森林公园体系。基本形成了景观丰富、布局合理、管理科学、功能齐全、效益良好的森林公园群体和森林旅游格局。依托郑州绿博园、森林公园、湿地公园、苗木花卉基地等森林资源和经济林果企业，充分挖掘森林蕴涵丰富的文化元素和美学价值，建设了郑州大枣观光园、古城林果采摘园、鸿宝园林生态园、樱桃沟生态观光园、惠济葡萄庄园、油坊庄密香杏生态观光园、中国（新郑）红枣综合产业园、国槐洼林业生态观光园、郑家酥梨观光园等一批有创意、有特色的游园精品和生态休闲观光景点景观。生态林业观光园已由原来的14处增加至32处。森林公园、自然保护区、植物园、城市公园、风景名胜区和生态休闲观光园，共同构成了完整的城市和城郊一体化的森林旅游网络。

第二届中国绿化绿博会在郑州的成功举办和郑州绿博园的建成，为郑州增加了一个196公顷的大型生态主题公园，极大地改善了当地居民的生活环境，还给整个郑汴一体化带来生机和活力。绿博会闭幕之后，郑州市按照"依托绿博园现有空间，以打造一流管理团队为前提，通过完善功能、提升形象、整合空间、理顺体制、盘活机制、科学规划与管理，将绿博园打造成为特色鲜明、环境优美、景观突出、设施完善、功能齐全、服务一流、管理科学、国内一流的绿色生态文明主题园"的要求，狠抓了绿博园的后续管理和建设工作。现在，绿博园已成为了郑州环城游憩带的一颗生态明珠、中部绿色生态文明一大亮点；一张展示、提升绿城郑州形象的新名片和会客厅；一个展示全国国土绿化、生态文明建设成果的示范、教育基地；一个体现人与自然和谐的4A级景区；周边城镇周末和短假首选休闲地、中原外来旅游者必访旅游地。

郑州市拥有丰富的被誉为"地球之肾"的湿地资源，这是发展湿地观赏游极其宝贵的资源和条件。为充分展示郑州市黄河湿地自然资源，加强湿地保护宣传教育和科普宣教，郑州市政府投资建设了郑州黄河国家湿地公园，使广大群众能够走进黄河湿地、认识黄河湿地、保护黄河湿地资源。黄河湿地公园自2012年5月1日面向广大群众免费开放以来，已接待群众近100余万人次。同时还针对游客对湿地的向往和对动植物的好奇，利用郑州黄河湿地自然保护区实验区内湿地上拥有的各类植物、两栖动物、浮游生物和鸟类等四大类资源，适度开展了湿地观赏游。

为了拓展森林旅游广度，郑州市坚持以节（展）促游，通过成功举办森林生态文化节、黄河湿地文化节、葡萄节、樱桃节、红枣节、石榴节、杏花节、草莓节以及郁金香展、蝴蝶兰展、第二十四届中国兰花博览会等一系列节庆和展览活动，既扩大了宣传，提高了知名度，又达到了以节庆、展览活动促森林旅游发展的效果。

郑州市利用石榴、大枣、樱桃等名优新经济林及苗木基地，大力发展特色生态林业观光游。在经济林基地、苗木基地增植了观赏性树木、花卉，形成了周边有观赏树木、中有经济果木、缀植花卉的生态林业基地，让游客在生态旅游区中摘瓜果、赏花卉、体验农家乐趣。依托郑州拥有绵长的黄河岸线的自然优势，结合遍布鱼塘水池的特点和已初具规模的园林产业，大力开展凸显黄河文化浓郁的林渔休闲游，让游客体验渔民生活，品尝渔区鲜活鱼味，游览山水风光。

郑州市及所辖各县（市、区）以生态观赏效果良好的森林和丰富的苗木花卉资源为背景，积极开发森林生态与历史悠久且内涵丰富的人文史迹相结合的游览景点和线路，积极开展了绿色中原之旅人文生态游和以休闲、观光、健身、度假为主题的森林生态旅游。2013年森林旅游人数达到800万人次以上，森林旅游综合社会产值近10亿元。仅丰乐葵园、竹林酒家、黄河人家等10多个森林人家休闲观光景点，近两年接待游客近100万人次。

第二节　森林公园

为了巩固和提升森林生态城建设成果，加强郑州森林城市和城市森林建设，完善郑州都市区自然生态环境，推动区域生态环境保护，增强郑州都市区可持续发展能力，郑州市委、市政府聘请专家编制了《郑州都市区森林公园体系规划（2011—2015年）》（以下简称《规则》），《规划》5年内投入289.1亿元打造"郑州都市区森林公园体系"。

按照"一环、二带、四区、八脉、三十二园"的总体规划布局，到2015年，32个森林公园将"环抱"郑州，最近的森林公园距离郑州市区车程也不超过半小时。"一环"指规划区内距郑州市中心6～30千米之间的环城森林游憩圈。"二带"即黄河绿带和南水北调中线绿带。"四区"是依据地形地貌及场地特征，将郑州市区内的森林资源分为滨河森林生态区、山水景观游览区、森林文化展示区、绿化博览观光区等四大森林风貌区。"八脉"即枯河、索河、魏河、金水河、熊儿河、七里河、潮河、贾鲁河等八条城市重要水系蓝脉，通过八大水系蓝脉的景观建设，加强城市内部绿地与城市外围森林公园体系之间生态、物质、文化的交流。

按照规划，郑州都市区森林公园体系覆盖郑州市建成区和荥阳市、新密市、新郑市、中牟县等县（市、区），建设区总面积约373.7平方千米。依托四大分区，对已有的公园进行提升改造，对林木资源、自然文化资源较好地段新建或改建，形成32个各具特色的都市区环城森林公园。

通过实施郑州都市区森林公园体系建设，到2014年7月，郑州市各类森林公园已达63处，其中，国家级森林公园2处，省级森林公园12处，市级森林公园7处，改造提升、新建森林公园42处，都市区森林公园体系已初具规模。

一、郑州·中国绿化博览园

郑州绿博园占地面积2939亩，绿化面积130万平方米，湖面、湿地等水系320亩，种植植物1000多种、63.6万株，绿博园内设有景点、景区90多个。绿博园是郑州市唯一以生态为主体的大型园林，从设计之初就立足于生态性，彰显文化性和科技性，融入了绿色生命、绿色生活、绿色经济、绿色家园和绿色科技的理念，充分体现"让绿色融入我们的生活"的主题，是郑州市广大人民群众节假日休闲的首选，也是大批省内外游客的必到之处。绿博园是一处4A级景区，自2010年建成开放以来，据不完全统计，共接待游客600余万人次。

二、郑州树木园

郑州树木园位于郑州市区西南，尖岗水库南侧，东临郑密路，南临西南绕城高速，占地4200亩，引进树木500余种，其中有珙桐、金钱松、对节白蜡等国家一级、二级保护树种20余种，是市政府打造多年的一处近自然、可进入式的生态林区。随着森林面积的大幅增加，栽种林间的梨树、苹果、樱桃等，吸引了市内广大居民驾车采摘和观光。

这里水和树成了"主宰"，峰峦、沟壑起伏绵延。夏日的郑州树木园景色优美，穿行其间就像走进世外桃源。

驱车沿郑密路前行至侯寨大桥南约1千米处，郑州树木园东大门就映入眼帘。园子入口处栽着一棵千年紫薇。千年紫薇两旁，是两条水泥园路，它们依丘陵地势修建而成，曲折蜿蜒，通向树林深处。在路两侧，栽种的数十种大树郁郁葱葱，它们与梨树、苹果、樱桃等果树混种一起，给人以古老与现代的对话感觉。

驾车穿行其间，园路不时分岔，未过许久，人置身树木之间，已难以分辨出方向。树木园静谧异常，引来各种不知名的鸟儿高歌。山鸡信步走在草丛，它对陌生人的到访，未显现出丝毫害怕。

在树木园西南侧，是土崖聚集的山坳，它们耸立在层层叠叠的树林间，挺拔的身姿倒映在穿峡谷而过的流水，一幅静谧、温馨的画面，直让人怀疑是否身在画中。

据林区生态状况监测显示牌显示，每年5～10月份，郑州树木园内的负氧离子每立方厘米高达2660个。每逢周末或节假日，游人如织，市民畅游树木园山水，日客流量达到30000人。

三、郑州黄河国家湿地公园

鱼儿在水中畅游，不时泛起波纹，撩动野生荷花；白鹭时而扑向水面捕食鱼儿，时而降落在枝头，随着树枝一起摇动。这是郑州黄河国家湿地公园的一景。

从广武镇鸿沟下到黄河防护堤上，看到堤下是一池水，向北眺望，满眼尽是绿色，有柳枝、芦苇等在随风摇动。

在去观鸟台的路上，闻到的是树的清香，泥土的气息，倍感心旷神怡。在路两侧，蜜蜂、蜻蜓停在芦苇、野草上。透过路边浓密树叶，可以看到一大片荷花，有白鹭和水鸟在荷花池中玩耍。这荷花是野生的，非人工养殖。

站在观鸟台上，可以看到湿地保护区北侧，滔滔黄河水流过。在近几年的黄河调水调沙时期，会出现黄河水漫过湿地保护区。待黄河水退去时，在湿地保护区内留下一个个池塘，为湿地保护区增添了几分灵气。

湿地内建造有400米长的亲水栈道，穿过芦苇、野草等，直达水边。湿地内还有移动观测站、湿地展示馆。湿地展示馆主要用作湿地保护宣传。

郑州黄河湿地是最具代表性的河流湿地之一，处于黄河中下游过渡河段，兼具山地丘陵河段和游荡性地上悬河，多变的地理环境造就了多样的生态系统类型，为野生动植物繁衍生息创造了有利条件，是河南省生物多样性分布的重要地带，物种繁多，具有极大的生态价值。

郑州黄河国家湿地公园位于郑州市惠济区北部，紧邻郑州市区，规划区东至花园口大桥，西至保合寨14号导控坝，南至黄河大堤内侧防浪林北缘，北达南裹头广场，总面积1359公顷，按照功能不同分为生态保育区、科普宣教区、滩地探索区、黄河农耕文化体验区、休闲娱乐区和综合服务区等6个区域。

郑州黄河国家湿地公园处于我国三大候鸟迁徙通道的中线通道，也是鸟类重要的繁殖地和越冬地，公园区域内动植物资源丰富，记录到的植物约有45科185属345种（约10个变种），包含有白茅、芦苇、柽柳等为优势种和国家二级保护植物野大豆；记录到的鸟类约有10目16科90种，包含有二级保护鸟类大天鹅、白琵鹭、红隼、白尾鹞等4种，另有大量雁鸭类和林鸟。

郑州黄河国家湿地公园先后实施了原生态湿地保护与恢复工程、水系沟通工程、基础设施建设工程等。每年开展一次湿地文化节和国际湿地日纪念活动，不定期多次举办爱鸟周、野生动物宣传月等科普宣传教育活动。郑州黄河国家湿地公园已经成为人们走进自然、认识湿地重要的生态科普教育基地和亲近黄河、享受文明，开展生态旅游的热点。2012年建设开园以来，累计接待游客达210万人，受到了广大游客的好评。

四、登封嵩山国家森林公园

位于中岳嵩山。以中岳嵩山众多的名胜古迹为依托，嵩山国家森林公园主要由太室山和少室山组成。嵩山，又称中岳，是中国著名的五岳之一，名胜古迹和历史遗存众多。属北温带季风型大陆性气候，四季分明，气候温和。

嵩山国家森林公园开辟有森林生态游、地质游、人文景观游、登山游等旅游线路。少室山景区以山势陡峻，奇峰怪石，雄伟壮观的自然风光而著名，景区风景有三皇寨、莲花寺、安阳宫、清微宫、清凉寺、玉皇庙等景观50余处。少室山南麓、西麓枫树、黄栌、柿树等，每到深秋，红叶满山，山风吹拂，朱海荡波。三皇寨梯子构丛林茂密，空气清新，犹如一个天然森林氧吧。八龙潭景区是我国北方典型的山水景观，主要有卢崖寺、十潭谷、卢崖瀑布、一线天、坐佛观瀑、雄鹰观瀑、悬崖饮马等，泉水终年不断，似银河直落九天，宛如人间仙境。

五、新郑始祖山国家森林公园

始祖山原名具茨山，这里是中华人文始祖轩辕黄帝出生和兴起的地方，山上有黄帝时期遗留下来的文化古迹100多处，同时还发现有大量的史前文化遗存。位于新郑市西南部，距新郑市区15千米，总土地面积4667公倾。始祖山森林资源良好，风景怡人，古为新郑八景之一大隗晴岚。

六、河南嵩北森林公园

位于中岳嵩山北麓，夹津口镇南部卧龙村，嵩山少室山峻极峰西侧，游览总面积7389亩。嵩北森林公园植被良好，其中人工油松林2700多亩，原始森林近5000亩，森林覆盖率达90%。标高为1440.2米的卧龙峰即在该景区内。景区距嵩山少林寺约9千米，永泰寺约7千米，与嵩山最高峰——峻极峰在同一条山脉中，相距仅2千米远，是大嵩山景区旅游的一个有机组成部分。景区受嵩山大断层的影响，峰南壁立千仞，峰北坡度舒缓。南侧峰峦突兀峻峭，象形奇石栩栩如生，北坡林木交枝接叶，松柏共翠遮天蔽日，整个景区以"高、幽、爽、险"为特色，四季风光迥然不同，夏季平均气温仅20℃，是享受森林沐浴、休闲度假的一个绝好去处。河南嵩北森林公园拥有丰富的自然景观和人文景观。主要景点有石楼、娘娘床、京兆王墓、卧龙峰、赏嵩峰、搠刀泉、挤掉孩儿、登天梯、玉柱峰、嵩顶山榆林、森林浴场、原始森林等几十处。

七、河南省环翠峪省级森林公园

河南省环翠峪省级森林公园位于荥阳市西南25千米的庙子乡，总面积2500公顷。所辖陈庄、二郎庙、环翠峪、东沟、司庄、杏花村6个行政村。位于郑州西南的荥阳市境内。该区以环翠峪景区为基础，森林资源丰富、人文景观多样，给人提供了一个休闲、观光、度假的好去处。园区内现有林地面积2000公顷，占全境土地面积的80%，大部分为天然次生林。近年来，为了更好改善山区自然生态环境状况，荥阳市先后实施了退耕还林、荒山造林、小流域治理等林业工程建设，新增环山林地160公顷，退耕还林100公顷。并根据当地林业资源优势和地理、地质状况，规划了"杏花村""陈南沟生态观光园""落鹤涧大峡谷"三个特色观赏园区。园区内的万亩野生杏林，十万棵野生杏树，其林木密集程度国内少见。每年三月"杏花会"期间，满山遍野的杏花迎春怒放，山谷里花香四溢，游人如织，成了人们赏花踏青的天然后花园。园区特色可概括为："森林氧吧、中药宝库；山花飘香、特色富饶；革命圣地、红色摇篮"。园区内生长着上万亩橡子林，深山峡谷内分布着金银花、杜仲、天麻、灵芝等400多种名贵中草药材，有"人在坡上走，脚踏五棵药"之称。卧龙峰上有保存基本完好的春秋战国时期的郑韩古长城、明代的400千克古炮、国内罕见的云花石，还有至今保存完好的三坟村八路军后方医院等红色旅游资源。

八、郑州花卉博览园

郑州花卉博览园位于郑州树木园内北部，占地面积约800亩。花博园按照花木一年四季的不同观赏特点，共设计建设小花园49个，其中观花园22个、观叶园7个、观果园7个、特色园13个。花博园共引进栽植各类珍贵花木品种近200个，许多都是首次成规模引进中原地区的稀有品种，如金钱松、暴马丁香、琼花、芳香玫瑰、垂枝樱花、稠李、臻树、美国红国王等。在花博园内畅游花海，可以感受到不同地域、不同气候带植物的不同特点，移步换景，美不胜收。

九、樱桃沟森林公园

位于侯寨乡南部，景区核心区域樱桃沟村面积3.13平方千米。境内遍植樱桃6000多亩，森林覆盖率达60%以上。景区核心区域分布着百年皂角树、樱桃古树园等自然景观；保留着百年天井院、千年奶奶庙、10万年前郑州"老土著"遗址等历史人文景观数十处；分布着各具特色的农家乐70多家。樱桃沟森林公园以樱桃溪为核心进行项目建设，樱桃溪所在区域内地势较为陡峭，现存有坡台地、水渠、峭壁和蜿蜒起伏的游路等自然景观。周边分布着年年开花、岁岁结果的百年樱桃林以及百年天井院。沟内一片郁郁葱葱，犹如一个天然氧吧。

第三节　苗木花卉

充足的优质林木种苗资源，是构建高质量城市森林的必要条件。选取优质的树木种苗，做好改良、繁殖、培育是城市森林和生态环境建设的基础。发展苗木花卉，也是调整农业产业结构、促进农业农村经济发展的重要途径和手段。

随着我国小康社会建设的快速推进，人民生活水平不断提高，社会对花卉的需求迅猛增加，要求也越来越高，花卉在国民生活中的地位日显重要。花卉产业作为新兴的朝阳产业，已被纳入国家《林业产业政策要点》《林业产业振兴规划》和《全国林业发展"十二五"规划》，业已成为林业发展十大主导产业之一，花卉产业是现代林业产业体系建设重要内容的地位已经确立。

为给森林城市建设提供充足优质的苗木，保证城市森林建设高水平的顺利实施，郑州市实事求是、解放思想，以促进农民增收和美化环境为目标，把培育和发展苗木花卉业做为搞好造林绿化工作的首要环节和基础来抓，取得了可喜成绩。

2004年，郑州市提出2年内绿化花卉苗木总面积要维持在10万亩（0.67万公顷）左右的苗木发展要求，郑州市人民政府出台了《关于加快花卉苗木产业发展的意见》（郑政〔2004〕74号），明确了对新发展的100亩以上集中连片的绿化苗木基地，从实施建设当年起，实行市、县（区）财政连续补助3年的优惠政策，第一、二年每亩每年补助200元，其中市、县（区）财政每年各承担100元，第三年由市财政每亩补助100元，从而促进了绿化苗木产业的长足发展，全市绿化苗木总面积基本维持在了10万亩左右，为森林生态城造林绿化奠定了坚实的物质基础。2011年年底，郑州市人民政府出台了《郑州都市区花卉苗木产业发展规划》，2012年又出台了《关于加快花卉苗木产业发展的意见》（郑政〔2012〕27号），制定和明确了各项优惠扶持政策。对花卉苗木企业从事林木培育和种植所得，免征企业所得税；鼓励花卉苗木龙头企业、花卉苗木专业合作社和花卉苗木种植大户在规划区内建设花卉苗木生产基地，对新建或扩建100亩以上集中连片的花卉苗木生产基地，从实施建设当年起，财政资金连续补助三年；对新建和扩建的花卉苗木研发中心、花卉苗木交易市场、花卉苗木储存仓库和花卉苗木物流基地等项目，符合扶持农业产业化龙头企业的，可享受相关优惠政策；允许使用林权证和花卉苗木资产进行抵押贷款。积极引导企业和个人以资金、土地、技术、生产资料和劳动积累等多种形式入股，参与花卉苗木专业合作组织、花卉苗木龙头企业经营和花卉苗木生产基地建设；纳入花卉苗木规划区域内的乡、镇（街道办事处）和村委会，负责按照"依法、自愿、有偿"的原则做好土地流转工作；鼓励引导花卉苗木经营者和经纪人成立花卉苗木专业合作组织，互通信息，资源共享，除享受郑州市农民合作经济组织优惠政策外，市政府对年销售额达到1000万元以上的花卉苗木专业合作社给予表彰奖励。及时下达扶持花卉苗木产业发展的专项资金，引导发展并重点扶持花卉苗木生产、研发、流通的普通砖墙日光温室、智能联栋温室和花卉苗木生产基地建设。每年，郑州市发改委、财政局、林业局都联合组织对经批复立项的花卉苗木建设项目逐个进行实地核查验收，对经验收达到建设标准的及时兑现奖补政策。

为了加强对花卉苗木行业的指导和协调，最大限度地发挥社团组织在花卉苗木产业发展中为花卉苗木产业发展服务、为花农苗农服务的桥梁和纽带作用，郑州市积极做好各方面工作，于2012年6月成立了由郑州市从事花卉苗木主要科研、教学、生产和销售的专业工作者和业余爱好志愿者组成的郑州市花卉苗木协会，从而理顺了花卉苗木业管理体制，促进了郑州市花卉苗木产业快速健康发展并跃上一个新水平。

2013年，河南省下达郑州市种质资源建设项目有郑州市臭椿种质资源收集圃建设、皂荚良种采穗圃和中牟县灰枣种质资源建设等3个项目。经过项目单位科学规划、细致施工、认真努力，全部按照规划要求完成了建设任务。

郑州市林业工作总站承担的市臭椿种质资源收集圃建设项目位于郑州市树木园，对省内优良种质资源进行调查后，订购了一批臭椿种苗，目前已完成了臭椿收集圃建设，3年出圃，成活率达到90%以上。在显著位置设立有标牌，建有种质资源档案。

郑州市苗木场承担的皂荚良种采穗圃建设项目位于郑州市苗木场北基地，2013年4月陆续购入皂荚良种种苗。目前已完成良种采穗圃建设，苗木成活率达到95%以上，年产优质接穗30万根。在采穗圃显著位置设立标示牌，同时归集整理有关设计方案、定植图、观测记录表、照片等，建立林木种质资源档案1套。

中牟县灰枣种质资源建设项目位于中牟县郑庵镇占杨村，收集圃建设项目属于推广示范类，目前已扩建完成灰枣种植基地，成活率达到87%以上，预计年产优质接穗20万根。该建设项目中灰枣栽植标准高，长势好，生产的枣苗饱满，水、肥及病虫害防治等工作比较及时，管理规范，标牌等设施完整，为广大林农提供了优质收集基因。

2014年，郑州市经综合评议，确定了优质林木种苗培育扶持项目，具体有荥阳市林木良种繁育场、荥阳市王村镇地道中草药种植专业合作社、新密市林森苗圃场、登封市苗圃、河南省德正农林科技有限公司共5家单位，确定扶持培育种苗153万株。

2015年之前，郑州市经市发改委批复立项建设的花卉苗木项目共21个，花卉苗木基地总面积684.5公顷、联栋温室43059平方米。2014年财政补贴资金达760万元，2015年财政资金补贴达1000万元。

郑州市在林业育苗工作中，始终把科技投入作为重点来抓，广泛筹集资金，改善基础设施，引进优良品种苗木，改善造林树种结构，取得了明显成绩。郑州市苗木场是郑州市林业局直属的大型国有苗圃。2013年以来，郑州市苗木场争取上级资金400万元、自筹资金200万元，引进40多个名优苗木品种，扩大基地规模，目前，已建成林业科技示范园1500亩。该示范园集造林绿化、种苗培育、科技研发、技术服务、生产示范为一体，成为综合性的林业科技示范园区。"林业科技示范园区"的建立，旨在把最新的育苗科技成果进行推广，从而有计划、有步骤地推广苗木新品种、新技术。提高苗农的整体素质和林业生产的经济效益，使林业育苗成为新的经济增长点。

为加快推进花卉苗木产业发展，郑州市政府组织编制的《郑州都市区环城苗木花卉产业发展规划（2011—2015年）》提出要把郑州建设成为产业体系完善、三大效益突出，在国内外具有较高市场影响力和占有力的苗木花卉生产基地，中原经济区最大的花卉苗木交易市场，生产地和物流信息中心。规划利用河南得天独厚的自然条件，收集河南野生观赏植物种质资源，引种驯化国内外花卉苗木新品种，培育具有自主知识产权的新品种；开展花卉苗木栽培技术研究，尤其是要重点研究花卉苗木的组培技术、工厂化育苗技术，打造全国花卉苗木研发生产基地。充分发挥郑州作为全国交通运输中心的区位优势，建立全国性的花卉苗木物流集散中心和物流平台，增强郑州花卉苗木产业的辐射能力，实现全国花卉苗木产业以郑州为中心的大汇集、大分流。建设郑州陈砦花卉交易市场、郑州双桥花卉交易市场、航空港区花卉综合交易市场和花卉物流中心等三大交易市场。

郑州陈砦花卉交易市场，1998年12月开业以来，营业面积已经由最初的2万平方米发展为8.2万平方米，分盆花区、鲜花区、工艺品区、观赏鱼区、宠物区、园林区，摊位1800多个，商家1000多家，交易品种万余种，年交易额突破10亿元，是国内最大的室内花卉交易市场之一。通过扩大市场规模，增加交易品种，提高交易水平，使其成为北方地区最具影响力的苗木花卉交易中心。

郑州双桥花卉交易市场，是河南省重点项目工程，营业面积40万平方米，以盆花、园林资材、苗木的批发贸易为主，是集花卉科研、推广、生产、销售、博览及观光于一体的综合交易市场。2011年11月开业以来已完成交易额8亿元。同郑州陈砦花卉交易市场遥相呼应、优势互补，打造辐射中国中西部地区的花卉物流集散地。

航空港区花卉综合交易市场和花卉物流中心，规划占地1000亩左右，运用先进的技术和装备，将物流、商流与信息流有机结合在一起，实现运输资源和各种物流节点的有效集约，从而带动郑州市乃至全省花卉苗木生产销售，形成在全国有一定影响的花卉专业市场。

依托生产基地和交易中心，发展花卉苗木拍卖、配送、信息发布等项目，整合、集成、优化花卉苗木信息资源，提高运行效率，确立郑州在全国的花卉苗木信息中心地位。

为推动《郑州都市区环城苗木花卉产业发展规划（2011—2015年）》顺利实施，做大做强花卉苗木产业，郑州市人民政府《关于加快花卉苗木产业发展的意见》（以下简称《意见》），要求以《国务院关于支持河南省加快建设中原经济区的指导意见》《中原经济区郑州都市区建设纲要》为指导，以新型城镇化建设为引领，以优化生态、美化环境、调整结构、发展经济为目标，推进郑州市花卉苗木产业全面发展。《意见》指出，要利用五年左右的时间，将郑州市建设成为全国重要的花卉苗木研发生产基地、物流交易和信息交流中心。到2015年，全市花卉苗木生产面积达1万公顷，实现生产总值50亿元；新增就业岗位10万个；建成一批具有地方特色和影响带动力的花卉苗木基地和市场，提升花卉苗木的规模化种植、标准化生产和产业化经营水平。打造以郑州市园林科研所和巩义市汇鑫农业开发有限公司为依托的"月季生产技术研发中心"，以郑州绿金园农业科技有限公司、郑州市苗木场和郑州市农林科学研究所为依托的"蝴蝶兰生产技术研发中心"，以郑州市园林科研所和河南省木本良创意农业有限公司为依托的"法桐生产研发中心"，以郑州顺达高新农业技术开发有限公司和河南双羽实业有限公司为依托的"菊花生产技术研发中心"等四个研发中心，进行花卉苗木新品种的选育、引进和推广，进一步提高科技创新能力和科技在花卉苗木产业中的贡献率，逐步使花卉苗木生产标准化、集约化、规模化。加快建设中牟雁鸣湖花卉苗木产业园区、惠济区花卉苗木综合产业园区、荥阳花卉苗木产业园区、巩义汇鑫花卉苗木产业园区、上街鲜切花产业园区、登封芳香植物产业园区、中原区花卉苗木产业园区、郑州树木园苗木花卉产业园和绿博园高档盆栽花卉产业园区等九大产业园区。

近年来，在政府推动、政策引导、资金扶持下，郑州市花卉苗木产业发展快，经济效益不断提高，正逐渐成为全市农业农村经济的重要支柱产业。初步形成了以中原区、惠济区和金水区为主的绿化苗木生产基地；二七区、上街区和管城区为主的鲜切花生产基地；高新区、惠济区为主的中高档盆栽植物生产基地；登封市、新密市为主的药用、香料用植物生产基地等4个区域特色明显、具有一定规模的花卉苗木集中产地。建成了陈砦、双桥两个国内有较大影响的交易市场，年交易额突破18亿元。

郑州市花卉苗木产业良好的发展势头，吸引了大量的社会资本不断进入花卉苗木产业领域，培育了一批具有较强实力和特色的花卉苗木企业，为郑州市花卉苗木产业发展注入了新的活力。

为了进一步推动花卉苗木的发展，郑州市出台了一系列优惠和扶持政策，成立了专门从事花卉苗木科研、教学、生产和销售的专业工作者和业余爱好志愿者的学术性、行业性组织——郑州市花卉苗木协会，市县两级成立了兰花协会组织。

至2014年6月，郑州市绿化苗木种植总面积达2801.26公顷，形成了生态树种苗、观赏景观苗、经济林果苗、乡土树种苗、名优花卉等六大系列，年产各种苗木8183.78万株。除部分品种、规格绿化苗木外，基本满足全市绿化用苗需要，而且还能提供周边城市部分绿化用苗。

第四节 林产工业和林产基地

郑州市的林业产业工作坚持以林为主、保护第一的原则。强化集约经营、规模发展，因地制宜、突出特色，建链条、补链条、强链条。鼓励并扶持前景好、效益高的林业产业。以培育新的龙头企业为抓手，建立健全林业产业集群，出台了《中共郑州市委 郑州市人民政府关于加快林业产业发展，实现绿色增长的意见》，用政策引导产业发展，指导全市开发利用好森林资源、盘活林业资产、促进林业资本与社会市场有效运行、最大限度地提高林业产值。

按照"调整优化第一产业、壮大提升第二产业、培育完善第三产业"的原则，进一步调整和优化林业产业结构。2014年，郑州市完成林业总产值369435万元，是省林业厅下达目标任务346400万元的106.64%。其中，第一产业值191888.01万元，第二产业值104376万元，第三产业值73717.1万元。2015年全市完成林业总产值401019万元，其中，第一产业值210000万元，第二产业值110000万元，第三产业值81019万元。在调整优化林业结构中，加快以工业原料林为主的速生丰产林基地建设，实现人造板生产与原料林基地建设的一体化，做好新密木材贮备战略基地项目。加快无公害经济林生产基地建设，大力发展名、特、优、新经济林树种和品种；坚持开发乡土品种和引进新品种相结合，调整优化种苗花卉品种结构；扩大中药材种植规模，提高名优中药材生产能力；在调整优化产业结构时，各级林业部门研究市场，研究产品，要为群众当好参谋，培育新的林业经济增长点。

为壮大提升林产工业，积极发展经济林产品精深加工为木制家具、装饰材料生产延长产业链，实现林产品加工多次增值。抓好人造板加工业，引导企业加快技术改造，增加花色品种，提高产品质量。科学引进核桃加工生产线，延长产业链，增加核桃附加值，把核桃做成产业。

郑州市在提升林产业工作中，巩固、提升现有企业和品牌，培育新的龙头企业和品牌。2014年，好想你枣业股份有限公司荣获"首批国家林业重点龙头企业"。2014年，省林业厅新审批和复审郑州市省级林业产业化龙头企业32家。针对这些企业，郑州市建立了龙头企业信息数据库，实行动态管理。要求企业每年6月和12月根据公司发展情况上报相关情况，全面掌握龙头企业动态。

以下为郑州市部分林业产业龙头企业的简要情况：

好想你枣业股份有限公司（原河南省新郑奥星实业有限公司），成立于1992年。是农业产业化国家级重点龙头企业，全国"守合同、重信用"单位，国家农产品深加工专项工程示范项目、国家级农业产业化重点龙头企业。该公司现已发展成为拥有6家全资子公司和1家非控股子公司的大型企业集团，分别在河南新郑、河北沧州、新疆若羌、新疆阿克苏红枣主产区建设有原料采购、生产加工基地，在郑州和北京成立2家销售子公司，销售区域遍布全国各地。公司现拥有遍及全国278个城市2100多家红枣专卖店，是一家集红枣种植、红枣加工、冷藏保鲜、科技研发、贸易出口、观光旅游为一体的综合性企业，也是目前国内红枣制品种类最多、规模最大的红枣深加工企业。

郑州王氏园林绿化有限公司，成立于2003年。是被郑州农业产业化经营领导小组批准为市级农业产业化经营龙头企业。主要经营园林设计，园林管理，花圃，花草、树木种植，园林施工，农业种植。公司拥有800亩的苗木基地、56栋节能日光温室，每年培育绿化类灌木、乔木苗达900万株。

河南鸿宝园林发展有限公司，成立于2002年。公司拥有3000亩的园区规模，主要功能是引种、驯化、培育、扩繁和推广珍稀名优苗木新品种，重点发展常绿、彩叶、多功能树种。该公司是郑州市第一批产业化重点龙头企业、河南省农业产业化省级龙头企业。

郑州三山特禽养殖科技有限公司，建于2007年。该公司是一家以七彩山鸡为主，集特禽孵化、育雏、种蛋、商品成鸡、商品蛋、养殖技术培训、农家生态旅游为一体的综合性现代化养殖企业。

郑州顺达高新农业技术有限公司，该公司主要经营植物组织培养、蔬菜、花卉、种苗生产与销售；农业技术开发研究、货物及技术的进口业务；主要产品为切花菊、切花玫瑰及种苗。红掌、凤梨等高档盆花。是郑州市农业产业化重点龙头企业、郑州市农业科技型龙头企业、河南省级重点农业龙头企业。

郑州花楼现代农业科技园有限公司，成立于2006年11月，该公司主要经营蔬菜、食用菌、花卉种植；农产品的研究、技术开发；温室大棚产品的研发；有机肥、农用工具的销售；有机肥、农用工具的销售；林木绿植、苗圃、果树的种植。公司拥有各类温室130栋63920平方米，其中种植月季31栋，年产切花月季（玫瑰花）1000万枝，种植食用菌温室99栋，可年产食用菌500万千克。该公司是郑州市农业产业化经营重点龙头企业。

河南省雅新园艺有限公司，成立于2004年10月，是一家以花卉苗木、果树、中药材等新品种研发和种植销售、园艺新技术推广应用、园林绿化工程设计与施工、花卉租摆等为一体的现代化农业企业，是"郑州市级农业产业化重点龙头企业"。

郑州新都市农业科技开发有限公司，是由郑州陈砦花卉服务有限公司投资设立的有限责任公司，成立于2011年3月，主要对郑州陈砦花卉市场双桥花卉基地进行管理经营。

郑州丰乐农庄有限公司，成立于2002年。经营范围主要包括苗木、果品、蔬菜等的种植与销售，是一家集林业种植、农业生产、畜牧养殖、生态观光旅游、休闲度假为一体的综合性生态农业示范园。是郑州市首批科技型龙头企业，河南省农业产业化龙头企业，同时为国家AAAA级农业旅游景区。

河南绿色中原现代农业集团有限公司，成立于2004年，是一家集农业生产、农产品加工、畜牧养殖、观光旅游、休闲度假为一体的综合性企业。是国家级农业产业化经营重点龙头企业、河南省农业产业化经营重点龙头企业。

郑州绿金园农业科技有限公司，成立于2002年12月，拥有基地面积1500亩。是河南省、郑州市的"农业产业化龙头企业"。公司的主导产品是蝴蝶兰。郑州市场80%的盆景来源于绿金园花卉基地。

郑州绿源山水生态农业开发有限公司，成立于2008年7月。位公司是以蔬菜、水果种植，农副产品的研发和销售，农业休闲，农业生态项目开发为一体的民营企业，是郑州市农业产业化经营重点龙头企业。

河南省一养苑生态农业技术有限公司，成立于2010年。是一个集高效生态农林业种植、畜禽养殖、花卉苗木栽培为一体的生态型农牧综合企业。

河南四季春园林艺术工程有限公司，成立于1997年5月，是一家集园林绿化工程施工、园林绿化新品种选育与推广、绿化、园建、喷泉喷灌、水电安装、假山置石，园林新技术研究开发于一体的综合性园林公司。

郑州玉林木业有限公司，成立于2003年3月。公司是集林产品的种植、收购、加工、研发、出口加内销为一体的综合型现代化林产品企业。

登封市嵩山木业有限公司，成立于2001年1月。公司从事实木烤漆门、原木烤漆门、实木烤漆家具的加工和服务所涉及的相关管理活动。

河南彤瑞实业有限公司，成立于2005年4月。是一家集产、学、研、科、工、贸为一体的综合性公司，专门致力于食用菌优袖品种的培育研究，生产，以及为拉长食用菌产业链进行高增值的深加工项目的开发、生产，是"郑州市农业产业化经营重点龙头企业"。

河南省枣都蜂产品有限公司，始建于1996年，是集种植、养殖、研发、生产和销售为一体的大型养殖产品和林果业食品专业生产企业。是郑州市农业产业化经营重点龙头企业。

河南天瑞生态投资有限公司，是从事木本饲料研究与开发的企业。

郑州陈砦花卉服务有限公司，经过十余年的建设发展，已成为中国花卉界最负盛名的花卉专业市场之一。国家林业局、中国花卉协会命名的"全国重点花卉市场"，郑州农业产业化经营"优秀龙头企业"。

郑州佰沃生物质材料有限公司，成立于2008年8月，是一家专门从事再生生物产品开发生产的具有自主知识产权的高新科技企业。

新郑隆基生物科技食品有限公司，主要生产以新郑大枣为原料的红枣系列高科技营养饮品及大枣的包装加工，是郑州市农业产业化龙头企业。

为拓展林业产业，郑州市积极发展特色经济林、速生用材林、绿化苗木基地和优良乡土绿化树种培育等林业产业基地。至2013年年底，全市经济林种植面积达39970公顷，结果面积25046公顷，年产量260.87万吨，年总产值133763.58万元。全市速生丰产用材林基地建设面积1.54万公顷。全市绿化苗木种植面积达到2801.26公顷，年产各类绿化苗木8183.78万株，年产值近10亿元。同时，大力发展林下种植、林下养殖等模式的林下经济，提高林地出产率，全市林下种植面积0.31万公顷，产值1.19亿元；林下养殖规模55.68万头，产值0.99亿元。

林业产业现已成为郑州市国民经济发展的重要组成部分，有效地促进了农民涉林收入的逐年增加。

第九章 发展林业生态文化

DIJIUZHANG FAZHAN LINYE SHENGTAI WENHUA

第一节　市　树

　　市树，既是一座城市形象的重要标志，同时也是被赋予了特殊含义的现代城市的一张名片。蓬勃向上富有生命力的市树，标志着城市精神文明建设成果和生态文明的高度。

　　市树的评选和确定，代表着城市的文化内涵、人文精神和地域特征。一个城市评选和确定市树，不仅可以直接为建设生态文明城市奠定物质和群众基础，还能通过活动过程中的互动，提高全民的综合素质和文明程度，全面提升园林、卫生、文明、环保、森林城市建设的层次。郑州市通过全民性的评选活动，有力地提高了市民关注环境、关注森林、关注生态文明、投身自然的生态观念，增强了人们建设美好家园的自觉性与主动性。

　　郑州市的市树为法桐，其学名为悬铃木。

　　悬铃木（法桐）又称鸠摩罗什树，相传为晋代时印度僧人鸠摩罗什带入中国，如今算来已千年有余。

　　法桐属于落叶类大乔木，高20～30米，树冠阔钟形；干皮灰褐色至灰白色，呈薄片状剥落。法桐幼枝、幼叶密生褐色星状毛。法桐为花序头状，黄绿色。多数坚果聚全叶球形，3～6球成一串，宿存花柱长，呈刺毛状，果柄长而下垂。法桐花期4～5月；果9～10月成熟。法桐不畏严寒和干旱，对城市环境适应性特别强，具有超强的吸收有害气体、抵抗烟尘、隔离噪音能力，是著名的优良庭荫树和行道树。

　　法桐属速生树，3年就形成树冠。一公顷树林每天可吸收二氧化碳1005千克，每年可吸收尘埃400吨，可降低风速35％。在盛夏高温季节，可降低环境温度十几摄氏度。能很好地净化环境，维护生态平衡。

　　从1951年开始，郑州市政府全面启动全民义务植树，市政府下文，要求机关、学校、社会团体和单位，人均种植两棵法桐，保种保活。1954年河南省委、省政府从开封市迁入郑州市。1955年春，以人民路为开端，城市道路绿化全面启动。先后在金水路、人民路、花园路、经五路、经六路、纬一路、纬二路、政一街、政二街等道路两旁大量种植法桐。1958年邀请省内外有关方面专家主持制定了郑州市城市绿化总体规划设计及育苗规划，其中确定以生长较快、适应性强、树型高大、枝叶浓密、遮阴效果好的法桐为城市道路绿化的骨干树种。80年代中期，郑州市的法桐无论是数量还是生长状况都堪称全国之最，金水路、建设路、文化路、南阳路、中原路、嵩山路、人民路、黄河路、伏牛路等多条道路所达到的良好的景观效果，受到全国同仁的普遍赞誉，郑州市民充分感受到了法桐所给予的"夏日免晒太阳、小雨不湿衣裳"的益处。1959年12月，全国绿化工作会议在无锡召开，郑州市被评为全国绿化先进单位，从此，郑州有了"绿城"的美誉。法桐在郑州城市道路绿化舞台上开始扮演极其重要的角色。

随着郑州市林业生态建设的深入发展，生态建设成果的内容日益丰富，广大市民群众要求享受青山、绿水、蓝天、白云和更多的生态建设成果的愿望越来越迫切，强烈呼吁评选"市树"。经市委、市政府研究决定，自2006年12月19日开始，采取自下而上的方式，开始全民投票评选市树活动，经过市民参与、专家评审、政府审定和人大审议等程序，票选出了适合本地自然环境、群众乐见、内涵丰富的法桐作为郑州的"市树"。

市民通过在市区广场上的投票箱或者手机、电脑网络，热情又郑重地写下自己挚爱的树种，有的还亲自到园林绿化部门送上选票。据统计市民投票时，在9种候选树种中，有56.4%的选票都投向了法桐。

2007年5月29日，在市树评选专家评审会上，专家们也普遍认为：法桐适应性强，分布广，生长快，寿命长，树冠大，遮阴好，耐修剪，病虫害少，树形美观，已成为郑州市植树造林和园林绿化的重要形象之一，一致推选法桐为郑州市市树。

在2007年12月14日，经市十二届人大常委会32次会议审议，通过了法桐作为郑州市市树的决定。法桐被确定为郑州市"市树"。

法桐被确定为市树之后，郑州市将法桐确定为郑州市绿化基调树种之一，动员广泛栽种，加大市树的普及力度，形成规模化的育苗和栽培。目前，市树法桐已被广泛用于郑州市以及所辖各县（市、区）造林绿化和城市绿化中，真正成为了宣传郑州形象、展现郑州魅力的一张生态名片，一道亮丽风景。法桐，以它独自的风格和经历，诉说着郑州这个城市的变迁和发展。它讲述着郑州生态建设中的风风雨雨，又挺拔骄傲的展现着这个火车上拉来的现代化城市别具一格的绿城气息；它以特有的武威保护着市民的健康生活和和谐环境，吮吸着空气中的有毒气体，无私奉献着绿荫和清新的氧气。它也是这个城市的无私奉献者，默默的、默默的从每个清晨到日暮……

第二节　市　花

市花和市树一样，同是城市生态文化的浓缩和城市生态文明繁荣的象征，也是反映广大市民热爱自然、美化环境、热爱家乡的情感的一种媒介。不仅能代表一个城市独具特色的人文景观、文化底蕴、精神风貌，而且能够体现人与自然的和谐统一，增强对所在城市的归属感和自豪感，对于带动和推进优化城市生态环境、增强城市综合竞争力有着重要的意义。

郑州市的市花为月季（学名：*Rosa chinensis* Jacq.）。

月季很早就在郑州广泛种植，她带给了郑州绿色和绚烂，深受广大市民喜爱。1983年3月21日，郑州市七届人大三次会议根据市民民主评选和专家评议结果，批准月季为郑州市市花。

月季，被称为花中皇后，又称月月红。月季是我国十大名花之一，起源于中国而流行于海外。

月季种类主要有食用玫瑰、藤本月季（CI系）、大花香水月季（切花月季主要为大花香水月季）（HT系）、丰花月季（聚花月季）（F/FI系）、微型月季（Min系）、树状月季、壮花月季（Gr系）、灌木月季（Sh系）、地被月季（Gc系）等。月季是常绿、半常绿低矮灌木，四季开花，其色彩艳丽、丰富，不仅有红、粉、黄、白等单色，还有混色、银边等品种；多数品种有芳香。

月季，花朵俏丽，花色甚多，色彩丰富。自然花期5～11月，开花连续不断，所以称为月月红。

月季花原产于我国，有2000多年的栽培历史，相传神农时代就有人把野月季挖回家栽植，汉朝时宫廷花园中已大量栽培，唐朝时更为普遍。中国记载栽培月季花的文献最早为王象晋（公元1621年）的《二如亭群芳谱》，他在著作中写到"月季一名'长春花'，一名'月月红'，一名'斗雪红'，一名'胜红'，一名'瘦客'。灌生，处处有，人家多栽插之。青茎长蔓，叶小于蔷薇，茎与叶都有刺。花有红、白及淡红三色，逐月开放，四时不绝。花千叶厚瓣，亦蔷薇类也。"由此可见在当时月季早已普遍栽培，成为处处可见的观赏花卉了。

月季花荣秀美，姿色多样，四时常开，姿容俱佳，深受人们的喜爱。宋代杨万里赞誉说："只道花无十日红，此花无日不春风。"1985年5月，梅花、牡丹、菊花、兰花、月季、杜鹃、荷花、茶花、桂花、水仙被评为中国十大名花，月季被评为中国十大名花之五。1984—1986年，郑州市连续3年举办月季花会，致使毗邻主会场"碧沙岗公园"的中原路叫响全国，"走遍京津沪，不如郑州中原路"的民谣不胫而走。

20世纪80年代中后期，郑州市区内种植的月季品种就已达800多种，郑州市的月季科研存园品种更是达到了1000多个品种，并形成了面积达800多亩的月季繁育基地，郑州市月季的种植进入了一个鼎盛期，郑州因此又被称为"月季城"。2004年11月，郑州市政府决定建设月季主题公园。郑州月季公园采用现代园林设计手法，贯彻建设"生态园林"思想，突出月季主题，改造优化原月季品种，大量充实月季品种和数量，配植优良乔木、灌木和花草，植物造景与园林建筑、小品、水体、地形融为一体，充分展示月季栽培、发展的历史文化。月季公园建成后，填补了郑州市花卉主题公园的一项空白，对郑州市市花月季乃至全国月季的发展起到重要推动作用。2005年4月28日，首届中国月季展览会在郑州市月季公园成功举办，为全国30多个城市提供了一个月季展示、交流的平台。国家建设部、省、市领导参加了展览会，全国有38个城市、48个单位参展，并评出了金奖品种等。花展期间，作为首届中国月季展览会的主会场的郑州月季园，月季花怒放，市民及国内外游人近百万人次来此观赏，受到广大市民群众好评，提升了城市形象，扩大了城市知名度。

第三节　古树名木

一棵古树就是一段历史，一株名木，就是一个故事。

古树名木是活的化石，是有生命的古董。它是一座城市和一个地方的一部史诗，是一个人类文明发展的见证者。

地处中原腹地的郑州，是中华民族和华夏文化的发祥地与摇篮。这片古老土地上的棵棵古树名木，都见证着各个朝代的兴衰更替和世事变迁。饱经洗礼，历尽沧桑，然而又都向世人讲述着坚强的华夏民族发展的规迹，传承着光辉灿烂的中华文明，彰显着郑州这座文明古都深厚的文化底蕴。

2011年，郑州市绿化委员会对全市古树名木进行了普查登记，全市共有古树名木2781株，其中古树2174株，名木607株。按树龄划分，属国家一级古树836株，二级古树554株，三级古树784株，名木607株，古树群四处。

本书辑录了部分古树名木和由其附带的文化故事、民间传说，以飨读者。

一、汉将军柏

大将军柏。高10米，围粗7.5米，树干躺在墙上，仿佛弯腰躬礼　　**二将军柏**。高18.2米，围粗13米，树干炸开

登封嵩山书院内有2株古柏树，树龄均在4500年以上，汉武大帝刘彻祭嵩山时，曾亲口敕封为"大将军""二将军"，所以此树又被称为"将军柏"。

两棵将军柏枝叶繁盛、生机盎然、虬枝挺拔，望而巍然。是我国现存最大最古的稀世名木。清代李觐光赋诗曰：

> 翠盖摩天迥，盘根拔地雄。
>
> 赐封来汉代，结种在鸿蒙。
>
> 皮沁千心雪，叶留万古风。
>
> 茂陵人已矣，此柏自青葱。

将军柏原有3株，最小的称大将军，最大的分别称为二将军、三将军。这是什么缘故呢？这里有一段有趣的故事传说：公元前110年（西汉元封元年）正月，汉武帝刘彻，登游嵩山加封中岳后，来此游览。他一进头道门，看见一株古柏，树高身大，枝叶茂盛，惊叹不已，说道："朕，遍游天下，从未见过这么大的柏树！"汉武帝面对此树仰望再三，感叹之余，信口赐封为"大将军"。封罢大将军，汉武帝在群臣的呼拥下，朝正中院走去，这时迎面又看到另一株柏树，比第一株大几倍，汉武帝心中颇为懊恼，但金口玉言，不能更改。最后他拿定主意，指着面前的大柏树说道"朕，封你为二将军"。当时侍从官员感到汉武帝分得不明理，向武帝提示"这棵柏树较前一棵大"，武帝固执己见，说："先入为主嘛！"随从官员也不敢强辩。再往前走，来到藏书楼前，又见到第三棵柏树，比第二棵柏树更大，汉武帝心想，怎么一棵比一棵大？但我已赐封在先，岂能改口！只能按先来后到次序加封。武帝面对柏树说："再大也只能当三将军了。"由于汉武帝封柏不当，三棵柏树都有情绪，最大的一株柏树认为，自己最大，却封为三将军，一怒之下，气死了（实际死于明末火灾）；二将军也感到委屈，把肚子气炸了（即现在的树干有空洞，其他枝干也有裂口）；大将军感到自己身小个低，没有资格当大将军，颇觉惭愧，经常弯腰躬礼，向二将军、三将军及游人道歉，后人写诗讽刺：

> 大封小来小封大，先入为主成笑话。
> 三将军恼怒被气死，二将军不服肚气炸。
> 大将军羞愧弯下腰，金口玉言谁评价。

游人到此，不觉百念俱生。时至今日，两棵汉封的将军柏，依然生长在嵩阳书院的大院内，汉武帝怎会想到这两株柏树，已成为他"先入为主，知错不改"的见证呢！

二、中岳庙奇柏

登封中岳庙现存汉代至清代的古柏300多株，大者数人围，小者亦2人围，是嵩山地区现存古柏最多的地方。据史料记载，宋太祖乾德二年（964年），河南地方官派两名军将监修中岳庙行廊100多间，并将庙内及前后整划次序，遍植松柏。当时庙内已有古柏百余株，硕大俱数抱，"自东南来者，40里外遥见苍蔚蟠薄、扶疏荫翳之气，欲喷云雾"。琉璃瓦闪烁其间，明霞璀璨，各种鸟类盘旋之上，更显阴深。入阁周游，始知离奇，或俯或伏，或屈或蟠，或怒或擢，或奋发欲飞，或鳞龙螺旋，或如帏幄之势，或如东盖三拥。加上近代植柏树千株，使中岳庙郁郁葱葱，绿波起伏。已形成"崇墉缭绕，屹若云连"的壮丽规模。

还有许多古柏，各呈其奇。如猴，如鹿，如卧羊，如凤尾，如熊猫，如狮，如象，如蜜蜂，如卧龙……皆寿千年而常青，辰百世而不衰。

关于这些千奇百怪的柏树，传说当年武则天要带领群臣游中岳庙，有个道士名叫能天外，希望武则天夸夸自己讨个封号。他想了个主意，号召72个施主把牛呀羊呀都送到庙里，放在柏树四周，又捆又绑又涂色，弄出什么"凤凰展翅""金鸡独立"等许多造型。

武则天来了，能天外当导游，把这些花样都看完了，武则天也没说啥。能天外急了，说："这些柏树是小道与72个施主为迎万岁而作，请万岁……"能天外的欲言又止，武则天误以为是想要夸柏树，于是写了："奇柏千秋秀，怪松万年芳。"然后大家都去牵自家的羊、牛，结果那些动物全跟柏树长一起了。所以，现在中岳庙才有那么多奇奇怪怪的柏树。

　　中岳庙古柏，不仅有其历史价值，而且也有其艺术价值。由于古老，那龙钟的枝干，颇富变化，或俯或伏，或屈蟠，千姿百态，造化出许多耐人寻味的动物形象来，如"卧羊柏""猴柏""鹿柏""凤尾柏""荷花柏"等。这些奇形怪态的形成，主要与树种、年代、种植条件和生长的不均衡有关。目前庙内所发现的奇形柏，多为侧柏，最早约有2000多年的历史，至晚也有800～100年的历史。

凤尾柏。配天作镇坊前的通道西侧，高约13米，围粗1.6米，若站在坊基西南观望，树冠似"凤尾"，人称"凤尾柏"

盘龙柏。化三门东南30米处，有一株汉柏，高约11.5米，围粗4.5米，站于树的东南角度举目观看，在螺旋形的树干上，突然拧出5枝粗大的枝干，从东侧枝干的树枝中，又突然伸出几条浑圆弯曲的枝干，犹如几条长龙盘绕，各个龙头都依各自的方向，伸向高空，因名"盘龙柏"

狮子柏。化三门西南侧25米处，有三株高大的古柏，这是最西边的一株，高约11.5米，围粗6.2米，是庙院中最粗的一株汉柏，树干下部，那突起的树斑疙瘩，形似狮子头，因名"狮子柏"

卧羊柏。化三门后，南约殿台西南角，有一株高约14.5米，围粗4.38米的汉柏，游人如果站在树西10米以外，向树窟望去，窟内好似卧了一只羊，羊头朝北，安然自若，羊身、羊犄角、羊鼻、羊嘴都十分逼真，故被称为"卧羊柏"

猴柏。化三门后，西岳殿台东南角，有一株高约13米、围粗3.8米的汉柏，游人若站在树南约10米处，可以看到柏树基部，似有象、狮、虎、猴等动物群集攀绕，其中，树基之上66.7厘米偏西处，有一只猴子的形象尤为逼真，故称"猴柏"

鹿柏。在中岳大殿前，紧依"填台"东边的台基，有一株高9米多、围粗2米多的"鹿柏"。因为站在树的东北约8米处看，树枝上有一干枝，好像一只正在奔跑的梅花鹿。故世人称其为"鹿柏"

凌霄柏。在神州官后院的西南角，有一株高约 10 余米的汉柏。树基之旁，有一株鸡蛋粗细的凌霄树在柏树上缠绕。这是庙内道士徐至堂师傅于 60 多年前，从太尉官院移栽于此的。每逢夏、秋季节，翠绿的柏树上，挂满了金色的凌霄花，可谓庙内一处绝景

象柏。内华山门前西区有一株古柏，树高 12 米，冠幅 11 米，胸围 4.26 米。站在树的东南看，树的主干突起和节痕构成形似大象头部的造型，长鼻欲动，怒目圆睁，就像一个欲出击的"战将"，捍卫着自己的领土，因此而得名"象柏"

三公柏。华山门前西区有三株古侧柏，鼎足而立，相距各 10 米左右，上顶交织在一起，形成巨大的树冠，犹如三位老公公交头相谈，故称"三公柏"。三棵古柏冠幅在 10 米以上，树高为 10 ～ 12 米，其中一棵胸围为 3 米，另外两棵胸围达 5 ～ 6 米

在全国五岳之中，保留古柏树最多的庙宇要算中岳庙。来到中岳庙，在中华门前的神道两侧，排列着高约8米的600余株柏树，由两个翁仲亭一直通往太室阙，形成了一条500米长的柏树长廊。

进入天中阁，一排排、一行行挺拔多姿的古柏矗立在眼前。这时，你便进入了中岳古柏林中。在那宽阔笔直的青石甬道两侧，点缀着千姿百态、逗人品赏的汉、唐、宋以来的330余株古柏，另有新中国成立以后栽植的2600余株柏树。其中，最高的古柏达14.5米，最粗的古柏达周长6.2米。高低粗细，虽有参差，然横竖成行，井井有序。

中岳庙的柏树，多为侧柏、刺柏，也有少量的血柏、龙柏、香柏、地柏等。侧柏（亦称家柏），遍植整个庙宇；刺柏，多栽植于天中阁前的花圃及通往太室阙的路道两旁；地柏，多植于天中阁前的花圃中；血柏，数量极少，如紧靠御香亭南侧的那一株，以木质为血红色而命名。桧柏在通往太室阙的路道两旁有数株，龙柏在太尉宫南屋房后及崇圣门东侧各有2株。香柏，在中岳庙培植较少，只在太尉宫南屋房后栽2株，高仅2米多，香气扑鼻。

究竟中岳庙的柏树都有多大高龄？相传，西汉元封元年（公元前110年），武帝刘彻游嵩山时，先在万岁峰下封下"大将军""二将军""三将军"柏以后，又到太室祠（今中岳庙）看到一片翠绿树林，遮天蔽日，便随口对祠内76株大柏树加封，并令祠官对太室祠加增扩建，由此可知，如今中岳庙内古柏，树龄约在2900年至1300年（相当于汉代至南北朝时期）的有47株；约有850～1200年（相当于唐至宋代）的有58株；约在200～800年（相当于宋至清代）的有230株。它们都是中岳庙历史的见证。清代康熙时进士吴应龙观赏柏林后，吟《中岳庙》诗云：

> 中天开发展，御气氤氲。
> 殿角临黄盖，封中起白云。
> 祀崇秦典礼，树老汉将军。
> 鸾鹤凌空舞，仙音缥缈闻。

"路从古柏阴处转，殿向云峰缺处开"，在中岳庙内，柏的身影处处可见。以柏树作参照，古老的中岳庙不觉其老，巍峨的峻极殿不觉其高。置身于翁郁葱茏的柏树林中，欣赏造型各异的古柏，听着古柏、古寺的传说，就像阅读中岳嵩山那数千年的历史。

三、法王寺古银杏

登封城北6千米的法王寺始建于东汉明帝永平十四年（710年），寺院内两侧有4株古银杏。树龄1800多年，树高28米，胸围7.06米，平均冠幅23米。盛夏季节树荫浓密，像一把绿伞，覆盖着整个佛寺；深秋季节，黄叶金扇，银杏如玑，山风掠过，落叶撒金，坠果散玉，景色迷人。

法王寺古银杏

东汉永平十四年，明帝刘庄为印度高僧摄摩腾、竺法兰两位高僧在嵩山玉柱峰下建造大法王寺，安排两位法师翻译佛经、弘传佛法。传说此银杏树为摄摩腾亲手所栽，距今已近2000年。

关于这几株古银杏树还有一个济世救人的美丽传说。传说嵩山脚下有一财主，雇佣的羊倌在山上放羊，看到天上有一奇鸟嘴里刁着一粒种子，正好掉到他面前，羊倌认为是珍宝，认真保存，直到来年春天把它种下。后来就生根发芽，越长越大，就是现在的银杏树。有一年嵩山脚下的百姓都得了一场病，羊倌也不例外，他觉得难受，在白果树下刚入睡，便梦见树上有一仙女，手拿一白果飘然送入嘴里，他顿感身体舒服，病情好转，这时仙女已远去，他赶紧喊："再给我一些白果，还有很多人需要呢！"，仙女说"那树上多得是"。醒来的羊倌就摘了很多果子给山下得病的人吃，结果人们的病都好了，大家问这是什么药材，羊倌说这是银杏，"你叫什么？""我叫白果"。于是，"银杏""白果"就这样传遍了中原大地。

四、永泰寺娑罗树

永泰寺原名明练寺，建于北魏正光二年（521年），185年后的唐神龙二年（公元706年）为纪念魏孝明帝之妹永泰公主入寺为尼，改名为永泰寺，是与少林寺上院、下院一脉相承的禅宗尼僧寺院，也是全国为数极少的专供尼僧活动的寺院（大部分为庵）。

永泰寺依山傍水，风景秀丽，寺里一棵娑罗树已经2000年了，是东汉8年由印度高僧摄摩腾、竺法兰用钵体带至中国的贡品，起初栽于白马寺，后移植永泰寺，在永泰寺已有1500年了。它也是中印文化交流的历史见证。每年六月娑罗开花，迎来本寺一年一度的娑罗花会。期间，品娑罗花茶，美妙绝伦，满树佛塔的圣景，使人流连忘返。果实期8月，像荔枝一样大小，去掉外皮里面的核一半红一半黄，俗称"阴阳果"，象征善有善报，因果轮回。

五、永泰寺小叶杨

永泰寺托罗拂殿前有一株毛白杨，树龄1400多年，高35米，围粗4.75米，枝繁叶茂，十分壮观。

永泰寺娑罗树

永泰寺小叶杨

传说，寺庙开光都立有2根旗杆，当时由于没有铁旗杆，就用毛白杨木杆代替。

日久天长，埋在地下的白毛杨就生根发芽成活。随着时光的流逝，逐渐长成参天大树。据资料介绍，毛白杨寿命一般为40～60年，此树树龄能这么长，国内实属罕见。现毛白杨树干中空，体内积水，当地林业部门已制定了详细的保护措施，派专人保护。另一株比现有这一株还要高大，但不幸的是于1971年4月17日由于雷劈起火，从树的顶部开始整整燃烧了一天一夜，被活活烧死，不过其根部雷劈后仍露出地，使游人联想毛白杨当年的英姿。

六、少林寺三花树

千年古刹少林寺的"三花树"，实为凌霄抱柏，该树生长在少室山二祖庵院内，其侧柏树高17米，胸围163厘米，冠幅8米，树龄400余年，在侧柏根部生长着一株凌霄，古藤缠绕柏树，攀附而上，在柏树树干中间伸展，形似一把张开的绿伞。

历史上文人墨客对"三花树"的描写已足见少林三花树的奇异。如王世懋《宿暖泉寺游嵩山少林寺记》中说到游初祖庵时，"庭前四柏树，皆合抱参天，而三株为老藤所缠，生理稍困围杀，无藤者十之三，师曰：此即所谓少室三花也。"王士性《嵩游记》中也说到："庵前为三花树，盖凌霄藤附桧而生者花也，花正开，深红可爱，自达磨未至时有之。"潘耒《游中岳记》也写道："菩提树不逢花时，而凌霄多托根柏树，作花柏顶，殷红可爱。"李白的"二室凌青天，三花含紫烟。中有篷海客，宛疑麻姑仙"更是无比优美，脍炙人口。

七、卫茅抱古柏

在禅宗圣地，大乘祖庭少林寺方丈室南侧，生长有一棵古柏，树龄500年，树高16米，胸围200厘米。根部生有一株日本卫茅，缠古柏而生存，共同生长，紧紧依偎树体盘旋而上，枝蔓又顺柏枝迅速伸向树外，缠缠绕绕、层层叠叠，一年四季青翠欲滴，浓荫蔽日，非常壮观。

少林寺三花树

卫茅抱古柏

八、许由手植槐

在郑州登封市其山许由庙西边500米的李家门村，有一棵古槐，相传为许由手植。

许由是上古时期的贤人，籍登封槐里。皇甫谧《高士传》："尧让许由天下，由不从，又召为九州长，由不闻之，遂洗耳于颍水滨。于是，许由隐居其山，并在隐居处栽下一棵槐树，终日与树为伴，不闻政事，直到老死。

在当年许由隐居处，现存的槐树树高15米，胸围3.2米，冠幅16米，下有一大石，上刻"许由手植槐"5个篆字。为许由手植槐之再生树。据传，原槐高大，汉武帝礼登嵩山增修太室神祠时，将其伐去，后在原槐根上又长出幼槐，生长至今。此槐为其山诸树之祖，嵩山古树之最，是一重要的树木景观。

九、岗王鸟柏

中牟县姚家乡岗王村村东有一座岗王庙，原名裴度庙，该庙为祭祠唐代名相裴度所建。

庙旁有东西对称两株树龄1600余年的古柏，东边一株高17米，胸径1.02米，冠幅14米，主干高7米，立木蓄积6.7立方米；为松柏两形（树南半部为松枝，北部为柏，极为罕见）。西边一株高14米，胸径0.65米，冠幅6米，主干高5米，立木蓄积2.3立方米。目前，两株古柏枝繁叶茂，苍劲挺拔，生长旺盛，极为壮观。此柏树锯开木材后纹理呈现鸟形，是非常珍贵的"鸟柏"。属中牟县最古老的两株柏树。

十、新密刘秀柏

在新密市前士郭村生长着一颗距今已近2000年的桧柏。该树胸围3.8米，当地人称"刘秀柏"。相传王莽灭了西汉，改为新朝，自称皇帝。汉室宗亲刘秀文武双全，韬略过人，为

岗王鸟柏   新密刘秀柏

复兴汉室，他四处访将，招贤纳士，决心夺回被王莽篡去的汉室江山。一次战斗，刘秀大败，王莽驱大军追赶不放。

刘秀单人独骑，逃至密县，不料坐骑久经征战又长途跋涉，马失前蹄，死在路上。刘秀无奈，徒步跑了一程，来到前土郭村。这时他腹内空空，四肢无力，举步困难。忽见村头有座破寺院，就想到寺内找些吃的，歇歇再说。他近前一看，见山门早已倒塌，院内杂草丛生，空无一人，凄凉不堪。见此情景，刘秀双目发直，大失所望。此时又是追兵追近，寺内又无处存身，吓得魂飞九霄，仰天叹道："吾命休矣！"猛然抬头，见佛爷殿后有棵大桧树，树干挺拔枝叶茂盛，刘秀心里一亮，喜上眉梢，就要上树避难。可是，桧柏树高干滑，刘秀心急手软，三番五次没有上去，急得他怀抱大树道："桧树、桧树……"话没说完已泣不成声。桧树却误听为有人喊："救孤，救孤！"低头一看，见刘秀头顶紫气缭绕，便知道新汉主有难，就在树身上暴出四个疙瘩。刘秀见状，止住哭声如蹬阶一般上了桧树。刘秀在树上，由于惊吓过度，周身颤栗，险些掉下来。又求桧树说："杀人杀死，救人救活，我出头之日封你常青不枯。"说罢，见树枝变得弯弯曲曲，形成一个椅子模样，刘秀坐在上面，树叶把它盖得严严实实。

王莽撵至寺内，见庙内只有桧树一棵，不见刘秀，就叫一名小校上树搜寻，小校刚上到树身一半，就摔了下来，一连几次都没爬上去，王莽料刘秀也上不去，就撤离了寺院，下令包围村子，明早鸡叫搜村。

刘秀在树上刚睡一觉，就听见雄鸡报晓，慌忙下树就跑，只觉身轻如燕，行走如飞，累饿全消。

跑出一段路不见了追兵，东方还没放亮，方知天色尚早。等天明鸡叫时，王莽开始搜村，刘秀早已脱身。

这棵大桧树经历了近两千年的风、霜、雨、露，仍不失当年的苗壮，树枝依稀可见当年椅子的形状。

十一、新密刀痕柏

新密市超化寺院内，大殿前左侧，有一棵侧柏，此柏根部有长沟一条，形似刀痕，故名"刀痕柏"。

相传，明朝末年，连年灾荒，五谷不收，民不聊生，登封县的农民起义领袖李际遇在登封、密县一带劫富济贫。一天，李际遇带着随从到荥阳参加十三家起义军首领会议，路过超化寺，超化寨主张向明为陷害李际遇，在超化寺大雄宝殿内周围布下伏兵，邀李到殿内赴宴。宴中，李际遇发现他拴在柏树上的马被下鞍，周围有埋伏，遂乘人不备，夺门而出，挥动战刀劈去，斩断马缰绳，脱险而去，在柏树上留下了当时他斩断马缰的刀痕，当地人民为纪念李际遇起义，至今称这棵柏树为"刀痕柏"。

新密刀痕柏

新密中华栎树王

十二、新密中华栎树王

新密市尖山乡中沟村有一棵麻栎，被业内人士称为"中华栎树之王"，是至今国内树龄最长的栎树。该树主干围径6.2米，高15米，冠幅占地面积近1.2亩，主干分生的5个支干，最小的围径2.2米以上。主支干内质部呈鱼鳞状，自然裂纹达5～10厘米。裸露的根部已趋于石化，是千百年风雨沧桑的真实写照，具有很高的美学观赏价值。

这棵栎树至今约有5000～10000历史，被称"万年栎"，是中华栎树之王，当地人尊称为"栎仙"。该栎树历经数千年沧桑，仍枝繁叶茂，真可谓独木成林，堪称一绝。

十三、苇子营古槐

新密市刘砦镇观音堂村苇子营组王振才家有棵古槐，树高10米，胸围2.8米，冠幅10.5米。树旁立石碑一座，碑文记载了苇子营村的来历：

明末崇祯十四年（1641年），李闯王率领起义军攻打开封。闯王亲临城下观察地形，不料行踪不密，被城上官军射伤左眼。闯王无奈，被迫退兵。官兵乘势冲杀出城，前截后追，两面夹攻。义军被困，形势危急。闯王初战不利，仰天长叹："天哪，我李自成该到何处？"言罢，昏倒在地，不省人事。义军将士惊慌失措，抬着闯王且战且退。稍停片刻，闯王猛地坐起，大声喊道："传令向西退兵。"

说来也巧，大雪腾空而降，忽隐忽现，似有千军万马。官军害怕，不敢再战，收兵回营。闯王惊喜万分，说道："好。刚才仅晕倒之后，有位白发老人将我领到此处，手指芦苇子唱'藏龙卧虎，苇中安营。'我正要向他求教，他却转眼不见。原来是神仙点化，救我脱险。传令在此安营。"深夜，闯王在营中焚香祭拜天地，思前想后，难以安眠。随从搀扶他走出营寨。月光下，闯王看见一位老翁迎面而来，后跟5人，抬着猪羊，还有鸡鸭。闯王向前问道："请问老伯，天色已晚，你们欲往何处？"老翁面对闯王，上下打量了一番，急忙跪倒，说："我叫王扶秋，那边槐树旁就是我家，他们5个都是我的孩子。傍晚，有位白发仙者对我说，'明晚子时，闯王驾到'。我们全家是来看望闯王的。"闯王闻言大喜，将老翁急忙扶起，拉

苇子营古槐

进营中。闯王对扶秋老人讲，"难得你全家一片好心。义军攻打开封被困，白发仙长救我脱险，引我退兵到此。请问老翁，此地何名？日后我要回此重谢。"扶秋答曰："北靠观音堂，南临轩辕宫，芦苇茂密，只住我一家，还无地名，望大王恩赐。"闯王思考片刻，说："藏龙卧虎，苇中安营。这里定名'苇子营'吧。这方土地归你全家所有，老伯你看如何？"扶秋听罢，父子六人跪拜，千恩万谢。从此，王姓家业日益昌盛，人丁兴旺，逐渐发展成一个村落，迄今已有约360年的历史。

八卦庙"闯王柏"

十四、八卦庙"闯王柏"

相传200多年前，李闯王率领大军前去少林寺，途经现在的二七区八卦庙村时，突遇狂风暴雨，军队被困在八卦庙村。为表示感谢和纪念，闯王便命人在此兴修土木，修建了一座八卦亭，并在八卦亭外栽植成片侧柏树，远远看去甚是漂亮。修建好的八卦亭，红砖绿瓦，亭子的每个角上，都挂着一枚漂亮的八角风铃，微风一吹，铃声叮叮当当，清脆悦耳。谁知每逢雷雨天气，风铃随着狂风铃声大作。却使河北某村，村民的锅碗瓢盆也随着八角亭的铃声叮当乱响。闯王闻知，便命人拆掉风铃并把八卦亭改建为八卦庙，从此，河北某村相安无事。

历经百年沧桑，八卦庙曾一度遭到破坏，当年闯王修建八卦庙所栽植的侧柏现如今仅剩一棵，如今这棵参天古柏长势良好。

十五、新郑枣树王

新郑市东北的孟庄镇栗元史村，便是闻名的"新郑古枣园"。枣园面积680多亩，这里生长着目前国内最粗大的"古枣树王""二枣王""三官（枣）树"和数千棵古枣树。

"枣树王"胸围3.1米，冠幅11.4米，具有600多年的树龄。

"枣树王"为明世宗嘉靖皇帝金口玉言钦封，关于"枣树王""二枣树""三官树"和古枣园，有一个历史传说。

明世宗嘉靖四十五年，河南新郑发生大旱，民不聊生。官拜宰相的高拱（新郑人）上书，恳请对新郑赈灾免粮。世宗皇帝下旨，携大臣张居正、高拱、马文升到新郑查看灾情。至新郑后，由新郑知县带路顺城东沿马陵岗往东北查看。来到栗元史村的西南地（也就是今天的古枣园），看到成行的树木枝叶干枯，随问高拱："这是什么树，为啥都不长树叶？"高拱奏明此为枣树，您品尝并夸赞甜似蜜的红枣就结在这种树上，因久旱不雨，树叶都落光了"。由于半天的鞍马劳顿，皇上和大臣都有些累了，下旨在枣林休整。世宗皇帝坐在一棵枣树下，三位大臣坐在皇帝西南方，面对皇上，谁也没有说话，站在前面的随从太监当时不能休息，眼往四周看了一下，惊喜地发现皇帝身边的这棵枣树长得特别粗大，奏曰："万岁，您贵为龙体，身边的枣树也好粗大呀！"皇上听后，睁开龙目一看，脱口而出："不错，这棵枣树比四周的都粗大，可谓枣树王也!要是风调雨顺，一定枝叶茂盛，好像朕的一把避日伞"。

嘉靖皇帝当即拟旨对新郑赈灾免粮1年。其实，在"枣树王"北面较远处有1棵更粗大的枣树，听见皇帝加封树王，气的肚都炸了，从此郁闷，生长缓慢，至今也没赶上枣树王粗大。枣树王西南方有一棵枣树长了3个股条，就长在高拱、张居正、马文升当年坐的地方，百姓称它为"三官树"；枣树王东侧的两棵大枣树，则被称为"二将军"，把气炸的一棵叫做"二枣王"。世代相传，一直流传至今。

十六、登封护绿示范树——皂荚

树成名，非古即奇。然而，河南省登封市市区中心的一颗皂荚，树龄不古，树貌不扬，却在一夜间声名鹊起，跻身于全国古树名木行列。先后在《郑州晚报》《河南日报》《中国林业报》亮相。

原来，这棵皂荚的出名是因为围绕着它的一段护树小故事。

1997年是登封市创建现代化旅游名城和国家卫生城市的攻坚年。登封市委、市政府把城镇绿化，作为1997年一项重要工作内容。为此，他们响亮地提出："绿色是城市之魂"。那年市中心老城改造，当市委书记勘察规划到一处居民老宅中发现这棵皂荚时，立即指示有关部门，要像保护眼睛一样把这棵树作为市中心的一个重要绿色景点保护起来。于是，这棵树周围几处民宅和3幢4层以上楼房被迅速拆迁，拆迁面积达3000多平方米。同时，登封又撤销了最初准备在拆迁地点投资500余万元兴建4幢商贸大楼的计划。接着，又在这棵皂荚下建起了一个精巧的"纳凉台"。在树北侧，建了一个占地768平方米的小型绿色公园。如此，绿盖如云的皂荚便脱颖而出，格外引人注目，真正成了登封市中心一处靓丽的风景线。

司令拴马槐

十七、司令拴马槐

登封市君召乡红石头沟村的抗日革命纪念地南门前有一棵国槐树，为明代所植，约有260年的历史。

在树干上距地面高1米处有一铁环。抗日战争时期，抗日名将皮定钧司令在登封山区开创抗日革命根据地，司令部设在君召乡红石头沟村，皮定钧司令在此起居并指挥白坪、君召等地多次战役，取得了辉煌的战绩，当时在此树上钉一个铁环，供拴系战马用，后人为纪念皮定钧司令在此取得战役胜利，故称此树为"拴马树"，也称"司令拴马槐"。

十八、少林寺古银杏

在千年古刹少林寺天王殿前，生长有3株被称为植物活化石的古银杏树。最大的一株，树高25米，胸围710厘米，冠幅37米，距今已有1500年树龄，粗大无比，是登封市现存银杏中最粗的一株，被称为银杏爷爷。

另有两株共生的古银杏，由于两株共生，像一对形影不离的夫妻，又像一对相互呵护的母子，故当地百姓将其称为"夫妻树"，也有人称"母子树"。该银杏树高18米，胸围11米，冠幅25米。据说1928年军阀混战期间，范中秀驻扎少林寺，冯玉祥派部下石友三前去攻打，但到了以后寺内空无一人，就放火烧了少林寺三个大殿，大火整整烧了54天，整个寺院一片狼藉，不但烧死了五品秦槐，而且烧伤了银杏树，但此三株古银杏仍以顽强的生命力熬过了这一战乱带来的伤害，存活了下来，如今，在精心保护与养育下，依然焕发着勃勃生机，记录着历史。

十九、荥阳英雄树

荥阳市环翠峪风景区抗日后方医院上方有一棵古橿树，高12米，胸围3.2米，树冠呈伞状，东西冠幅为17米，南北冠幅为20米，此株老橿树，姿态雄伟。二战期间，皮定均司令员率八路军豫西抗日先遣部队，来到伏牛山区，发展抗日队伍，与日本鬼子展开多次激烈战斗。

在为后方医院选址时，经过多次的考察之后，将医院地址定在了三坟村这棵古橿树之下，秘密地开挖了三孔窑洞，窑洞顶部这棵古树起到了巨大的保护作用。当年医院内分别住有轻、重伤病员和院部医护人员，医治好了许多为国家流血负伤的同志。

少林寺古银杏

荣阳英雄树

"活植物化石"——朮树

马家患难松（新密白皮松）

当年，儿童团长多次爬到这棵树上放哨，观察瞭望敌情，掩护伤病员撤退。医院上方的这棵古櫪树，为浮戏山中不多见的稀有植物，悠悠千载，历经沧桑。因它生于病房窑顶，冠覆医院又似有掩护伤员之意，故称"英雄树"。

1996年，八路军后方医院被郑州市团委定为爱国主义教育基地，现已成为各机关单位进行爱国主义教育的场所，每年有上万名党员、团员前来参观。

二十、马家患难松（新密白皮松）

这棵白皮松生长在郑州新密市尖山乡钟沟村一马姓人家，树高20米，胸围2.4米，冠幅平均12米，树龄约350年。明朝末年，战乱不断，民不聊生，老百姓纷纷出外逃荒谋生。有一姓马的人家被当地土豪劣绅欺负，举家外逃他乡。后来在回家的途中，路过一寺庙，庙中和尚见其一家生活艰辛但却十分善良，就赠他一棵小松树苗，并告诉他带回家栽在自家地里，可改变家境。马家人半信半疑，把树苗养在要饭的碗里端了回来，栽在自家的坟地上，精心呵护，很快就长成了一棵大树。奇怪的是，马家果真从此兴旺起来，而原来欺负他家的土豪劣绅却很快家道中落，一蹶不振。

如今，该树高大挺拔，枝繁叶茂，长势良好。白皮松在郑州一带茁壮生长不太多见。

二十一、"活植物化石"——朮树

千年古朮树是伏羲山特有的树种，被称为活植物化石，是伏羲时期就有的树种，又名"护民神株"。在河南省新密市尖山乡伏羲山中，生长着数十棵千年古朮树，此树在冬天不管多么寒冷都不落叶，直到次年春天新叶把旧叶顶掉；在夕阳的照射下，其容颜之美，绝不次于银杏。2013年对古树名木的调查中，已发现新密有特大古朮树数十棵，都在伏羲山区，分布在尖山乡楼院村、神仙洞景区、米村镇等地，胸围都在4米以上，其中在新密市尖山风景看到这棵凡树至今已有2700年历史。被植物学家称为"活植物化石"。晋代诗人陶渊明曾写诗赞道"丹木生何许？乃在峚山阳。黄花复朱实，食之寿命长。白玉凝素液，瑾瑜发奇光。岂伊君子宝，见重我轩黄。"

　　注：峚，即"密"。

二十二、孙庄村古槐树

　　从郑州到市黄河风景名胜区，一过枯河桥，向北偏东望去，就能看到生长在古荥镇孙庄村的古槐树。古槐树高约12米，现有两条粗壮的次干。据村中老人回忆，原来此树有四条次干，长势非常茂盛。当年，日本人进犯郑州时，把黄河滩地的树木都伐光了，当然此树也在要伐之列。为了伐掉此树，日本兵动用了一个小分队，用了2天时间才伐掉此树东北侧的一条次干。现在还能看到日本人伐掉次干的痕迹。日本人准备再伐其他的树干时，先是日本人怎么都上不到树上，最后好不容易上到树上了，却纷纷莫名其妙地掉下来。日本兵不敢再砍伐了，回去以后，带队的小队长就生病，最后不治而亡。日本人进攻洛阳失败后，退守到这里，对此树还是不死心，在树的主干西侧堆起了一大堆木柴来烧此树，结果木柴燃完了，而大树却安然无恙。这棵古树历经沧桑、饱经战乱，见证了日本军国主义发动侵华战争的滔天罪行，更体现了全中华民族历经磨难而坚贞不屈的民族精神。

孙庄村古槐树

二十三、二七区国槐

　　明末清初，居住在郑州市南大街的王姓家族，选择风水宝地，选中了现在的王庄村，便举家迁居至此，距今已有350多年的历史。

　　王氏先祖在王庄村安居落户后，在村子周围栽植了大片的国槐树。

　　1937年，日本发动侵华战争，日军侵略者烧抢黄冈寺村时，曾一度殃及王庄村，王氏先祖所栽植的树木也未幸免于难，战争过后，仅剩4棵国槐。解放后，在当地人民政府的关心和大力支持下，王庄村民主动将4棵国槐保护起来，在后人的辛

二七区国槐

勤灌溉下，这4棵国槐枝繁叶茂，古木参天，槐荫铺地，成为现在的王庄村祖祖辈辈纳凉、谈古论今、休闲的好地方。

现如今，历经300多年沧桑的4棵国槐树依旧傲立在王庄大街，在王庄村人的心目中，已成为王庄村的标志和保护神。同时，也是爱国主义教育基地，参天的古树仿佛在诉说着历史，时刻鞭策和提醒着我们，不忘当年日本侵略者的累累罪行，牢记先烈们的英勇事迹。

第四节　森林文化

一、"三走进、三郑州"主题活动

春天的郑州，绿树掩映，鲜花簇拥，一派盎然。

一辆辆大巴整装出发，车上满载乘客难掩兴奋之色，开始了一段醉人之旅。漫步绿树成荫的生态廊道，感受鸟语花香的森林公园，体验温馨舒适的新型农村社区……"看看人家的社区硬件，简直比咱市区的社区硬件还好。"隔着车窗，几位来自市区办事处的同志感从中来；"我觉得生态廊道建设为郑州交通打造了'快车道'，为郑州生态镶嵌了'金腰带'，为郑州发展种下了'梧桐树'。"郑州航院的大学生浓浓的"书生气"道出观后感。

2013年5月10日上午8:30，郑州市委、市政府组织开展的"三走进、三郑州"主题活动首批参观代表，分别从集合地点乘车沿西南、西北、东线三条线路快乐畅游，上面的一幕正是当时的真实场景。

郑州市委、市政府组织开展的"三走进、三郑州"主题活动，即"走进廊道、走进森林、走进社区，认识郑州、热爱郑州、奉献郑州"主题活动，旨在组织优秀群众代表和基层工作者代表，走进生态廊道、森林和新型社区，通过切身体会和耳闻目睹，感受了解郑州市新型城镇化的阶段性成果，影响和带动更多的群众认识郑州、热爱郑州、奉献郑州。主题活动分两个阶段进行，第一阶段为5月10日至6月18日，历时40天，分西南线、东线、西北线三条参观线路，人员以市民群众代表和优秀基层工作者代表为主，包括基层三级网格长，基层村、社区干部、基层劳动模范、优秀青年、老专家、优秀科技工作者、优秀教师、基层优秀公安干警、"三八"红旗手、优秀环卫工人、公交司乘人员及基层工人等。第二阶段为10月10日至30日，历时20天，人员以离退休干部代表为主。

活动的内容主要是参观以生态廊道、森林公园、湿地公园为代表的生态建设景观；以新型社区为代表的宜居建设典范；以城市快速交通体系、现代化综合交通枢纽等为代表的畅通郑州建设。由此可见，"三走进、三郑州"主题活动既是市委、市政府筹划的一次为民惠民活动，也是郑州市森林城市建设成果的一次集中展示。为配合搞好这次主题活动，郑州市林业系统除了做好活动前的线路策划、沿线整治和活动中的导游讲解等服务工作，还于4月28日至5月3日分别在郑州绿博园、郑州树木园、郑州黄河湿地公园以及绿源山水四大景区开展了一系列森林生态文化活动。为市民奉上了林下竞走、林间骑行、森林摄影、林下民俗表演、林间非物质文化展演、青少年漫画绘画比赛等内容丰富、形式多样的森林健康活动，并通过中原网同步启动创建国家森林城市知识竞赛、征文比赛等活动。这一系列活动，吸引了广大市民的参与。据统计，郑州绿博园、郑州树木园、郑州国家黄河湿地公园和惠济区绿源山水等森林生态文化园区共接待游客近51.6万人次。

赏生态廊道、逛森林公园、看新型社区。2013年10月30日，随着最后一批老干部参观者安全返程，"三走进、三郑州"主题活动在一片赞誉声中圆满落幕。在"三走进、三郑州"第二阶段历时20天的活动中，来自全市各条战线、各县（市、区）的离退休老干部汇聚到中原西路生态廊道、文博森林公园、华南城建设工地、新郑鸡王社区，实地感受了郑州新型城镇化建设的喜人成就。参加活动的老干部中，年龄最大的是当年97岁的原郑州市市长王均智。精神矍铄的他一路赏景一路感慨："不出门看看，怎么知道郑州这几年的变化这么大！"市委原副书记朱翔武老人还创作了一首诗："春风送暖柳如烟，连片新楼映碧天。铁路联网遍海域，虹桥肥家入云端。梧桐荫下谈骄日，月季园遍赏涌泉。更喜黄河千里浪，丰滋富润小康年。"王老简单而质朴的赞叹、朱老的有感而发，正是"老郑州们"对郑州市多年来现代化发展的最真实的情感写照。

满眼春色关不住，生态绿城好踏青。政府工程，市民"检阅"，通过走进森林、走进廊道、走进社区，让大家全方位感受都市区建设的新成果、新气象和新蓝图，从而更全面地认识郑州，更深情地热爱郑州，更自觉地奉献郑州，凝聚起全市上下、各级各界的聪明才智和磅礴力量，共同把郑州建设成自然之美、社会公正、城乡和谐的现代化都市区。据统计，"三走进、三郑州"主题活动期间，共组织参加人员10336名，出动参观和保障车辆355台次，安排保障服务人员2628人次。

二、森林生态文化节

2012年4月28日，在百花争艳、万木苍翠的美好时节，郑州市首届森林生态文化节暨郑州文博森林公园、郑州苗木花卉博览园、郑州滨黄河森林公园、郑州黄河国家湿地公园等4个示范园开园仪式在郑州市文博森林公园成功举行。河南省花卉协会会长何东成，省林业厅副厅长王德启，市领导马懿、王璋、白红战、李秀奇、王林贺、孙金献、刘贵新、张建慧、周长松、赵武安，市政府秘书长吴忠华等以及市绿化委员会成员单位和市直有关单位领导，各县（市、区）政府、开发区管委会及林业部门领导出席开园仪式。开园仪式由正市长级干部王林贺主持。开园仪式的举行，也标志着为期一个月的首届森林生态文化节拉开了序幕。

2011年年底，郑州市委、市政府提出，利用2～3的时间成功创建国家森林城市，并启动郑州文博森林公园、郑州苗木花卉博览园、郑州滨黄河森林公园、郑州黄河国家湿地公园4个示范园项目建设。

为进一步提升森林质量和品位，使林业生态、经济、社会效益得以充分发挥，郑州市先后编制了郑州文博森林公园、郑州都市区环城花卉苗木产业发展、郑州都市区森林公园体系建设、郑州黄河国家湿地公园4个林业专题规划。为确保4个规划科学实施，按照先易后难、示范带动的原则，每个规划先期启动一个示范工程，然后逐步全面铺开建设实施。2011年12月17日，郑州市同步启动了"四个示范园"工程建设，并向市民承诺2012年5月1日前建成向市民免费开放。

"四个示范园"项目启动之后，郑州市委、市政府将其列入全市重点工程，加强对工程的督导督查，随时协调解决工程建设过程中遇到的各种困难和问题；市人大组织部分人大代表、市政协组织部分委员先后对4个园的建设进行了专题视察；市林业局成立了4个项目部，健全组织、倒排工期、严格监理，全力推进项目建设；项目所在地的二七区人民政府、惠济区人民政府及有关乡镇、办事处不断优化工程建设环境，为工程顺利建设给予了大力支持。经过4个多月的艰苦奋战，4个示范园如期建成并向社会开放。

4个示范园如期开园，为广大市民提供了更多休闲游憩的好去处，增强了创建国家森林城市的信心和决心。借此契机，举办首届森林生态文化节，让广大市民走进森林、认识森林、享受森林，进一步弘扬森林生态文化，丰富森林生态文化建设的内涵，向社会提供更多、更精彩、更有教育意义的生态文化产品，扩大林业对社会的影响，推动了郑州市创建国家森林城市和造林绿化工作的深入开展。

郑州市首届森林生态文化节也是创建国家森林城市系列宣传活动的重要内容活动由郑州市绿化委员会、郑州市林业局、二七区人民政府、惠济区人民政府主办，为期1个月。文化节期间，在郑州文博森林公园示范园、苗木花卉博览园示范园、滨黄河森林公园示范园、黄河国家湿地公园示范园，举办了民俗文化展演、全民健康寻宝、我为小鸟安个家、千车万人自驾游、百名摄影书画爱好者走进森林、林间评书演出、林间体育健身比赛、参观湿地科普长廊、百个市民家庭游湿地、环保志愿者在行动等活动。

结合4个示范园建成开园举办森林生态文化节，是郑州市委、市政府创建全国最佳宜居环境城市，加大创建国家森林城市宣传推进力度，加快新型城镇化建设步伐，为中原经济区和郑州都市区建设提供良好的生态环境支撑，让森林的生态功能、生产功能、文化功能、社会功能、经济功能等多种功能得以全面发挥的一次有益探索。也是郑州市破解如何保护和利用现有森林资源，让全市人民共享林业生态建设成果，实现富民福民的目标新课题的有益探讨。

森林生态文化节的举办，向社会提供了精彩、有教育意义的生态文化产品，让广大市民走进森林、认识森林、享受森林，进一步弘扬了森林生态文化，丰富了森林生态文化建设的内涵，调动了广大市民参与创建国家森林城市的热情和积极性，扩大了林业对社会的影响，从而推动郑州市创建国家森林城市和林业生态建设的深入开展，为把郑州市建成环境优美、生态宜居、人与自然和谐相处的森林城市，为中原经济区郑州都市区建设提供了良好的生态环境支撑。

三、黄河湿地文化节

热闹非凡、人流穿梭。长长的通向黄河湿地的观景栈道布满了接踵而行的人群，呈现出文化节的火爆场面。2012年9月1日上午，由郑州市政府、省林业厅、省旅游局联合举办的为期38天的河南·郑州首届黄河湿地文化节在郑州黄河国家湿地公园举行。

首届黄河湿地文化节从2012年9月1日开始至10月8日结束，历时38天，以"亲近黄河湿地，共享生态文明"为主题，推出了"保护黄河湿地我们在行动"万人签名留言，特色游园，黄河民俗文化展演，"走进湿地，亲近自然"湿地游览、体验，湿地科普宣传，湿地观鸟，"大美黄河 和谐家园"黄河湿地书法、美术、摄影展等7项活动，并重点突出唤醒保护意识、普及湿地知识、感受湿地之美、直接体验参与等4个方向。

秋天的湿地植被绿黄交错、高高低低、层层密密，在不断变幻的光影、水影的映衬下，构成一幅幅美丽的画面，散发出湿地永恒的魅力。文化节期间，郑州黄河湿地公园组织游客、志愿者开展了"保护黄河湿地 我们在行动"万人签名留言活动，15万余人在"保护黄河湿地 我们在行动"留言墙上留言签名，签名台上布满了留言或签名。这是活动主题内容，也是重要成果。一位游客说，他的湿地保护意识启蒙就是从这一刻开启的。

"大美黄河 和谐家园"黄河湿地书法、美术、摄影百余幅作品展吸引了28万余游客；湿地科普宣传活动中，内容丰富的湿地科普展览，生动活泼的专家湿地知识讲座，发放的12万余份湿地科普知识及观鸟常识须知及湿地观鸟活动，践行着使湿地之美、湿地知识和湿地保护的意识根植人们的心中的目标。

为让广大游客感受湿地之美，"走进湿地，亲近自然"，精选了包括郑州黄河国家湿地公园、桃花峪、黄河中下游分界碑、花园口、黄河二桥、中牟万滩等原生态湿地和绿源山水、富景生态园等园区在内的7条特色的黄河自然生态景观游览体验路线，邀请广大市民前往游览，开展湿地游览、体验主题活动。

同时，结合"亲近黄河湿地，共享生态文明"的主题，湿地文化节还举办了丰富多彩的"特色游园活动"，开放了花园口游览区、丰乐农庄、绿源山水生态园、毛庄绿园蔬菜基地、富景生态园、黄河逸园、聚源生态园、郑州林业科技示范园等沿黄生态园区；举办"黄河民俗文化展演"，组织烙画、草编、泥人、黄河澄泥砚、剪纸等群众喜闻乐见、具有中原传统特色的文化演出，充分展示了黄河湿地文化、中原文化之特色。

据统计，持续38天的黄河湿地文化节，共吸引了116.8万游客前往，其中郑州黄河国家湿地公园游客量达到33.15万人次。

湿地，是我国三大生态系统之一，具有不可替代的生态功能，因此享有"地球之肾"的美誉。保护湿地是人类共同的责任。但也只有让人们充分认识湿地、了解湿地，湿地的保护行动才可能引起全社会的重视。黄河湿地文化节，以创建国家森林城市为主线，以推进郑州黄河国家湿地公园建设为抓手，充分展示了湿地保护建设成果，动员、宣传教育、引导群众增强了热爱湿地、积极参与湿地保护的意识。作为宣传教育的平台，首届黄河湿地文化节起到了意想不到的传播效果，文化节设计的多彩多姿的活动，吸引人们在闲暇之时或慕名前往，欢聚在了郑州黄河国家湿地公园。每个游览黄河湿地文化节的游客，在看到黄河湿地的美丽多姿、感受到湿地公园的环境优美和空气清新、共享生态建设成果流连忘返的同时，无形中免费上了一堂生动的湿地知识和湿地保护宣传教育课。

"通过黄河湿地文化节的举办，郑州黄河国家湿地公园，正成为我们市民群众亲近湿地、享受生态、休闲娱乐的乐园。"一位游客说。

黄河湿地文化节的举办，体现了郑州市委、市政府对生态建设、湿地保护的高度重视。黄河是中华民族的母亲河。为了深入挖掘黄河文化，郑州市提出了打造"沿黄文化旅游产业带"的战略目标，力将郑州打造成中西部地区最具潜力、最有特色、最富魅力、最宜人居的精品城市。以大美黄河为主旋律，以生态湿地为篇章的黄河湿地文化节，搭建了丰富人民群众精神文明和文化生活的平台，充分展示了黄河文化之魅力、中原文化之特色、湿地文化之精彩，成为了弘扬湿地文化、普及湿地知识、宣传生态理念、增强公众生态和湿地保护意识的生态文化品牌。

不用远行，就可享受湿地之美。这是900万郑州人民尽享"天更蓝、水更清、空气更清新"的良好生态环境，又获得的一个惊喜。

四、绿博园生态文化活动

"生态旅游景区的景观质量和园区开展的各种活动，不仅应满足游客更高的生理要求，还应满足其更高的心理、审美和文化需求。"郑州绿博园管理中心副主任兰海军表示，基于现代人对旅游景区的高标准要求，郑州绿博园自开园以来，始终在维护园区良好形象、提升园区景观、提升园区文化品位等方面下功夫。对此，从郑州绿博园历年来拿下的

"国家4A级旅游景区""市级文明单位""全国科普教育基地"等殊荣可以佐证。

近年来，郑州绿博园立足参与性、文化性、趣味性宗旨，最大限度地满足人们回归自然、健康休闲的生态旅游需求，远近、内外结合，整合资源，不断拓宽市场营销渠道，不断向游客和市民提供喜闻乐见的生态文化产品。充分利用节庆、重大纪念日、重大事件等，先后推出了主题鲜明、内容丰富的春节民俗文化节、中国绿博园彩灯艺术节、春季问花节、五一赏花听泉观、端午文化节、兰花展、绿博之夜、七夕情人节鹊桥相约绿博园、绿博园秋季生态旅游活动节等一系列生态文化节庆活动，使园区焕发出了新的生命力。

每年春节，绿博园都会举办室内郁金香展和室外问花节，迄今均已成功举办了3届；每年的端午节和中秋节，都会提前组织举办端午文化节和中秋文化节活动，迄今均已成功举办了4届；每年国庆节，绿博园均会举办蝴蝶兰展，展示郑州近年来花卉产业发展的新成果和新成绩，增强市民"爱绿、护绿、植绿"意识，普及养花基础知识。

此外，景区还经常与社会有关部门、院校、媒体等单位联办或承办有一定影响和规模的重大活动，如邀请郑州市儿童福利院的智障儿童赏花灯，举办"情暖残疾人，爱在绿博园"活动等，打造了"绿博"公益活动品牌，树立了文明景区良好形象。

"人气就是绿博园价值的体现。"郑州绿博园管理中心总园艺师韩臣鹏介绍，目前，园区形成规模的活动有问花节，主要是通过"问花九境"，对花层层递进的感悟，告诉人们要学会发现身边的美、学会感恩，由对"花之爱"延伸到"爱家人、爱社会"；中秋文化节，主要是通过剪纸、泥人、瓷器、面人、烙画等一个个民俗活动，让广大游客度过一个传统的中秋佳节，过得休闲而充满爱意；蝴蝶兰展，主要是体现人文自然、生态和谐的主题，由蝴蝶兰组成的多种造型营造出一种悠然自得的田园生活，旨在让广大游客在工作压力之余找到回归自然的感觉。

中国传统节日作为我国文化遗产中的重要组成部分，凝结着中华民族的民族精神和民族情感，是维系国家统一、民族团结、家庭美满、社会和谐的重要精神纽带。郑州绿博园开展"我们的节日"主题文化活动，不仅推动了和谐绿博园建设，更弘扬了中华民族优秀文化、和谐文明社会风尚、生态文明自然本源。

几十名青少年身穿宽袍长袖古装，齐声吟诵屈原的代表作《离骚》，青年老少在"撞拐王"擂台上比赛，这是郑州·中国绿博园首届端午文化节上的一幕幕。

郑州·中国绿博园端午文化节由河南省林业厅和郑州市人民政府共同主办、郑州市林业局承办、河南省国学文化促进会协办，是目前河南省省内最大规模的端午节平台。

端午节起源于先秦时代，一直流传至今，是我国四大传统节日，甚至影响力波及到邻近的韩国、日本、越南等国家，是一个具有国际影响力的重要节日。在2000多年的流传过程中，不同时代、不同地区的人民创造了五彩缤纷的节日民俗活动，如赛龙舟、包粽子等，传达着丰富而深刻的思想。为了唤起市民对端午民俗的关注，郑州绿博园从2011年举办首届端午民俗文化节开始，已经成功举办了五届文化节，划龙舟、避五毒、喝雄黄酒、猜字谜、九连环等端午经典的民俗活动成为节日活动，文化节深度挖掘端午节的文化内涵和精神本源，让游客融入流传千年的传统习俗，体验民俗风情！

端午文化节期间，绿博园内举办了泥塑、面人、竹刻、木雕、拉洋片等非物质文化遗产展示、传统民间玩具展销、擎龙盘鼓闹端午和五地风情齐相聚等端午民俗文化活动，还举办了龙舟竞渡、拔河、楹联大赛、"避五毒"比赛、撞拐王争霸赛等端午特色竞技活动，吸引到众多游客参与。

绿博园系列文化活动的举行，吸引广大市民、众多旅游团队和人员入园旅游，有力地提升了郑州绿博园的良好形象及其生态文化品牌的美誉度。绿博园开园至今，共接待游客超过600万人次，客流量每年以20%的速度递增，经营收入每年以16.7%的速度递增。与此同时，绿博园的生态文化内涵得以拓展，绿博园已融入市民的生活，成为了市民健康养生、休闲旅游、科普及都市观光的好去处和提升全民生态意识、增进民生福祉的重要载体。

五、林果文化节

郑州市域盛产不少享誉中外的林果产品，如新郑市盛产名扬海内外的红枣，二七区有远近闻名的樱桃沟樱桃、红花寺的葡萄，新密市有蜚声中外的密银花、密香杏，巩义市有著名的南河渡石榴……各县（市、区）结合本地名优经济林果产品，都举办了形式多样、内容丰富、不同类型的林果文化节庆。如二七区，每年5月10日前后，都举办为期10天的樱桃节；每年8月6日前后，举办为期30天的葡萄节。新密市每年3月15日前后，举办为期18天的国际杏花节。新郑市，每年9月4日前后，举办为期33天的枣乡风情游暨大枣文化节。荥阳市每年9月8日前后，举办为期30天的河阴石榴文化节。巩义市，每年6月6日前后，举办为期15天邙岭鲜杏采摘节。中牟县，每年5月1日黄金周期间举办槐花节……

"似火石榴映小山，只疑烧却翠云环"。在河阴石榴之乡——荥阳市高村乡刘沟村，火红的石榴已挂满枝头，笑迎八方宾朋。2014年9月19日，第十届河阴石榴文化节在这里盛大开幕。

石榴，别名安石榴、海榴，为石榴科石榴属落叶灌木或小乔木，在热带则变为常绿树。石榴原产于波斯（今伊朗）一带，公元前2世纪时传入我国。"何年安石国，万里贡榴花。迢递河源边，因依汉使搓。"据晋·张华《博物志》载："汉张骞出使西域，得涂林安石国榴种以归，故名安石榴。"

长期以来，我国人民视石榴为吉祥物，是宝贵、吉祥、繁荣的象征，人们借石榴多籽，来祝愿子孙繁衍、家庭兴旺。古人称石榴"千房同膜，千子如一"，象征多福多寿，长命富贵，又因石榴多籽，表示了人丁兴旺，民族繁荣。以石榴为题材的吉利画有《榴开百子》《三多》《华封三祝》《多子多福》等，中国过去有幅年画，叫《百子图》，原来描绘的是3000多年前周文王跟他的一大群孩子，后来有人把此画演绎成一个胖娃娃怀抱绽开果皮的大石榴，"为图以示子孙众多也"。过去一些民间乐器、建筑物以及糕点上，常用石榴图案作装饰。在我国传统节日仲秋之夜，石榴产区几乎家家户户都要把石榴和月饼供在桌上赏月，以示合家团聚、兴旺发达。此俗在日本、港澳地区、东南亚以及世界有华人和华裔居住的国家，一直保留着。

荥阳市被中国果品流通协会授予"中国石榴之乡"称号，源生于黄河之阴的荥阳河阴县（今荥阳市北邙乡）而得名的河阴石榴已有2100多年的历史，唐代以后曾为皇室贡品，更素有"天下之奇树，九州之奇果"美誉，河阴石榴被誉为"宫廷贡品，历史名产，中州名果"。据《河南通志》记载："安石榴峪在河阴县西北二十里，汉张骞出使西域涂林安石榴归植于此。"康熙三十年（1692）《河阴县志·山川志》载："河阴石榴味甘而色红，且巨，由其种异也，有一株盈抱者，相传为张骞时故物。"民国六年（1917）《河阴县志》载："北山石榴，其色古，籽盈满，其味甘而无渣滓，甲于天下。"适宜的环境，造就了河阴石榴皮薄、粒大、色红、籽粒中无核软渣，吃时甜汁欲滴、满腮生津的独特品质。"半含笑里清冰齿，忽绽吟时古锦囊。雾壳作房珠作骨，水晶为粒玉为浆。"宋朝诗人杨万里的这首浅吟低唱，为河阴石榴的品质作了形象描述。河阴石榴在盛唐时被封为朝廷之贡品，遂成为应节佳果和吉祥的象征，有了"宫廷贡品、历史名产、中州名果"之美誉。宋人孟元老在《东京梦华录饮食果子》里，把河阴石榴列为美食。"河阴石榴砀山梨，荥阳柿子甜如蜜"的俗语，在民间更是广为传诵。

河阴石榴，其色古、籽盈满，其味甘而无渣浑，故驰名全国，畅销各地，为荥阳名特产之一。河阴石榴营养价值高果实含糖量16.5%，含水量79%，含碳水化合物17%以上，其籽实饱满，剔透晶莹、色泽艳丽、汁多味美，含有丰富的维生素，是既可鲜食亦可加工高级饮料的优良果品。此外，河阴石榴还具有极高的药用价值。1984年被誉为"中州名果"；2007年5月被国家质检总局认定为"中华人民共和国地理标志保护产品"；2007年11月荥阳市荣获"中国石榴之乡"称号；2008年底，河阴石榴被河南省认定为"无公害农产品"；2009年6月河阴石榴基地被列入河南省标准化示范生产基地、河南农业大学教科研基地；2010年被中国农业科学院郑州果树研究所定为软籽石榴示范基地；同年河阴石榴主产地刘沟村，被确定为首批省级特色旅游村；2012年被确定为全国第七届农运会指定产品；2013年被确定为中国八大石榴产区之一、中国夏季十大赏花之地，荣获国家级农业标准化示范区。CCTV《走遍中国》栏目专题推荐。

近年来，荥阳市按照"核心突破、重点发展、连点成线、深度开发"的总体思路，通过制定河阴石榴开发优惠政策、举办河阴石榴文化节，大力发展河阴石榴产业。目前，荥阳河阴石榴基地的石榴栽培面积达4.5万亩，拥有国内外优良品种140多种，石榴挂果面积有3万亩，年均产量3000万千克，年均效益3亿元，形成了北部邙岭长达15千米的河阴石榴产业带。

河阴石榴风景区一年四季各具特色，初春点点红霞，萌发枝头，生机盎然；仲夏榴花似火，艳丽如锦；深秋硕果累累，华贵端庄；寒冬铁干虬枝，苍劲古朴。河阴石榴基地的快速发展，带动了石榴第二、三产业的发展，石榴深加工蓬勃兴起，以河阴石榴风情游为主题的休闲观光线路已经形成，取得了显著的经济效益。为进一步弘扬河阴石榴产业文化，加快河阴石榴产业发展，扩大对外经济交流合作，按照"扩大开放、推动交流、繁荣市场、促进消费"的总体思路，以节为媒，全方位宣传、推介、提升河阴石榴的品牌优势和知名度，加快河阴石榴的研究、保护和开发力度，拓宽招商引资渠道，带动农特产品产业和旅游产业发展，实现农民增收和特色产业发展的目标。

以榴交友，高朋满天下；用诚待客，仁信誉九州。2005年金秋九月，荥阳市举办了首届河阴石榴文化节，市领导杨丽萍、王林贺出席开幕式。自此以后，历年9月荥阳市都会举办的河阴石榴文化节，截至2015年已是第10届了。文化节的形式也不断创新，除了传统的石榴文化风情大赛，夺石榴、开石榴、吃石榴比赛及重阳节美丽榴乡文化行等系列活动，近年来还增加了"河阴石榴王"拍卖及金秋助学活动，河阴石榴杯健身骑行大赛，河阴石榴风情游等新活动，通过文化节参与各类活动、体验榴乡风情、品味中州名果、探究石榴文化，全方位地宣传和推介了河阴石榴。

林果文化节庆的举办，既进一步挖掘了经济林果文化，扩大了宣传、提高了知名度，又扩大了生态旅游客源市场，达到了以节庆展览活动促经济发展，促生态文化、生态文明建设的效果。

第五节　兰香绿城

一、兰花文化及产业

我国兰花资源十分丰富，地生兰大部分品种原产我国，因此地生兰又称中国兰，被列为我国十大传统名花之一。目前，河南境内的兰花品种有300余种，其中，蕙兰和春兰是主要的兰草种。由于河南的地理、气候条件是蕙兰的适生区，所以中国蕙兰名品很多出自河南。中原地区种兰养兰历史悠久，兰文化厚重深远，具有广泛的群众基础。

兰花以高洁、清雅、幽香而著称，叶姿优美，花香幽远。自古以来，兰花都被誉为美好事物的象征。兰花对社会生活与文化艺术产生了巨大的影响。父母以兰命名以表心，画家取兰作画以寓意，诗人咏兰赋诗以言志。兰花的形象和气质久已深入人心，并起着潜移默化的作用。古代舞剧以"兰步""兰指"为优美动作，把优秀的文学作品和书法作品称为"兰章"，把真挚的友谊叫做"兰交"，把人的芳洁、美慧喻为"兰心蕙质"。又把杰出人物的去世比作"兰摧玉拆"。兰花在我国人民心目中，已经成为一切美好事物的寄寓和象征。

兰花乃君子，生在幽谷，不以无人而不芳。二千多年前，孔子周游列国不仅发现兰花，而且写下流传千古的赞美诗。兰花以质朴纯真的品质，健美俊秀、千差万别的风姿，素雅内向、含蓄不露的品格，无私奉献的独特幽香，坚强屹立、不怕狂风暴雨、残雪酷霜的斗争精神，赢得了人们的喜爱，被称颂为"花中君子"。

兰花是大自然的杰作，素有"君子之花""空谷佳人"的雅喻。中国兰文化渊远流长，具有深厚的文化积淀，历代仁人志士以兰喻志、以兰抒情、以兰赋墨，在赏兰品兰的过程中悟出了一种融华夏的道德修养、人文哲理之妙谛，因而，兰有国香、人格之花、民族之花的美称。在中国发展的历史长河中，孔子可说是兰文化的奠基者。《孔子家语》有云，"芝兰生于深林，不以无人而不芳。君子修道立德，不谓穷困而改节"，因此兰融入儒家哲学思想而开始了一代又一代地沿袭着后人，并深植于中华民族的德行之中。此后，中国的古典文学中有关兰的辞章迭出，还频见于历代典籍的诗、词、赋中。如三国时期的嵇康，晋代的陶渊明，唐朝的李白、杨炯、杜牧等都留下了关于咏兰颂兰的名篇佳作，华词丽句。上承屈原，下启李杜的陶渊明，他的《幽兰》诗："幽兰生前庭，含薰待清风。清风脱然至，见别萧艾丛。"韵味深长，朴雅含蓄，是流传至今的名篇。到了宋朝，直接以兰为题咏兰颂兰的诗词歌赋更是屡见不鲜。宋代赵以夫《咏兰》："一朵俄生几案光，尚如逸士气昂藏。秋风试与平章看，何似当时林下香。"可见诗人笔下的兰花韵味深长，朴雅含蓄，抒情言志。古代文人笔下，虽是同名咏兰，但表现兰的方式、含义却各有异同。元代留给历史最辉煌的文化成就是戏曲，兰花作为美的化身、美的代名词同样也步入了这个时代艺术的大雅之堂，如受兰花花型之美而创的兰花指，成了中国戏曲三大手式之一。明清文学艺术作品主要以小说为主，但也不乏写兰颂兰的名篇，如明·余同麓的《咏兰》诗："手培兰蕊两三载，日暖风和次第开。坐久不知香在室，推窗时有蝶飞来。"就连身为九五之尊的清皇帝康熙也情不自禁地写下了《咏幽兰》的名作："婀娜花姿碧叶长，风来难隐谷中香。不因纫取堪为佩，纵使无人亦自芳。"这个时期以兰布景、着墨的更是层出不穷，如兰亭、兰阁、兰苑、兰室等。当然，流传最广、影响最大的寓情志于兰的诗词书画作品当属"扬州八怪"之一的郑板桥了，以兰抒情言志的诗篇、书画题款作品达80多件。

说到中国的兰花，不得不提兰艺。兰艺发源于中国，现今日本对中国兰花的兴趣甚浓，其历史渊源也始于中国。兰艺发展至近代，有1923年出版的《兰蕙小史》，为浙江杭县人吴恩元所写。他以《兰蕙同心录》为蓝本，分三卷对当时的兰花品种和栽培方法作了较全面的介绍，全书共记述浙江兰蕙名品161种，并配有照片和插图多幅，图文并茂，引人入胜。此外，1930年由夏治彬所著的《种兰法》；1950年杭州姚毓谬、诸友仁合编的《兰花》一书；1963年由成都园林局编写的《四川的兰蕙》；1964年由福建严楚江编著的《厦门兰谱》；1980年由吴应祥所著的《兰花》和1991年所著的《中国兰花》两本书，以及香港、台湾所出版介绍中国兰的书籍和杂志等，可以说是近代中国兰艺研究的一大成就。

中国人爱兰，是爱它的纯真和质朴，这是东方人性格的一种极好的反映。中国人喜欢素淡、雅致、清幽、洁净的风格，推崇忠贞、廉洁、质朴、坚韧的情操，而中国兰正是这种风格与情操的完美结合，令人清心，令人舒怀。人们欣赏兰花不仅仅限于花，而且涉及香气、姿态、叶艺、盆架等方面。有人说，庭院一盆兰蕙，可以衬托出主人的身份和情趣。这恐怕也未必是夸大其词。诚然，中国人对兰花的欣赏已远远超出兰花的本身，而是和文学、艺术、道德、情操结合在一起，成为中华民族文化的一个组成部分。这就是兰花文化！人为万物之灵，兰为百花之英，愿兰蕙自然进入人们心灵的世界，共同将兰艺这种中华民族的传统艺术发扬光大，以兰会友，共同进步。

近年来，随着郑州市花卉苗的长足发展，郑州市涌现出兰花产业户近百家、从事兰花科研机构1家、大型兰花销售交易市场2家。尤其是蝴蝶兰产业，经过多年的发展，已成为郑州市兰花产业的龙头，郑州已成为全国蝴蝶兰种苗生产销售的重要集散地之一。

二、举办蝴蝶兰展览会

九月的郑州，到处绿树成荫，生机盎然；绿博的金秋，花香四溢。金秋的绿博园树叶开始发黄，为迎接一年一度的蝴蝶兰展览会和十一黄金周园内布置一新，每隔不远就能看到彩灯。

"快看，白色的孔雀！"童稚的声音引来周围人的驻足，再看那绿叶丛中白蝴蝶兰组成的孔雀正展翅开屏，好不美丽。

"用蝴蝶兰装饰的小窗户。""像不像一幅画？"年轻的少男指着僻静角落的展景给女朋友，少女发出了一声惊叹。

成片成片的蝴蝶兰花齐刷刷地盛开着，朵朵艳丽的叶片呈粉红色和淡黄色，映得满棚春色。看到眼前的唯美景观，面对这代表和象征着人类仕途顺畅、幸福美满的蝴蝶兰，影友们持着长枪短炮小心地躲避着，以免碰伤花蕾、花枝和花苞，抓拍不同蝴蝶兰。

这是发生在绿博园蝴蝶兰展览会上的一幕幕。

蝴蝶兰于1750年发现，大多数产于亚洲地区，在中国台湾和泰国、菲律宾、马来西亚、印度尼西亚等地都有分布，目前世界上发现70多个原生种。蝴蝶兰属著名的切花种类，因花形似蝶得名。其花姿优美，颜色高贵，为热带兰中的珍品，有"兰中皇后"之美誉。郑州市从1992年开始引进和试种蝴蝶兰，经过科研和探索，近年来蝴蝶兰繁育、种植、组织培养技术以及花盆、花材、营养液等方面的技术均已逐渐成熟，近几年郑州市蝴蝶兰种植有了长足发展。初步统计，规模以上种植单位有十余家，2010年成花供应100万盆，其中本地销售70万盆，往南方回销30万盆。2011年供应郑州市场有200余万盆，其中河南农大蝴蝶兰40余万盆，郑州农林科学研究所30余万盆，郑州绿金园有限公司100余万盆，其他单位和个人在40万盆左右。

为贯彻落实河南省政府和郑州市委、市政府关于大力发展苗木花卉产业的决策精神，加快郑州都市区建设，推进郑州市苗木花卉产业发展，带动以蝴蝶兰产业为龙头的郑州周边花卉产业蓬勃发展，促使蝴蝶兰等名贵花卉的生产、销售、科普等在我国中北部地区尽快形成系列产业中心；也是为充分展示中原地区近年来蝴蝶兰产业的成就，促进省内外蝴蝶兰产业领域的交流与合作，使蝴蝶兰产业在中原经济区得到快速、长足发展，进而推动郑州市生态文明建设，促进经济、社会和环境的可持续发展。为充分体现"以人为本，共建绿色家园"的绿色理念，实现"以会兴业、以会兴城、以花富民"的目标，充分调动民众"养花、赏花、护花、爱花"意识，带动省会及周边花卉产业的创新和发展，郑州市在郑州绿博园举办了"郑州首届蝴蝶兰展览会"。

2011年9月26日至10月31日（共计36天）在郑州绿博园举办的"郑州首届蝴蝶兰展览会"，是由郑州市人民政府和郑州市绿化委员会主办，郑州市林业局和各县（市、区）共同承办。为办好首届蝴蝶兰展览会，市政府专门成立了郑州首届蝴蝶兰展筹备组织委员会。时任郑州市副市长王哲任筹委会主任，时任市政府副秘书长杨东方和市林业局局长姜现钊任副主任，各县（市、区）政府和市财政局、市公安局等多家市值单位为成员。筹备委员会下设4个部室，5个具体办事部门，具体负责首届蝴蝶兰展览会筹备的各项事宜。

展会主要分两大展示类型：一为蝴蝶兰景观展。以蝴蝶兰展示为主，适当结合高低错落的特色植物，配以园林小品，营造自然、完美的蝴蝶兰室内园林景观。二为蝴蝶兰参展企业展。本展为传统方式，各参展企业、团体以展位的形式，展示、交流企业的产品、技术、形象。

展览会具体在郑州绿博园内原山水休闲区建设的4000平方米日光玻璃温室内举办。共设有兰花展示区、科普展示区、商务区、休闲区、展销区、单株竞赛区、组合花卉竞赛区7个展区，50多个展位，展位分20平方米、40平方米、80平方米不等。每个参展企业给予了2万元的现金奖励，并实行了多布展多奖励的补助政策。展会诚邀了北京、上海、福建、广东、海南、江苏、山东、台湾等全国知名蝴蝶兰生产企业等50多家单位参展。

展会共设置4种奖项。分别为单株奖、组合盆栽花艺奖、景观组织奖、特别贡献奖。4个奖项中，除特别贡献奖外，其余奖项均设有一、二、三等奖。同时，为研究、探讨、弘扬博大的兰文化，在首届蝴蝶兰展会期间，还邀请国内蝴蝶兰科研、生产等方面的专家及省、市领导一起，在郑东新区举办了中原经济区蝴蝶兰产业发展文化论坛，为河南地区、郑州及周边花卉业的长足发展把脉、献策。

自2011年9月首届蝴蝶兰展览会举办之后，郑州市每年在绿博园举行一次蝴蝶兰展。郑州都市区建设以组团发展、产城融合、宜居宜业宜商宜游和生态优先可持续发展为原则，在郑州绿博园举办蝴蝶兰展览会，对白沙和官渡组团的经济发展、郑州环城憩息游的形成、郑州生态绿化事业的发展均起到了重要的推动作用。

举办蝴蝶兰展览会推动了郑州苗木花卉产业的发展。郑州市以蝴蝶兰展览会为契机，将先进的兰花培养技术、成熟的兰花繁育理念、完善的销售方式融入到郑州苗木花卉产业链当中，充实、完善、推动了郑州及周边苗木花卉产业的长足发展。同时填补了郑州市种、养、销兰花领域的空白，有计划地选择、培育、保护了特有品种、种质资源，也引导和带动了郑州周边部分农民调整产业结构，为新农村建设增添新的亮点。

举办蝴蝶兰展览会助推了提升郑州苗木花卉产品的档次。蝴蝶兰由国外引入台湾，然后到福建，而后逐步传播到全国各地。蝴蝶兰展览会把一批名贵、珍奇的品种引入郑州，对建设北方苗木花卉基地和提高郑州苗木花卉产品的档次均会起到巨大的推动作用。蝴蝶兰是郑州花卉走向全国的桥梁，借助这个桥梁，国内花卉市场会有更多的"郑州元素"，对打造郑州花卉品牌将起到积极的促进作用。

蝴蝶兰展览会是郑州市贯彻落实省委、省政府关于大力发展苗木花卉产业的决策精神，着力打造花卉产业核心区，推进郑州市苗木花卉产业和森林生态文化再上新台阶的一项重要举措。蝴蝶兰展集中展示了中原地区近年来蝴蝶兰产业的科研成果、生产能力、综合实力。通过举办蝴蝶兰展，积极探索了蝴蝶兰这一花卉的文化内涵、产业发展、科技创新，有效地促进了郑州市、河南省乃至全国蝴蝶兰产业交流与合作，推动了郑州市苗木花卉产业和森林生态文化的快速发展。

郑州绿博园有全国各省（自治区、直辖市）、全国绿化模范城市、各大型行业和港澳台地区，以及郑州市部分国际友好城市建设的充分展示本地绿化成就的室外展园。在绿博园举办蝴蝶兰展览会，不但带动了绿博园的人气，提升了绿博园的形象，促进了绿博园的旅游市场开发及其生态旅游品牌品位的确立。而且对提升郑州城市品位，大力推介河南悠久的历史文化、秀美的山水和良好的投资环境，促进和带动本地花卉、旅游、餐饮、交通等产业的发展起到积极的推动作用。

三、承办第二十四届中国（郑州）兰花博览会

2013年4月13日，当第二十三届中国兰花博览会正如火如荼进行着的时候，传出了令郑州人为之振奋的喜讯：中国花卉协会、中国花卉协会兰花分会理事一致表决通过，2014年第二十四届中国兰花博览会在郑州举办，河南省郑州市主管林业的正市长级干部王林贺从太仓市副市长赵建初手中接过了兰博会会旗。中国兰花博览会是我国规模最大、档次最高、影响最广的国家级兰花盛会，每年举办一次。自1988年秋在广州举办首届兰博会以来，先后在深圳、厦门、成都、昆明、汕头、北海、无锡、杭州、贵阳、成都、武汉、温州和太仓等地成功举办。

郑州市委、市政府历来重视苗木花卉产业的发展，重视生态文化建设。为确保第二十四届中国兰博会申办成功，专门成立了以郑州市人民政府马懿市长为组长的申办工作领导小组，依托省市花卉协会积极与中国花卉协会兰花分会沟通协调，深入调研全市兰花产业发展现状，提出了承办兰博会的指导思想、工作思路、办会理念，全力推进兰博会的申办工作。正市长级领导干部王林贺带领5个省外邀展组，分别对四川、福建、江苏、山东、湖北等15个省（自治区、直辖市）展开了登门邀展工作。市委、市政府主要领导明确表示，动员全市力量，全力申办2014年第二十四届中国兰花博览会，充分展示郑州市苗木花卉产业发展的最新成果，并尽最大努力把兰博会办圆满、办成功、办精彩！

2014年阳春时节，我国规模最大、档次最高、影响最广的国家级兰花盛会——中国兰花博览会首度移师郑州。4月1日上午，中原大地，芳华婉婉；古城商都，贵客盈集，第二十四届中国（郑州）兰花博览会在芬馥多姿的郑州·中国绿化博览园馨香开幕。第二十四届中国（郑州）兰花博览会（以下简称兰博会）由中国花卉协会兰花分会、河南省林业厅、河南省花卉协会、郑州市人民政府主办，由郑州市花卉苗木协会、郑州市林业局、郑州市园林局、郑州市农业农村工作委员会、郑州绿博园管理中心、郑州市花卉苗木协会兰花分会协办。

此次兰博会主题为"兰香绿城　美丽郑州"。来自德国、韩国及我国香港、澳门、台湾、北京、湖北、山东、海南、江苏、浙江和河南等25个地方的3000个参展商代表携带"珍藏"的各类兰花作品5000余盆，以及主办方筹备的数万株精品兰花，给与会人员和游

客带来了一场兰花盛宴。为更好地展示我国的兰花文化，此次兰博会同时展示了兰花的两大分类国兰和洋兰，让中原父老一睹了国兰的高雅和洋兰的妩媚。

郑州市充分利用郑州绿博园的展馆及配套服务设施的优势，为全国各地、各花协、各国际参展团提供设施最齐备、功能最先进、布展最方便的展区展馆，还充分考虑国内外花卉企业的要求和意愿，为企业独立设计、建设品牌馆或专题展区创造一切便利条件。兰博会设置国兰专题馆、洋兰专题馆、企业展示馆、科普展示馆、河南展区、各省市展区、书画创作区等七大区域，共15000平方米的展示面积。其中，日光智能温室以洋兰展示为主，参展单位以省内有一定规模的蝴蝶兰企业为主；科普馆重点展示在国内外获得过大奖的兰花作品；联栋温室展示各省市兰友、兰花协会及兰花企业送展兰花。同时，充分利用绿博园内的配套服务设施进行以兰文化为主的绘画、书法、摄影展，还专门设置了兰花交易区，给养兰、爱兰的广大市民和兰友提供了一个良好的交流平台。

河南省拥有兰花爱好者三万多名，兰花协会组织近百个，河南的兰花爱好者非常欣慰在"家门口"举办一届这样的盛会，渴望通过此次兰博会的举办，进一步推动我国南北区域兰花交流合作、提升本地兰花产业发展、挖掘和传承中原兰文化，也希望通过兰博会这个载体和平台，热情款待四面八方的宾朋好友，为推动我国兰花事业的蓬勃发展做出积极的努力和贡献。

此次兰博会规模大、档次高、影响广、内涵丰富、持续时间长是前所未有的；集中展示了我国近年来兰花发展的新品种、新技术、新成果；充分展示了我国兰花资源的丰富多姿和无穷魅力；展示了河南省花卉产业发展的新成果、新成就和兰文化及中原文化的精髓。

此次兰博会首开兰花博览会在长江以北地区举办的先例，它的成功举办产生了广泛的社会效应，促进了我国厚重兰文化的发掘与研讨，对兰文化传承、兰花产业发展、兰文化和产业交流与合作、传承和创新中原兰文化起到了重要积极的推动作用。

[第四篇]

创新机制

DISIPIAN CHUANGXIN JIZHI

当前，我国林业正处于传统林业向现代林业过渡的阶段。在这个过程中，林业的职能作用和特征正在由绿化向美化、文化、科技化、信息化、智慧化转变，林业的功能也正由单一的生产功能向生态、生活、经济、社会、文化等多功能转变。郑州市在国家森林城市建设过程中，认真总结经验，不断加深对现代林业的认识，通过转变林业发展理念、创新林业发展机制，激发森林城市建设的活力，进而提升森林城市建设水平，巩固森林城市的建设成果。

郑州市自2003年实施森林生态城建设以来，全市上下紧紧围绕把郑州建设成为"城在林中，林在城中，山水融合，城乡一体"森林生态城和"环境优美、物种多样、人与自然和谐"的国家森林城市的目标，坚持以大生态定位、大规划布局、大工程推进、大手笔投入，积极创新郑州森林生态城和森林城市建设的发展理念、管理体制、建设机制、组织形式、推进措施和工作方法，统筹城乡绿化的跨越发展，构筑以森林斑块、生态廊道、农田林网为主的片、带、网结合的城市生态网络系统，构建林水相依、林山相依、林城相依、林路相依、林村相依、林居相依的森林网络空间格局，凸显了郑州森林城市建设特色，森林城市建设得以高质量快速推进，逐步使郑州由原来的绿城变绿都、绿都变花都、花都变文都。

第一章 实施新举措

DIYIZHANG SHISHI XINJUCUO

森林城市建设是一项复杂的系统工程，工作量大、涉及面广、任务繁重。郑州市委、市政府加强领导，明确目标，落实责任，多措并举，高效推进，实行了一整套行之有效的新举措，保证了森林郑州建设的持之以恒，确保了绿城播绿工作取得实效。

第一节　坚持"三到位"

近年来，郑州市坚持科学发展观，坚持以人为本、注重人与自然和谐发展的发展理念，在加快经济社会发展的同时，积极谋求生态建设的跨越式发展，坚持以林业为主体建设森林城市，全力推进城市森林建设，做到了"三到位"。

一、领导到位，以空前的重视程度推进森林城市建设

2003年以来，郑州市委、市政府高度重视生态建设，始终把城市森林建设放到郑州发展的大格局来统筹考虑，将城市森林建设纳入全市经济社会发展的总体规划，既坚持城区绿化的高标准，又注重郊区绿化的广覆盖。一直把造林绿化作为城市发展的基础工程、民生工程、重点工程来抓。市委、市政府每年都专题组织召开两次以上全市造林绿化工作会议。书记、市长到会并讲话，市政府行文下达造林绿化任务，及时广泛动员和全面部署生态林业建设工作。创建工作一开始就及时成立了由马懿市长任组长的创建国家森林城市领导小组；连续3年春节后上班第一天就召开全市生态建设动员大会，市四大班子领导全部参加，书记、市长亲自动员部署。制订下发了《郑州市创建国家森林城市工作实施意见》，明确各县（市、区）和市直各有关单位的具体任务，并签订目标责任书。对重点工程，采取周例会、月点评、季考核的办法定期对各地进行督导，加快了创建工作进度。特别是生态廊道建设，书记、市长亲自带领市四大班子领导、进行巡回督查，现场打分，排出名次。组织各县（市、区）党政一把手和相关部门负责人到工程现场巡回观摩。对质量好、进度快的地方予以表扬，对建设质量不够好、推进速度慢的单位当场提出批评，并限期纠正赶上。创森领导小组抽调30多名业务骨干专职负责创建工作的协调推进、督促指导、资料整理和宣传发动工作，县（市、区）也都成立了相应的工作机构，为创建工作的顺利开展提供了组织保障。

二、责任到位，以空前的行政力度推进森林城市建设

实行"一把手"负责制，逐级签订绿化工作责任状，明确任务，严格考核。市委市、

政府专门成立了由市委副书记、市长马懿任组长，正市长级领导王林贺任常务副组长，市四大班子分管领导任副组长，各相关职能部门负责人、各县（市、区）主要领导为成员的创建国家森林城市领导小组，全力推进全市创森工作。各县（市、区）党委政府也积极响应市委、市政府的号召，建立了主要负责同志亲自组织发动、分管同志带头巡查督阵、部门及时点评通报的森林城市建设领导机制。各级还建立了绩效考核机制，层层签订目标责任书，对工作开展好、成绩突出的予以奖励；对组织领导不力、工作不落实、没有完成目标任务、影响创森工作大局的相关责任人员，要严肃追究责任。同时，在创森关键阶段，各级党政主要负责同志经常深入现场，深入一线，亲自组织、调度、协调，及时掌握创森工程进展情况，解决遇到的难题，推动各项创森工作的全面落实。

三、措施到位，以空前的多项举措推进森林城市建设

2004年起，郑州市连续6年把森林生态城建设纳入市委、市政府为民办实事的重要内容，真抓实干促落实；2006年又将森林生态城建设列入全市经济社会跨越式发展目标，进一步加大投资，强力推进。结合城市总体规划和城市改造，采取规划建绿、拆墙透绿、拆房植绿、沿河布绿、见缝插绿等，实施了公园、游园、广场建设，开展了城市河道治理绿化，城市道路整理绿化，出入市口整理绿化和单位、居民区绿化达标建设等活动，每年新增绿地均在500公顷以上。同时将全民义务植树作为森林城市建设的一项重要举措，倡导全民参与造林绿化，确定义务植树基地，建立档卡和任务告知制度。郑州市每年参加义务植树的人数都在350万以上，植树数量在1000万株左右。形成了政府主导森林进城、部门规划森林进城、单位推进森林进城、百姓迎接森林进城的良好氛围。

第二节 搞好"五结合"

郑州市在绿城播绿过程中，注重搞好"五结合"，全力推进城市森林建设，有效地提升了森林城市建设水平。

一、森林城市建设与生态市建设相结合

随着社会的进步、人民生活水平的不断提高，如何规划和建造更加适宜人类居住和生活的"生态市"概念被提了出来。郑州市把森林城市建设作为生态市建设的重要组成部分，通过建设成片森林使生态城市建设更具生命力和竞争力。2004—2008年连续5年将"完成森林生态城工程造林0.67万公顷"，作为向市民承诺的十件实事之一认真办理落实。2006—2010年，把森林生态城建设作为全市经济社会跨越式发展的八大重点工程之一，强力推进。围绕森林生态城市的建设目标，及时制定了"西抓水保东治沙，北造屏障南建园，三环以内不露土，城市周围森林化"的林业发展思路，并积极推进各项林业改革，以大工程带动大发展，每年造林1.33万公顷以上，并强化森林资源管理，全市森林资源快速增长。

二、森林城市建设与林业生态村镇建设相结合

郑州市着眼于构筑郑州都市区及中原经济区城市大环境绿化格局，构筑城乡一体化的

大环境绿化体系，有计划、有组织、有步骤地推进多彩多姿的城市绿化由市区向周边乡村扩展，推进宽厚壮观的城郊森林由农村向中心城区延伸，把田园森林的魅力带给城市、把城市绿化的活力带给田园。森林覆盖率是衡量一个地区生态环境状况的重要尺度，也是衡量一个地方是否全面达到小康的重要考核指标。全面小康的重点在农村，难点也在农村，在抓好城市森林建设的同时，围绕村庄植树造林也是改善农村生产生活条件的必备条件。郑州市结合新农村、新型社区和新型城镇化建设，启动了林业生态村镇建设，制定了具体建设标准和资金奖补标准，将造林绿化与环境整治、垃圾集中处理一体推进。经验收达到建设标准的，市财政对每个林业生态发放奖补资金30万元、对每个生态乡镇奖补资金50万元，农民成了环境改善的参与者与受益者，极大地提高了百姓造林积极性。到2014年7月，郑州市已建成林业生态村500个，初步形成了农村村镇和绿化、美化、香化、彩化和园林化的绿化景观，构建了"城在林中，林在城中，城乡一体，山水融合"的森林生态城，成功创建"环境优美、物种多样、人与自然和谐"的国家森林城市。

三、城市森林建设与发展林业经济相结合

植树造林功在当代，利在千秋，有着显著的生态效益、社会效益和经济效益，已经成为全社会的共识。推进森林城市建设过程中，郑州市在建设生态公益林的同时，更加注重发挥新造林的经济效益，将植树造林与农民增收、农村产业结构调整有机结合，创新机制，花卉苗木基地面积稳定在0.67万公顷。依托传统果品优势，大力发展新郑大枣、荥阳河阴石榴，分别建设了大枣和石榴种质资源保护小区。全市具有一定规模的林产品加工企业约110个。好想你枣业股份有限公司生产的"好想你"大枣系列产品已成为国内名牌产品。郑州市东湖人造板有限公司生产的"老木牌"刨花板俏销国内各大城市。快速增长的森林面积为生态旅游产业的发展提供了基础，依托森林的生态观光、林果采摘等各类风情游迅速发展，给经营者和当地群众带来了良好的经济效益。创造了社会得环境、业主得效益、农民得实惠的多赢局面。

四、城市森林建设与林权制度改革工作相结合

创新机制，深化林权制度改革，做到"不栽无主树，不造无主林、造林就发证"，实现"林有其主、主有其权、权有其责、责有其利"，把林权改革到位作为林业发展的动力和基础。在对既有林木明晰所有权、落实经营权、保证收益权的同时，调动全社会开展林业生态建设的积极性。郑州市认真落实党在农村的各项林业政策，按照省政府《关于深化集体林权制度改革的意见》，结合全市实际，认真总结新密试点经验的基础上，加大林业产权制度改革力度，搞好林权证发放，实现林木林地权属明晰。实行所有权与经营权分离，延长林地承包使用权年限。大力推广承包、租赁、联合经营、股份合作等多种经营方式，坚持谁绿化、谁管理，谁所有、谁投入，谁受益、谁经营，把建设、管护和物质利益结合起来，使责权利相统一，充分调动广大群众造林绿化的积极性，加快林业生态建设步伐，提高林业生态建设的质量。

五、城市森林建设与重大活动相结合

郑州市将城市森林建设与创建国家园林城市、全国绿化模范城市、全国文明城市、国家森林城市、国家生态园林城市、第二届中国绿化博览会等重大活动相结合，提高了公众

对森林城市的认知度、知晓度和参与度。组织开展了绿色采风、"绿色郑州"摄影书法美术大赛、"绿色郑州"征文大赛、"全民参与建绿城，万名儿童画绿城""争创全国绿化模范城市知识大赛""让青春点靓郑州，携手创建国家森林城""创森知识进万家""郑州市创建国家森林城市成果展"等系列活动，收到各类参赛作品1.4万余件，竞赛答卷近十万份，印制发放各类宣传印刷品66余万份、纪念品80余万套，悬挂、树立各类公益宣传标识近3万块（幅），其中大型广告1900余块，覆盖全市主要广场公园活动场所及交通干线、城郊结合部和重点工程。郑州市于2008年年底取得了第二届中国绿化博览会的承办权。经过一年零9个多月的精心筹备和建设，按照全国绿化委员会的要求，把第二届中国绿化博览会办成了"中国一流，世界有影响"的绿博盛会。郑州·中国绿化博览园现已成为具有鲜明时代特色的郑州生态主题公园、4A级旅游景区，形成了中部地区新的旅游品牌。

第二章 实行新机制

DIERZHANG SHIXING XINJIZHI

第一节　推进机制

郑州市在森林城市建设过程中，短短十年间，城市生态环境发生了翻天覆地的变化，除了上下各方共同努力之外，锐意创新机制起到了强有力的推动作用。

森林城市建设是一项系统工程，涉及面广、投资大，坚持一切从实际出发，创新推进机制，充分调动方方面面积极性，才能把造林绿化工作提高到一个新水平，才能为实现把郑州建设成为国家森林城市的目标创造条件。

一、创新立法保障机制

2005年6月，市十二届人大常委会第12次会议听取并审议了市政府关于《郑州森林生态城总体规划（2003—2013年）》的汇报，作出了关于实施《郑州森林生态城总体规划》的决议，决议明确规定"要维护规划的严肃性，严格执行规划，任何人、任何部门不得随意改变规划；要加强对规划实施的领导，按照规划的要求，统筹安排、突出重点，加大投入、分步实施，细化目标、明确责任，制定配套措施，加强检查监督，保证规划顺利实施。"2012年12月，郑州市第十三届人大常委会第三十二次会议审议并高票表决通过了《郑州市森林城市建设总体规划》，形成决议，明确要求："要将规划纳入全市经济社会发展总体规划，正确处理生态效益、经济效益和社会效益的关系，制定相关政策，积极探索市场化投入机制，广泛动员社会资本，保障资金需求，并加强资金监管"。两个决议的形成，把建设森林城市纳入郑州市经济社会发展中长期规划和年度基本建设计划。

二、创新责任机制

郑州市将林业纳入到全市的整体工作部署，在建设中实行行政首长负责制，各级政府"一把手"要对本地区林业生态建设负总责。每年年初，第一个全市性大会就是"省会郑州全民义务植树及造林绿化动员会"（2013年起改为"郑州市生态建设工作动员大会"），书记、市长亲自到会，动员安排全市森林城市建设工作。主要领导亲自研究林业工作，亲自安排动员，亲自督促检查，亲自参加植树活动，及时解决造林绿化工作中的实际问题。植树节期间，各级领导率先垂范，参加义务植树，为全市人民造林绿化树立了榜样。

2004年是郑州市启动森林生态城建设的第一年。1月12～14日，市人大、市政府、市政协领导带队对全市冬季造林情况进行了全面的检查，并对进展情况以政府明电形式进行了通报。3月中旬，时任市委书记李克亲自带领市四大班子和市直机关千名干部到邙岭上植树造林。全国人代会一结束，时任省委书记李克强、省长李成玉、省军区政委祁正祥就带领省党、政、军机关数百名到郑州森林公园植树造林。在春季干旱少雨的关键时刻，为了保证造林成活率，时任市长王文超带领林业局全体干部深入到嵩山、邙岭、黄河滩区等主要造林地段检查抗旱、浇水保活情况。各县（市、区）党委政府都把植树造林当作年度中心工作安排部署，层层签订《目标责任书》，严格执行造林绿化年度目标管理，强化措施，落实植树任务，列入政府目标考评体系。各级领导的高度重视，各有关部门的积极参与，为完成全年的植树造林任务提供了组织保障。

三、创新督查机制

郑州市不断加强对林业生态建设的监督检查和考核验收。市委、市政府专门组成督查组，逐县（市、区）或工程巡回检查、督导。每次督导结束，都对县（市、区）、部门的工程进度和质量排出名次，并通过新闻媒体向社会公布。作为林业建设的责任单位，在造林季节，市林业局抽出10名副县级领导和10个处室负责人，分包各县区，在造林季节坚持日督查、周报告、半月观摩督导制度，及时发现问题，开列整改清单，督促各地落实；市林业局还启动了短信平台，每天各地动态、进度都要编发短信，短信发至市四大班子主要领导、各县区党政正职，让各级领导时时掌握全市各县（市、区）进展情况，引起了各地主要领导的关注和重视。2005年郑州市公布了《郑州市造林绿化目标责任考核奖惩办法》，考核办法中规定，当年造林任务完成率达到100%；造林面积核实率达到100%；造林成活率达到85%以上；对连续两次检查造林进度后两名的县（市、区），责成写出任务完成保证书。在每年秋冬季或年终对年度目标进行全面考核验收。对于个别地方成活率过低的，要给主要责任人和直接负责人行政处分。对没有完成当年度造林目标任务的县（市、区），由市政府给予通报批评，并给予相应的处罚。对贪污、挪用造林补助资金，构成犯罪的坚决进行依法处理。

第二节　投入机制

郑州市在森林城市建设上展现了大气魄、大手笔的运作，确立了公共财政投入在林业生态建设中的主渠道作用，并把不断拓宽融资渠道，广泛吸引社会资金，作为政府投入主体的强有力补充，有力地保证了森林城市建设资金投入。

在森林城市建设资金的投入上，主要采取政府投资主体、林业部门融资、社会资本参与的办法。2003年以来，全市林业生态建设累计投入约168亿元。其中，在财政投资方面，市本级财政投入占大头，县（市、区）财政按三分之一进行配套。为了拓宽融资渠道，市林业局成立了国有独资公司，通过财政担保贴息，融资林业建设资金17.5亿元。

一、坚持政府投入为主导

林业是一项重要的公益事业，且具有"迟效性、长效性和多效性"等特点，这就决定了在林业生态建设中，必须始终坚持并不断强化政府的主体投入作用。郑州市林业之所以能够如此快速发展，与政府对林业的大投入是分不开的。

2003年以来，郑州市强化财政投入的主导作用，不断丰富森林城市建设资金投入。把森林城市建设纳入财政预算，并予以优先安排保证。国家、省和市林业重点工程规定的配套资金，保证及时足额落实到位。城市森林建设各个项目的投资，都是市级财政担大头，县（市、区）财政对林业的投资按市财政投入的三分之一进行配套。2003年以来，郑州市本级财政共投入87.94亿元用于森林城市建设。郑州市创建国家森林城市过程中，加大财政投入的同时积极争取国家和省里的投资。2011—2014年，除国家、省投资外，市财政投入林业生态建设资金就达10.90亿元，其中2011年34951万元，2012年37000万元，2013年37000万元；市财政还另投入城市绿化资金达到13.89亿元。全市各级财政投入城市森林建设资金呈逐年增加趋势。2013年，登封市财政拿出5715万元进行奖补，实现了植树造林项目奖补政策全覆盖；巩义市政府拿出4000万元，专门对村庄绿化、路渠绿化、生态廊道绿化和成片造林进行奖补。以政府为主体的投入不断增加，使郑州市的林业建设有了飞速发展，城乡绿化水平得到了极大的提高，切实保证了森林生态城和森林城市建设预期目标的实现。

二、拓宽融资渠道，增强森林建设活力

2006年，郑州市林业局立足林业可持续发展，积极创新投入机制，经市政府同意，决定拓宽融资渠道，成立国有独资公司，向银行融资建设森林城市。成立了国有独资性质的郑州森威林业产业发展有限公司，做到"造林、管护、经营"三位一体。由该公司运作向银行举贷，贷款由市财政还本付息，截至2014年共募集到17.5亿元林业建设资金。对郑州市林业局来说是一种前所未有的融资方式，其复杂程度、协调难度都超出想象，但在各方的配合下，如期完成融资任务，确保了工程的顺利推进。

三、吸引社会投资

为了鼓励社会各界参与林业建设，郑州市把发展非公有制林业作为加快林业发展的重要措施，按照"明晰所有权、搞活使用权、放开经营权"的思路，以搞好林业"四荒"治理开发为突破口，制定了一系列的优惠政策，逐步建立起一套既适应市场经济体制要求，又符合林业特点的管理体制。探索市场手段，通过"四荒"承包、租赁、拍卖、股份合作等形式，鼓励和吸引社会资金参与林业项目建设。鼓励以森林资源入股方式参与旅游风景区开发，以林地入股森林公园建设。出台了《郑州市林木绿地认建认养办法》，组织开展了绿地和树木认建、认养、认管活动，极大地调动了全民参与林业生态建设和森林城市建设的积极性和主动性。出台了关于搞好宜林"四荒"治理开发加快造林绿化步伐的政策意见。在林地所有权不变的情况下，运用市场手段，在明确权属的基础上，鼓励机关、团体、企事业单位的干部职工和国内外的企业、个人通过承包、租赁、拍卖、股份合作等形式取得"四荒"及森林、林地和林木使用权，谁治理、谁管理、谁受益，期限一般为30～70年；凡是各类投资主体进行森林生态城建设的，市财政给予一定的补贴；对投资建设大面积片林区的各类投资主体，在完成林地建设总面积的70%后，经批准，允许林地所有者在其区域内用10%～30%的林业用地进行经营性项目的建设开发。公有制林业，引入民营机制，实行公有民营或局部性的公有民营，降低了经营成本，提高了经营效率。充分发挥国有林业资源、技术和组织优势，积极开发森林旅游，壮大了国有林业经济实力。

四、加强资金监管，保证"好钢用在刀刃上"

为了加强造林绿化建设项目资金的管理，提高工程建设资金的使用效率，确保工程建设资金的使用安全，郑州市建立、健全了完善的造林绿化建设资金管理办法，除认真贯彻落实国家、省、市关于林业资金使用管理、监督检查的有关文件和规定外，先后出台了《郑州市造林占地补偿资金管理办法（暂行）》《郑州市风沙源治理工程资金管理办法》《郑州森林生态城建设资金管理办法》，就造林工程资金安排、资金使用、资金管理、资金的监督与检查等作了明确规定。要求实行专款专用，独立核算；资金支出手续完备，严格资金报账制度；加强监督检查，实行跟踪管理；实施资金审计和监督；严格落实报告制度；严禁截留、挤占和挪用工程资金，严禁擅自变更投资计划，严禁改变建设内容以及因工作失职造成资金损失浪费等。抓源头，抓过程，抓结果，全面加强了资金使用的跟踪检查和审计，既保证了造林绿化资金的使用安全，又确保了森林城市建设资金的按规定有效使用，使造林绿化资金有效地使用在了城市森林建设的"刀刃"上。

五、积极推进集体林权制度改革

为有效解放和发展林业生产力，贯彻落实《中共党中央　国务院关于集体林权制度改革的决定》，2008年1月25日，郑州市召开全市集体林权制度改革工作会议，全力启动林权制度改革工作，印发了《郑州市人民政府关于深化集体林权制度改革的实施意见》，明确了郑州市集体林权制度改革的指导思想和基本原则、改革范围和总体目标、主要形式、工作步骤及保障措施。同时成立了以主管副市长为组长，发改、林业等17个部门分管领导为成员的集体林权制度改革工作领导小组。2007年1月，郑州市在新密市开展了林权改革试点工作。2008年，林权改革工作在全市展开，全面推广新密市林权改革工作试点的经验，并于当年基本完成了改革任务，让林农真正成为了山的主人。全市各地采取分股不分山、分利不分林，均山到户，统一造林、分户管理，分户造林、统一经营，联户承包，联营造林，大户承包，竞价承包等八种方式，明晰了集体林、"两山"等林地权属，70%以上的集体林收益分给了农户，林农拿到了股权证或林权证，从而达到了还山、还权、还利于民。

第三节　造林机制

近年来，郑州市以加强林业生态建设为出发点，打破传统思维，积极探索，开拓创新，按照"组织形式多样化，栽植模式科学化，质量监督统一化，市县活动一体化"的要求，创新造林机制，提高森林城市建设效率，逐步建立健全了造林绿化和管护机制，城市森林建设品位和质量得到了明显提升。

在造林模式上，积极创新造林机制，实行了工程造林，引入竞争机制，采用项目招投标的办法，面向社会实行公开招投标。按照基本建设程序进行管理和实施的造林项目，在北部邙岭水土保护林、尖岗水库水源涵养林等重点生态林建设中，面向社会公开招标，实施工程专业队栽植，并严格执行项目法人制、施工监理制、资金报账制等措施，不但降低了造林成本，而且依靠专业施工队伍的精细管理提高造林质量。同时强化造林绿化后期管理，加强病虫害防治，切实改变重造轻管的状况，做到包栽、包活、包管理，达到植一株活一株、造一片成一片的绿化标准，大大提高了林木的成活率和保存率。

在树种选择上，突出了生态树种、地方树种，增加了栽植树种总量，加大了常绿树种在造林中的比例，并采用多树种混交的栽植模式，在科学防治森林病虫害的同时，增强了生态防护功能及景观效果和品位。如在西南尖岗水库周边10余万亩的水源涵养林建设中，栽植了60余种树种，改变了以往营造单一纯林的做法，采用了近自然式的混交造林模式，建设可进入式森林，有效地减少了林木病虫害的发生，更为广大市民营造了一个休闲观光的好去处。

在造林时机上，改变以往春季植树造林的传统做法，将林业发展贯穿于全年。变春季造林为一年四季造林，除了抓好冬季春季造林外，适时组织夏季和秋季造林，坚持植苗造林、直播造林、飞播造林、封山育林一起上，加快了造林绿化速度。每年7～9月是郑州市的主要降水季节，在雨季到来之前，郑州市每年都对宜林荒山进行飞播造林，如果气候适宜，在一两个星期之内，种子即可生根发芽，几年内即可变成林地。同时，把封山育林和人工造林放在同等重要的位置来抓，提高了城市森林建设质量。

在林业发展理念上，用园林的理念发展林业，提升林业发展质量。转变过去大呼隆、粗放式造林方式，树立建园造景的理念，造一片林就形成一处景观、一座公园；运用园林精细化管理模式管理林业，提高造林管林质量，确保造林成果。郑州·中国绿化博览园和生态廊道建设管理上，用园林化建设理念和精细化管理模式指导工程建设，确保了工程建设质量。用产业的理念发展林业，转变林业发展方式，进而提高林业的经济效益，确保林农得到更多的实惠。用文化的理念发展林业，发挥林业的生态文化功能，让人们共享生态文明成果。用大生态的理念发展林业，确保林业可持续发展。

郑州年平均降水量640毫米，人均水资源仅是全国的1/10。为有效解决干旱少雨、新植幼树成活难的问题，郑州市改变过去新植幼树成活靠天的习惯做法和旧观念，注重加强和完善造林工程建设的水利设施配套，坚持"植树造林，水利先行"，在城市森林重点工程区打井引水，基本做到了林造到哪里，水利设施就配套到哪里。造林实施过程中，及时组织林业科研和技术推广专业人员，深入实地，加强对造林绿化工程建设的技术指导和质量监督，对新造林地落实管护人员和责任，强化造林绿化后期管护管理，促进了造林质量的进一步提升。新密市位于郑州的西部山区，地形复杂，山上土少石头多。为保证造林成活率，新密市坚持选择专业队"炸大坑、栽大苗、换客土、浇大水"实施，四大班子领导包任务、包路段、包督察、包落实、包效果，抓责任、抓行动、抓落实、抓推进，取得了绿化一个山头造就一片景观的效果。

通过一系列的绿化造林机制创新，提高了造林的质量和保存率，有效解决了"春天一棵苗、夏天一根桩、秋天一个洞"和"年年造林不见林，年年植树不见树"的问题，确保了"栽植一片、成活一片，管好一片、成林一片"。

第四节　补偿机制

要保护森林资源不受侵害，充分调动全民参与林业生态建设和森林城市建设的积极性和主动性，必须保证林农的利益不受损害，必须维护林农种树的长期利益，使其收入不减。为此，郑州市政府创新补偿机制，加大政策扶持力度，出台了一系列造林补偿优惠政策。对规划区内参与森林城市建设的农户，给予不低于国家退耕还林补助标准的优惠政策，按不同工程、不同区段和不同树种分别给予林农每亩每年230～700元的补偿，有的超过千元。认真落实树随地走、林权归己的政策，对绿化林木实施谁投资、谁所有、谁经营、谁受益。为了营造城郊森林，形成森林围城的格局，2005年起郑州市借鉴外地经验，探索实行了政府租地绿化的政策。在立地条件差、粮食产量低而不稳的城郊丘陵沟壑区，以及城市周边的荒沟、荒滩、荒坡重点生态区域，长期租用农民土地营造生态公益林，每年支付农民租金。群众所租土地性质不变，土地使用权和林木所有权归政府所有，租期22年。2005—2008年，对尖岗和常庄水库周边、西北部邙岭等区域，完成集中连片营造生态13.8万亩（9200公顷）。造林当年起按每亩每年500元租金给予补偿，尔后每五年按统计部门公布的物价上涨指数适当调整一次，从而避免了征地绿化一次性筹集支付巨额资金难的问题，而且保证了农民的增收，农民得了实惠，深受造林地居民的欢迎。对因造林导致人均耕地不足0.3亩的占地农民，纳入城市就业管理服务范围，多渠道开辟就业岗位，同时，组建林业管护队伍时，吸纳占地农民就业，优先招聘占地农民成为林木管护工人。符合城市低保条件的，一律纳入城市低保范围。2008年4月24日，省辖市正市级领导干部、郑州市生态建设指挥部副指挥长康定军，市委常委、市纪委书记、市生态建设指挥部指挥长王璋，市政府副市长、市生态建设指挥部第一副指挥长王林贺召开会议，专门落实研究了郑州市城郊生态林管理体制的问题，并形成市长办公会议纪要。要求以保护农民利益为核心，加快失地农民身份转换工作。各县（市、区）也纷纷出台优惠政策，采取以奖代补等形式加大了政策补偿力度。

2013年以来，郑州市又积极探索市级公益林补偿机制，制定补偿办法，探索通过财政投入、碳汇市场交易、碳排放企业交纳和社会捐赠等形式，筹集补偿资金，用于市级生态公益林补偿。优惠政策的出台，也带动了大量的社会资金涌入造林中来，吸纳了更多的社会资金共同参与造林绿化建设，形成了城市得发展、生态得保护、资金能筹集的良性循环。

第五节　管护机制

为巩固森林城市建设成效，郑州市注重了管护机制的创新，将森林资源管理工作放在了更加重要的位置，不断提升城市森林质量和森林健康度。

郑州市注重发挥法规制度的强制作用，先后制定出台了《郑州市全民义务植树实施办法》《郑州市封山育林管理办法》《郑州黄河湿地自然保护区管理办法》《郑州市生态林管理条例》等十余项地方性政策法规，为森林资源管理提供了强有力的法制保障。同时，改变传统的"重造轻管"现象，建立了专业管护队伍，形成了"造管并重"的良性机制。对重点生态公益林，市政府成立了林业产业发展中心，工程所在县（市、区）也都建立了专门的管护机构，乡（镇）增加了专职和兼职管护人员，形成了机构健全、多措并举、上下齐动的管护网络，并发挥了积极作用。

建立森林防火指挥部，郑州市及所辖县市区政府成立了以主要领导或分管领导任指挥长，相关部门负责人为成员的森林防火指挥部，并下设办公室，全市共有护林防火指挥部办公室9个，编制人数59人，实有人数54人。共建立森林消防专业队伍17支，在册人员520人；各乡镇半专业队伍61支，在册人员1355人；在册森林防火瞭望人员1200余人。每年省、市、县三级政府投入资金都在1000万元以上。建立生物防火林带，新密市在尖山风景区三家岭建成了一条由火炬树为主的森林防火带，防火林带长15千米，共栽植防火树种6万余株，树木摇身变成了"森林防火卫士"。目前，全市建设森林防火监控、检测系统4套，森林防火检测探头100个；砖混式防火瞭望台25座，防火检查站63处；防火物资储备库14座，各类防火物质16700余件（套）；防火指挥车38台、运兵车83台、其他车辆5台；林区防火通道450多千米，全面贯通重点林区防火林网，从而初步形成了市、县、乡三级森林防火系统，使全市森林火灾受害率严格控制在0.03%以下。尤其是，郑州市还主导与相邻省辖市的县（市）联系协商，建立了森林防火联席会议制度，根据森林防火需要，定期召开联席会议，及时交流森林防火情况和经验，及时组织森林防火联防演习，使森林防火能力得到了较大提升。河南省林业厅将郑州市建立联席会议制度，做好森林防火工作的经验，在全省予以推广。

郑州市西黄刘木材检查站于1996年成立，自成立以来，共检查登记木材过境运输车辆260万辆次，查扣违法木材运输车辆6000余台次，挽回经济损失数千万元。同时，在林业执法中，木材检查站紧紧围绕文明执法、依法行政、打击违法运输，开展了深入细致的工作，从而较好地杜绝了公路"三乱"现象的发生。

2006年12月26日，郑州市政府出台了《郑州市重大林业有害生物灾害应急预案》，成立由市政府主管副市长任指挥长、有关部门负责人为成员的郑州市重大林业有害生物灾害应急防控指挥部，明确了市指挥部及其成员单位的职责；建立了三级监测预警机制，以及统一领导、统一部署、分级联动、各负其责、协同作战的应急防控体；郑州市每年发布主要林业有害生物和病虫害发生趋势预测，搞好联防联治。同时加强种苗地和外来苗木的检疫，防止外来有害物种入侵。全市建成国家级森林病虫害中心测报点2个，省级森林病虫害中心测报点2个，市级测报点125个，国家级森林病虫害防治检疫标准站2个，省级森林病虫害防治检疫标准站5个，森林植物检疫员73人，专职测报员26人，年监测面积65.33万公顷，年有害生物防治面积3.33万公顷以上。郑州市有不小面积的杨树、刺槐林，为了有效防止林木食叶害虫的发生，郑州市因地制宜，探索出了"以飞机防治为主、陆空结合；以专业队防治为主、专群结合"的无公害防治模式。飞机防治时，根据地形和面积不同选择不同的飞机类型实施作业。近年来，郑州市先后使用"运五"飞机防治飞行200架次、R—41型直升飞机防治飞行356架次、M4滑翔飞机防治共飞行129架次。对无法飞机防治的区域，以专业队防治为主，群防群治为辅，采取了阻隔杀虫、灯光诱杀、烟雾防治、机械喷雾等防治方法。飞机防治和专业队防治全部使用无公害药剂，每年无公害防治率达到95%以上，有效地保护和巩固了城市森林建设成果。

'加拿大一枝黄花'是20世纪30年代作为观赏植物引入中国的。由于其繁殖能力极强，种子成熟期经风一吹，种子落到哪里都能够生根发芽，而且长势非常快。在一个地方落地后，会大量吸收土地里的养分，繁殖能力超过本地的物种，严重干扰和危害当地物种的生态系统，所以被称为外来入侵的"生态杀手"。

2005年8月，林业植物检疫人员发现郑州市管城区的陈红亮种植了一大片'加拿大一枝黄花'。8月12日，郑州市管城区农村经济工作委员会向陈红亮下发强制决定书，要求其3日内铲除2245002株'加拿大一枝黄花'（共4.6亩），遭到陈的拒绝。8月16日，执法人员付费找了30多个村民，将200多万株'加拿大一枝黄花'铲除并焚烧。林业部门认为，陈红亮的"黄花"系'加拿大一枝黄花'，应铲除。但陈认为，由他本人送检、中国科学院昆明植物研究所标本馆出具的鉴定结论最具权威性。该鉴定说，此"黄花"系国产，而非产自加拿大。陈红亮以林业部门行政行为违法为由诉至法院，向省市区三级林业部门索赔161642元。这是轰动全国的首例"一枝黄花"行政赔偿案。2005年10月24日，郑州市管城回族区人民法院对陈红亮诉河南省森林病虫害防治检疫站、郑州市林业工作总站、郑州市管城回族区农业经济委员会'加拿大一枝黄花'行政赔偿纠纷一案，依法裁定驳回原告陈红亮的起诉。2005年10月25日市林业工作总站在中原制药厂首次发现野生有害生物'加拿大一枝黄花'，并组织进行了铲除。陈红亮诉管城区农经委"一枝黄花"行政强制决定案，一审和二审均败诉后，陈于2006年6月初向河南省高级人民法院提出上诉。2006年12月19日，省高级人民法院经过公开审理，做出了"驳回上诉，维持原判"的终审判决。省高级人民法院认为，管城区政府将管城区农经委作为本地区的林业主管部门符合法律规定，管城区农经委具有执法主体资格；根据《植物检疫条例》以及国家林业局和省林业厅的规定，陈红亮种植的植物是林业检疫性有害生物，依法应当铲除；一审认定事实清楚，适用法律正确，上诉理由不能支持。因此，依据《中华人民共和国行政诉讼法》第六十一条第一项的规定，做出如上判决。至此，历时一年多的"一枝黄花"案有了最终结果。这是全国第一例因铲除'加拿大一枝黄花'而引发的行政官司，该判决对全国深入开展'加拿大一枝黄花'清除，防范外来有害生物入侵工作，保护生态安全具有重要意义。在此之后，郑州市再没有发现过有种植'加拿大一枝黄花'的现象。

郑州市认真实施和落实《郑州市人民政府办公厅关于加快苗木产业发展的意见》，在大力发展绿化苗木基地，为生态建设提供充足良好的苗木的基础上，有目的、有计划的引种珍稀优良植物物种，全面禁止了从农村和山上移植古树、大树进城，有效地杜绝了不合格种苗出圃、进城、上山、下乡，保证了城市森林建设的质量。

郑州黄河湿地自然保护区管理中心自上而下采取管理中心—保护管理站—管理点的三级管理模式。主要承担黄河湿地保护管理、疫病防控等工作。不间断开展保护执法巡护活动，实行全天候巡查保护，依法严厉打击非法开垦、侵占、破坏湿地资源等违法活动，使郑州黄河湿地、湿地资源得到了切实有效的保护。

森林公安是专门保护森林资源，维护生态安全，打击涉林违法犯罪的专业警种。郑州市森林公安于1996年5月成立以来，先后经历了由森林公安小分队、森林公安处、森林公安分局、森林公安局的变迁经历，森林公安队伍由最初的3人小组逐步由小到大发展成为如今已有近200人的大队伍。在认真履行贯彻上级森林公安机关部署的统一行动和专项斗争；负责本行政区域内打击破坏森林和野生动植物资源的违法犯罪活动，查处破坏森林和野生动植物资源案件；负责查处由林业部门授权查处的林业行政案件等职责中，有效地开展了"天保行动""春雷行动""绿剑行动""绿盾行动""亮剑行动"等专项行动，相继成功侦破了"2007·12·7"特大非法收购、运输、出售珍贵、濒危野生动物案、"2009·3·13"非法收购、运输、出售珍贵、濒危野生动物案等一大批媒体关注、群众关心、影响较大的重特大涉林刑事案件。2007年10月，郑州市森林公安局发现一起非法出售国家级野生保护动物案件的线索后，迅速抽调精干力量组成专案组，精心组织，周密部署，全力以赴开展侦破工作。先后转战北京、广西、云南、浙江等8省（自治区、直辖市）调查取证和抓捕犯罪嫌疑人。经过5个多月的艰苦奋战，成功侦破了一个特大非法收购、运输、出售国家级野生保护动物犯罪团伙，抓获团伙成员15名，缴获大批国家级保护野生动物。国家公安部对郑州市森林公安分局"12.7"专案组记集体一等功。2012年5月，郑州市森林公安局局长王海林同志被公安部授予"全国优秀人民警察"。通过对涉林违法犯罪行为的严厉打击，打出了郑州森林公安的声威，维护了国土生态安全。

第六节 成效评估机制

城市森林建设水平如何，应该用科学的评价方法和衡量准则去核验。为了及时跟踪监测评估森林城市建设效益，检验城市森林建设水平和效果，郑州市创新和探索成效评估机制，在全省率先实施了森林资源生态效益货币价值监测工作，科学核算城市森林的生态功能效益，并年年向社会公布监测结果，为城市森林建设和发展提供了科学依据。

2006年年初，郑州市委托河南省林业科学研究院生态林业工程技术研究中心，开始对郑州市森林生态城工程实施以来的生态效益进行了年度跟踪监测评估。河南省林科院通过1年半时间，对郑州森林生态城建设范围进行了缜密、科学地监测评估和货币计量，逐步建立了生态效益监测评价体系。

监测采用了建立定位、半定位观测及季节性流动观测相结合；大范围调查与典型调查相结合；定量分析和定性分析相结合；趋势分析与建模预测相结合的科学方法和技术路线。监测的内容包括森林对改善气候、涵养水源、改善水质、保持水土、防风固沙、滞尘、防污吸污、减噪、吸热、固碳、放氧、卫生保健、护农增收等13项生态指标所产生的生态效益。

通过货币化测算，2007年郑州森林生态城年度实现生态服务功能总货币价值为122.394亿元。从测算的组团类型来看，郑州市城市森林不同组团类型生态服务功能价值分别为：农田防护林区（含四旁植树）为20.2636亿元，西北森林组团为18.4858亿元，西南森林组团14.8767亿元，东北森林组团13.3929亿元，东南森林组团12.2523亿元，南部森林组团13.6257亿元，建成城区绿地类型9.3047亿元，绿色通道类型7.2180亿元。湿地生态系统生态服务功能年货币化总值达11.9743亿元。

2007年8月19日，从国内各地聘请的生态学专家、学者对《郑州森林生态城建设生态效益监测评价报告》评审论证。参加评审的专家、学者对郑州市的生态效益监测评估举措给予了充分肯定和高度赞扬，认为郑州的做法在国内属最全面、最科学的首例，给其他城市提供了借鉴的榜样。监测方法科学，监测结果可信，此成果在生态效益监测指标体系建立、城市森林绿量测算和生态效益货币化计量体系的建立等方面处于国内领先地位。评估结果量化了林业工作的累积价值，是对郑州林业人这些年心血和汗水付出的最好回报。但更重要的是，它可以指导森林生态城的健康发展。

2008年12月，郑州市与河南省林业科学研究院生态林业工程技术研究中心签订了长达5年的生态效益监测评价合作协议。

2008年度，郑州市森林生态城生态系统服务功能货币化计量总值达146.15亿元，其中城市森林（绿地）生态服务功能的年货币总值为132.73亿元，湿地生态系统服务功能的年货币总值为13.42亿元。

2009年，郑州市森林生态效益价值为245.76亿元，其中森林生态城生态效益价值为144.30亿元。

2011年度，郑州市林业生态效益总价值为森林与湿地的生态效益总价值达352.39亿元，其中森林生态效益总价值为316.86亿元，湿地生态效益的年总价值为35.53亿元。

2012年度，郑州市林业生态效益总价值达392.44亿元，其中森林生态效益总价值为

356.91亿元，湿地生态效益的年总价值为35.53亿元。

2013年度，郑州市林业生态效益总价值达438.17亿元，其中森林生态效益总价值为401.7亿元，湿地生态效益的年总价值为36.47亿元。

经过7年的连续监测，郑州市林业生态效益总价值连年上升，从2007年的122.394亿元，提高至2013年的438.17亿元，生态效益提升了近4倍。评估结果表明，造林绿化面积的增加，使郑州市生态环境得到持续改善，市区沙尘天气明显减少，优良空气天数稳步上升。

科学的城市森林效益检测方法和结果，为郑州市加快城市森林建设提供了强有力的科技支撑和保障，为郑州林业事业实现又好又快发展提供了智力支持。

2014年，郑州市又与国家林业局华东林业调查规划设计院签订协议，计划用3年的时间完成"郑州市森林资源与生态智慧监测系统"建设，建立并实施先进、科学、常态性的森林资源动态监护。

[第五篇]

绿城新貌

DIWUPIAN LÜCHENG XINMAO

绿色是生命的颜色，代表着希望与蓬勃。绿色也是自然生态的原本色，是生态良好永续发展的代名词。

　　林城相融，水天一色。具有3600年历史的文明古都郑州，因绿色而得名"绿城"，并逐步成为人与自然高度和谐、宜业宜居、绿色发展的现代化区域性中心城市。播下绿色种子，辛勤耕耘不辍，收获生态硕果。经过全市人民的共同努力，"天更蓝，地更绿，水更清，城更美，人民更幸福"，充满活力与魅力的"新绿城"已展现在世人面前。"国家园林城市""全国绿化模范城""全国十佳绿色城市""国家森林城市"以及成功承办"第二届中国绿化博览会"……一个个"国字号"荣誉称号，为评鉴"绿城"郑州生态建设所取得的成就做出了最好的诠释。

郑东新区 CBD

	1			2	
	3	4	5	6	

1. 中原福塔

2. 2008 年 4 月 3 日，郑州市荣获"全国绿化模范城市"荣誉称号（前左二为时任郑州市市长赵建才）

3. 2010 年 9 月 26 日至 10 月 5 日，郑州市成功承办第二届中国绿化博览会（（图为第二届中国绿化博览会开幕式现场）

4. 2013 年 4 月，郑州市荣获"2012 年度中国十佳绿色城市"荣誉称号

5. 2014 年 4 月，郑州市成功承办第二十四届中国兰花博览会

6. 2014 年 9 月，郑州荣获"国家森林城市"荣誉称号（图为颁奖现场，左二为时任郑州市市长马懿）

城市森林。"十二五"期间，全市累计完成造林78万亩，平均每年造林15万亩；有林地面积达到278.5万亩；城市建成区（包括下辖区、市、县建成区）绿化覆盖率达到40.50%以上，城区人均公园绿地面积达11.25平方米，市区公园绿地达309处，其中综合公园及专类公园44处、游园165处、广场23处、带状公园77处，基本满足了市民日常游憩需求。全市森林覆盖率达33.36%，比"十一五"提高7个百分点；年森林生态效益价值评估达438亿元。形成了点、线、面相结合，片、带、网紧相连的"城在林中，林在城中，山水融合，城乡一体"的生态网络体系。

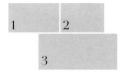

1. 绿染嵩岳

2. 山涧氧吧

3. 嵩山晚霞

1. 满山绿色
2. 山乡春来早
3. 山清水秀
4. 林中藏古寺

| 1 | 2 | 3 |
| 4 | | |

1. 邙岭水土保护林
2. 金水河绿廊
3. 黄河大堤防护林
4. 尖岗水库水源涵养林

平原农田林网

平原农田林网

1. 郑州碧沙岗公园
2. 郑州市人民公园
3. 郑州东区

生态廊道。按照"公交进港湾、辅道在两边、骑行走中间、休闲在林间"的理念，突出"大绿量、高规格、乔灌花、四季青"的特点，建成生态廊道3845千米，绿化面积达2.98亿平方米，基本形成了纵横交错、层次多样、覆盖全市的市、县、乡三级生态廊道网络，并成为了展示现代化大都市形象的绿化风景线和生态景观带。

1. 郑新（郑州—新郑）快速通
　道生态廊道
2. 中原西路生态廊道
3. 生态廊道骑行健身
4. 黄河大堤生态廊道

乡间绿道

1	
2	3

1. 优质苗木基地
2. 智能温室名贵花卉（红掌）
3. 郁金香花

苗木花卉。大力发展苗木花卉产业，至2014年7月，郑州市苗木花卉种植总面积达2801.26公顷，形成了生态树种苗、观赏景观苗、经济林果苗、乡土树种苗、和名优花卉等六大系列，年产各种苗木8183.78万株。不仅基本满足了全市绿化用苗需要，而且也形成了景色优美、基础设施基本完善的生态旅游景观。陈砦、双桥两个国内有较大影响的花卉交易市场，年交易额突破18亿元。

森林公园。为了使群众能够走进森林、亲近自然，共享林业建设成果，加大了森林公园建设力度。到2014年7月，郑州市各类森林公园达63处，其中，国家级森林公园2处，省级森林公园12处，市级森林公园7处，改造提升、新建森林公园42处。目前，已建成的各类森林公园已成为生态良好、景色诱人、设施基本完备的生态氧吧和市民节假日休闲娱乐、出游观光的首选之地。

郑州绿博园

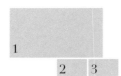

1. 郑州树木花卉博览园
2. 郑州黄河国家湿地公园
3. 中牟雁鸣湖

1 2
3

1. 新郑轩辕湖湿地公园
2. 巩义长寿山森林公园
3. 惠济区古树苑

1		
	2	3

1. 山村如画
2. 美丽乡村
3. 林业生态村

　　林业生态县乡村建设。积极开展林业生态县乡村建设，全市共建成省级林业生态县8个，市级林业生态乡镇40个、林业生态村590个。通过林业生态县、乡、村建设，改善了农村生产生活环境，增加了居住区及周边的绿量，提升了绿化质量和品位，基本形成了四季有绿、特色鲜明、季相分明、层次丰富的绿化、美化、香化、彩化和园林化的村镇绿化景观。

1	2
3	

1. 市民踊跃参加全民义务植树活动
   （荥阳万山义务植树基地）
2. 巾帼示范林
3. 邙山义务植树基地

全民义务植树。广泛动员全市人民，积极动手，绿化美化家园，年均参加义务植树人数达350万人次以上，年均植树1300万株以上。全市各级义务植树基地达199个，面积6797.4667公顷。如今的邙山全民义务植树基地，绿树成荫，繁华似锦，环境清净优雅，风光秀美，吸引了众多的游人。

黄河湿地保护。黄河湿地自然保护区全长158.5千米，总面积57万亩，是天然的野生动植物资源宝库。2012年郑州市建成湿地公园示范园并免费向社会开放，日最大接待游客2万人。2015年，通过专家全面验收，国家林业局批复同意河南郑州黄河湿地公园正式成为"国家湿地公园"，从而为郑州市市民又添一处集湿地保护恢复、科普宣教、科研监测和生态旅游等多功能于一体，水系连接、道路连通、田园隔离、一园一景、景随步移的"国字号"湿地生态主题公园。

郑州黄河湿地生态美

1	2

3

1. 国家一级保护鸟类——大鸨迁徙落脚
   郑州黄河湿地
2. 鹤舞郑州黄河湿地
3. 郑州黄河湿地荻花开

　　林产经济。积极发展壮大森林旅游、经济林果、林下种植养殖、林产品加工等一、二、三产业，促进了全市林业产业稳步发展。目前，全市规模以上林业企业106个，年产值达40亿元。

1. 生态果园观光
2. 新郑红枣喜获丰收
3. 梨园花开
4. 名优经济林（河阴石榴）

1. 优质苗木
2. 林下养殖
3. 林下种菇
4. 林下种植

　　资源保护。全市重点林区基本上达到了森林防火监控探头全覆盖，即时监测全天候。通过加强信息化建设、消防队伍和消防装备建设，全市林地火灾受害率低于0.1%，未发生重特大森林火灾。加强了害虫监测预报，及时开展飞防、机防、人防林业有害生物防治工作，有效地保护了森林健康。林业行政执法与森林公安执法密切配合，严厉打击乱侵滥占林地、乱砍滥伐林木、乱捕滥猎野生动物等涉林违法犯罪行为，有效保护了生态建设成果。

森林防火运兵车整装待命

1	2	3
4		
	5	

1. 郑州市西南山区森林防火远程监测指挥中心

2. 森林消防专业队防火演练

3. 市民放飞活动

4. 高射程喷雾器防治病虫害

5. 飞机防治林木病虫害

　　生态文化。通过加强生态文化建设，古树名木得到有效保护，市树市花得以大力推广和应用；举办大枣节、石榴节、樱桃节、葡萄节、鲜桃节、湿地文化节等旅游文化节，挖掘了森林文化，丰富了湿地文化，推广了花文化，开发了生态旅游文化，丰富了林业生态文化的形式和内容，促进了林业产业与生态文化的共荣，推进了市民生态文明意识和观念的提升。

1	2
3	

1. 绿博园枫湖龙舟竞赛
2. 2010 年 9 月 26 日，第二届中国绿化
   博览会举办"8+1：对话绿色城市"
   论坛
3. 郑州市市花月季

1. 第二十四届中国兰花博览会洋兰展馆
2. 郑州首届黄河湿地文化节开幕
3. 生态建设成果市民共享

[第六篇]

绿城论坛

DILIUPIAN LÜCHENG LUNTAN

积极创建国家森林城市
为郑州都市区建设提供生态环境支撑[*]

在这春光明媚、万物复苏的美好时节，我们迎来了我国第34个植树节。追求人与自然和谐发展是我们共同的愿望，植树造林、绿化家园是我们共同的责任。

前不久，市十三届人大四次会议通过了《中原经济区郑州都市区建设纲要》，描绘了郑州经济社会可持续发展的灿烂前景，明确提出了林业在郑州都市区建设中的重要地位和作用。

林业是生态建设的主体，在生态建设中处于首要地位，坚持不懈开展植树造林，对于建立和强化郑州都市区生态环境支撑，具有重要意义。植树造林是"三化"协调科学发展的需要。建设郑州都市区，要以新型城镇化为引领，推进新型城镇化有六个切入点，其中生态廊道是重中之重，加快以生态廊道建设为重点的造林绿化工作，对于加速新型城镇化建设，实现"三化"协调科学发展具有重要的推动作用。植树造林是提高环境承载力的需要。要提高环境承载力就要加强减排，减排主要有两个途径：一是直接减排，即减少石化能源燃烧排放的二氧化碳；二是间接减排，即增加生物固碳。森林是陆地生态系统中最大的储碳库，森林每生长1立方米的蓄积，约吸收1.83吨的二氧化碳，释放1.62吨氧气。林业作为间接减排首选措施，目前已得到全世界的广泛重视。加强造林绿化工作，不仅可以有效地修复和改善生态，还可以增强环境承载力，为工业和经济发展提供广泛的空间。植树造林是建设幸福郑州的需要。建设幸福郑州是郑州都市区建设的一个重要战略目标。"幸福"是市民的直观感受，生态环境是其中一项非常重要的内容。加强造林绿化工作，为市民提供良好的宜居环境和更多休闲、游憩的绿色天地，让广大市民走进森林，享受森林，可以有效地增强幸福感。

近年来，郑州市植树造林取得了显著成效，为郑州都市区建设打下了坚实的生态环境基础。郑州紧依黄河南岸，气候干旱、风大沙多，城市生态环境的基础比较薄弱。郑州市历届党委、政府在省委、省政府的领导下，坚持以科学发展观为指导，在加快经济社会发展的同时，提出以林业为主体建设森林生态城市，大力开展全民义务植树造林活动，取得了良好效果。一是全民义务植树活动深入开展。每年全市有350万人次以各种形式参加义务植树活动，每年植树的数量在1000万株左右，通过义务植树活动的开展，郑州市以前的风沙源——邙岭地带基本实现了林木全覆盖，防风固沙效果明显。二是森林生态城建设取得较大成效。"十一五"期间，全市共建成林业生态县（市、区）8个、林业生态乡镇28个、林业生态村400个。目前，全市森林覆盖率达到26.33%，林地面积达到294.1万亩。通过造林绿化，郑州市空气质量明显改善。三是林业可持续发展能力明显增强，林木成灾率始终保持在0.1%以下，远低于省定0.4%的目标。由于郑州市近年来植树造林成效显著，先后被评为国家园林城市、全国绿化模范城市，又成功举办了第二届中国绿化博览会，大大提高了"绿城"郑州在全国的美誉度。

---

[*]此文发表于2012年3月12日《郑州日报》，作者时任郑州市人民政府市长。

尽管郑州市植树造林取得了一定成效，但也要清醒地认识到在植树造林绿化工作中存在的不足和问题。一是森林资源总量不足，整体质量和品位与发达地区相比还有差距；二是在提高义务植树尽责率方面，方式内容不够丰富；三是在发挥林业生态、经济、社会"三大效益"方面，经济效益不高、林业产值增长点少。我们要站在建设郑州都市区的高度，充分认识加快植树造林的重要性，积极投身到植树造林、绿化美化家园、改善生态环境的伟大实践中去，推动郑州市植树造林工作在新的起点上向更高水平、更高层次发展。

以创建国家森林城市为载体，不断为都市区建设提供生态环境支撑。建设郑州都市区，为林业工作提出了更高的目标和要求。怎么加快林业发展，适应郑州都市区建设需要？这就要求我们必须选择一个载体，经过多次调研论证，我们认为最好的载体就是创建国家森林城市。国家森林城市是全国绿化委员会、国家林业局从2004年起在全国城市中开展的一项评比活动，每年举办一届中国城市森林论坛，命名一批国家森林城市。这是目前我国对一个城市生态建设的最高评价，是最具权威性、最能反映城市生态建设整体水平的荣誉称号。创建国家森林城市，加快林业生态建设，积极打造中原经济区、郑州都市区生态安全屏障，是市委、市政府顺应中原经济区发展战略、加快郑州都市区建设的重大决策，是省会郑州在中原经济区建设中"挑大梁、走前头"的具体行动，是推动城市生态建设、弘扬绿色文明，促进人与自然和谐，提升城市品位，增强城市综合竞争力的具体举措。国家森林城市，不仅仅是一块牌子、一项荣誉，它蕴含着科学发展、社会和谐、生态文明、幸福城市等丰富的内涵和深刻的寓意。2011年12月31日，市委、市政府印发了《中共郑州市委　郑州市人民政府关于创建国家森林城市的决定》，决定从2011年开始，经过2～3年的努力，在全国绿化模范城市的基础上，把郑州市建设成为国家森林城市。全市上下都要充分认识创建国家森林城市的重要意义，从我做起，迅速行动，力争早日创建成功。

以生态廊道为切入点，不断提升新型城镇化建设的档次和品位。生态廊道建设是提升新型城镇化建设的档次和品位的重要内容。"十二五"期间，重点对连接"两核六城十组团"之间的两环十五放射、十条快速路和绿博大道、四港联动大道等主要路段、10条水系河道、10个道路节点实施高标准绿化，绿化生态廊道1400千米，绿化总面积19万亩，建设林中绿道100千米。通过5年的生态廊道建设，全市森林覆盖率可增加近2个百分点，每年可固定二氧化碳100万吨，释放氧气10万吨，涵养水源423万立方米，景观效果进一步改善，部分生态廊道建有健康步道，为市民强身健体、休闲游憩开拓广阔空间。当前正是植树造林的黄金季节，我们要抢抓时机，只争朝夕，按照既定的时间节点和设计标准，建立有效的工作推进机制，切实抓好各项工作的落实，确保生态廊道建设任务圆满完成，为郑州都市区建设提供良好生态支撑，为广大市民营造良好生态环境。

以全民义务植树为抓手，不断增强建绿、爱绿、护绿的意识。我们必须采取各种宣传手段，深入宣传全民义务植树的重要意义，让全体市民知道：全民义务植树活动是加快国土绿化进程的一项战略性措施，是国家以法令的形式固定下来的适龄公民应尽的义务和责任，是城市增绿的有效手段，从而引导全体市民自觉参与到全民义务植树活动中去，自觉植绿、爱绿、护绿，以实际行动建设自己幸福美好的家园。同时，还要不断创新全民义务植树机制，逐步建立起一套行之有效的"宣传引导机制、奖励处罚机制和建设管理机制"，通过机制建设，使全民义务植树属地管理和尽责情况考核制度、义务植树任务书通知制度和义务植树登记卡制度真正落到实处。通过"三个机制"的建立，调动全体市民自觉参与全民义务植树的积极性。通过"三个制度"的落实，提高全体市民参与全民义务植树活动的尽责率，从而推进省会郑州的全民义务植树活动扎扎实实深入开展。

以转变林业发展方式为主线，不断提高、完善造林绿化的功能、质量和效益。目前，郑州市还处在传统林业向现代林业过渡的初级阶段，造林的质量还比较低，森林的功能效益还没有充分发挥出来，人们还没有享受到造林绿化最佳的生态成果和经济成果，转变林业发展理念和发展方式已势在必行。转变林业发展方式，首先要转变林业发展理念。林业发展理念是随着林业发展阶段不断深化、不断更新的。那么我们当前要树立什么样的林业发展理念呢？我认为，一是要用园林的理念发展林业。就是将建园造景运用到林业建设中，充分发挥森林美化环境、净化空气、涵养水源、旅游休闲、健康养生、科普教育等服务功能，吸引广大市民亲近自然、享受生态建设成果，实现以人为本、人与自然和谐共生。二是用产业的理念发展林业。这就是深入发掘林业的经济效益，发展林下经济，壮大绿色产业，鼓励开发高附加值的林产品和具有文化功能的生态文化产品，拓宽农民就业增收渠道，促进农民就业增收。三是用经营的理念发展林业，这就是将可支配的林业资源、林业生产要素作为资本，利用融资、信用手段进行资本权益的有序转让、生产要素的合理配置和产业结构的动态调整，依靠市场机制达到对林业林地的有效经营，改善林业经济活动，进而促进林业经济效益、社会效益和生态效益的良性循环。按照以上三个理念，今后郑州市转变林业发展方式的方向和重点是：一是在造林上，要由重数量向重质量转变，由单一树种平面种植向多树种乔灌花立体种植转变，由注重森林的生产功能向生态功能、社会功能、文化功能、经济功能转变。二是在管护上，由常规管理手段向现代化管理手段转变，由单一技术措施向综合技术措施转变，由政府投资管理为主向政府、社会和个人共同投资管理转变。三是在产业开发上，要由单一的林木种植向种、养、加一体化的产业化经营转变。通过以上发展方式的转变，实现林业生态效益、社会效益和经济效益协调发展。

大地回春，万木吐绿。当前，适逢造林绿化的大好时节，全市人民要迅速行动起来，以创建国家森林城市为载体，以生态廊道建设为重点，迅速掀起春季造林绿化新高潮，为打造中原经济区郑州都市区生态安全屏障贡献力量。我相信，通过我们坚持不懈的努力，不久的将来，一座城在林中、林在城中、山水融合、城乡一体、人与自然和谐发展、现代文明与古老文化交相辉映的森林城市将展现在全市人民的面前。

坚持科学发展　我市林业建设取得辉煌成就

——关于郑州市林业生态建设科学发展的调研与思考

王　璋*

按照市委关于市级党员领导干部在开展深入学习实践科学发展观活动中建立联系点的有关要求，我对市林业生态建设情况进行了调研。通过与市林业局有关同志座谈和深入林区实地察看，初步掌握了全市林业发展现状，同时结合科学发展观的要求和自己对林业工作的了解，对郑州市林业科学发展进行了思考。

一、健全机制，推进林业生态建设

近年来，市委、市政府在高度重视经济社会发展的同时，着力推进林业生态建设，实现了以木材生产为主向以生态建设为主的转变，全民义务植树活动深入开展，森林资源持续增长，林业管护机制逐步健全，生态环境日益改善。2007年，郑州市被全国绿化委员会授予"全国绿化模范城市"荣誉称号。

（一）林业建设指导思想有了一个大的转变

由于经济建设的需要，新中国成立后至改革开放初期，郑州市林业建设指导思想主要以提供木材等林产品为主。20世纪90年代以来，随着经济发展、社会进步和人民生活水平的提高，生态需求已成为社会对林业的第一需求。2003年，市委、市政府作出了《关于加快林业发展的决定》，确立了以生态建设为主的指导思想。从此，郑州市林业建设迈入持续快速发展的新时期。

（二）全市森林资源大幅增长，生态环境日益改善

20世纪80年代中期，郑州赢得"绿城"的美誉。2003年，市委、市政府确立了用10年时间在城区周边新增森林100万亩，把郑州建设成为"城在林中，林在城中，山水融合，城乡一体"的森林生态城市的奋斗目标。2004年以来连续5年将"完成森林生态城工程造林10万亩"作为十件实事之一。2006年，决定争创"全国绿化模范城市"，同时把森林生态城建设作为全市经济社会跨越式发展的八大重点工程之一。经过5年多的不懈努力，全市累计完成森林生态城工程造林84万亩，沿黄河大堤建起了一道宽1100米、长74千米的绿色屏障。据2007年森林资源初步调查数据显示，全市森林覆盖率达到23%以上，林木覆盖率达30%以上。

（三）全民义务植树活动深入开展

2002年，市政府出台了《郑州市全民义务植树实施办法》，推出了"基地化运作、专业队栽植管护、多种形式履行义务"的义务植树新举措，即以义务植树基地建设为重点，尽可能组织公民到基地履行义务，对于机关事业财政全供职工和其他不愿通过植树履行义

---

*2009年3月，作者时任郑州市委常委、市纪委书记、市生态建设工程指挥部指挥长。

务的公民，采取缴纳绿化费的方式，由专业造林队代为植树，包栽包活，义务植树尽责率、造林存活率显著提高。近年来，全市参加义务植树人数每年达300多万人次，义务植树1000多万株，林木成活率和保存率均达90%以上。

（四）林业建设品位和造林质量明显提升

近年来，林业部门建立健全了造林和管护机制，林业建设品位和造林质量得到明显提升，在科学防治森林病虫害的同时，也增强了生态防护功能及景观效果和品位。在树种选择上，突出了生态树种；在树种数量上，加大了常绿树种的比例；在栽植模式上，采用多树种混交的栽植模式。在林业建设方式上，实施招投标造林、工程专业队栽植，大大提高了林木的成活率和保存率。

（五）森林资源管理机制日益健全

近年来，郑州市先后出台了《郑州市全民义务植树实施办法》《郑州市封山育林管理办法》《郑州市生态林管理条例》《郑州黄河湿地自然保护区管理办法》等地方性法规规章，为加强森林资源管理提供了法制保障。目前，全市已成立10支专业森林消防队、15支专业突击消防队和206支义务扑火队，从业人员逾1万人。通过采用飞机喷药和人工防治相结合的方式，森林病虫害得到有效控制。

二、对照科学发展观要求，林业发展中的问题不容忽视

经过多年来的不懈努力，郑州市林业建设取得了丰硕成果。然而，当前工作中仍存在一些问题：

一是个别地方对林业生态建设重要性认识不高。个别地方没有充分认识到林业在改善生态环境、扩大环境容量、提高环境承载力、促进新阶段农业和农村经济发展的重要作用，在思想认识上还存在重开发、轻环境，重眼前、轻长远的落后观念。

二是林业基础设施建设需要进一步加强。相对森林资源的快速增长，林区基础设施建设比较滞后。由于林区管护基础建设资金投入不足，森林防火远程指挥中心、林业有害生物防控中心、森林资源调查规划设计中心还没有开工建设。

三是林业发展的长效机制还不健全。林木抚育、森林防火、病虫害防治、资源保护等森林资源管理机制还不健全。造林占地农民身份转换问题没有取得实质性进展。集体林权制度改革工作任重道远。生态效益补偿标准低、范围窄，多渠道筹集生态效益补偿资金的机制还没有建立。

四是生态文明观念有待进一步树立。《中共中央　国务院关于加快林业发展的决定》中指出，在生态建设中，要赋予林业以首要地位。在郑州市生态文明建设中，林业建设也应居于重要地位。目前，全市人民对林业的作用、功效了解还不够多，生态文明观念树立得还不够牢固。

三、进一步促进郑州市林业科学发展的几点思考

深入学习实践科学发展观最终要与实际工作相结合，真正把科学发展观落实到具体措施上，落实到各项实际工作中，创新发展模式，提高发展质量。

（一）促进林业各项工作全面协调发展

2007年国家林业局提出了构建健全的林业生态体系、发达的林业产业体系、繁荣的生态文化体系等三大体系的"现代林业"的总体设想。今后一个时期，郑州市林业工作要以科学发展观为统领，继续加大植树造林、湿地保护工作力度，在此基础上，加快林产品加工业、森林旅游业等林产业发展，着力构建林业三大体系，促进郑州市林业全面协调可持续发展。

（二）构建林业生态网络体系

今后，郑州市要逐步减少集中连片的大规模造林方式，在新建、提高、完善沟河路渠两侧绿化上下工夫，形成纵横交叉的绿化带，以社会主义新农村建设为契机，大力实施林业生态县（乡）镇、村建设，着力打造星罗棋布的绿化点，最终形成点、线、面相结合的生态网络体系。

（三）创新生态林管护机制

随着郑州市森林生态城建设的快速推进，森林资源管护问题越来越凸显。对于这一问题，我认为要把森林管护与林业产业发展相结合，实施分类管理经营，对集中连片林区、通道绿化、村庄绿化等制定不同的政策，实施不同的管护模式，在政策引导下，逐步推行森林管护的社会化。

（四）健全生态效益监测机制

2007年郑州市委托省林科院在全国率先对生态效益进行了监测评价，初步建立了生态效益监测评价体系。这一体系以全面监测郑州森林生态城建设成果为目标，把郑州城市森林划分为西南水土涵养林、西北水土保持林等12个类型，通过建立固定和半固定监测点对生态建设情况进行全面监控。郑州市要继续坚持对生态效益进行监测评价，加强监测体系正规化、标准化建设，使监测评价结果更科学、更合理，以更好地指导郑州林业生态建设。

（五）建立森林生态效益补偿机制

目前，郑州市共有生态公益林200余万亩，其中纳入国家重点公益林80万亩，省级公益林32万亩，国家和省每年每亩给予5元的补偿，还有90余万亩公益林没有享受补偿政策。郑州市要尽快探索建立市级生态效益补偿制度，按照"政府投入为主、受益者合理承担"的原则，逐步建立和完善政府财政补偿、受益者补偿与合理经营利用自我补偿相结合的长效机制，并根据国家实施生态效益补偿的政策和郑州市经济发展状况，逐步对所有生态林进行补偿，纳入国家和省补偿范围的提高补偿标准，将没有纳入国家和省补偿范围的纳入市级生态效益补偿范围。

森林城市　绿色郑州

王林贺*

2003年，《中共中央　国务院关于加快林业发展的决定》出台以来，郑州市在加快经济社会发展的同时，始终坚持实施"生态立市、和谐发展"战略，提出了用10年时间建设森林生态城市的目标。十年来，我们坚持一张蓝图绘到底，一届接着一届干，投入了大量人力、物力、财力，大力开展植树造林，着力改善城市生态环境，取得了明显成效。截至2013年年底，郑州市林地面积达23.69万公顷，森林覆盖率达33.36%；城区绿化总面积达1.4亿平方米，绿化覆盖率达到40.5%，人均公共绿地达到11.25平方米，生态环境显著改善，城市品位显著提升，市民幸福指数显著提高。目前，郑州不仅是国家园林城市、全国绿化模范城市、中国十佳绿色城市，而且还是中国优秀旅游城市、国家卫生城市、全国文明城市。2010年我市成功举办了第二届中国绿化博览会，通过这次展会，进一步提升了绿城郑州在全国的美誉度。

一、审时度势，确立创建目标

郑州位于黄河中下游的分界处，西依嵩山，北临黄河，年平均降水量640毫米，人均水资源仅是全国的1/10。由于历史上黄河多次泛滥成灾，形成了大面积的沙化土地，特有的地质地貌，决定了郑州是一个少雨、干旱、多风沙的城市，每年冬春季节，都给人们生产生活造成了严重影响。为了改变这种面貌，郑州市历届党委、政府带领全市人民开展造林绿化、植花种草，为改善城市生态环境做出了不懈的努力。20世纪80年代中期，郑州市绿化覆盖率位居国务院公布的317个城市前列，赢得了"绿城"的美誉。但进入90年代后，由于在老城区改造和道路拓宽中忽视了造林绿化，城市绿化率不升反降，"绿城"失去了往日的光辉。对此，郑州市委、市政府认真汲取经验教训，着眼于恢复"绿城"面貌，先后实施了一批重点造林绿化工程，取得了一定成效。2003年，《中共中央　国务院关于加快林业发展的决定》出台后，郑州市委、市政府认为这是郑州林业发展的又一次历史机遇，必须高度认识，乘势而上，加快林业发展，彻底改变郑州的生态环境，决定用10年时间在城市周边营造百万亩森林，把郑州建设成为森林生态城市。

2011年，国务院出台《关于支持河南省加快建设中原经济区的指导意见》，明确提出林业要为中原经济区建设提供生态支撑。省政府也提出了把河南建成林业生态省的宏伟目标。如何落实国务院和省政府的战略部署？经过多次调研论证，我们认为必须在森林生态城的基础上，选择一个更高的目标，这个目标就是创建国家森林城市。2011年年底，市委、市政府及时作出决定，举全市之力，再用2～3年时间，创建国家森林城市，把郑州打造成为自然之美、社会公正、城乡一体、生态宜居的现代化都市区。

二、科学规划，绘制创建蓝图

郑州市森林城市建设始终坚持规划先行。2003年，市委、市政府决定建设森林生态城之后，就委托国家林业局华东林业调查规划设计院编制了《郑州森林生态城建设总体规划

---

*作者时任郑州市正市长级干部，分管郑州市林业工作。

（2003—2013年）》，规划提出了"城在林中，林在城中，山水融合，城乡一体"的森林生态城市建设理念，设计了"一屏、二轴、三圈、四带、五组团"的总体布局。2005年6月，郑州市人大常委会全票通过了该规划并形成决议，为规划的实施提供了法律依据。

2011年，市委、市政府提出创建国家森林城市之后，我们又委托国家林业局华东林业调查规划设计院在《郑州森林生态城建设总体规划》的基础上编制了《郑州市森林城市建设总体规划》，规划确立了"让森林拥抱城市，让市民走进森林，让绿色融入生活，让健康伴随你我"的建设理念，勾画了"一核、二轴、三环、四带、五园、六城、十组团、多点、多线"的森林城市布局。2012年12月，市人大常委会顺利审议通过了这个规划并形成决议。市政府按照市人大决议的要求，依据规划分解下达年度目标任务，市、县、乡三级政府加大投入，扎实推进，一年接着一年干，确保了规划落到实处。

三、突出重点，提高创建水平

在森林城市建设过程中，我市始终按照国家林业局提出的创建标准，抓住创建重点，实施工程带动，从而确保了创建质量，提高了创建水平。

一是森林组团建设。为阻挡外围风沙入侵市区，按照规划，在城区西南、西北、南部、东南、东北部建设了五个10万亩以上的核心森林组团，沿黄河大堤建设了一道74千米、长1100米宽的生态屏障，在城市近郊新增森林面积103万亩。

二是生态廊道建设。按照"公交进港湾，辅道在两边，骑行走中间，休闲在林间"的建设理念，对市域内的高速公路和主干道两侧50米范围内，按照"大绿量、高规格、乔灌花、四季青"的要求，进行高标准绿化，共建设生态廊道2083千米，绿化面积达1.28亿平方米。

三是森林公园建设。为了充分发挥森林资源的作用，我们在城市近郊规划建设100个森林公园，其中主题森林公园32个，专题森林公园和特色森林公园68个。目前，全市已建成各类森林公园63个，都市区森林公园体系已初具规模。

四是林业产业建设。根据郑州实际，重点发展特色经济林、苗木花卉、森林旅游、林下经济和林产品加工等五大产业。全市苗木花卉种植总面积2801公顷，年产各种苗木花卉8183万株，苗木自给率达95%；经济林种植面积达4万公顷，年产量26.87万吨；2013年森林旅游人数达到800万人次以上；林下种植面积3100公顷，林下养殖规模55万头；全市规模以上林业企业106个，国家和省级龙头企业达22家。

五是森林文化建设。以承办第二届中国绿化博览会、第24届中国（郑州）兰花博览会以及举办大枣节、石榴节、樱桃节、葡萄节等森林文化节庆为载体，繁荣各具特色的森林生态文化；以城市公园、森林公园、自然保护区为依托，大力发展森林生态旅游，促进森林文化健康发展；通过组织创森知识竞赛、书画摄影比赛、征文比赛、演讲比赛等活动，举办林业科技活动周、爱鸟周、生态科普活动日，增强森林文化的渗透力，调动了市民爱绿、植绿、护绿、兴绿的积极性。

四、创新机制，激发创建活力

在创建国家森林城市过程中，我们认真总结经验，不断加深对现代林业的认识，通过转变林业发展理念、创新林业发展机制，激发创建活力，进而巩固、提升森林城市的建设成果。

一是创新投入机制。郑州市主要采取政府投资为主、林业部门融资为辅、鼓励吸引社会资本参与的办法，不断加大投入力度。十年来，财政投入持续增加，从2003年投入3000万元开始，到2013年年投资超过10亿元，市本级财政累计投入资金达88亿元，县级财政按三分之一进行配套。为了拓宽融资渠道，由市林业局成立国有独资公司，通过财政担保贴息，融资17.5亿元。通过"四荒"承包、租赁、股份合作等形式，吸引了大批社会资金参与林业建设。

二是创新造林机制。按照"组织形式多样化，栽植模式科学化，质量监督统一化，市县活动一体化"的要求，采用工程管理模式组织造林，面向社会公开招标，工程专业队栽植。坚持"植树造林，水利先行"，注重水利设施配套，基本做到了林造到哪里，水利设施就配套到哪里。

三是创新管护机制。先后出台了《郑州市城市园林绿化建设管理条例》《郑州市古树名木保护管理办法》《郑州市生态林管理条例》等地方性法规规章。同时，建立了专业管护队伍，形成了"造管并重"的良性机制。

四是创新补偿机制。为了维护好林农种树的长期利益，使其收入不减，我们研究出台了一系列的优惠政策，按不同工程、不同区段和不同树种分别给予林农每亩每年230～2000元的补偿。2013年以来，我们又积极探索市级公益林补偿机制，制定补偿办法，多渠道筹集补偿资金，提高补偿标准，有效地保护了林农造林、育林、护林的积极性。

五、以人为本，共享创建成果

建设森林城市的终极目标是改善人居环境，维护人的健康生活，让城市升值、市民受益。因此，我们在创建一开始，就提出了"让森林拥抱城市，让市民走进森林，让绿色融入生活，让健康伴随你我"的理念，把全民共建共享生态建设成果作为工作的出发点和落脚点。为了让人们走进森林、享受绿色，我们利用现有100多万亩森林资源，规划建设了100个森林公园。同时，充分挖掘森林的生态功能、生活功能、旅游功能、文化功能、健身功能，在森林公园和2000多千米的生态廊道林带内配套建设自行车道、人行道、公交站、健康港和休闲驿站。给人们走进森林、享受绿色，丰富生活，健身娱乐提供便利条件。全市所有森林公园、湿地公园、城市公园及绿地免费向公众开放。2013年春季，市委、市政府号召全市人民"走进森林、走进廊道、走进社区"，进而"认识郑州、热爱郑州、奉献郑州"，组织开展了为时3个多月的"三走进、三郑州"主题活动，先后有2.6万多人参与。通过这次活动，让广大市民亲身感受到了森林城市建设的累累硕果，得到了省会人民的一致好评。

创建森林城市，只有起点，没有终点。按照森林城市的规划，郑州市将继续实施九大森林建设工程，使郑州的生态环境得到进一步提升。到2020年，郑州市全市森林覆盖率稳定在35%以上，其中建成区绿化覆盖率达到45%以上，人均公共绿地面积达到13平方米以上，建成结构合理、功能高效、景观优美、林水相依的森林城市景观，从而形成生态完善、产业发达、文化繁荣的城市森林体系。

"让森林拥抱城市，让市民走进森林，让绿色融入生活，让健康伴随你我"，这是市委、市政府对郑州人民的庄严承诺。当前，这个承诺已经变为现实。我们相信，在市委、市政府的正确领导下，经过全市人民的共同努力，一座森林环绕、生态宜居、人与自然和谐，充满活力与魅力的"新绿城"将以她美丽的身姿展现在世人面前。

巩固成果 再攀高峰
深入推进郑州森林城市建设

崔正明*

2003年，《中共中央 国务院关于加快林业发展的决定》出台后，吹响了应对气候变化、改善生态环境的号角，拉开了加速林业建设，促进现代林业发展的序幕。郑州市委、市政府本着生态立市的理念，就高、从远作出谋划，提出用10年时间把郑州建成森林生态城市的宏伟目标。一张蓝图绘到底，一届接着一届干，投入了大量人力、物力、财力，大力开展植树造林，着力改善城市生态环境，取得了明显成效。2007年郑州成功荣获"全国绿化模范城市"的桂冠，2010年受全国绿化委员会、国家林业局和河南省委、省政府委托，郑州市成功举办第二届中国绿化博览会。为巩固原有建设成果，进一步提高全市森林生态建设水平，2011年郑州又长远谋划，提出在森林生态城建设的基础上，再用10年时间，把郑州建设成为森林城市。

一、开拓进取，成功创建国家森林城市

（一）加强组织，深入动员

2011年年底，市委、市政府出台了《中共郑州市委 郑州市人民政府关于创建国家森林城市的决定》，决定通过创建活动，加快推进森林城市建设。2012年3月，国家林业局正式批复同意郑州市创建国家森林城市。市委、市政府及时成立了郑州市创建国家森林城市领导小组，市县两级都成立了机构，并抽调人员集中精力从事具体工作，为创森提供了组织保障。先后组织召开创建国家森林城市动员大会、省会郑州全民义务植树动员大会、全市林业系统工作会、全市农业农村重点工作会、全市创建国家森林城市推进大会、创森业务工作会、郑州市创建国家森林城市工作推进会、郑州市生态建设工作动员大会等会议，对创森工作进行了安排部署。在全市范围内掀起了造林绿化的热潮，推进了创建工作的深入开展。

（二）科学规划，依规实施

委托国家林业局华东林业规划设计院在《郑州森林生态城总体规划（2003—2013年）》的基础上编制了《郑州市森林城市建设总体规划（2010—2020年）》，规划确立了"让森林拥抱城市，让市民走进森林，让绿色融入生活，让健康伴随你我"的建设理念，勾画了"一核、二轴、三环、四带、五园、六城、十组团、多点、多线"的森林城市布局。2012年12月，市人大常委会顺利审议通过了这个规划并形成决议。市政府按照市人大决议的要求，依据规划分解下达年度目标任务，市、县、乡三级政府加大投入，扎实推进，一年接着一年干，确保了规划落到实处。

---

*作者系郑州市林业局党组书记、局长。

（三）明确责任，加强督导

2013年年初，市委、市政府下发了《郑州市创建国家森林城市工作实施意见》，对创森工作任务进行了分解；市县两级政府签订了目标责任书；出台了《郑州市创建国家森林城市考核办法》和《郑州市创建国家森林城市考核细则》，明确了考核内容、考核形式、奖惩措施等。按照办法和细则，市里采取周例会、月点评、季考核的办法定期对各地进行督导，加快了创建工作进度。在日常工作中，市人大、市政协也加强了对创森工作的调研、督导，为创建工作注入了新的生机和活力。

（四）突出重点，提高水平

在森林城市建设过程中，郑州市始终按照国家林业局提出的创建标准，抓住创建重点，实施工程带动，从而确保了创建质量，提高了创建水平。一是生态廊道建设。按照"公交进港湾，辅道在两边，骑行走中间，休闲在林间"的建设理念，对市域内的高速公路和主干道两侧50米范围内，按照"大绿量、高规格、乔灌花、四季青"的要求，进行高标准绿化，共建设生态廊道2083千米，绿化面积达1.28亿平方米。二是森林公园建设。为了充分发挥森林资源的作用，我们在城市近郊规划建设100个森林公园，其中主题森林公园32个，专题森林公园和特色森林公园68个。目前，全市已建成各类森林公园63个，都市区森林公园体系已初具规模。三是森林文化建设。以承办第24届中国（郑州）兰花博览会以及举办大枣节、石榴节、樱桃节、葡萄节等森林文化节庆为载体，繁荣各具特色的森林生态文化；以城市公园、森林公园、自然保护区为依托，大力发展森林生态旅游，促进森林文化健康发展；通过组织创森知识竞赛、书画摄影比赛、征文比赛、演讲比赛等活动，举办林业科技活动周、爱鸟周、生态科普活动日，增强森林文化的渗透力，调动了市民爱绿、植绿、护绿、兴绿的积极性。

（五）以人为本，共享创建成果

建设森林城市的终极目标是改善人居环境，维护人的健康生活，让城市升值、市民受益。因此，我们在创建一开始，就提出了"让森林拥抱城市，让市民走进森林，让绿色融入生活，让健康伴随你我"的理念，把全民共建共享生态建设成果作为工作的出发点和落脚点。为了让人们走进森林、享受绿色，我们利用现有森林资源，规划建设了100个森林公园。同时，充分挖掘森林的生态功能、生活功能、旅游功能、文化功能、健身功能，在森林公园和2000多千米的生态廊道林带内配套建设自行车道、人行道、公交站、健康港和休闲驿站。给人们走进森林、享受绿色，丰富生活，健身娱乐提供便利条件。全市所有森林公园、湿地公园、城市公园及绿地免费向公众开放。2013年春季，市委、市政府号召全市人民"走进森林、走进廊道、走进社区"，进而"认识郑州、热爱郑州、奉献郑州"，组织开展了为时3个多月的"三走进、三郑州"主题活动，先后有2.6万多人参与。通过这次活动，让广大市民亲身感受到了森林城市建设的累累硕果，得到了省会人民的一致好评。

截至2014年，郑州市林地面积达23.69万公顷，森林覆盖率达33.36%；城区绿化总面积达1.4亿平方米，绿化覆盖率达到40.5%，人均公共绿地达到11.25平方米，生态环境显著改善，城市品位显著提升，市民幸福指数显著提高。2014年9月，郑州市荣获"国家森林城市"称号，进一步提升了绿城郑州在全国的美誉度。

二、提高认识，进一步增强森林城市建设的责任感

（一）充分认识林业在生态建设中的地位和作用

近年来，全国上下对林业的认识逐步深化，林业的地位越来越高，作用越来越大。2003年《中共中央　国务院关于加快林业发展的决定》和2009年召开的中央林业工作会议都明确提出了林业的"四大地位"和"四大使命"，"四大地位"即林业在贯彻可持续发展战略中具有重要地位，在生态建设中具有首要地位，在西部大开发中具有基础地位，在应对气候变化中具有特殊地位；"四大使命"即实现科学发展必须把发展林业作为重大举措，建设生态文明必须把发展林业作为首要任务，应对气候变化必须把发展林业作为战略选择，解决"三农"问题必须把发展林业作为重要途径。

党的十八大首次将生态文明建设提升至与经济、政治、文化、社会四大建设并列的高度，列为建设中国特色社会主义的"五位一体"的总布局之一，并首次提出了建设"美丽中国"的目标。河南省委、省政府提出建设"四个河南""美丽河南"是其中之一，市委、市政府也提出要建设"美丽郑州"。那么，"美丽中国""美丽河南""美丽郑州"的目标，靠什么实现？无疑植树造林、美化环境、改善生态是必由之路。

自然生态是生态文明的基础，良好的自然生态系统是生态文明最重要的标志。地球自然生态系统由陆地生态系统和海洋生态系统组成，陆地生态系统主要包括森林、湿地、荒漠、农田、草原和城市等6个生态系统，而林业则包括了森林、湿地、荒漠其中3项。另外，全球已出现的森林锐减、湿地退化、土地沙化、物种灭绝、水土流失、干旱缺水、洪涝灾害、气候变暖和水污染、空气污染十大生态危机，有八大危机主要靠林业来治理。因此，处理好人与自然的关系，主体是处理好人与森林的关系；搞好生态建设，林业是主力军，地位重要，使命光荣。

（二）新常态给林业发展带来了新机遇

当前，我国经济发展已进入新常态。新常态，既是形势判断，也是现实把握；既是发展逻辑，也是客观规律。新常态，呈现出诸多趋势性变化，为林业发展提供了新机遇，提出了新要求，我们必须更加注重建设生态文明，更加有力地抓好生态建设，推动形成绿色低碳循环发展新方式。

从生态环境现状看，我市生态系统还比较脆弱。这些年高速发展中对自然环境有很多"透支"，目前环境承载能力已经达到或接近上限，生态压力剧增。新常态是经济减速转型提质的新阶段，必然是生态减压增量提质的新契机。更好地抓生态，必须进一步加强生态建设和自然保护，切实做好生态领域的还欠账、增容量、提质量的文章，解决好突出的生态问题，提高我市生态的承载能力。

从人民群众需求看，良好的生态环境是最公平的公共产品，是最普惠的民生福祉。老百姓对改善生态环境的要求越来越强烈，过去盼温饱，现在盼环保；过去求生存，现在求生态。更好地抓生态，必须顺应人民群众对良好生态环境的期待，牢固树立抓生态就是抓民生、改善生态就是改善民生的理念，大力推进生态建设，更好地满足人民群众对清新空气、清澈水质、清洁环境等生态产品的迫切需求。

从经济发展的经验教训看，先破坏、后治理，重利用、轻保护，必然导致资源趋紧、

环境污染、生态退化等问题，经济发展必然会出现不平衡、不协调、不可持续的局面。更好地抓生态，必须坚持保护生态环境就是保护生产力、改善生态环境就是发展生产力的理念，把生态建设作为推进新常态经济持续发展的重要力量，谋划和实施好一批新的生态工程，创造更多的绿色财富和生态福利。

新常态让出了许多空间和容量，使我们更有条件加强生态建设，更有精力打生态攻坚战。务林人要抢抓机遇，科学把握新常态，主动适应新常态，全力服务新常态。当前和今后一个时期，我们要以建设生态文明为总目标，以改善生态改善民生为总任务，以深化林业改革为总动力，紧紧围绕建设美丽郑州，转变林业发展方式，加快依法治林进程，数量上适度扩张，质量上重点提升，管理上逐步精细，效益上充分发挥，努力打造生态林业、民生林业、智慧林业。

三、持之以恒，继续推进森林城市规划实施

（一）继续加强森林资源培育提升，着力提高质量和增加总量

森林资源既是生态文明建设的重要基础，也是提升生态承载力、顺应人民群众对良好生态新期待的直观指标。一是要巩固提升国家森林城市创建成果。创建国家森林城市，不仅是争一项荣誉、得一块牌子，更重要的是以创建国家森林城市进一步提升我市的生态建设水平，我们要根据《郑州市森林城市建设总体规划》，切实巩固提升国家森林城市创建成果。二是要加强林业生态廊道建设。到2017年，建设提升生态廊道650千米，绿化面积4300万平方米。三是要抓好林业生态市提升工程建设。到2017年，完成营造林总规模30.52万亩，其中造林19.62万亩，森林抚育和改造10.9万亩。"十二五"以来，国家和河南省将森林资源培育由过去的以造林为主转向了以抚育和造林并重的新阶段。要从战略高度充分认识森林抚育的重要意义，像抓造林绿化一样抓好森林抚育。四是要推进森林公园体系建设。到2017年，建成30个走进森林体验园。五是要深入开展全民义务植树运动，要扩大宣传，积极动员，拓展形式，进一步提高人民群众绿化美化家园和履行义务的积极性。

（二）加快发展绿色富民产业，有效促进绿色发展和农民就业增收

发展民生林业，推动绿色发展，为农民增加就业岗位和财产性收入，是新常态下林业服务经济社会发展大局的最佳切入点和着力点。要围绕消费升级，以市场需求为导向，以培育资源为基础，以提高林地生产力为核心，因地制宜，强化特色，积极推广林木良种，做优第一产业；以提高科技含量和附加值为核心，以现代技术装备和现代工艺方法为手段，推动产业集聚，做强第二产业；以改造森林景观、提高文化品位为核心，繁荣生态文化体系，做大第三产业。认真落实《郑州市林业产业发展规划（2014—2025年）》，尽快制定出台配套政策，年林业产值达到40亿元以上。

（三）全面加强依法治林，严格保护自然生态系统

依法做好林地和林木采伐管理工作，依法严厉打击各类乱侵滥占林地、乱砍滥伐林木、乱采滥猎野生动植物等违法行为。严格规范木材运输和经营加工管理，强化林政稽查队伍能力建设，加大林业行政执法力度。加强野生动物保护，进一步规范全市野生动物驯养繁殖和经营利用场所管理，积极开展野生动物救护工作，设立"郑州市野生动物救护

站"。严格落实森林防火负责制，提升森林火灾预防和扑救能力，森林火灾受害率控制在0.1%以下。加强森林病虫害监测预警，重点做好美国白蛾防控，及时发现并有效除治，森林病虫害成灾率低于0.35%。加强黄河湿地保护管理，积极申请制定出台《郑州黄河湿地保护管理条例》，依法严厉打击侵占、破坏湿地资源行为。

（四）大力实施科技兴林，切实增强生态林业民生林业发展动力

要紧紧围绕林业发展的现实需求和产业化发展方向，更加注重依靠科学技术，推动林业发展由以投资拉动、要素驱动为主向以科技创新驱动为主转变，提高林业生产的质量和效益。加强林业信息化建设，打造智慧林业。加强郑州林业科研实验基地建设，积极引进新品种，每年制定县级以上林业技术标准1项。做好林产品质量监督管理，确保无重大食品安全事故发生。加强林业知识产权保护，严厉打击制售假劣林木种苗行为。完善林区大气负氧离子自动监测系统，适时发布监测报告，科学指导林业建设。加强科技人才队伍建设，强化对科研人才的培养，提高科技培训质量。积极开展林业送科技下乡服务活动和科普宣传工作，提高林农技术水平。

（五）持续深化林业改革，不断激发生态林业民生林业发展活力

要通过深化林业改革，创新林业体制机制、经营方式、运营模式，更加注重生态保护，更加注重改善民生，更加注重质量效益，更加注重市场力量，努力实现改善生态与改善民生共同推进，增加总量与提高质量协调发展，政府投入与社会资本相得益彰，走出一条资源增长、生态良好、林业增效的林业发展之路。深化集体林权制度改革，重点是探索以所有权不变、承包权和经营权分离为重要内容的林权流转改革，探索建立林权收储机制，完善林业投融资配套服务体系。加快推进中原林权交易中心建设，努力将其打造成为立足郑州、辐射河南、面向中西部区域性林权服务市场。推进重点生态林区管护机制改革试点工作，加强与有合作意向和实力的企业沟通对接，细化合作方案，规范流转合同，加快推进实施。划定森林生态红线，对重点生态区位林进行区划界定，予以重点保护，严禁红线内任何形式的破坏森林资源行为，确保森林资源满足全市经济社会发展的生态需求。探索建立森林生态效益补偿机制，对重点生态区位林的林权所有人，给予适当的经济补偿，确保生态林得到有效保护。按照"法无授权不可为，法定职责必须为，法无禁止皆可为"的原则，认真做好"五单一网"制度改革。

通过开展创建国家森林城市活动，郑州市城乡绿化事业得到全面发展，生态环境明显改善，生态文明建设的步伐进一步加快。但我们也清醒地认识到，相对于人民群众的需求，还有一定的差距。在今后的工作中，我们将继续加强领导，加大投入，进一步巩固森林城市建设成果，提升生态建设水平，使我们的城乡生态环境更加优美，人与自然、经济与社会发展更加和谐的森林生态宜居城市。

郑州市建设生态文明的探索与实践

史广敏[*]

　　河南省省会郑州位于中原腹地，西依嵩山，北面黄河，东接茫茫黄淮平原，雨雪稀少，是一座典型的北方城市。然而，近几年，郑州的面貌却悄然发生了翻天覆地的变化，整座城市被百万亩森林环抱，黄河湿地已成了野生珍禽的天堂，大量野生珍稀鸟类在这里迁徙觅食。现在的郑州犹如一颗璀璨的绿色明珠光耀在中原大地上，已成为中原城市群的生态环境首善之区。郑州经济、社会在良性地发展，这完全有赖于市委、市政府带领全市人民在生态文明建设中漫长而又艰辛的探索与实践，得益于生态建设的主体——林业又好又快的发展。

一、生态文明是时代的呼唤

　　历史上的郑州也曾经是一个气候湿润、森林茂密、水草茂盛的地方，因而成为我们祖先择优而居、择优而国的发祥之地，产生了灿烂的华夏文化和中华民族的伟大文明。《诗经·伐檀记》对中下游的黄河曾有过"水清，且涟漪"的记载，而且现今已成珍稀濒危的青檀也曾在这片土地上生长过、茂盛过。群雄逐鹿，烽火连天，频繁的战争给这里的百姓带来了无穷的灾害，也给这里的生态环境造成了极大的破坏，直到蒋介石扒开花园口黄河大堤，致使黄河自郑州向东南一泻千里，人为地造成广袤无垠的黄泛区而达顶峰。如今这里的许多人文景点向世人展现那已尘封的历史，诉说那些历史事件的得与失，经验与教训，同时也在给今天的人们昭示生态环境的变迁，以及那些对自然界造成极大破坏的历史事件与历史人物。顺天应人，爱护自然、保护生态的历史人物将被后人永远的缅怀和歌颂。反之，将被永远地钉在历史的耻辱柱上，而成为千古罪人。

　　新中国成立以后，历届市委、市政府都花费了大量的精力，投入大量的财力，以防沙治沙为主要内容，大力开展植树造林，努力恢复生态，到20世纪80年代中期，郑州市曾以32.25%的绿化覆盖率位居全国317个城市中的三甲，赢得了"绿城"的美誉。

　　然而，随着经济、社会的高速发展，城市化进程的加快，经济、社会与生态环境的矛盾便日渐显露出来。在改革开放、发展经济的初期，我们遵循的是"有水快流"的发展原则，于是，资源被无序开发，土壤植被被严重破坏，高污染、高耗能的"五小企业"如雨后春笋般地遍地滋生，空气、水体迅速被污染，原有的城市绿地迅速被一幢幢钢筋水泥建筑所代替，城市"热岛"快速蔓延。这种违背科学规律的发展，极大地破坏了生态环境，违反了自然界的规律，脆弱的生态承载不起经济如此快速而又无规律的发展。于是，气候异常，自然灾害频发，生态恶化便成了制约经济发展的瓶颈，我们的非科学、违反自然规律的做法也终于受到了大自然的报复。

　　社会就是在人们不断地总结经验教训，及时纠正自身错误的过程中取得进步与发展的。2003年以来，郑州市把以林业为主体的生态环境改善与建设作为实现发展的重点工程加以实施，逐步使经济、社会走上了又好又快的良性发展轨道。2007年全市GDP2002亿元，其增长速度连续数年排在全国前列，全市招商引资签约项目62个，利用外资937.6亿

---

[*]2008年4月25日，作者时任郑州市林业局党委书记、局长。

元，生态环境的建设与改善为全市实现科学发展，构建和谐社会提供了强有力的生态保障和支撑。

实践证明，人类社会要长期稳定健康地发展，就必须按照自然规律办事，就必须坚持科学发展观，统筹生态环境建设与经济、社会的和谐发展。因此，生态文明是时代的呼唤，也是人类社会健康发展的必由之路。

二、生态文明建设要双向并举

建设生态文明的核心是建设一个良好的生态环境，确立人与自然和谐、平等的关系，反对人类破坏自然、征服自然、主宰自然的思想认识和行动，倡导尊重自然、保护自然、合理利用自然的理念和行为，从而使人与自然、自然与社会、人与社会和谐相处，共同进步、协调发展。因此，在生态文明建设中就存在"建设"与"规范和治理"两个方面的内容和任务，我们必须双管齐下，双向并举。

建设与治理，建设为本，生态建设是坚持可持续发展，构建"环境友好型、资源节约型社会"的基础性工作。建设的首要任务是生态环境的改善与建设，早在2003年党中央、国务院就明确提出"在生态建设中，赋予林业以首要地位"，林业在生态建设中的主体地位是不可改变的，联合国指出，全球森林已从76亿公顷减少到38亿公顷，减少了50%，难以支撑人类文明大厦。并强调"没有任何问题比人类赖以生存的森林生态系统更重要，在经济社会可持续发展中要赋予林业首要地位"。而我们国家又是最大的发展中国家，人口众多，资源依赖型的经济增长，加之本身就森林稀少、土地沙化、水土流失、干旱缺水，我国已成为全球第二大二氧化碳排放国，生态负荷日益加重，生态问题十分严峻。河南又是全国人口最多的省份，生态建设的紧迫性和严重性可想而知。

2003年《中共郑州市委　郑州市人民政府关于加快林业发展的决定》出台以来，连续对林业建设保证高位资金投入，已累计投入8亿元，新增森林57万亩，现已作出规划，2008—2012年，5年内投资46亿元，以建设林业生态市，2008年造林70.74万亩，5年新造林169万亩，届时，郑州市森林面积可达300万亩。

在大力建设生态，构建"环境友好型社会"的同时，市委、市政府大力规范不合理的经济增长方式，治理资源浪费、环境污染、有害排放等现象，标本兼治，痛下决心，关闭了高污染、高耗能企业1000余家，宁可牺牲眼前的高额经济利益，也要合理地安排产业发展布局，转变产业模式，努力建设安全的国土生态体系，建立资源低度消耗的工业产业体系，确保生态环境与经济社会和谐发展，走可持续发展之路。

建设良好的生态环境，转变经济增长方式，改善工业产业体系，大力降污减排，是我党立党兴国、执政为民的具体体现，换言之，这些举措都是可以具体加以强化实施的实际层面的工作。而建设生态文明的最终目标是要使全社会树立崇尚自然、尊重自然的思想观念，从而提升自身正确的价值观、道德观、政绩观，自觉地保护环境，保护自然，坚持科学发展、可持续发展这一目标的实现，则是我们思想战线、教育战线、文化战线长期而又艰巨的任务，需要深入地开展宣传教育，使生态文明逐步成为全人类的思想道德取向。

三、生态建设又好又快发展

2003年，为贯彻党中央、国务院的精神，《中共郑州市委　郑州市人民政府关于加快林业发展的决定》中明确提出，用10年时间在城市周边营造百万亩森林，把郑州市建设成为森林生态城市的奋斗目标。根据郑州市的地理自然条件和生态环境特征，提出了"增加森林总量，完善森林生态网络，加快林业产业发展，弘扬中原生态文化"为内涵的森林生态城市建设思路，编制完成了《郑州市森林生态城总体规划（2003—2013年）》（以下简称《规划》），从此，郑州市的生态建设步入了跨越式发展的快车道，郑州市的林业建设也迎来了春天。

郑州市在加快林业发展、建设生态的实践中，探索出了一条切实有效的建设途径，积累了一定的经验。

一是实施森林组团工程。按照《森林生态城总体规划》，沿黄河南大堤，建设了一道由防浪林和防护林组成的宽1100米、长74千米的绿色屏障，即《规划》中的"一屏"，有效地治理了风沙，也形成了一道亮丽的生态风景线。在市区的东部和东北部，以黄河湿地保护为主要功能，营造了近5000公顷的生态防护林，在市区东南部实施了防沙治沙工程，营造了近5500公顷的防风固沙林。市区西南部是主要的水源地，这里多丘陵沟壑区，围绕常庄、尖岗水库周边，营造了5000余公顷的水源涵养林。市区西北部的邙山是典型的黄土塬，水土易流失，以水土保持为主要功能，在邙山上营造了6000余公顷的森林，昔日的荒山秃岭现已披上了绿装。在南部建成了近5000公顷的富有地方特色的经济林示范园区，这大片的绿色构成了《规划》中的五大核心森林组团。

二是创新造林机制，实施工程造林。2003年郑州市实施森林生态城建设以来，创新了造林机制，按照"组织形式多样化，栽植模式科学化，质量监督统一化，市县活动一体化"的要求，采用工程管理模式造林，将市场机制引入到生态建设中来，面向社会实行公开招投标。

三是创新投资机制，加大林业投入。市委、市政府在充分研究林业投资特点的基础上，认识到由于林业投资具有力度大、迟效性、长效性及多效性的特征，决定由市财政作为投资主体，投入巨资加快林业发展和森林生态城建设。自2003年启动森林生态城建设工程以来，市、县两级财政共投资10.9亿元，其中市财政投入8亿元。2006年，郑州市还成立了"森威林业产业发展公司"，做到造林、管护、经营三位一体，使森林生态城的建设、管理、开发更加规范化，并由公司自2007—2010年向省农行申请贷款8.7亿元，用于林业发展和森林生态城建设。同时广泛吸纳社会资金，结合集体林权制度改革，通过"四荒"承包、租赁、拍卖、股份制合作等措施，鼓励、支持和吸收社会资金加大生态建设的资金投入。

四是建立跟踪监测评估系统。自2006年年初，郑州市委托河南省林科院林业生态工程技术研究中心，对郑州市森林生态城工程实施以来的生态效益进行了为期一年半的跟踪监测评估，监测评估围绕着改善气候、涵养水源、固碳放氧、防风固沙、防污治污等13项生态指标进行。结果表明，2006—2007年度森林生态城范围内的森林植物生态服务功能年货币值达122.394亿元。在2007年7月的论证会上，国内生态学专家、学者对郑州市的生态效益监测评估举措给予了充分肯定和高度赞扬，郑州的做法在国内属最全面、最科学的首例，给其他城市提供了借鉴的榜样。

2008年，根据河南省委、省政府关于建设林业生态省的战略部署，郑州市决定到2010年，在现有基础上，增加投资47亿元，新增森林169万亩，届时，郑州市的森林面积将达到300余万亩，到2022年，这些森林将可吸收9000余万吨二氧化碳，等于给郑州市新增加9000余万台空调机。

　　郑州市的生态环境建设和现代林业的发展，经过几年的努力已经有了长足的进步，取得了一定的成绩，积累了一定的经验，但对照党中央、国务院的战略决策，面对日益恶化的全球生态形势，自我掂量，深感使命的神圣与紧迫，历史责任的重大和艰巨。我们必须处理好林业三大体系之间相互依存、相互促进的辩证关系，努力构建强大而完善的生态体系，为林业产业体系和文化体系提供坚实的物质基础；搞好森林经营，大力发展林业产业经济，为更好地推动生态体系和文化体系的建设提供经济保障；生态文化体系肩负着树立生态道德观念和生态文明观念的教育引导作用，构建繁荣的生态文化体系是生态文明建设的治本之策。

　　让我们紧密团结在以胡锦涛同志为总书记的党中央周围，以十七大精神为指导，唱响生态文明建设主旋律，全力推进现代林业又好又快发展，切实肩负起建设生态文明的历史使命，为全面建设小康社会作出更大贡献。

加强湿地保护　共建生态文明

王恒瑞[*]

郑州黄河湿地自然保护区位于市区北部黄河中下游过渡地段，是郑州市重要的生态系统和宝贵的生态资源。在我国中部湿地中，郑州黄河湿地是生物多样性分布的重要地区，也是我国中部地区河流湿地中具有典型代表性的地区之一。

湿地与森林、海洋并称为地球三大生态系统，在大自然的生态循环体系中具有重要的独特作用。作为一种特殊的生态系统，湿地具有保持水源、净化水质、蓄洪防旱、调节气候和保护生物多样性等重要生态功能，被誉为"地球之肾""淡水储存库"和"生物基因库"。在建设生态文明，构建和谐社会的伟大历史进程中，加强湿地的保护与建设，最终达到生态文明这一最高层次的社会形态，是我们每个公民光荣的历史使命。

一、郑州黄河湿地的区位、文化、资源特点

（一）区位特点

黄河是中华民族的"母亲河"，郑州被誉为"黄河之都"。黄河自西向东从郑州北部穿境而过，这里是黄河中下游的过渡地带，是黄土高原的终点、黄淮平原的起点，也是千里黄河堤防零千米的起始点，黄河在这里由地下河变为地上悬河，河面变宽，水流变缓，且季节水位变化较大。

郑州黄河湿地紧邻市区，保护区的范围包括巩义、荥阳、惠济、金水、中牟等黄河中下游广大地区。保护区全长158.5千米，总面积36574.1公顷。保护区水域面积广阔，淡水资源丰富，是典型的城市湿地。郑州黄河湿地是我国河流湿地中最具代表性的地区之一，是我国中部地区生物多样性最为丰富的湿地之一，位于我国三大候鸟迁徙通道的中线通道，是鸟类重要的繁殖地和越冬地。

（二）文化特点

黄河流域，尤其是中原地区是光辉灿烂的华夏文明重要的发祥地之一，其中许多古文化和古文明久远的历史更比其他文明古国早数千年。自有人类以来，在漫长的生存、生活实践中，我们的祖先由采摘、狩猎为基本的生存方式到以农耕为主的时代，认识并选择了依水而居、依水而国的最佳生存、发展环境。无一例外，依水建国者，其经济、文化都取得了极大的发展与进步，其文明程度更是那些远水而国者莫能望其项背。综合史籍记载和有文字以前就流传下来的民间传说，从先皇伏羲到炎黄二帝，及后来如秦皇、汉武、盛唐等诸多英明的皇帝，他们大多数的实践活动都发生在黄河流域。伟大而辉煌的华夏文明也由黄河流域产生、发展并延续传承。因此，黄河被公认为中华民族的母亲河，濒临黄河的郑州市曾五代为都、八代为州，为我国八大古都之一。

黄河是一部博大精深的史书，一部中华文明史，黄河文化占其大半，浓缩与凝聚了光辉灿烂的华夏文明。在它滚滚东去的流经途中，郑州之所以被誉为"黄河之都"，不仅是因

---

[*]作者系郑州黄河湿地自然保护区管理中心主任。

为其独特的区位特点，更深层次的是因其独特的文化特点。

郑州桃花峪是黄河中游与下游的分界处，从这里开始，黄河由地下河变为地上河，尽显其"雄、浑、壮、阔、悬"的独特气质和风采。沿岸的自然景观与人文景观彰显着源远流长的黄河文化，反映着炎黄子孙适应自然和改造自然的探索精神和艰辛的历程。黄河湿地，承载着厚重的历史，蕴涵着深厚的生态文化资源。这些有形和无形的宝贵资源将随着湿地的有效保护而得到更好的传承和发展。郑州黄河湿地不仅是典型的城市湿地，也是典型的文化湿地。

（三）资源特点

在郑州黄河湿地中，经调查，现有陆生野生脊椎动物295种。其中鸟类247种、兽类21种、两栖类10种、爬行类17种。国家一级重点保护动物有黑鹳、东方白鹳、大鸨、白头鹤、丹顶鹤、白鹤等10种。国家二级重点保护动物有33种，属《中日候鸟保护协定》中保护的鸟类有79种；属《中澳候鸟保护协定》中保护的鸟类有23种。保护区内植物资源十分丰富，共有维管束植物80科284属598种，占全省植物总科数的35.3%，总属数的23.5%，总种数的14.7%，另有黄河区域特有的黄河虫实、荷花柳以及国家二级重点保护植物野大豆等珍稀植物。

保护区内鸟类以候鸟为主，特别是冬候鸟，以雁鸭类和鸥、鹭、鹤、鹰类为主，一般在11月陆续到达，短暂停留过境，留鸟一年四季都在这里繁殖、越冬。据专家测算，冬季保护区内途经和越冬的鸟类数量达百万只以上。

二、湿地保护建设和管理

郑州黄河湿地自然保护区是2004年11月经河南省政府批复成立的省级自然保护区，是省会郑州唯一的自然保护区。2006年3月，郑州市政府批复成立保护区管理中心。2008年8月1日，郑州市政府颁布了《郑州黄河湿地自然保护区管理办法》的政府令。按照"科学规划、分区控制、合理利用、持续发展"的总体原则，保护区承担黄河湿地保护、管理、科研、监测和湿地公园建设监管等5个方面，与此同时，还承担着郑州市野生动植物保护管理站和国家级疫源疫病监测防控站职能。

（一）树标定界，制定方案

保护区管理中心成立以来，市林业局和保护区管理中心组织对保护区湿地资源特别是原生态资源展开抢救性保护工作。通过外业调查、GPS定位，定界树牌，设立警示、宣传标志等。对保护区各功能区及现有的具有典型湿地生态特征的天然芦苇荡、柽柳林及具有湿地野生动植物混合体的区域实施封育性保护。埋设界桩234个、界碑25个、警示标牌80个、大型宣传牌4个。

（二）依法保护，依法管理

2008年5月8日，市政府第105次常务会议审议通过了《黄河湿地自然保护区管理办法》（以下简称《管理办法》）。《管理办法》的颁布实施，标志着黄河湿地依法保护和管理已全面启动。为做好《管理办法》的宣传、贯彻工作，市林业局、湿地管理中心一是抓好《管理办法》的宣传贯彻；二是举办执法培训班，对保护区管理中心全体人员及相关县

（市、区）管理站行政执法人员进行执法培训；三是加大巡护稽查，实行定人、定路线、定期巡护；四是参加市法制局举办的执法培训，办理执法证件，规范执法程序。

（三）编制规划，实施科学保护

为实现科学保护，管理中心先后完成了《郑州黄河湿地自然保护区总体规划》《郑州黄河湿地自然保护区详细规划》《郑州黄河国家湿地公园总体规划》《郑州黄河国家湿地公园总体规划》《郑州黄河国家湿地公园一期建设修建性详细规划》。截至目前，已完成基础建设投资8657万元，实施了树标定界、候鸟栖息地保护、原生态湿地保护恢复、湿地公园建设等工程。

（四）大力开展系列宣教活动

为提高公众对湿地保护重要意义的认识，提高全社会对黄河湿地自然保护区建设的知晓度和参与度。我们相继组织了多次中小学生知识问答、新闻专题活动，印制了湿地知识台历、宣传画册等，组织开展了日常观鸟活动、"认识湿地，走近湿地"——郑州黄河湿地生物多样性专题展、"湿地环保课堂"进校园、野生鸟类科普摄影展、作家学者媒体采风、媒体宣传等多种科普宣传活动。连续4年举办了黄河湿地文化系列活动：2012年河南郑州黄河湿地文化节、2013年"亲近黄河 走进湿地 保护生态 共享文明"系列文化活动、2014年"关注黄河湿地 共享生态文明"系列文化宣传活动、2015年"美丽湿地，让鸟儿自由飞翔"系列宣传活动。同时在每年的节日期间，开展"世界湿地日""爱鸟周""野生动物保护宣传月"宣传活动，取得了良好的社会影响。

（五）开展越冬鸟类资源调查，做好疫源疫病防控监测

为了掌握迁徙候鸟在我市的生存状况和分布情况，有效防控禽流感，发挥国家级陆生野生动物疫源疫病监测防控站监测防控职能，管理中心先后组织了湿地生态资源及候鸟迁徙规律调查监测，切实做好陆生野生动物疫源疫病监测防控工作。

三、湿地现状与面临的问题

（一）历史遗留问题

郑州黄河湿地保护区成立之前，周边土地为属地管理。原市属黄河农场曾占有大量的滩区土地，各县（市、区）同样根据各乡镇管辖范围，分配滩区的土地面积，而周边农民垦滩种粮、发展经济，大都以湿地为依靠，乱猎、私垦、私种现象较为普遍。这种重开发利用，轻保护修复；重眼前经济，轻长远利用的急功近利行为，给保护区造成极大的破坏和影响。

（二）多头权属问题

黄河水利委员会的成立，加强了对黄河大堤以内的管理，因此沿岸滩区湿地又都处于黄委会河务局管辖范围。由此形成了国家、地方、群众以不同目的为出发点的互争滩区的局面，这一历史原因造成了郑州黄河湿地多头管理、权属交错的复杂情况。

（三）现状及面临的问题

1. 周边地区对保护区土地围垦现象严重

郑州黄河湿地省级自然保护区与5个县（市、区），13个乡（镇）、79个行政村相邻，总人口数达到18.21万人，人为活动十分频繁。周边地区经济的发展对黄河的依赖性极强，湿地的生态环境受人为活动的威胁大。目前，河流南北两岸大量滩地地被周边农民开垦种植，部分滩区甚至直接围垦到黄河岸边，导致湿地面积的锐减、水鸟栖息地减少、生态服务功能退化。目前，保护区范围内的农田面积已达15288.96公顷，占保护区总面积的41.80%；鱼塘面积为303.81公顷，占保护区总面积的0.83%。如果不加强保护区的湿地保护工作，其生态环境很容易遭到破坏。而且生态系统的破坏往往是不可逆转的，破坏后难以恢复。

2. 保护区对辖区土地或水域土地经营管理权不明确

郑州黄河湿地自然保护区虽已经省政府批准设立，但对黄河的管理有其历史的因素和延续，黄河滩地历来由河务部门管理，而且部分滩地实际上由当地群众经营。目前，黄河中的抽取铁砂、河沙现象还比较严重，对黄河湿地及其生物多样性保护造成了严重的威胁。保护区要实现对区内湿地的真正保护管理，还需明确保护管理权限，特别是对湿地使用权、所有权的进一步明确，以及将湿地生态保护用地纳入土地利用总体规划，严格用途审批权限。

3. 区内生产经营活动与开展资源保护存在一定矛盾

保护区土地权属虽然全部属于国有，但是周围乡镇群众一直在滩区开展生产经营活动，群众开发滩区注重短期效益，使保护区管理机构对区内湿地资源难以实行统一管理。另外，郑州黄河湿地自然保护区的范围内有黄河风景名胜区、黄河花园口旅游区、旅游生态园区等单位，长年从事旅游活动，如何协调好其与保护区的关系是目前开展工作的一个棘手问题。开展保护与周边地区经济协调发展将成为保护区保护管理的难点之一。

四、保护黄河湿地的几点思考

（一）原则和目标

根据郑州市经济社会跨越式发展的要求和黄河湿地特点，黄河湿地的保护、建设及管理应当坚持"科学规划、分区控制、合理利用、持续发展"的总体原则。

保护建设的总体目标是：通过开展湿地及其生物多样性的保护与管理、退耕还湿、湿地宣传等措施，全面保护和恢复自然资源和自然环境，保持和发挥湿地生态系统的各种功能和效益，实现湿地资源的可持续利用，为郑州市的经济社会发展最大限度地提供生态保障和生态服务，满足人民生活对湿地自然资源、文化资源的需求，努力把我市黄河湿地建设成为郑州的生态屏障、野生动植物博物馆、郑州市人民的后花园、黄河之都的名片及国际著名的重要湿地。

（二）建立联席会议制度

成立"郑州黄河湿地规划建设领导小组"，全面组织协调黄河湿地的规划建设及保护利用和管理工作。黄河湿地保护和合理利用涉及发改、财政、规划、国土、环保、农业、畜牧、河务、交通部门及相关县（市、区）地方政府。成立以市政府主管领导任组长，相关部门及地区政府负责人为成员的黄河湿地规划建设领导小组，具体负责黄河湿地保护和利用。领导小组实行联席会议制度，定期召开联席会议，听取工作汇报，研究解决有关重大问题，形成齐抓共管、部门联动的工作机制，确保我市黄河湿地资源得到切实保护和高水平的建设。

（三）制定政策、健全制度

依法保护管理是做好自然保护工作的关健，在抓好《野生动物保护法》《自然保护区管理条例》贯彻落实的基础上，组建黄河湿地保护执法队伍，严厉打击非法破坏、侵占湿地资源和毒杀、捕杀、乱采野生动植物资源的行为。逐步建立湿地资源开发选用审批制度、湿地资源有偿使用制度和湿地调查、监测、评估制度，实现对湿地资源依法保护和有效管理。

（四）加快基础设施建设，优先保护原生态湿地。

按照抢救性保护，保护性利用的原则，首先对尚未开垦的原生态湿地进行抢救性保护，对生态脆弱地区逐步实施退耕还湿。实施湿地保护与恢复工程，建设郑州黄河国家湿地公园。加强保护区基础建设，加快保护区管理中心及保护站、点基础建设。树标定界，实施封滩育草、野生动物救护、水生植物引进、宣教中心及科研监测等重点工程。

（五）广泛开展交流合作，提升保护区建设管理水平

湿地保护是项全新的生态公益事业，国际社会及我国都给予了极大的关注和支持。广泛开展交流与合作，是提升保护管理水平的有效途径。积极向湿地公约、湿地国际、国家林业局及世界自然基金会等国际、国家组织汇报，争取扶持。同时积极参与国家级湿地论坛和交流，广泛开展合作，科学编制保护区管理计划，把我市黄河湿地的保护建设建立在更好的层面上，实现又好又快健康发展。

（六）加强宣传

湿地保护是一项社会公益事业，需要社会各界的关心和支持。要通过各类宣传媒介，采取多种宣传形式，利用各种宣传工具，广泛宣传湿地生态功能、保护意义以及在社会经济发展中的战略性重要地位，形成社会关注、领导重视、部门支持的良好局面。

（七）抓好科研监测，实现科学管理

全面开展野生动植物特别是候鸟迁徙规律的监测研究，开展湿生植物、水生植物引种试验示范工作。抓好本底调查和动植物资源监测。联合省会科研院所全面开展保护区本底资源调查和综合科学考察研究工作，为制定科学的管理计划和建设规划提供依据，也为晋升国际重要湿地作好准备工作。

郑州黄河湿地不仅是郑州市的生态资源，也是郑州市文化资源、教育资源、科研资源和旅游资源，保护黄河湿地在郑州市社会经济发展中具有举足轻重的作用。保护黄河湿地是各级政府的重要职责，是各级林业部门的重要工作，湿地保护需要全社会的关心支持，需要全民的参与。保护黄河湿地就是保护郑州市的"城市之肾"，就是保护郑州市社会经济发展的战略资源，既是生态文明建设的重要内容，更是经济社会发展的生态保障。

努力繁荣绿城的生态文化

林正兴

绿城——郑州地处黄河中下游的分界处。华夏民族的人文始祖轩辕黄帝就生于斯，在这里开创了我们古老而伟大的人类文明。这里是我们民族文化的发祥地和摇篮，积淀并蕴涵着深厚的民族历史和民族文化。

一个古老而悠久的民族文化的发源是和这一地区良好的自然条件与生态环境密不可分的。从猿到人，是森林孕育了我们人类，也孕育了我们人类文明，森林与人类的关系是与生俱来的，因此，人类的一切文明也都是以生态文明为基础而产生的。

我们中国共产党人是先进文化的代表，在坚持科学发展观，走可持续发展的道路，构建和谐社会的历史进程中，作为上层建筑和意识形态领域的文化建设来说，推进和谐文化的建设是至关重要、迫在眉睫的。建设并繁荣和谐的林业生态文化是我们社会主义先进文化建设的基础，它诠释着人与自然的关系，蕴涵着人与自然和谐的价值取向和道德规范。国家林业局贾治邦局长在最近召开的2007年全国林业厅局长会议上，就明确地把构建繁荣的生态文化体系列为现代林业建设目标的三大体系之一，强调"在生态文明建设中，林业居于基础地位，处在前沿阵地，扮演关键角色，发挥先导作用，肩负着不可替代的历史使命"。因此也要求我们林业战线全体人员"增强生态意识，树立生态道德，弘扬生态文明，繁荣生态文化，努力构建主题突出，内容丰富、贴近生态、富有感染力的生态文化体系"。

沿着华夏文化这条根脉，我们便可追溯到中原大地悠久的生态文化历史和深厚的生态文化底蕴。在五岳之中的嵩山脚下，有我国古代四大书院之一的嵩阳书院，那里的2棵远古时期遗留的古柏至今仍良好地存活着。有史记载其树龄逾4500年之久，它不仅反映着唐宋时期儒学之昌盛，也记录了西汉武帝对林木之嘉许与爱护。在中岳庙这现存古建筑群最大的我国四大道教之一的庙宇内，千年以上的古柏即有数百株，人们围绕它那龙钟的虬枝苍干造化出的千姿百态，惟妙惟肖的动物形状，演绎出"狮子柏""猴柏""卧羊柏""凤凰柏""三公柏"等形象的名字以及烩炙人口的民间传说故事，正是古老但又鲜活的林业文化。绿城郑州还有堪称"中华栎树之王"的万年栎和众多的古树名木，一株古树即一段历史，一株古树即是一个时期文化的体现，正是因为具有悠久的历史和悠久的林业生态文化史，才使得我们中华民族文化在这里显得更加丰富，更加灿烂。

由于郑州地处中原，自古以来，都是群雄逐鹿，相互争夺的地方，一股政治势力在一个历史时期，都给这里带来了一种新的文化，像博大的黄河一样，郑州的文化带有很大的兼容性，外来文化会很自然地融入到那深厚的华夏民族文化之中。回眸近几年我们的绿化建设，既可以看到欧美那开阔而对称的广场、游园设计理念的痕迹，也可以领略我国苏州古园林的设计韵味，但都处处显现着中原地区特有的恢宏气势。在以林业为首要地位的生态建设中，我们按照党中央、国务院的战略部署，努力实现着林业的跨越式发展。在建设森林生态城市的过程中，从"一屏、二轴、三圈、四带、五组团"的设计思想定位到建设，我们在尽力体现生态文化的表现形象，把各种先进的文化因素融入到我们的现代林业建设中来。

我们知道，在《现代汉语词典》里对文化的定义是："文化是指人类在社会历史发展过程中所创造的物质财富和精神财富的总和，特指精神财富，如文学、艺术、教育、科学等"。而林业文化又是所有一切文化的源泉和产生与发展的基础。

走出尘世，漫步山峦，徜徉林间，看苍鹰盘旋于天际，蜂蝶飞舞于花间，听风吹树动，掀阵阵涛涌……一壶老酒，三五友人，坦胸席地，揽清风入怀，抒豪情于胸。文人墨客于是有了灵感，产生了流芳百世的诗歌、文章；艺术家们在这里领略的是山的雄伟体魄，大地的脊梁，心中涌动的是描绘的激情，泼墨于纸上，就成为了千古不朽的山水画卷；音乐家信手摘下一片树叶，就可吹奏出美妙的乐曲……这山川河流，绿树芳草构成了我们最基本的林业文化，由此才产生并发展了其他形式的诸如文学、绘画、音乐、雕塑等文化和文化产品。庞大的林业文化体系在内容上和形式上几乎涵盖了所有的文化现象，由其衍生的环境艺术、风光摄影、竹文化、茶文化、酒文化、饮食文化以及民族瑰宝——中医药文化等文化分支，共同构成了林业文化的庞大体系。

深入挖掘潜在的林业文化资源，创新和发展林业文化，构建和谐的林业体系，从而启迪人们爱绿、护绿的意识，帮助人们树立人与自然和谐的价值取向和道德规范，树立平等友善和适度开发的自然观和林业理论。逐步发展完善林业发展建设的上层建筑和意识形态，进而全面推进现代林业建设，为构建社会主义和谐社会肩负起我们神圣的历史使命。

郑州市在前几年的林业发展和建设中，在注重于林业生态效益的同时，对林业文化的挖掘与发展也作了尝试与努力。近年来，我们组织了"万名儿童画绿城"活动，以绿城郑州的山水，郑州的树木花草为题材，通过万名儿童的纯真描绘，使绿城的绿根植于他们幼小的心灵，从小培养他们呵护自然的道德观念。2006年4月份，面对全社会我们开展了"绿色郑州"摄影、书法、美术大赛，以艺术的形式展现郑州的秀美山川，共收到摄影作品近千件，书法、美术作品四百余件，邀请中国林业书法家协会牵头举办"绿色郑州"笔会，以高雅的艺术反映林业绿化建设。为了建设郑州林业文化体系，我们举办了多期全市林业系统写作知识培训班和林业文学写作知识培训班。开展了"绿色郑州"征文活动，组织专业作家开展"绿色郑州"采风，征得各类体裁文学作品六百余篇，不仅繁荣了我们的林业文学创作，也弘扬了人与自然和谐的重要价值观念。

林业是我们生态文化发展的源泉和主要阵地，我们要加强建设林业文化体系重要性认识，使人们认识林业文化，人人参与林业文化体系建设，从而协调与自然的关系，形成崇高的人与自然和谐的道德、理想和文化。以科学发展观为指导，继承和发扬优秀的林业文化成果，弘扬林业文化，倡导绿色文明，不断创新、发展，繁荣我们的林业文化，使其成为灿烂的中华文化中的璀璨明珠，为构建和谐的先进文化，为全面建设人与自然和谐的社会主义小康社会，作出我们应有的贡献。

改进作风　助推林业新发展

郑州市林业局纪委、监察室

改进作风不是刮一阵风，而是春风化雨般的生命工程。郑州市林业局全局上下稳步推进，将纠四风、改作风转化为经常性的作风建设，推动林业建设新发展。

深化作风建设，局党委担负着主体责任。领导带头，以上率下，做到落实上级规定与教育实践活动相结合、与正风肃纪专项治理相结合、与服务民生推进林业发展相结合，凝聚转变作风的正能量。局党委书记、局长崔正明担负第一责任，亲自谋划、部署和参与作风建设各项工作，结合具体作风问题亲自为党员干部上党课。带头将作风建设的主体责任扛在肩上、抓在手上、落实在行动上，提高了干部职工改进作风的自觉性。其他班子成员履行"一岗双责"职责，将作风建设与分管的业务工作一起安排落实。

作风建设没有观众，不能靠一两个处室、三两个人单打独斗，各处室都有相应责任。经过梳理，各处室明确了各自的目标任务，建立起工作台账。如办公室承担起文风会风的规范、办公用房与车辆的管理、工作纪律的检查、公务接待的规范等，组织人事处承担起选人用人之风的规范、请销假的落实、培训与评比表彰的规范等，计财处承担起公款消费的规范等。做到人人有担子，人人都是好作风的执行者、体现者、监督者。监察室重在履行监督责任，分类别、不定期地开展检查。

加强经常性教育，是培植优良作风的有效举措。局党委组织参观了焦裕禄纪念馆，观看了电影《焦裕禄》，在"焦桐"下重温了兰考人民造林治沙、改善生态环境的艰辛和不怕困难的气概。通过组织观看《作风建设永远在路上》等专题片，使党员干部摒弃了"走过场"思想和"松口气"心理。

天下事必做于细，抓细才能深入，深入才能具体，具体才能落实，从而起到以小见大的效果。

在狠刹公款吃喝工作中，严格落实《党政机关厉行节约反对浪费条例》，坚持堵源头、紧阀门、拓空间。堵源头，就是健全管理办法，制定《郑州市林业局公务接待管理规定》，健全公务卡结算制度。坚持"同城不吃饭"，对无公函的公务活动不予接待。紧阀门，就是严控公务接待预算和标准，堵住随意陪同、提高标准、上烟上酒的口子。拓空间，就是腾出房间开办局机关公务灶，既解决职工吃饭难题，又纳入公务接待范围进行规范管理。这三招，有效遏制了舌尖上的浪费，2014年局系统公务接待宴请消费同比减少80%以上。规范公车运行，给执法车、特种车安装了定位系统，杜绝公车私用。购买了10余辆公务自行车，5千米范围内一律骑自行车办理公务，降低了车轮上的浪费，2014年局系统车辆运行费用同比减少10%。严格控制领导干部因公出国（境），2014年因公出国（境）0人次。将节约的费用用在职工素质提升上，安排林业系统40余人到江西农大封闭培训，学习前沿性的林业理论和林业科技知识。

林业局纪委监察室开通的"郑州林业行风"官方微博，受理各类涉林问题时方便快捷，群众还能私信互动催问处理进度。持续开展林业行政审批改革活动，市本级只保留2项林业审批业务，对省市重点项目上门服务，极大地方便了群众办事。取消全民义务植树以资代劳费的收费项目，每年为企业和群众减轻负担800万元左右。

"以权谋私""文山会海"侵犯群众利益，损毁林业形象，是作风建设中的焦点。在林业工程建设中规范招投标行为，制定了代理公司选定办法和项目运作流程；推行业主单位不派人参与评标工作的创新性制度，杜绝了干扰评标公正性的现象。规范办文办会，坚持少发文、发短文、尽量通过网络或电子政务发电子文；坚持会议审批制度，提前谋划好各类会议，压缩会议数量、规模和时间。2014年精简简报4份、精简文件30%、精简会议20%，使机关干部从文山会海中解放出来。

健全监督检查新机制，林业局纪委监察室制定了《加强作风建设监督检查办法》，通过明察暗访、专项检查、集中检查、交叉检查、信访核查等方式，不定期开展上班纪律检查与通报，将以往"迟到早退不算个事"的风气彻底扭转过来。同时，加强执行各项作风建设制度的严肃性，将作风"软要求"转化成督查"硬指标"，不断释放制度在作风建设中的威力。

郑州市林业纪检监察10余年来恪尽职守，精心守护着"绿城"生态建设这方沃土。《中国纪检监察报》曾于2011年1月26日在头版发表了《"绿色"的守护——郑州廉洁办绿博纪实》文章予以报道，现摘录如下：

2010年10月，由河南省绿化委员会、省林业厅、郑州市人民政府承办的第二届中国绿化博览会（以下简称绿博会）在郑州市举行，海内外94个展园精品在此荟萃，以盛大的规模、精彩的内容集中展示了绿化建设的新理念、新技术和新成果。以此为契机，郑州市围绕"高效办会、优质办会、廉洁办会、节约办会"的原则，狠抓"廉洁办绿博"工作，积累了宝贵经验。

一、筑牢制度基础　确保工程质量

2008年12月绿博会申办成功后，郑州市委、市政府专门成立了第二届绿博会执行委员会和执委会办公室。执委办以市林业系统为主，从市直40多个单位抽调200余名干部，组建了综合协调部、规划建设部（项目部）、市场开发部等10个工作部门，明确成员单位及其职责，严格落实主任（部长）负责制，迅速建起一支精干有力的队伍。

纪律决定战斗力。从第一次工作例会起，主管副市长始终强调，要认真执行党风廉政建设责任制，创新工作机制，完善规章制度，严格监督检查，确保工程、资金、干部安全，把绿博会办成彰显郑州特色、传达郑州信心、展示郑州形象的盛会。

为此，执委办抓住重点破冰攻坚。首抓制度建设，先后制定出台了执委会部门工作制度、办公室例会制度、资金管理办法、物资采购办法等10余项基本制度，并配套制定实施办法和工作流程，打造出一套科学严密的制度体系。

各部门结合实际完善工作机制，建立健全部长负责制、工作日报告制、重大课题专家论证制、联席会议制、日常工作督查制等，有力推动了各项工作规范运行。

市林业局党委书记、局长史广敏兼任执委办副主任和综合协调部、规划建设部（项目部）部长，邀请经验丰富的老同志出任重要部门负责人，征询制度建设意见，研究制定工作方案。

绿博园奠基后，规划建设部（项目部）抽调精兵强将，专门负责绿博园工程项目建设。该部制定了"严控时间节点、严守规划布局、严把质量关口、严格监理监督、严密组织管理、提高建园执行力和工作效率"的"五严一提高"工作原则以及"组织协调形式多样化、栽植形式科学化、质量监督统一化、上下行动一体化、观摩学习多元化"的工作机制，严格实行项目法人制、监理制、廉洁承诺制，定期组织工程质量检查，落实进度通报和奖惩制度，有效保证了工程质量与安全。

二、防范廉政风险　监督如影随形

"今朝栽下廉洁树，明日长成示范林。"这条由该市林业局纪委编写的廉政短信，发到了每一名绿博园建设者的手机里，也深深地根植在他们心中。

为确保绿博会建设工程、资金、干部"三安全"，郑州市始终把绿博会作为"廉洁工程"来抓，市纪委监察局领导多次对"廉洁办绿博"提出要求，有关部门认真履行监督检查职责，为成功举办绿博会提供了坚强保证。

实践中，执委办积极创新，探索出大型工程建设项目"将监督融入管理"的新路子。

执委办决定，由该市林业局4任纪委书记、4名纪委委员分别担任综合协调部、邀展部、规划建设（项目部）、市场开发部等7个主要部门的部长或副部长，在履行管理职能和组织业务工作的同时，也负有监督职责，对市场交易行为实行"一线监督"。

综合协调部常务副部长、市林业局现任纪委书记刘跃峰告诉记者："这种'将监督融入管理'的办法，和纪检监察派驻机构统一管理工作有异曲同工之妙。在管理业务工作的同时，也保证监督如影随形。"

为有效防范廉政风险，该市林业局和执委办各部门负责人层层签订党风廉政建设责任书，针对各岗位廉政风险的表现形式、危害程度等，建立起高、中、低"三级廉政风险防控机制"，使各项权力均处于约束和监督之下。

绿博会涉及资金多达14亿元，总量大、流转快，如何保障安全？执委办制定了《绿博会执行委员会办公室资金管理办法》，对建设资金、工作经费、流动资金、长期资产和资金监督等作出明确规定，要求各项目在"资金来源""投资使用"和"资金完成"三个阶段都必须手续完备、真实准确、账目清楚。

工程项目招投标是所有工程建设项目防治腐败的重点。

郑州市纪委监察局高度重视对绿博园工程招投标的监管，明确规定"全部项目一律进入市建设工程交易中心公开交易"，任何人不得违规插手干预。由市监察局、检察院、招标办、发改委、财政局、审计局等单位组成的监标委员会，对项目招投标进行全程监督。

规划建设部（项目部）专门成立了招标合同管理部，聘请3名专职律师负责法律把关，委托专业造价咨询公司提供工程预决算审核、成本跟踪控制，对建设工程、设备或材料采购分别采取公开招投标和政府采购方式进行，保证了所有项目招投标的公开透明。

2009年9月，在绿博园园林景观绿化工程29个标段招标报名中，有举报反映一些企业在施工资质或项目经理资质上存在弄虚作假。尽管工期很紧，监标委员会还是决定对所有报名企业进行资质再审查，在全部248家报名企业代表人在场的情况下，集中3天时间，对所有资料逐一审查并签订诚信责任书，最终排除存在疑义的资料100余份，确保了招投标的公平公正。

这一事件的亲历者、招投标代理机构河南省鑫诚工程管理有限公司副总经理沈青女士告诉记者："绿博园工程建设项目招投标真正做到了阳光、公开、透明，报名企业无论能否中标都心服口服。"

三、打造"郑州速度"　铸就绿博精神

经过隆冬，走过盛夏，用13个月时间在2939亩沙荒地上建成荟萃94个展园、20多处标志性建筑的绿博园，绿化面积130万平方米，栽植树木1000多个品种、63.6万株，铺修道路

11千米，建筑桥梁7座，构筑水系320亩，其速度之快被誉为"郑州速度"。

执委办统揽大局，狠抓党风建设，严明纪律作风。各单位各部门顾全大局、团结协作、勇于拼搏、无私奉献，这被誉为"绿博精神"。

纪律严明是"郑州速度"的重要保证，求真务实是"绿博精神"的题中之义。

市林业局作为主要责任单位，倾全局之力投入到绿博会筹备工作中，全市林业系统八成人员战斗在一线。在执委办各部门和绿博园施工现场，处处都有林业干部的身影，早出晚归、加班加点成为他们工作的常态。

规划建设部（项目部）全体人员常驻工地，除参与工程劳动外，还有一项必做科目：每天早上6：00、下午2：00、夜里12：00，至少3次巡查施工进程，每天只有5个小时睡眠。如此长时间、高强度的工作，谁能坚持13个月？市林业局党委一班人坚持下来了，各单位建设者们坚持下来了。

为节约资金，项目部租下一处废弃学校办公，各地参展建园单位用房出现紧张后，项目部又主动腾出办公房，搬进临时搭建的平板房办公。邀展部在组织专家评审各地展园设计方案时采取"无纸化评审"，将方案放到电脑里供专家审阅，共节约费用5万余元。接待部精打细算，使接待费比预算节约了近200万元。

着力打造阳光、廉洁的林业生态廊道工程

郑州市林业局纪委、监察室

林业生态廊道建设是郑州市近年来的一项惠及全市的基础工程、德政工程和民生工程。大投入、大规模的生态廊道工程给林业系统带来了前所未有的机遇和挑战，同时也带来了廉政风险。市林业局纪委监察室对市本级具体承建的生态廊道项目监管工作进行了深入、全面的探索，着力将林业生态廊道打造成阳光工程、廉洁工程。

强化领导，形成监督合力。市林业局成立了林业生态廊道建设办公室，专设督导组，由局长兼任组长，局纪委书记任副组长，成员包括监察室、造林处、计财处等处室，具体负责全市林业生态廊道督导工作的组织、协调、实施和日常考核与评比。督导组下设15个督导小组，小组长由局县处级干部担任，成员为各业务处室及二级单位负责人，负责分包有建设任务的县（市、区）和开发区。对每个具体项目，市林业局都抽调骨干技术力量成立项目部，林业纪检监察部门派驻人员同步监督或指定人员兼职监督。各部门间密切配合，上下联动，全程跟踪，重点监督，形成了强大的监督合力。

明确责任，全程跟踪督导。各督导小组根据《全市林业生态廊道技术手册》《全市林业生态廊道规划图册》和时间节点的要求，到分包地现场督导一次，对进展情况、管理情况、存在的问题等形成书面督导报告。局督导组依据工作进度，结合市四大班子主要领导生态廊道督导和市监察局后进单位专项效能监察情况，适时向局领导提出需要不同级别领导重点督导县（市、区）的建议。另外，县（市、区）也不断创新工作方法，提高监督实效，如，新密市采取了督查通报、新闻媒体督查、造林进度日报告、技术服务督查四项新机制，新郑市建立了一天一督查、一天一通报、三天一评比工作制度，全程跟踪督导工程的进展及质量情况。

建章立制，细化监督内容。市林业局先后制定出台了《林业生态廊道绿化设计导则》《林业生态廊道评比考核与奖惩办法》《工程质量检查验收标准》等10余份文件或规章制度，对项目规划、招标投标、合同管理、造价控制、质量管理、施工安全、财务管理、检查验收、决算审计等程序性环节作了具体明确，切实强化项目管理工作人员按程序办事、依制度监督、靠纪律约束的意识，也方便监督人员量化性地开展工作。

林业工程建设最容易出问题的环节主要集中在招投标、物资采购和资金的管理使用上。工作中，市林业局在生态廊道项目建设中探索建立了"四实行"机制，切实强化对关键环节的监督。

实行招标投标备案机制。具体道路的生态廊道规划设计通过评审后，项目部要在第一时间将招投标的准备资料，如招投标方式、招标文件主要内容、代理公司、评标专家组成、开评标地点等向林业纪检监察部门备案。初核后，对投资额度超100万元的，及时向当地监察局、预防职务犯罪局通报情况，均无异议的方可进入招投标的实质性工作。

实行业务流程固定机制。市林业局将工程项目运作细化为前期准备、信息发布、专家抽取、开评标、监标、结果公示、合同审核、施工监理、检查验收、工程决算、资金拨付等18个工作段49个环节，明确每个环节的工作要求和业务流程，做到简单明了、方便高效。强化责任，严明纪律，已经明确的业务流程机制，任何人员不得随意更改，从而实现了透明化、规范化，避免了违规操作行为的发生。

实行风险防控承诺机制。提出项目部建在哪里、廉政风险防控就跟进到哪里的理念，以重点人、重点岗位为点，以程序为线，以制度为面，认定等级，评估风险，公开承诺。针对权力运行重点部位和关键环节存在的廉政风险，完善了30余项针对性强的防范措施，综合运用教育、制度、监督等措施，建立起全面覆盖、责任到位、监管透明的廉政风险防控体系。

实行公平交易提升机制。在工程的招标投标中，市林业系统不断探索建立公开交易、规范操作的工作机制。如，在国家、省指定媒体和市建设信息网、政府采购网同步发布招标信息，扩大知晓面，防止潜在投标人获取信息渠道受限；改变委派业主方担任评委的惯例，探索试行了业主方不参加评标的新机制，最大限度地规避业主方的干扰；开标前2小时内，在监察局、财政局、检察院等部门人员的现场监督下，通过语音电话自动抽取专家，确保专家名单保密；中牟县采取摇号方式确定中标人，标底公开，符合条件的单位均可参加随机摇号，杜绝了围标、串标行为等。

以往的工程项目，标后监督往往比较薄弱，林业生态廊道能否建成阳光工程，严密的施工管理、有效的事后监督才是重中之重的环节。

严把合同签订关。正式开工前，林业局作为业主方要和中标人签订生态廊道项目建设《廉洁合同》《施工合同》。《廉洁合同》的内容由林业纪检监察部门把关，《施工合同》的内容由林业法规部门和法律顾问把关。合同签订后，把关部门要跟踪监督执行的情况，对违约的要严格追责。

严把质量控制关。严格实行项目部经理负责制，工作人员遇到问题及时向项目部请示报告；监理单位严格履行监理职责，实行总监负责制，发现问题及时协调解决。严格对照施工设计和建设标准要求，对阶段验收和施工中发现的不符合技术质量标准的工程，施工企业必须无条件返工，直至合格后方可验收。定期进行评优评差，对被评为优秀的企业给予一定奖励，将连续三次被评为最差的企业列入黑名单，不允许再参与本地的林业工程建设。制定原材料质量标准、工程验收办法和工程质量追究办法，项目部验收人员按标准进行验收，不得打折扣、搞变通，并在验收报告中一一签字背书。适时邀请监察、检察、审计等部门人员对项目部的工作情况进行专项稽查，重点查看项目部及监理人员的管理、管护等质量控制制度是否得到有效执行，是否按质量标准把好苗木、建材进入关，是否有劣质材料和不合格树种进入工地，是否在竣工验收中收受好处、降低标准、徇私情等。

严把人员下沉关。将网格化管理的模式融入林业生态廊道建设中，督导组与包片的网格人员不定期对项目部进行巡查，通过查看施工现场、查阅财务账目及档案资料、走访调查等形式，对项目部人员深入一线参与管理情况进行全面督查，对发现的倾向性问题及时反馈给各项目部经理进行督促整改，有效做到防微杜渐。"日碰头、周例会、月评比、现场会、质量进度排名通报"等有效的工作方法在各地、各项目部得到了推广和落实，为确保我市林业生态廊道工程高质量和高效益建设打下了坚实基础。

黄河文化的纬度、高度与向度

河南省社会科学院　卫绍生

　　黄河是中华民族的母亲河。这不仅因为黄河流域是中华民族的诞生地，中华文化的发源地，而且因为，千百年来中华民族繁衍生息于这一地区，并依托这一地区自立自强，发展壮大，傲然挺立于世界民族之林。中华民族历经千百年创造的黄河文化，悠久厚重，博大精深，是华夏文明的主体，也是实现中华民族伟大复兴中国梦的坚强文化支撑。关于黄河文化，研究者已经有许多成果，为人们认识和了解黄河文化提供了很大帮助。为进一步拓展黄河文化研究，更好地开发利用黄河文化资源，这里仅从黄河文化的纬度、高度与向度的视角，对黄河文化进行简要考察，以期拓展黄河文化研究思路，推进黄河文化的深化研究。

一、黄河文化的纬度

　　黄河自发源地巴颜喀拉山蜿蜒东去，流经9个省区之后，注入渤海。其流域面积虽然多达79.5万平方千米，但其流域纬度却始终在北纬32°～42°之间徘徊。这一纬度很值得注意，它是气象学上的暖温带大陆气候，四季分明，季节性温度变化很大，是典型的春种、夏长、秋收、冬藏之地。从地势上看，自西向东逐渐下降，属于西高东低和北高南低。由于黄河流域水资源相对较为丰沛，植被较为丰富，且土地适宜农作物生长，所以，这一区域从远古时期开始就是中华民族繁衍生息之地，也是农耕文明最为发达的区域。同时，由于它处于暖温带与寒温带交界区域，日照充足，物产丰富，自然也就成为北方游牧民族的觊觎之地。中国历史上几次有影响的北方游牧民族纵马南下，有政治和民族的因素，但更多的是经济、社会、文化的因素在起作用。据科学家研究成果，1860—1900年的40年间，地球与海洋的平均温度上升了0.75℃；从20世纪初至今，地球表面的平均温度上升了0.6℃；而在过去的40年间，平均气温上升了0.2～0.3℃。科学研究表明，20世纪全球变暖的速度超过了过去400～600年中的任何一段时间。这告诉我们，地球变暖已经成为一种趋势。在中华民族5000年文明史中，地球变暖的趋势也在改变着黄河文化。因为，随着地表温度的升高，暖温带就不断向北方移动，使寒温带北移，而农耕社会的生产方式也就因暖温带北移而不断向北方推进，这就必然造成农耕文明与草原文明的冲突。有研究者证实，中国历史上几次大的游牧民族南下，都与暖温带北移有直接关系。但值得欣慰的是，每一次两大文明冲突的结果，都是以黄河文化为代表的农耕文明与草原文明的交流与融合为最终结果，都是对黄河文化的进一步丰富和发展。从这个意义上说，研究黄河文化，应该把黄河文化放在特点的纬度内进行考察，既要研究北纬32°～42°之间的黄河文化，也要研究这一范围之外，尤其是北纬42°之外的文化对黄河文化发展演变曾经产生的重要影响。这应是黄河文化研究的重要范畴，也是黄河文化研究应该拓展的领域。

二、黄河文化的高度

　　黄河流域的海拔高度，自西至东有很大差别。黄河源头巴颜喀拉山的雅达拉泽峰高4675米，源头河谷地高4200米。黄河流经的青藏高原，自河源至青海贵德为上游，平均海拔在3000～4000米，黄土高原和内蒙古高原平均海拔在1000～1300米，而自河南孟津以下，平均海拔不超过50米。黄河流域跨越东经90°～110°，时间上自东向西相差2个小时。高差与时差相产生的地理环境差异，造就了黄河文化的高度。黄河流域的海拔高度与黄河文化的高度固然不是一个概念，但黄河文化确实因海拔高度的差异而表现各异，各有差等。自贵德以下的黄河中下游，是华夏文明发生发展演进的主要区域，也是黄河文化的重镇。这一区域九曲回环，广阔狭长，景色、气候、地质、地貌各有差异，使得各区域的文化表现出明显不同的特质，关陇文化、三秦文化、河套文化、三晋文化、三河文化、河洛文化、中原文化、齐鲁文化，各有擅长，各具面貌，各领风骚。这些地域文化集聚了黄河文化的精华，代表了黄河文化的高度，也代表了华夏文明和中华文明曾经达到的高度。考察黄河文化，既需要站在海平面仰视，更需要站在比黄河源头地更高的海拔高度来俯视。不仰视不知黄河文化之高大，不俯视不觉黄河文化之高深。在俯视与仰视之间，才能发现黄河文化的高远与深邃。研究和考察黄河文化，需要以黄河文化的高度来确定坐标，寻找黄河文化在华夏文明与中华文明中的位置，从而判断其价值、地位、作用与功能。这是黄河文化研究需要着力解决的问题，也是黄河文化研究者的责任所在。

三、黄河文化的向度

黄河文化是发展变化着的，黄河文化研究也不能停留在一个坐标点上，而应不断变换坐标点和参照系，与时俱进，不断创新。因此，研究黄河文化，首先应该明确黄河文化的时空向度。就时间向度而言，黄河文化历经上下几千年，而且至今仍在随着社会的发展、历史的进步而不断创新发展；就空间向度而言，九曲黄河虽然不断随地形地貌的变化而改变流向，但它与长江一样，自西向东的大趋势始终没有改变。来自高原，奔向大海，这是黄河的宿命，也是黄河文化发展趋势的必然。如同从农耕文明到工业文明是社会历史发展不可逆转的大趋势一样，从黄土文明到海洋文明，也是黄河文化不可逆转的发展大趋势。时间向度的变化，如同总角小儿一步步跨越少年、青年、壮年而最终成为耄耋老人，积累的是经验，是智慧，是财富，是沧桑，它使黄河文化积淀了更多更丰富的内容，增添了更多更浓重的色彩，给人的是物是人非之感；空间向度的转换，使黄河从涓涓细流变成澎湃之水，从大漠孤烟变成长河落日，最终投身大海，拥抱大海，汇入蓝色文明，它使黄河文化在转换中凝聚精气神，在变换中确定最终的发展方向，给人的是斗转星移之景。从这个意义上说，时间向度的变化是黄河文化量的积累，空间向度的转换是黄河文化质的提升。所以，研究黄河文化首先应该明确坐标点和参照系，在时间向度上寻找黄河文化发展变化的轨迹，在空间向度上确定黄河文化发展变化的方向，在时间向度与空间向度的变换中认识黄河文化，理解黄河文化，研究黄河文化。

黄河文化研究有多种角度，多种方法。但不论怎样，考证源流、辨章学术是必须要做的工作，确立坐标、明确参照也是必须要有的前提。这里提出黄河文化的纬度、高度与向度，仅是为黄河文化的深化研究提供一个观照视角，开阔一下研究视野，拓展一些研究思路，表明一些设想，尚待进行深入的研究与缜密的论证。故而难免有不当之处，敬请专家批评指正。

传承创新郑州黄河水文化　促进社会经济和谐发展
（节选）

惠金河务局　秦　璐

水·生命·文化

　　在太阳系八大行星中，唯独地球有水，因此拥有了生命。生命从水中诞生，人类靠水繁衍，社会发展更离不开水。水资源是地球上最为宝贵的财富，是人类和一切生物生存和发展不可缺少的物质，是发展经济和改善环境的基础性的自然资源及战略性的经济资源。

　　生命起源于水。现代科学研究确定，地球的年龄约46亿年以上。早期的地球是一团炽热的球体，温度很高，那时没有水，也不可能有生命。地球上最古老的水成岩是38亿年前才出现的，最古老的微生物诞生在31亿年以前。人类的始祖，也就是原始人则在约200万年前诞生于非洲。如果将地球46亿年的历史换算成一年的话，那么人类基本上是在一年即将过去的除夕晚上 8 ：00才终于呱呱落地的。而臭氧层及氧气的形成，才最终造就了适合人类生存的环境。

　　孕育地球生命的是水，然而这一雄壮的生命诞生之旅的展开，难道真的是一种偶然吗？每每想到这段始于远古时代的生命诞生史，我们便总是觉得地球之水，引导进化，并造就完整的生态体系，一定有其伟大而神秘的意义。

　　自古以来，人类傍水而居，依水而存，有水则兴，无水则亡。水利是国民经济和社会发展的重要基础设施、基础产业和命脉，治水历来是兴国安邦的大事，中华民族在长期的治水实践中，不仅创造了巨大的物质财富，也创造了宝贵的精神财富，形成了独特而丰富的水文化。中华民族几千年悠久灿烂的文明史，也可以说是一部除水害、兴水利的治水史，而探索这种生命起源的本质就是要深入研究水文化。

一、中华水文化和黄河水文化

　　文化，是人类在社会实践过程中所获得的物质、精神生产能力和创造的物质、精神财富的总和。文化是一种社会现象，是人类在改造客观世界的同时，形成的对客观世界的认识，是一种系统的世界观和方法论，是通过各种形式表现出来的主观意识、价值观念和意识形态。

　　中华文化，亦称华夏文明。是世界上最古老的文明之一，也是世界上持续时间最长的文明。一般认为的5000年历史是从传说中的黄帝开始，根据"夏商周断代工程"提供的数据，能够准确推定的历史开始于公元前2070年的夏朝。与它的悠久历史相对应，中国文化博大精深。中国在3000多年前的商朝就有了自己的文字（甲骨文）。

　　所谓水文化，就是人类在从事水务活动中创造的以水为载体的各种文化现象的总和，是民族文化中以水为轴心的文化集合体。广义的水文化是人类在水事活动中创造物质财富和精神财富的能力和成果的总和；狭义的水文化是指观念形态水文化，是人类对水事活动一种理性思考或者说人类在水事活动中形成的一种社会意识，主要包括与水有密切关系的思想意识、价值观念、行业精神、行为准则、政策法规、规章制度、科学教育、文化艺术、新闻出版、媒体传播、体育卫生、组织机构等。文化决定着一个民族生存，造就着一个民族的性格、风格、风俗习惯、文明发展。

（一）中华水文化

中华水文化是中华文化的重要组成部分。首先它是一种社会文化。其次是水行业的思想精神精华，也就是说它同时又是一种水行业文化。再次它是一门历史特别悠久，生命力极强的人文科学，就是说它与人类社会的发展，有着十分密切关系的科学文化。

中华水文化渗透到社会生活的各个方面，是社会意识形态的重要内容。作为意识形态的水文化，同中国社会、华夏民族的进化有着千丝万缕的联系，它们相互融通，共同发展。

中华水文化内容博大精深，人们可以从不同的角度对它进行分类和论述，从而可以建造不同形式、不同风格的水文化学基础。

黄河水文化是中华水文化的重要组成部分。黄河是我们民族的母亲河，是我们民族文化的摇篮。几千年来，有很多惊心动魄的历史事件发生在这里，有很多名胜古迹、文化遗址留存在这里。黄河上游的有：大地湾文化、马家窑文化、齐家文化，黄河中游的有：南庄头文化、磁山文化、裴李岗文化、老官台文化、贾湖文化、仰韶文化（半坡类型、庙底沟类型、下王岗类型、西王村类型、大河村类型、大司空村类型、庙底沟二期文化）、龙山文化（陕西龙山文化、河南龙山文化、陶寺龙山文化）；黄河下游的有：后李文化、北辛文化、大汶口文化、山东龙山文化。

这些由于黄河而形成的治水文化、伴水文化、水土文化、居水农耕文化、大河水文化的文化，统统属于黄河水文化。

（二）郑州黄河水文化

在郑州境内的黄河文化遗址及现代文化景观更是不胜枚举，主要的有：楚汉争雄的广武战场"汉霸二王城"、战马嘶鸣广场、三皇雕塑群、黄河中下游分界碑、唐代有名的昭成寺所在地"桃花峪"、敖仓遗址、河阴输场、大禹治水山、炎黄二帝巨塑及纪念广场。还有记录着5000多年前黄河流域仰韶文化的大河村、有展示黄河流域从仰韶文化过渡到龙山文化的历史过程的广武清台遗址、有显示我国冶铁水平的汉代冶铁遗址、有青龙山慈云寺、石窟寺、杜甫故里、有独具魅力的2200年前的郑国古城、有郑州花园口将军渡口、有中牟官渡古战场遗址，这里就像是黄河灿烂文化历史的缩影。

1. 现代郑州黄河水文化

黄河是一部厚重的史书，记载着中华文明五千年，透过浑厚的河水，靡靡之中我们仿佛看见，万丈宫阙化做尘土和灰烟。1946年，人民治黄事业掀开了新的篇章，伴随着解放战争的隆隆炮声，1948年郑州获得了解放。人民治黄初期的郑州黄河，堤防残破不堪，险工损毁殆尽，獾狐洞穴随处可见，新建立的人民治黄机构，首先巩固河防、修筑残堤，建立石场、组建船运队，组织沿黄群众积极开展农业生产。截至1949年年底，郑州黄河堤防已是面貌一新。

1952年10月，毛泽东主席在郑州黄河登临广武山小山顶，发出了"一定要把黄河的事情办好"的伟大号召，翻身解放的黄河两岸群众，激发出无限的治黄激情，在那些雄壮熟悉的破歌中，原来千疮百孔的下游堤防焕然一新。堤防加固了，河道拓宽了，下游防洪形势得到初步改变，为保证伏秋大汛不决口，特别是战胜1954年、1957年、1958年的洪水奠定了基石。1965年按照以防御花园口站洪峰流量22000立方米每秒洪水为目标，黄河实施了第二次大修堤，共加高培厚堤段580千米，整修补残堤段1000千米，共完成土石方6000万立方米，从1974—1985年大堤加高培厚工程全部完成之时，以修堤为主体的第三次黄河下游防洪工程建设共计培修堤防长近1300千米，完成土方22.7亿立方米，两岸临黄大堤平均加高2.15米。加高后的堤防一般高8～10米，顶宽7～12米，达到了防御花园口站22000立方米每秒的防洪标准，成为著名的"水上长城"。前无古人的3次大修堤无疑成为人民治黄进程中最壮美的注脚。几十万群众肩扛手抬，独轮车载，完成了13座万里长城的土石方工程量，郑州黄河堤防则完成了从北京到山海关的长城的土石方工程量。

在这种长期的治河实践过程中，积淀形成了内涵丰富而独具特色的郑州黄河水文化，是中国河流水文化的重要一支。最具典型的标志物有黄河母亲哺育雕塑、大禹治水山、黄河文化碑林、炎黄二帝巨塑及纪念广场，还有花园口事件纪事广场、花园口扒口纪念亭及纪念碑、人民治黄纪念亭及纪念碑，将军坝的将军雕塑及纪念亭、古灵石象、镇河铁犀、老战士抗战纪念碑、爱国主义教育基地牌。

今日的黄河，不仅仅是一条河。作为母亲河，她给予我们生命之源的水，而超越河之上，她赋予我们的是民族的血脉风骨和文化魂魄。

2. 新时期的郑州黄河水文化

当这条大河横越时空，流入新的千年时，新的治黄理念逐渐明晰、成型。2001年，原水利部部长汪恕诚针对黄河治理开发提出了"堤防不决口、河道不断流、水质不超标、河床不抬高"，无疑成为新世纪黄河的治理开发新的目标。

2002年7月14日，国务院批复了《黄河近期重点治理开发规划》，对如何确保"堤防不决口"给予了有力的回答。规划要求用10年左右的时间初步建成黄河防洪减淤体系。选定放淤固堤作为黄河下游堤防加固的主要措施，对于实施放淤固堤难度大的堤段，采用截渗墙加固。对于达不到规划标准的堤防要加高帮宽，堤顶路面硬化。对达不到规划设计要求的险工进行改建加固。对于堤防的设计标准，黄委明确提出，通过建设，下游两岸大堤要实现防洪保障线、抢险交通线和生态景观线3种功能，集坚固的"水上长城"、畅通的防洪抢险通道、生态良好的"绿色长廊"于一体，形成标准化的堤防体系，确保下游防御花园口22000立方米每秒洪水大堤不决口。

2002年7月19日，郑州惠金段放淤固堤工程开工，这是标准化堤防建设的首个项目，同时拉开了黄河标准化堤防建设的序幕。短短的100多天，建设者们完成了500多万立方米土方、18道坝改建施工任务。2003年4月28日，惠金段标准化堤防宣告全线竣工，创下了河南黄河防洪工程建设速度之最。经过参建各方近一年的艰苦奋战，随后，郑州、开封、济南标准化堤防相继告竣。前无古人的黄河标准化堤防，是治黄人在现代治水这条没有路标的征程上，迈出的艰难而坚实的第一步。它的成功扩展延续了几千年的古老堤防的现代内涵。尤为重要的是，它的建设增强了人们建设好黄河标准化堤防的信心和勇气。

2004年伊始，黄河水利委员会党组创造性地提出了"维持黄河健康生命"的治河新理念，描绘出了新世纪波澜壮阔的、黄河治理开发的宏伟蓝图，4万黄河儿女在万里黄河书写着彪炳千秋的以人为本、人水和谐的辉煌篇章。

在治黄事业的快速发展进程中，我们始终以黄河文化建设和发展作为灵魂，规划了以"亘古黄河、浩瀚渊泓"为主题的堤防零千米黄河文化景观建设；以"长虹卧波、展望未来"为主题的二桥观赏娱乐休闲景点建设；以"民风淳朴、风情独具"为主题的南裹头黄河风情景点建设；以"岁岁安澜、安邦兴国"为主题的将军坝黄河旅游景点建设；以"大河东流、铭记历史"为主题的记事广场黄河历史文化景点建设，并将黄河沿线文化建设纳入郑州市总体规划之中，联建或独建了"郑州黄河国家湿地公园"、"黄河森林公园"、"河韵碑廊黄河碑刻"、"东区生态黄河水休闲区"等。此多处景点布局突出郑州黄河特色，以黄河文化为底蕴，加上现已具备较大规模的花园口黄河主景区，与郑州黄河标准化堤防融为一体，共同构成郑州北部靓丽的黄河文化景观带。

人民治黄68年，功德昭日月，福祉泽万民，党和国家领导人毛泽东、周恩来、邓小平、江泽民、李鹏、胡锦涛等先后亲临黄河视察指导，更为这里增添了无限的光彩和魅力。

二、郑州黄河水文化与区域经济发展

郑州是一个半干旱半缺水的北方城市，长期以来，城市水系存在着河网不完善、水系功能不健全、防洪标准偏低、水质污染严重、水体生态功能退化等诸多问题。这些问题的客观存在，严重影响和制约着郑州市经济社会的持续健康发展。工业及生活用水的75%、生态水的90%以上、灌溉数十万亩的农菜区供水，取自黄河水。原郑州老机场及周边都是不毛之地的荒沙岗，郑州区域规划中的郑东新区，就在郑州老机场向东及向北的33平方千米范围内，严重缺水成为城市发展的瓶颈。

为了获得城市发展的空间，为了使新规划的新区，成为最适合人工作生活居住的环境，郑州市通过多方论证，最终把取水水源地选在了黄河。郑州河务局每年向郑东新区生态供水1.7亿立方米。

郑东新区通过东风渠引用黄河水，为郑州市区河流补充水量，大大改善了郑州市郑东新区的生态环境，不仅给广大市民提供了一个良好的工作和生活环境，而且极大地提高了城市品位，在原来荒凉的东郊，崛起了一座大都市的靓丽的新区，随之带来了无限商机，加快了商贸城建设步伐，促进了郑州经济、社会可持续发展。2009年，郑东新区远景概念规划出台，规划范围150平方千米，西起原"107国道"，东至京珠高速公路，北起连霍高速公路，南至机场快速路。共分6个功能区：中央商务区，规划面积约3.45平方千米，是由两环60栋高层建筑组成的环形城市。环形建筑群中间布置有国际会展中心、河南省艺术中心和高达280米的会展宾馆等标志性建筑。商住物流区，规划面积约23平方千米，是以机关单位、公益设施、现代服务业及批发、物流、居住等功能为主体综合区。龙湖区，规划面积约40平方千米，是郑东新区规划的点睛之笔，与流经市区的几条河流、郑州国家森林公园等构成城市生态区。6个功能区相辅相成，相得益彰，利用引黄工程给郑东新区的龙湖及东风渠、贾鲁河、金水河、熊耳河等河道注入澄清的黄河水，使其生态环境得以改善，使郑州市成为既有优美的生态景观、人居环境和良好的城市形象，又兼具强劲产业支撑和雄厚发展实力的新城区。

目前，郑州市生态水系已实现"水通""水清"和"水美"的目标，彰显出浓厚的传统文化内涵、鲜明的城市个性和独特的城市空间形象。郑州郑东新区已初步建成大都市的雏形，成为一个"河湖水景辉映、森林水域交融、碧水蓝天与绿色城市融合、人水和谐共生"的"水域靓城"，伴生出大郑州黄河都市水文化。

三、丰富郑州黄河旅游水文化　营造黄河旅游景观带

　　郑州雄浑壮美的黄河风光、源远流长的文化景观以及地上"悬河"的起点、黄土高原的终点、黄河中下游的分界线等一系列独特的地理特征，使郑州黄河成为融观光游览、科学研究、弘扬华夏文化、科普教育为一体的大河型风景名胜景观带，与嵩岳少林文化互应互补、遥相呼应。郑州黄河旅游景观带沿线有：枣树沟飞龙顶、汉霸二王城、桃花峪、郑州黄河游览区、丰乐园现代农业休闲区、黄河花园口旅游区、雁鸣湖旅游景观区，开发较好的除前边已述的黄河花园口旅游区外，就是郑州黄河游览区和雁鸣湖旅游景观区。

　　郑州黄河游览区位于郑州西北30千米处。南依巍巍岳山，北临滔滔黄河。1981年3月21日，更名为"郑州市黄河游览区"。2002年，黄河游览区更名为郑州黄河风景名胜区，当年先后被评为国家4A级景区和省级风景名胜区。2009年12月31日，被国务院评为国家级风景名胜区。

　　在已经建成并对外开放的五龙峰、岳山寺、骆驼岭景区近40处景点内，分布着"炎黄二帝""哺育""大禹""战马嘶鸣""黄河儿女"等塑像，黄河碑林，《西游记》等古代名著大型砖雕，浮天阁、极目阁、开襟亭、畅怀亭、依山亭、牡丹亭、河清轩、引鹭轩等亭台楼阁，以及低空索道、环山滑道、黄河汽垫船等现代化游乐设施。每年吸引着上百万中外游客，被誉为万里黄河上一颗璀璨的明珠。五龙峰是中心景区。山脚下，"引黄入郑"的八根巨大钢铁提水管道，如"八龙吸水"，从黄河直达山腰。半山平台上，矗立着高5米、重12.5吨的乳白色汉白玉"哺育"塑像，其造型是一位慈祥贤美的母亲怀抱着甜睡的婴儿，母容子态、栩栩如生，象征着黄河哺育中华民族的骨肉之情。

　　在郑州黄河下游的雁鸣湖生态风景区，位于中牟县雁鸣湖乡境内，规划面积32平方千米，属黄河湿地的重要组成部分，因湖内栖息着众多的大雁、白鹭、野鸭等鸟类而得名。景区以湖、林为载体，兼有淳朴的田园风景致，以"绿色、生态、休闲"为主题，以雁鸣湖、蒲花荡、森林公园、美食园等景点为依托，是一处集观光、游乐、健身、休闲、度假为一体的近郊旅游胜地。

　　雁鸣湖景区湖水面辽阔，湖内生长着大量的芦苇、蒲草，与2.8万亩的森林相得益彰，吸引了众多鸟类在此栖息，大雁、白鹤、灰鹤、白鹭、野鸭、灰雁等70多种属的鸟类在此繁衍生息，数量达五六万只。湖内自然放养着大闸蟹、黄河鲤鱼等水产品数十种，以此形成了湖、林、草、鸟、蟹、鱼良性共生的自在生态环境。

　　雁鸣湖景区一举成名，主要得益于雁鸣湖大闸蟹的品牌和美食节的带动效应。从2001年开始景区连续举办了数届"中牟之秋雁鸣湖大闸蟹"美食节，美食节期间年均接待游客35万人次，收到了良好的经济效益和社会效益。雁鸣湖大闸蟹因其绿色、个大、肉细、味美，已成为一道亮丽的美食文化大餐和旅游品牌。现大闸蟹养殖面积已突破8000亩。

　　雁鸣湖景区地处中华文明的发祥地黄河岸边，文化积淀深厚。控制范围内有固住寺、张僧塔、孔子回车处、汉丞相萧何墓、赵氏渡口等历史和人文古迹。景区是60多年中牟人民治理开发黄河，实现经济社会生态协调，持续发展，造福沿黄人民的结果，体现了沿黄人民顽强的意志品质与不屈不挠的战斗精神，这种品质与精神凝聚成景区文化的灵魂与核心。

乌金之乡到森林城市的嬗变

魏映洋[*]

新密市，地处中原腹地的嵩山东麓，境内沟谷纵横，古老的溱水和洧水两条河流横穿城中。

新密市原为密县，1994年撤县建市。辖区面积1001平方千米，总人口80万人。密县建置始于西汉，距今2200多年，积淀了悠久的历史和深厚的文化底蕴。

进入新世纪以来，新密市委、市政府以科学发展观为引领，积极调整产业结构，把发展林业作为生态立市的理念，加大投入，把全市生态建设推上了快车道。

仅仅十数年，新密生态环境发生了翻天覆地的变化。双洎河畔，崛起了一座传承华夏文明而又充满生机的新型现代化森林城市。

日历牌上的10年，随手翻过的是一个又一个的风花雪月，然而对于新密市务林人来说，却是充满战火硝烟、浸透血汗泪水的艰苦奋斗、砥砺奋进的10个酷暑严冬。无论在个人的人生历程中，还是在新密市的生态发展史上，都是值得铭记的10年。

一、科学发展　浴火重生

新密矿产资源丰富，是河南省的产煤大户，全国重点产煤县市之一，也是全国耐火材料基地。煤炭、耐材、建材、造纸是新密振兴的"四大支柱"产业。改革开放后，依靠开发地上地下资源，新密的经济实力曾一度位居河南省前列，是县域经济的领头羊。

对资源过度地无序开发，最终以牺牲环境为代价。导致生态环境恶化，地表和植被严重破坏，山体千疮百孔，地下水位下降，空气污染。运输煤碳、石料的车辆在公路上飞驰，卷起扬尘，天晴是洋（扬）灰路，下雨是水泥路。新密给人的印象是"脏、乱、差"。曾有人形象地戏言"白衬衣和白袜子在新密滞销，外地人到新密不敢穿白衣服"。

矿产资源过度开采，导致生态植被破坏严重。造纸业的兴旺发达，污染了双洎河水体，曾一度导致双洎河下游的新郑市段出现了大量鱼虾死亡的现象，鱼虾绝迹了，野生水鸟远走高飞了。矿产资源枯竭，环境恶化，使新密处在进不上去，退不下来，举步维艰的十字路口。

二、英明的决策　给力的团队　辉煌的战果

2003年，《中共中央　国务院关于加快林业发展的决定》出台，吹响了生态建设的进军号，给林业快速发展带来了契机，也使新密林业迎来了千载难逢的战略机遇。

新密市委、市政府审时度势，做出重大决策："调整产业结构，大力发展林业，改善生态环境，打造绿色新密"。经济由资源型转向绿色生态型，重振雄风，使新密的社会经济走上经济可持续发展的快车道。

煤矿塌陷区及采石区域的生态治理，是新密市林业建设工作的重点。市委、市政府采取了生态移民等多种治理措施还生态债。矿区生态治理执行"谁开发谁保护、谁破坏谁治理、谁绿化"的方针。对废弃矿山、闭坑矿要求制订计划，限期植树造林，恢复植被。新

---

*作者系新密市林业局局长。

采矿要求做到边采掘、边恢复、保持自然生态，要求达到花园式企业标准。

据2007年不完全统计，新密市矿区控损、压占和地面塌陷、裂缝面积达5.8万余亩，涉及13个乡（镇）、街道办事处。其中，生产矿控损面积1.5万亩；压占960亩，地面塌陷面积3.6万亩。闭坑矿控损面积645亩，压占90亩，地面塌陷面积5377.5亩，造成经济损失10亿元以上。

近年来，结合森林生态城建设重点工程项目建设，在已闭坑矿山周围实施了大规模的植被恢复工程，并制定了相应的配套措施，取得了一定的成效。逐渐形成了三种矿区生态恢复模式：一是以白寨镇杨树岗村、周家寨村、光武陈村、史沟村、黄帝岭村、白寨村、西腰村等为重点，以常绿树和景观树为主的石灰岩采石场生态恢复模式；二是以青屏山、雪花山、北横岭和白寨镇、岳村镇西部山区等为重点，以侧柏、泡桐等为主的石灰岩山地采石场生态恢复模式；三是以岳村镇、牛店镇、平陌镇、城关镇、米村镇、来集镇为重点，以泡桐、速生杨等为主的煤矿沉陷区和铝矾土闭坑矿生态恢复模式。

2012年，市委、市政府出重拳，全市石灰窑、石料场、铝石窑、铝石矿，全部闭坑。矿山生态修复工程，进入了全面治理阶段。

新密市矿山修复，得到了郑州市林业局的大力支持。2012年春，在郑州市林业局组织省、市直单位干部职工积极参与，利用近2个月的时间，完成了义务植树基地煤矿沉陷区的绿化建设任务。设计突出新颖性和特色性，在岳村镇政府东1千米，芦沟、园林、马沟3个行政村交界处煤矿沉陷区，进行义务植树，建成连片面积800余亩矿山修复公园。除此之外，罗圈寨森林公园、石龙山森林公园等一批造林工程，为新密市矿区生态恢复树立了典范。

新密市层层落实矿区生态恢复任务，全市各级政府和社会各界加大投资力度，狠抓造林质量，生态恢复工作取得迅速进展。国土资源局出资4000万元，在郑少高速黑峪沟路段两侧，把满目苍夷的石头窝变成了层层绿林。截至2014年年底，全市共投入资金2亿元，实施矿区生态恢复3万余亩。

这一举措使新密犹如凤凰涅磐，浴火重生，在新常态下，振翅高飞在和谐、永续发展的万里晴空。先后获得了"河南省平原绿化高级达标示范县（市）""河南省国土绿化模范县（市）""河南省林业生态县（市）""全国绿化模范县（市）""全国最佳生态保护城市"等多项殊荣。

三、科学规划　一张蓝图绘到底

生态建设，规划先行。新密市市委、政府历届领导班子坚持高起点、高标准，规划设计林业生态建设，做到一张蓝图绘到底。

新密市委、市政府创新森林进城、公园下乡的理念，聘请国内林业专家和项目办同志上山下乡，踏遍新密山水、指点江山，精心谋划，先后编制出了《新密市"十二五"林业发展规划》《新密市林业生态建设规划（2008—2012年）》《郑州市创建国家森林城市新密市工作实施意见》《新密市新型城镇化廊道绿化规划》《新密市林下经济发展规划（2012—2015年）》《林业生态镇、村建设规划》等。把荒山绿化、道路绿化、水系绿化、景区绿化、城区绿化、镇区绿化、社区绿化、林业产业、生态文化体系等全部纳入全市林业发展总体规划，使绿化工作和全市经济发展相协调，三大效益相统一，实现了资源增长、生态优良、产业发达、文化丰富、林农增收、山清水秀的同步发展目标。

详实的外业调查资料为生态廊道的设计提供了依据。如今，新密市各条廊道绿化已初见成效。使得"高密度、大绿量，三季花、四季青，既造林、又造景"的设计理念成为现实。

几年来，新密共编制、修改各类林业生态建设详规90余个，境内的所有山头、沟河路渠、道路林网、镇区社区、游园绿地等造林绿化施工进入了有章可循、有据可查、有法可依的良性循环轨道。

四、机制创新 大工程带动大发展

新密市属于浅山丘陵区和半干旱区，地形地貌复杂，山区裸岩密布，立地条件差，造林难度相对较大。历史上的荒山造林，采用群营群造，由国家出资，林业局组织，由所在乡镇营造管理。这种大轰大嗡的造林，产权不明，责任不清。年年造林不见林，劳民伤财。

在新时期的生态林业建设中，新密市创新造林机制，采用招投标造林、专业队工程造林模式；在项目管理中，进一步完善了林业工程项目招投标审查、招投标纪律、招投标管理等一系列制度，对所有工程项目一律实行公开竞标，邀请新密市纪委、财政局、审计局和检察院预防局的负责同志全程监督。招标过程，公开、公正、透明，避免暗箱操作。消除了林业项目建设中的腐败现象；在工程验收上，为确保工程质量，杜绝行贿受贿、滋生工程腐败，市绿化委和武警协商，邀请武警20余人分成3个小组，进行工程验收。武警铁面无私，验收工作一丝不苟，严把挖坑、苗木质量关，确保造林成活率和优质工程质量。

2004年，新密市林业局把雪花山的绿化作为试点，实施专业队造林，确保荒山绿化中出精品、成亮点，在认真总结经验的基础上，全面推广实行招投标工程造林。招投标造林、专业队造林，已成为工程造林的常态。

大工程带动了林业的大发展。2002年以来，新密市按照"全民参与、跨越发展、建设生态、构筑和谐"的思路，以项目造林为载体，以工程队造林、专业队造林为手段，坚持多引项目，引好项目，引大项目，先后争取上三级项目支持3个多亿，实施工程项目50余个，新造林50余万亩。2002年以来实施了退耕还林工程，造林9.7万亩；2003年开始实施了嵩山山脉水源涵养林工程，造林4.2万亩；2005年实施了风沙源生态治理工程，造林3.2万亩；2005—2008年实施了封山育林工程，面积达6.9万亩；2007年实施了郑州森林生态城建设工程，造林7.7万亩；2008年以来实施了生态省建设工程，造林22.5万亩；2012年以来实施了生态廊道建设工程，绿化面积4.7万亩。这些工程的实施，推动了全市城乡绿化、路网绿化、四荒绿化和资源管理均衡发展，森林覆盖率达到了41.29%。

新密市在荒山造林绿化中，注重发挥科技支撑作用。多年来，新密山区还有约20万亩的次生林分和多年造林剩下的"硬骨头"荒山，这些次生林分和荒山，立地特征是山高坡陡、土壤瘠薄，如何搞好次生林改造，是摆在新密市林业设计人员的一项重要课题。多年以来，新密市荒山绿化以栽植侧柏含有油脂、易燃烧，冬季防火压力大。新密的乡土树种栎树，是著名的防火树种，一场火灾过后，侧柏几乎全部死亡，多年绿化成果毁于一旦，而栎树除外围细弱枝条死亡外，主干主枝仍有强大生命力，来年仍然萌发。为探讨栎树直播造林可行性，从2011年起，项目办在尖山风景区三家岭、兴谷寨侧柏林区，开展栎树播种造林实验，经连续4年研究，麻栎秋季直播造林试验成功，为新密荒山造林开辟了一条崭新的途径。比起侧柏等其他树种植苗造林，栎树秋季直播造林成活率、保存率和苗木抗逆性具有明显的优势。从种子成熟的9月中旬到冬季土壤上冻前都可趁墒播种。这样可充分利用山区农闲劳动力，错开用工高峰，有效降低造林成本。经过2011—2014年在尖山风景区三家岭4年的实验，麻栎秋季直播出苗率60%～90%，保存率50%～70%，1年苗高30～50厘米。经过实验推广，造林效果非常满意。这项实验，对开展次生林改造、营造混交林、提高森林生态效益具有重要的现实意义。

五、林权改革 促进林业经济大发展

森林资源的管理，界定产权主体，确认林地、林木所有权或使用权，颁发林权证，确保和维护林地林木权属的稳定，对于推动林业改革保护森林资源，促进林业持续、稳定和协调发展，具有非常重要的意义。

2007年以来，新密市作为河南省首批林改试点县（市），按照省、市要求，紧紧围绕"山有其主，主有其权，权有其责，责有其利"的林改工作目标，科学谋划，精心组织，真抓实干，通过全市各级各部门的共同努力，于2011年圆满完成了主体改革任务。

主体改革完成后，林业产权明晰，林农的生产积极性空前提高。积极发展林下种植、林下养殖、林果采摘、森林旅游和农家院，整合了林业资源，发展了规模经济。截至2014年年底，全市发展林下经济面积达4.71万亩，其中林下种植面积0.81万亩，林下养殖15.2万只（头）、利用林地面积0.9万亩，森林景观利用面积3万余亩，林下经济年产值超亿元，涉及农户7800余户，就业人数近5100余人，直接参与林下经济发展的农民林业专业合作社44家。林下经济的迅猛发展，催生了一批种植、养殖合作社和企业的发展，涌现出米村镇蔓菁峪村林下中草药种植、袁庄乡陈脑村香猪养殖、尖山管委会国公岭村瑞阳公司林下香猪、柴鸡养殖、岳村镇芦沟村及曲梁镇尚庄村林下油用牡丹种植为代表的林下经济产业。

近年来，随着国家鼓励森林、林木和林地使用权的合理流转，越来越多的社会力量和资金投向林业。在省、市林业部门的指导下，我们围绕"三定两发"即定权、定心、定根和群众发家、经济发展的思路，帮助林农和合作社研究政策、制定规划、统筹发展。同时，积极邀请域外投资大户来我市经营林地，联系金融、保险等部门参与我市林权抵押和森林保险。推动以林养林、以林兴林、以工补林、以商活林、林工一体、林农一体的发展。据统计，全市现有9210.4亩林地实行了流转，流转资金1787.95万元，涉及5个乡镇和1个景区管委会。其中流转后，2665亩从事林下养殖、1588亩从事林下种植、1677.4亩拟开发森林旅游、3280亩责任山实现了二次流转；完成林权抵押贷款1宗，计450万元；纳入林地保险3.3万亩，涉及1344户。

林地确权，林农吃了定心丸；随着《物权法》和《土地承包法》的完善和实施，壮了投资商的胆，一场林业产权革命，在新密方兴未艾，新型规模化的绿色生态企业，在新密如雨后春笋般拔地而起，正在绽放出生态文明之花，结出累累的生态经济之果。

林权制度改革，真正做到了"林定权、人定心、树定根"，加快了土地流转，调动了林农的积极性，促进了林业发展，新密市林地管理步入了健康轨道。

六、生态廊道 扮靓新密

2012年，新密市委、市政府下大决心，排除一切阻力和障碍，治理生态环境。加快新型城镇化建设步伐，打造生态新密。以生态廊道建设为切入点，全面推进绿色新密、园林新密、生态新密、美丽新密的建设。

新密市廊道绿化力求体现地方特色，按照"一路一景、一路一色、路景相宜"的理念，科学制定全市廊道绿化设计方案。强力推行"8642"车道"5321"绿化模式和"10、8、6"米微地形塑造工程。即：双向8车道、单侧50米绿化带、内侧10米整地密植，过境省道双向6车道、单侧30米绿化带、内侧10米整地密植，市区至新市镇道路双向4车道、单侧20米绿化带、内侧8米整地密植，镇区至新型社区道路双向2车道、单侧10米绿化带、内侧6米整地密植。

目前，新密的郑密路、荥密路、槐下路、密杞路、王观路、王超路及郑登快速通道，构成了新密的"绿色裙带"，生态廊道建设带动和促进了新型城镇化建设，交通、道路、生态环境、产业等全面协调发展，实现了由"绿城新密"向"美丽新密"的跨越。

全市境内省、县、乡三级道路1435千米宜林路段全部进行了绿化，绿化率达到了100%；铁路绿化104千米，绿化率100%；江河、渠、库坝绿化236.7千米，绿化率达100%。通过"大绿量、高密度，多节点、多功能，乔灌花、四季青，既造林、又造景"的绿化定位，突出"生态、景观、健身、休闲、旅游、文化、科技、示范"功能，满足人的全方位需求。从而实现"公交进港湾，辅道在两边，骑行走中间，休闲在林间"，以此达到交通、人行、绿化、生态的和谐统一。

生态廊道建设工程启动后，新密市政府提出"高标准规划，大绿量设计，高规格栽植，精细化管护"的要求。市委、市政府主要领导以及主管领导多次亲临各工地视察，现场解决工程建设中遇到的难题。林业局全体干部职工马不停蹄地奔波在工地上。以超常的工作方法，科学合理地加快施工进度。

从生态廊道建设的起始1千米到406千米，从最初的1亿元到30亿元投入，每一场"战役"都不轻松，每一滴汗水都凝聚着绿色的希望。

新密市专门成立领导小组和办公室，每月的生态廊道建设加压促进会，都要听取造林进度汇报、了解并协调工作中存在的问题和困难，当场进行奖惩。新密市还要求每个乡镇都要先行建设一处样板路段。

为打造出精品生态廊道工程，严格按照《新密市新型城镇化廊道绿化规划》进行统一技术规程、统一操作标准，充分发挥生态廊道工程的生态防护功能；为减少审美疲劳，还针对不同路段的特点，设计不同景观方案，并采取城市绿化模式、见缝插绿模式和生态长廊模式等，做到点面结合、错落有致、远近呼应、层次分明，提升景观效果。

新密市在生态廊道建设上突出："一抢抓"即：抢抓春季造林的最佳时机，发扬"晚上当白天、一天当两天、雨天当晴天"精神，时不我待，敢拼硬打，发动全市干群迅速掀起廊道绿化建设高潮；"两集中"即：集中人力、集中财力；"三突出"即：突出廊道绿化改造提升和节点绿化，突出"高密度、大绿量、乔灌花、四季青"，突出"一路一色、一路一景、路景相宜"；"四到位"即：一是领导到位。把廊道绿化建设作为一把手工程来抓，各级党政一把手靠前指挥，亲自督战；二是投入到位。多渠道筹资，全方位融资，让施工方无后顾之忧；三是部署到位。坚持边设计边开工，边施工边督查，促使能开工项目全部尽快开工，促使已开工项目按照设计标准超常规推进；四是指导到位。林业部门全过程、全时段、保姆式服务指导，严把整地、苗木、栽植、浇水、管护五关；"五分包"即：四大班子领导和乡（镇）办领导班子包路段、包任务、包督导、包推进、包成效；"六机制"即：推行督查通报制、进展日报制、定期汇报制、媒体曝光制、跟踪服务制和考核奖惩制；"七确保"即：确保活不白干、确保钱不白投、确保工程超常规进展、确保施工安全、确保绿化质量、确保整体效果、确保群众满意。新密市2012—2015年，完成生态廊道75条533千米，绿化面积4473万平方米，完成投资30.1亿元。3年来，绿化效果凸显。生态廊道，扮靓了新密。

七、城在林中，生态宜居

新密城区框架不断拉大，城区面积达23平方千米，人口15.37万人。把森林引入城市，把城市建在林中，使人民群众充分享受碧水蓝天和清新的空气，正是新密林业生态建设要达到的目标。

在青屏山、雪花山下，新城建设日新月异。宽阔的密州大道、溱水路斜拉桥，凸显城市风格；东城半岛、凯旋山、御金湾、金域蓝湾等高档小区建筑风格迥异，湖心小岛、小桥流水、亭台楼榭各有千秋。

为了提升城市品位，优化城乡人居环境，在中心城区，通过大力新建和改造绿化广场、游园等措施增加绿化面积。中心城区现有各类公园、街心游园30余处，至目前，建成区绿地面积1211.4公顷，公园绿地826.45公顷，生产绿地11.6公顷，防护绿地203.91公顷，附属绿地164.44公顷，绿化覆盖率达40.7%，人均公共绿地面积达79.2平方米，为百姓提供了休闲、娱乐、运动的绿色空间。

新型社区建设是一件功在当代、泽及后世的惠民工程。走一条不以牺牲粮食和农业、生态和环境为代价的新型"三化"之路是省委、省政府提出的新思路、新目标、新要求。随着城镇化建设步伐的不断加快，新型社区绿化建设显得尤为重要和迫切。为此，新密市积极引进项目，科学制定绿化方案，深入一线，发动群众共同参与建设新型社区。

来集镇王堂村带头人王福聚筹资2500万元，建成了集休闲、健身、娱乐为一体的"祥和生态社区"。超化镇黄固寺村党支书樊海凤筹资3000多万元建成有1200亩的采摘园和生态广场的生态社区。来集镇陈牛套出资2000万建设生态社区。

政府认真的指导、孜孜不倦的追求，推动了牛店高村社区、浮山雅居社区等先后落成，一片片高楼拔地而起、一个个新型社区不断涌现。实现了"社区是我家，农村不比城里差"。

通过大力推进城乡绿化一体化，新密市先后创建成郑州市林业生态镇7个、郑州市林业生态村109个、郑州市林业生态模范村1个、完成平原林网建设35.4万亩，封山育林9.4万亩，形成了山区、丘陵、平原全面绿化、均衡发展的林业建设新格局；已启动36个新型社区绿化和配套建设，建成生态游园370余个，绿地面积超120万平方米，有效提升了新密市民的生活品位。岳村赵寨社区、郑兴社区亭台楼榭别具一格，来集桧树亭社区绿树成荫，郁郁葱葱。走进这些社区，你会发现路路是美景，处处像公园。

新密这座十几年前被称作"乌金之乡"的县级城市，被"煤炭、耐材、建材、造纸"四大支柱产业折腾得满目疮痍，如今已峰回路转，经济转型发展，开出了生态文明的灿烂之花，结出了生态经济的累累硕果。这个嬗变不是奇迹，这是新密人民用汗水重整山河的结晶！

如今，幸福的新密人民沐浴在绿色之中，这里山美、水美。正如习近平同志所说的那样，这里既有绿水青山，也有金山银山，"绿水青山就是金山银山"。

昔日沙乡着绿装

尚会军[*]

盛夏时节，踏上"潘安故里"——中牟这片古老而又神奇的土地，生命的绿色便扑面而来。绿染遍野，青翠摇曳，生机勃发。行进在茫茫槐林海，槐树的枝丫，重重叠叠，把蓝天遮了个严严实实；带有甜味的槐花香弥漫了整个大地。草木葱茏，花繁叶茂，田野中纵横交错的林带与绿油油的农田构成一幅令人赏心悦目的田园画面。

中牟县地处郑汴之间，黄河下游冲积扇南翼之首。由于黄河多次泛滥改道，造成中牟县境内沙丘连绵、岗洼相间的地形地貌，"沙岗群，锅地坑，怕旱怕涝又怕风""风过砖瓦碎，白天屋点灯"曾是中牟沙土王国的真实写照。人心所向，民心所盼，改变风沙肆虐的窘相，已刻不容缓！中牟县群众在历届县委、县政府的带领下，不怕天寒地冻、不惧寒风刺骨，展开战天斗地的封沙绿化大会战。中牟县防沙治沙的史册上曾有这样一群人，卢凤皋、马金祥、潘宗兰……他们身先士卒，苦干在前，用青春、汗水、智慧摸索出"前挡后拉""四面围攻"对付沙丘的好办法。

一次次大规模的封沙造林似一幅幅泼青铺绿的写意图，一个个绿树装扮的沙丘如一帧帧抹青润绿的工笔画，沙丘上的每一片林、每一棵树，都成为中牟人勤劳与智慧的结晶。

一、工程带动，一种传统在发扬

伴随着新世纪的发展脚步，中牟继续书写着治沙绿化、建设生态家园的绿色长卷。

"一县担两市"独特的区位优势，彰显出裂变效应，三区叠加、中原经济区发展主战场……

"凡事预则立，不预则废。"翻开厚厚的《中牟县"十二五"林业发展规划》《中牟县林业生态建设规划》《中牟县城郊型生态园林县发展规划》等10个重磅出炉的林业生态建设规划，在三官庙、黄店、刁家等土地沙化严重乡镇，营造3.53万亩防风固沙林；在官渡、大孟、郑庵等风沙危害为轻度和中度乡镇，营造3.05万亩小网格林网……字里行间寄托着中牟构筑网、带、片、点相结合综合生态防护林体系的坚定决心和鸿鹄之志。

2003年，郑州森林生态城百万亩建设为中牟林业生态建设蓝图注入巨大的能量。西北、东北、西南、南部、东南五大核心森林组团的布局，中牟小车拉重货——独中东北、东南两大组团，全县14个乡镇（场）承担着20万亩造林任务的重任。就是这一年冬天，中牟县发生了新世纪造林绿化最为壮观的一幕，14个乡镇（场）对全县2万亩宜林四荒吹响披绿的号角。在黄店镇3000亩的造林现场、在张庄镇1000亩的观摩点……全县300余村庄的沙荒地上，寒风刺骨、雪花飞舞，一根根丈绳、一把把铁锹，林业技术人员、村组干部、村民代表在沙荒地里奔波。沙多、岗高怎么栽树？发扬中牟独有的造林精神，泡树根、蘸泥浆、多培土，统一挖穴、统一供苗、统一栽植；缺水、多风怎么办？洒水车、农用车、扁担挑，挖大坑、栽大苗、踩夯实，经过30余天的艰苦奋战，2万余亩沙荒地不仅披上了绿装，而且经验收苗木成活率和保存率均达到98.6%。

谁种？谁管？谁受益？答案只有一个：群众！为此，中牟县对境内原有21.55万亩集体

---

[*]作者系中牟县林业局局长。

林地分林到户，确权发证，让群众吃上"定心丸"；连续八年对沙荒造林每年每亩补贴170元，免费为群众提供造林苗木，中牟让以前没人要的沙荒地成了"香饽饽"。用群众的话："补助加打工，收入比以前中。"群众的力量无穷大，2003年至2013年，全县沙荒造林25余万亩，初步形成了南部沙区防风固沙林、东南部小杂果经济林、西南部农枣间作林、北部农田防护林和中部城镇绿化为主体的生态体系框架。

植树贵在保活、难在成林。对不易蓄水的沙荒造林中牟用啃硬骨头的精神克服，及时浇水松土、扶正踩实，除草抚育；采用飞机与地面防治相结合的办法，防治春尺蠖、美国白蛾、杨树溃疡等林业病虫害。每年，中牟县对新旧造林地块进行两次全面检查成为"硬杠杠"，对造林合格率达不到85%的乡镇（街道），责令补植补造，并"一票否决"年终评先资格。每到"三夏"农忙之际，为避免农机作业和麦茬处理破坏树木，中牟县森林公安、林政和防火等部门加强巡逻，从严、从重、从快处理损树毁林案件。据10年间的造林核查显示：中牟县25万亩造林面积，成活率达98.7%。

二、全民参与，一抹绿色润沙乡

2010年，时任县委书记杨福平边植树边和群众拉家常说过这样一句话："种一棵树，等于是烧一炷香，是积德、造福，为老百姓造福，为中牟县造福，种的树越多，积的德越多。"的确，一棵树如同一炷香。中牟群众近几年来在劳动之余，来到林木葱茏、花草繁茂的城市公园，漫步在城乡浓郁的林荫中，满目青翠，新鲜空气迎面扑来，神情目爽，无比幸福！

众人划桨开大船，阳春三月，春光明媚，县四大班子领导带领机关工作人员，走出办公室，与群众一道参加义务植树，见缝插绿、见缝补绿，绿地树木认建认养，保护一草一木，绿化了荒裸沙地，保护了绿化成果，美化了身边环境。

据统计，每年全县参加义务植树的适龄公民达到60万人次，尽责率达到95%，平均成活率在93%以上，营建义务植树基地30余处。

三、整容换妆，一个绿字靓城乡

"乡村需要更绿，城市需要更靓"。林业生态村镇建设是让村镇彻底"整容"的一次行动。2007年，3个试点村村内主街道路两侧栽植了法桐、雪松，中间配置红叶李、黄杨等小花木；小型街路两侧，全部栽上了大叶女贞、广玉兰等绿化树种，中间配置瓜子黄杨；学校和广场空闲地栽植大规格雪松、桂花和黄杨球，配以紫薇、小叶黄杨、月季和草坪……三年间，中牟投资1100万元建成37个林业生态村遍布全县16个乡镇，栽植紫薇、法桐、大叶女贞等60多万株绿化苗木，绿化美化村庄道路267条，建成村庄街心游园60余个。

"城在林中"是一张幸福画卷，是对幸福生活的美丽解读。2011年春，中牟县委、县政府按照科学发展、协调发展的思路，提出了打造"宜居中牟"的口号，对县城规划区28平方千米范围内实施城区绿化全覆盖，以城区空地、荒地为点，具有地域文化特色的城市绿地系统，实现了绿化与高楼同生长，绿色与城市共延伸，2011年绿化城区近7000亩；2012年，绿化城区5276.95亩；2013年，中牟投入3.5亿元打造森林公园——四牟园，中牟新老城区的绿意一天比一天浓，宜居环境一天比一天好。

四、提档升级，一路绿廊入画来

连霍、郑民高速穿境而过，郑开大道、物流大道等5条城际道路横贯东西，省道223线、规划新107国道纵穿南北，公路两侧的绿化水平是展示中牟对外形象的"城市窗口"。"十一五"以来，虽然对县域内的高速、省道进行了绿化、增加了绿量，但整体绿化贯通度不够、延伸面不广、景观效果不明显。

"形象要展示，绿廊需先行"。2012年，中牟作出史无前例的决定：将生态廊道绿化工程，列入县新型城镇化建设"十大切入点工程"之一。但作为郑州市唯一的"县"，财力条件谈不上优越；"一县担两市"独特区位，每寸土地都是那么金贵。在造福百姓的民心工程面前，在展示中牟良好形象、提升中牟城市品位的面前，"地"和"钱"的问题都不是问题。为达到"公交进港湾，辅道在两边，骑行走中间，休闲在林间"的建设效果，高速、园区、城乡124条生态廊道，全部由绿化公司结合地域特色，按照树种多样、乡土为主、色彩丰富、景观优美、栽植大规格苗木的原则，注重植物品种多样化、层次化，增加造型、色彩和动感。在整个建设过程中，中牟县委、县政府成立生态廊道绿化指挥部，主要领导、分管领导每天到一线检查指导，现场协调解决突出问题；每周四白天录施工现场影像，晚上开会看视频点评。

2015年新走马上任的县委书记樊福太在查看郑民高速绿化时强调，要树立抓生态就是抓经济的理念，把生态建设放在更加突出的位置，让生态廊道绿化为中牟的跨越发展锦上添花。

提档升级，中牟生态廊道加速延伸，在绿博产业园区的樱花路沿观樱长廊，日本晚樱、寒绯樱、菊樱、东京樱花和山樱花鳞次栉比。月季路、紫荆路、银杏路、木槿路、碧桃路……在中牟县，近百条生态廊道结合不同特色的绿化主题景观而命名。2012—2014年全县投资122亿元，建设生态廊道124条，总里程863千米，绿化总面积8万余亩，已形成了"一路一景一品一主题"廊道风景。

雄关漫道，短短13年，高瞻远瞩的发展战略和行之有效的治理措施，使中牟县林地面积从29万亩增加到59万亩，森林覆盖率达24.07%，生态绿化让中牟有了可喜的变化：过去的中牟沙岗群、锅地坑，怕旱怕涝又怕风；现在的中牟沙少了、天蓝了、地绿了、路靓了，森林拥抱着城市，群众拥抱着绿色！

第七篇

绿城放歌

DIQIPIAN LÜCHENG FANGGE

第一章 绿韵激越

大爱织锦绣 和谐促发展
——郑州市林业建设凸现生态效益

郑州市林业局宣传办

一、安居乐业歌盛世

生活在郑州市的人们，近年来无疑是幸福的。肆虐郑州数十年的风沙之害销声匿迹了；每年蓝天白云的天数均超过全年的三分之二。这里山清水秀，空气清晰；居民步出家门，三五百米，成片绿地、百花竞艳以及街头游园随处可见。

节假日和双休日，朋友或者家人，或结伴驾车，或乘坐公交，或骑车，或步行，近郊到处都有散心怡情、享受绿色的好地方。人们可到尖岗、常庄水库享受森林氧吧；也可到邙山观赏风景；亦可到黄河大堤和黄河湿地听黄鹂鸣柳、百鸟欢唱，看燕子翻飞、蝴蝶起舞。如要享受绿色、天然的水果、蔬菜和饭肴，不妨到樱桃沟、尖山、雁鸣湖等处，亲手采摘一串樱桃、一颗石榴、些许桃和杏，你可以品尝到这些绿色水果味之甘甜；自己动手，捞一尾金色鲤鱼，摘一把新鲜野菜，烧一顿农家饭，那色、那香、那味，即便是满汉全席，你也会弃之而不屑一顾。

这便是郑州，这就是我们的绿色家园。无论是本地居民，还是客居来宾，无不交口称赞：这里有着良好的工作、生活条件和环境，这里是环境友好型的和谐宜居之地。

二、大爱润物细无声

郑州地处中原腹地，北临黄河，西依嵩山，正处在黄河中下游扇面冲积区扇柄的部位，气候干旱、少雨，东部和东南部茫茫黄淮平原的沙尘随风肆虐，生态环境基础十分脆弱。新中国建立以来，历届党委和政府都把植树造林、防风固沙当作头等大事，常抓不懈。到20世纪80年代，郑州曾以35.25%的绿化覆盖率位于国务院公布的317个城市前列，获得了"绿城"美誉。

然而，随着经济社会的飞速发展和大规模的城市化进程，土地被大量地开发占用，人口急剧增加，人与自然的关系失衡，生态环境遭到了极大破坏。郑州市不仅痛失"绿城"桂冠，生态环境脆弱和局部恶化一度成了制约社会、经济发展的瓶颈，成了全面建设社会主义小康社会的重大障碍。

痛定思痛，郑州市委、市政府深刻认识到，经济发展的最终目标是提高人民群众的生活质量，实现富国强民。以人为本，坚持走全面、协调、可持续发展的道路，实现人与自然和谐，是关乎中华民族生死存亡的大计。经济社会与生态的协调发展是可持续发展的基础和必由之路，生态和谐是构建和谐社会的基石。发展城市林业，建设以林业为主体的森林城市是新形势下城市建设的先进理念和城市发展的主流，生态化建设是森林生态城市建设的主体。

为了实现"构建和谐社会"的战略目标，2003年，郑州市委、市政府引入生态化的先进城市发展理念。制定了以林业为主体的森林生态城市建设的奋斗目标，明确提出，用10年时间，在城市周边营造百万亩森林，把郑州建设成为"城在林中，林在城中，山水融合，城乡一体"，山川秀美的森林生态城市。同年11月，将森林生态城市建设纳入全市经济社会发展的总体规划，全面推进林业和生态建设的跨越式发展。以人为本，打造良好的居住条件和工作环境，建设绿色家园，全面建设人与自然和谐相处的小康社会。这种大爱之心，至善之举，只有在以胡锦涛为总书记的中国共产党领导下的各级党委和各级人民政府才能够具有，才能够做到。郑州市委、市政府从广大人民群众的切身利益出发，作出建设森林生态城市的伟大战略决策，犹如春风化雨，滋润着万物生灵，功莫大焉。

三、绿色数据显效益

本节公布的数据是郑州市自实施森林生态城工程建设以来，大力发展林业建设所获得的生态效益，所以这些数据浸满了绿色，是用全体林业人的辛勤汗水铸成的绿色数据。

目前森林生态城范围内新增造林面积57万亩，全市林业用地面积达到189.7万亩，有林地面积133.2万亩，全市森林覆盖率为25%，建成区人均绿地9.98平方米。以森林植被为主体的国土生态安全体系已初步形成，并且已经产生了巨大的生态、经济和社会效益。

自2006年开始，河南省林业科学研究院林业生态工程技术研究中心历经一年半的辛勤劳动，对郑州市森林生态城建设的生态效益进行了缜密、科学的监测评估和货币计量，并出具了监测评估报告，为市委、市政府对城市的生态化建设与发展提供了决策依据。

根据《郑州森林生态城总体规划》，按照水土保护、防风固沙、涵养水源等森林主要功能，对城郊五大核心森林组团和中心城区绿化、绿色通道以及水系林带等七大森林类型进行了监测评估。监测采用了长期定位监测和季节性流动观测相结合；大范围调查与典型调查相结合；定量分析和定性分析相结合；趋势分析与建模预测相结合的科学方法和技术路线。监测评价的内容包括森林对改善气候、涵养水源、改善水质、保持水土、防风固沙、滞尘、防污吸污、减噪、吸热、固碳、放氧、卫生保健、护农增收等13项生态指标所产生的生态效益。监测是科学的、全面的。

监测结果表明，郑州市森林生态城建设已产生了显著的生态效益，发挥着巨大的生态服务功能。2006—2007年度，整个森林生态城建设范围内森林植物生态服务功能年度总货币值达122.3940亿元。其中，年蒸腾耗热总量4731531.59亿千焦，价值77.5521亿元；年二氧化碳净固定量1231531.04吨，价值14.9221亿元；年滞尘量994062.24吨，价值6.1081亿元；年吸收二氧化硫量为2307187.87吨，价值4.0659亿元；年释放氧气461824.14吨，价值1.9910亿元；年涵养水源量48006696.40吨，价值2.4003亿元；年固土保肥总值0.4411亿元；年防风固沙效益货币值为0.5998亿元；年减噪效益0.7570亿元；森林生态城市建设范围内农田防护林年增产价值1.1023亿元，改善水质价值年0.4801亿元。

这里需要加以说明的是，监测的生态效益数据以及由此换算的货币值，并没有按郑州市的森林的成年树龄计算，而是分别按2∶1、3∶1、5∶1折合计算的，然而，2002、2003年栽植的树，现已达到青壮树龄，正在产生着强大的生态效益。仅生态效益一项，产出已经大于投入的十余倍，如果加上林果业、木材生产加工业、林下经济开发利用、森林旅游观光等所产生的直接经济效益，林业发展建设投资所产生的社会、经济、生态综合效益是巨大的。而且，效益将随着树龄的增长而成倍的增加，将会长时期地、源源不断地产生效益，说明了投资林业建设具有"长效性"和"多效性"论断的正确和前瞻性。

四、众志成城织锦绣

森林生态城市的建设是一项全面的、复杂的系统工程，市委、市政府从抓规划设计入手，组织专家和技术人员实地勘察，查阅资料，历时一年多，高起点、高质量地编制了《郑州森林生态城总体规划》。

规划的森林生态城建设主要包括绿色通道、水系林网、大地林网化、中心城区绿化、林木种苗花卉、湿地等生物多样性保护、森林旅游业、生态公益性片林、速生丰产用材林产业、名特优经济林产业等十大工程。规划根据全市地理自然条件和生态环境特征，确定了一屏、二轴、三圈、四带、五组团的总体布局。概括为沿黄河大堤构筑一道黄河绿色生态屏障；围绕京珠高速以及"107国道""310国道"、省道建设两条森林生态景观主轴线；市区数道环线组成三层森林生态保护圈；按井字型布局，围绕市区河、湖、沟渠，构成四条大尺度生态防护林带，按照"西抓水保东治沙，北筑屏障南造园、城市周围森林化"的构想，采用组合链接方式，在郑州市区西北、东北、西南、南部、东南建设五大森林组团，形成绿色森林环绕的城市格局。

为了加强对森林生态城建设的领导，市委、市政府成立了森林生态城规划建设工作领导小组。市长任组长，并在市林业局成立了森林生态城规划建设工作领导小组办公室，有关县（市）区、乡（镇）也建立了相应的组织机构，建立了分级管理、部门协调、上下联动、良性互动的组织领导体系。

市委、市政府科学分析了林业和生态建设投资巨大，具有"迟效性"的特点，然而一旦见效又具有"长效性"和"多效性"的特点，毅然决定，对森林生态城建设各个项目的投资，市财政承担大头，县（市、区）财政按三分之一配套。郑州森林生态城建设工程自2003年启动以来，仅城郊绿化，市县两级累计投资8.7亿元，其中市财政投入5.8亿元，县（市）区配套2.9亿元。2008—2010年，我市还将每年投资2.5亿元，对加大郑州市森林生态城建设规模，提供了公共财政的资金保障。同时，建立多元化的投融资机制，拓宽林业投融资渠道，也是加快林业发展，加速森林生态城市建设的重要手段。2006年，立足于林业的可持续发展，市政府批准成立了"森威林业产业发展公司"，对森林生态城项目的建设和发展实行企业化管理，加强了监督与指导作用，保证了《郑州森林生态城总体规划》一张蓝图绘到底。为加快森林生态城市的建设步伐，市委、市政府决定在市财政投资的基础上，由公司2007—2010年向河南省农业发展银行贷款8.7亿元支持森林生态城建设，市财政还本付息。目前2007年贷款2.2亿元已经到位。

方针路线确定之后，干部就是决定的因素。为了贯彻落实《中共郑州市委 郑州市人民政府关于加快林业发展的决定》，加速实现森林生态城市建设的战略目标，市委、市政府选派精明强干的干部充实到林业和生态建设第一线，并不断充实、强化林业战线领导班子的建设。通过"共产党员先进性教育""讲正气、树新风"等活动的开展，全市林业系统逐步实现了领导班子年轻化、知识化，增强了战斗力，形成了团结而又特别能战斗的堡垒。

郑州林业人深知自己肩负着党和人民的重托，历史的重任，通过学习，树立了"像树一样，站着能抵挡风沙，吸碳吐氧，奉献人类；倒下能融入大地，回归自然，无怨无悔"的崇高精神，建立了一支能打大仗、打硬仗、特别能吃苦、特别能战斗的强有力林业队伍。以赤胆忠心，满腔热血和满怀豪情为郑州市铺下了满城新绿，织就了一片锦绣。

全民义务植树以其特有的法制性、全民性和公益性在郑州市开展得轰轰烈烈，省、市领导率先垂范，广大群众踊跃参与，形成了全党动员，全社会办林业的大好局面，不仅极大增强了人民群众爱绿、植绿、护绿、兴绿的意识，也极大改变了人民群众的价值取向和正确世界观的树立。

在森林生态城建设过程中，以工程造林为模式，以成活率为保障，采用工程管理模式组织造林，引入竞争机制，在北部邙岭、郑少高速、尖岗常庄水库周边等重点生态林建设中，实施了招投标造林、工程专业队栽植，不但降低了造林成本，而且包栽包管，大大提高了林木的成活率和保存率。同时坚持"植树造林，水利先行"的原则，注重加强重点工程建设的水利设施配套，做到林造到哪里，水利设施就配套到哪里。在造林时机上，变春季造林为一年四季造林，坚持植大苗、直播造林、飞播造林、封山育林一起上，加快了造林绿化速度，提高了森林生态城建设速度和质量。

五、生态和谐促发展

跨越式发展是河南省委、省政府对郑州市的明确要求，在实现中部崛起的战略部署中，中原崛起看郑州。郑州不仅要成为中原城市群的文化、经济首善之区，也要成为生态环境的首善之区。

郑州市委、市政府采用跨越式发展，建设以林业为主体的森林生态城市，短短几年，生态效益已经显现，并且随着森林树龄的增长，其效益还会以几何级数增加，给郑州市经济社会的协调发展提供了强有力的保障和支撑。《郑州市森林生态城建设生态效益监测评估报告》所提供的数据，是无字的丰碑，不仅证明了正确的以林业为主体的生态化城市建设发展方向，也记录了郑州市林业跨越式建设发展的历史进程。它同时也是一曲浩然长歌，歌颂了郑州林业人的无私奉献精神；讴歌了市委、市政府带领广大人民群众建设绿色家园、构建和谐社会的丰功伟绩。

全面建设以"良性的生态体系，资源低度消耗的生产体系，效益持续增长的经济运行体系"为目标的和谐社会，就是要努力促进人与自然的和谐相处，从而实现经济社会全面协调的可持续发展。生态和谐是构建和谐社会的基础，林业在生态建设中占据着首要地位，建设和发展现代林业就是要紧紧围绕林业的"生态、经济、社会"三大功能，建立完善的林业生态体系，发达的林业产业体系和繁荣的生态文化体系，全体林业人切实担负起促进人与自然和谐相处、经济社会可持续发展的神圣使命。

奏响绿色新乐章

——郑州市生态建设工程纪实之一

郑州市林业局宣传办

"城在林中，林在城中，山水融合，城乡一体"——这是郑州市委、市政府2003年描绘的城市生态建设的美好蓝图。按照蓝图规划提出的要求，到2013年，郑州周边将新增森林面积100万亩。

这是一项重大的战略决策，一个振奋人心的宏伟目标。从此，郑州市的生态建设进入了一个崭新的历史时期。几年来，全市人民齐心协力，掀起了造林绿化的新高潮，奏响了一曲气势恢宏、人与自然和谐共处的新乐章。

一、落实宏伟目标　实施重点工程

时值盛夏，高楼林立的城市犹如火炉，暑热难耐；而在城区之外，却是绿荫盖地，另一番天地。不久前，一些应邀到近郊"看绿"的市民代表们，先后参观了尖岗水库涵养林、邙岭等重点林区，穿越了郁郁葱葱的绿色屏障，个个喜不自禁，对我市近年的造林绿化成果赞不绝口。

而他们所看到的，只不过是全市绿化工程的一部分。按照郑州森林生态城总体规划，2004年以来我市连续4年将"完成森林生态城工程造林10万亩"，作为向市民承诺的十件实事之一，特别是2006年以来，市委、市政府把森林生态城建设作为全市经济社会跨越式发展的八大重点工程之一，强力推进。在全面抓好国家和省退耕还林工程、防沙治沙造林及公益林等工程项目建设的基础上，结合郑州的实际，相继启动建设了一批市级重点林业生态建设工程。

在城市西南部尖岗、常庄水库周边丘陵地带实施水源涵养林建设，规划总面积10万亩，目前已完成7万余亩。在西北部邙岭，以水保工程、退耕还林工程和邙山水保生态园区建设为主，完成风沙源生态治理造林10万亩。在东南部沙区，建设了8万亩以防风固沙、大枣生产为主要功能的生态防护林。在东北部，完成了7.3万亩以湿地保护、防沙治沙为主要功能的湿地生态防护林。在南部，建设了3万亩以水土保持、杂果生产为主要功能的生态和绿色经济林园区。

以连霍、京珠、郑少洛等高速公路为重点，在干道两侧及其沿线，大力植树造林，绿化国道、省道、高速公路及河流渠道790千米。在广大平原农区，以河沟路渠林网林带建设为重点，组织实施平原绿化高级达标活动，目前全市78个平原和半平原乡镇全部实现平原绿化高级达标。另外，2008年以前，计划新建7个森林公园，1个树木园，森林公园、观光园和树木园达到24个。

二、建设生态城市　打造"首善之区"

郑州是个气候干旱、多风沙的城市，生态环境的基础比较脆弱。近年来，郑州市树立科学发展观，走人与自然和谐发展的路子，在加快经济、社会发展的同时，不断改善生态环境，努力建设森林生态城市，为经济发展和人民生活营造优美和谐的自然环境。2003

年以来，郑州市委、市政府从规划入手，持续加大投入，积极探索和创建工作机制，高标准建设，郑州森林生态城建设快速推进。截至目前，森林生态城范围内新增造林面积57万亩，全市林业用地面积达到189.7万亩，有林地面积达到133.2万亩，全市森林覆盖率达到25%，再塑了郑州绿城形象。

创建全国绿化模范城市，是一项规模宏大的社会工程。2006年以来，我市以争创"全国绿化模范城市"为载体，全力推进森林生态城建设。市委、市政府作出了《关于创建全国绿化模范城市的决定》，提出经过2年时间的努力奋斗，力争把郑州建设成为全国绿化模范城市。2007年，是我市创建全国绿化模范城市的攻坚之年。多种形式的宣传活动，有效提高了全市人民植绿爱绿护绿的生态意识，调动广大群众和社会各方面力量投入绿化、美化环境的积极性，加快了实现全国绿化模范城市目标和森林生态城建设的步伐。

今年春天，在全民义务植树运动26周年到来之际，省委书记徐光春同省委常委、市委书记王文超等省市党政军领导，到中牟林场冒雨参加义务植树时，徐光春书记曾寄语郑州市：作为省会，郑州不仅要成为全省经济、政治、文化、社会的首善之区，还要成为全省生态环境的首善之区。

半年来，全市各级党委、政府和有关部门，认真贯彻落实省委主要领导的重要指示精神，振奋斗志，把生态环境建设推向一个新的阶段，用实际行动，向省、市委和全市人民交上一份满意的答卷。

三、创新管护机制 巩固绿化成果

森林生态城的建设是一项系统工程，涉及面广、投资大。为了提高造林绿化的效率、质量，巩固造林绿化成果，市委、市政府和林业部门以科学发展观为指导，从实际出发，创新机制，努力调动各方面的积极性。

抓好城市森林建设，必须建立多元化的投融资机制。一是加大财政投入。对森林生态城建设各个项目的投资，市财政承担大头，县（市、区）财政按三分之一配套。郑州森林生态城建设工程自2003年启动以来，仅城郊绿化市县两级累计投资8.7亿元，其中市财政投入5.8亿元，县（市、区）配套2.9亿元。二是融资建设森林生态城。2006年成立了"森威林业产业发展公司"，做到"造林、管护、经营"三位一体，对森林生态城项目的建设和发展实行企业化管理。三是吸引社会投资，鼓励、支持和吸引社会资金参加项目建设。

近几年，市政府出台了一系列的优惠政策，对规划区内参与森林生态城建设的农民，享受不低于国家退耕还林补助标准的优惠政策，同时分工程、区域制定了不同的造林补助标准。对于符合退耕还林条件的坡、沟、坎，由政府出资租赁承包经营权用于造林绿化，所租土地性质不变，土地使用权和林木所有权归政府所有，保证林地农民收益，深受农民欢迎。

在森林生态城建设过程中，采用工程管理模式组织造林，引入竞争机制，在北部邙岭、郑少高速、水库周边等重点生态林建设中，实施了招投标造林、工程专业队栽植，不但降低了造林成本，而且包栽包管，大大提高了林木的成活率和保存率。坚持"植树造林，水利先行"，注重加强重点工程建设的水利设施配套，基本做到了林造到哪里，水利设施就配套到哪里。在造林时机上，变春季造林为一年四季造林，坚持植苗造林、直播造林、飞播造林、封山育林一起上，加快了造林绿化速度，提高了森林生态城建设质量。

俗话说，"三分造七分管"。为了提高植树的成活率，加强对林木的管护，市林业局建立了造管并重的良性机制，成立了"重点工程建设管理处"，工程区县（市、区）也都建立专门的管护机构，乡（镇）也增加专职和兼职管护人员，形成机构健全、多措并举、上下齐动的管护网络。坚持依法治林，先后出台了城市绿化管理、全民义务植树、城市防护林管理、古树名木保护管理、封山育林管理以及森林生态城建设目标责任考核奖惩、生态城建设资金管理等法规、文件，使绿化管理进一步走向法制化、规范化。

正是由于管护机制的创新，全市近年来造林植树成活率和保存率达到90%以上。省、市领导的率先垂范，市民义务植树热情空前高涨，建立了省、市领导义务植树基地，以及"公仆林""将军林""青年林""巾帼林""连理林"等各种纪念林8处、3600亩。

四、坚持以人为本　建设和谐环境

郑州市"十一五"发展规划确立了建设现代化大都市，建成人与自然和谐相处的最佳人类居住城市的奋斗目标。市委、市政府将森林生态城建设纳入全市经济社会发展的总体规划，按照规划，到2020年，市区人口将发展到500万人，森林覆盖率要提高到40%。

建设森林生态城市，就是要实现人与自然的和谐相处。随着城市框架的扩大，不断加强绿色通道建设。金水路、中原路、文化路等主干道两侧，法桐虬枝成穹，绿荫如盖，形成了"点成景、线成荫、片成林"的林荫网络。庭院绿化美化达标活动，调动了机关、企业、学校、医院、部队的绿化积极性，花园式的单位、社区日益增多。国家森林公园、公园、月季园，环境幽雅；各种类型的街头、河岸小游园，花木葱茏。城市近郊，青山绿水，景色秀丽，更成为市民们休闲娱乐的好去处。

为落实以人为本的科学发展观，实现经济、社会和生态可持续发展，市委、市政府引入先进的生态环境建设理念，结合郑州生态建设的实际需要，提出以林业为主体建设森林生态城市，全面推进生态建设跨越式发展。市委、市政府要求全市各部门，从思想和行动上做到认识到位、责任到位、投入到位。把森林生态城市建设放到郑州发展的大格局来考虑，坚持以人为本，办成民心工程。落实一把手负责制，分管领导具体抓落实，逐级签订绿化工作责任状，明确任务，严格考核。动员全社会各方面广泛参与，形成合力。市、县两级财政把森林生态城建设纳入基本建设投资计划，制定优惠政策吸引社会资金，确保建设资金。

实践证明，郑州市建设森林生态城的规划，正是贯彻以人为本的科学发展观，体现了人与自然和谐相处的理念。把郑州建设成为"山川秀美的森林生态城市"的目标，实现"城在林中、林在城中、山水融合、城乡一体"的愿景，最终达到人与自然和谐相处，正是代表了全市人民的根本利益。

如今的郑州，无论是繁华的城区，还是郊县的乡村，处处可见森林生态建设的成果。造林绿化，使郑州的山川变得绿意盎然；造林绿化，使郑州的环境变得流光溢彩。伴随着郑州社会经济发展的主旋律，这一曲绿色乐章将更加雄浑、激越，更加和谐、动听！

唯愿绿色满山川

——郑州市生态建设工程纪实之二

郑州市林业局宣传办

盛夏时节的郑州郊县大地，随处可见苍葱碧绿的林地和群山。青山绿水，生机勃勃，宛如一幅精心雕饰的美丽图画，铺展在中原腹地之上。

行进在四通八达的高速路、国道和纵横交错的县乡公路上，只见两侧的农田、村庄和城镇都笼罩在片片绿色之中，犹如"人在画中游"一般。这绿意盎然的景象，是近年来实施生态绿化工程的写照，也是各级党委、政府、林业部门和社会各界辛勤培育的硕果。

一、构筑林网屏障

位于市区北郊的邙岭，树木成荫，满目青翠；蜿蜒的黄河大堤两侧，绿荫如盖，宛如碧带。它们相辅相成，形成了郑州北部的一道绿色屏障。

这道屹立在黄河南岸的绿色屏障，正处于惠济区范围之内，是郑州市森林生态建设重点工程之一。而在几年之前，这里大都是一片荒山秃岭。为了落实郑州市森林生态建设规划，彻底改变邙岭的面貌，惠济区林业局局长温学生和全局职工不知付出了多少心血、汗水。2005年冬，温学生请省林业设计院对邙岭造林绿化进行专题规划，根据邙岭地形地势，将造林工作分为生态公益林区、景观林区、森林区、防护林区4个工程区。经过几年的努力，目前，邙岭万余亩宜林土地的造林绿化任务已全部完成，共栽植树木280余万株，使昔日的旧貌换了新颜。在此基础上，他又带领全局干部职工，完成了沿索须河河道造林1000亩和贾鲁河金洼村以东生态林带工程建设1036亩。2007年，在贾鲁河河道治理工程结束后，迅速出击，组织工程队对两岸进行了绿化建设，对农田林网进行完善和升级，共绿化路、河、沟、渠120条160千米，补植树木12万株，被省政府命名为平原绿化高级达标先进区。今年，惠济区还建设"一路、两河、三纵、四横、五个生态村"，完成通道绿化72条，总长112千米，造林面积2680亩。

山峦起伏的登封市，林木茂密，是郑州市西部的重要绿色屏障。今年上半年，登封以创建全国绿化模范（县）市为目标，结合新农村、新景区建设，在坚持适地适树原则的基础上，大力实施了日元贷款工程、淮防林工程、嵩山山脉水源涵养林工程、封山育林工程、荒山造林等重点造林工程；同时，结合山区特点深入持久地开展全民义务植树活动。市政府将林业工作经费足额纳入财政预算，各乡、镇、区、办事处也分别投入了一定资金。按照"把握重点、突出靓点"的原则，在"禅宗少林·音乐大典"实景演出周边，大力实施造林工程，主选乔木树种，乔木与灌木结合，针叶与阔叶相搭配，常青与落叶相辉映，按地形组团进行规划，达到了绿化、美化效果。坚持高质量造林，栽植合欢、雪松、栾树、木槿等30多个生态及观赏树种30余万株，并积极采用集水整地、生根粉蘸根、抗旱保水剂、截干造林等实用技术，使造林质量得到明显提高。

荥阳紧邻郑州市西郊。近年来，荥阳坚持不懈地实施森林生态建设工程，现已有林地面积22万亩，活力木蓄积73万立方米，森林覆盖率20.08%，连年被评为郑州市造林绿化先进单位。经过全市人民超常规造林、全身心护林，如今的荥阳大地尽展绿色风采，昔日田野荒芜、水土流失严重、生态环境脆弱的景象已成为历史，呈现在眼前的是绿色的林带、绿色的林网、绿色的长廊、绿色的屏障、绿色的银河，被誉为郑州市的"后花园"。荥阳人为此颇为自豪地说："如今荥阳人的居住环境美了，经济发展的速度更快了，人与自然相处得更加和谐，精神更加振奋了。"

去年，郑州市绿色通道建设速度空前，已经实现规划区内的铁路、城市快速环路、高速公路、国道、省道两侧的绿化长度1000多千米，县、乡通道绿化800多千米。同时，沿着规划范围的主要河流、渠道两岸，进行带状生态防护林和生态景观林建设；依托规划范围内其余沟、河、路、渠建设高标准农田林网，大力发展乡村绿化，健全森林生态网络体系，以保护基本农田，优化乡村人居环境。今年上半年，据市林业部门统计，市内各区按照计划，管城区沿着南三环、107辅道和乡级公路，完成通道绿化目标任务26千米造林面积700亩；金水区绿化县乡道路24千米；中原区完成了富民路、防汛路、刁沟至四环路等5条道路的通道绿化300亩，乡村道路绿化率在90%以上；二七区新建和完善农田林网4000亩；上街区进行村内主干道绿化10千米；惠济区共完成通道绿化72条，总长112千米，造林面积2680亩。

市区以外的各市、县，道路和水系、农田的林网绿化力度更为喜人。今年上半年，巩义市完成道路绿化164.9千米；新郑市完成县、乡道路绿化105千米，完善平原林网6.5万亩，新建完善农田林网6.1万亩；登封完成县乡道路绿化58千米，四旁植树430余万株；中牟县完成近郊通道绿化0.15万亩，新建完善农田林网6.1万亩。

二、绿染沙丘荒山

由于历史原因，中牟县过去土地荒漠化现象严重。数十年来，全县人民坚持开展植树造林，向沙荒进行不懈斗争，显著成效有目共睹。今年植树节期间，省委书记徐光春带领省、市领导班子和机关干部，率先垂范，到中牟县带头参加义务植树活动，进一步激发了各界造林治沙的积极性。今年，全县直接参加义务植树人数达到36万人，义务植树172余万株，尽责率达到了99%以上。

中牟县3年来共营造工程林12万余亩，为郑州市的森林生态城建设打下了坚实基础。今年，中牟县又在姚家乡小胡村开展了集体林权制度改革工作，取得了良好的效果。按照林权制度改革的有关要求和程序，面向全村广大群众，通过公开招标的形式，通过公开、公平、公正招标，保证了沙荒地绿化工程的进展。林业的迅猛发展，装扮了中牟大地，改善了县域生态环境。如今中牟农田林网化、路渠林带化、经济林基地化、村庄林场化、林农经营立体化、庭院园林化的网、带、片、点相结合的农田生态防护体系已形成规模，被授予河南省平原绿化高级达标先进县荣誉称号。

新密市结合本地的地形地貌特点，近年来实施了水源涵养林工程、通道绿化工程、退耕还林工程、风沙源生态治理、荒山荒坡绿化等工程。担当这些工程重任的造林经营科长王彩红，自1994年参加工作以来，勤勤恳恳，成绩显著，先后被评为郑州市林业生态建设先进个人、新密市造林绿化先进个人、林业系统优秀共产党员。作为一名中层女干部，她克服重重困难，要求科室人员做到的，自己首先做到。在每年的飞播造林中，为了使飞播位置更准确，她选择最适宜的造林地点，在满足飞行条件的情况下，使造林面积达到最大，为此她不怕多走路，冒着高温酷热，多次往返飞播区，进行GPS定位点的校对，保证了飞播效果；在对林业重点工程进行作业设计时，她不怕麻烦，力求规范、统一、准确，认真计算每一个数字，小心绘制每一个小班图，仔细校对每一个文字、标点符号。在对林业重点工程进行规划时，她仔细翻阅以往工程实施情况，认真做到不重复，不遗漏。在郑少高速东下线口荒山荒坡绿化工程招标中，针对特殊的施工条件，有限的建设资金，她制定严格的工期、面积及质量要求，仔细研究每一项内容，反复推敲每一项条款，认真制订招标文件，保证了工程招标的顺利进行。多年来，王彩红几乎没歇过双休日，未请过一次事假，上班早来晚走，一心扑在工作上。她以严谨的作风、扎实的工作、出色的成绩，赢得了领导和同事们的交口称赞。

荥阳丘陵山地较多，尤其是北部邙岭，十年九旱，植被稀少，风沙频繁，过去是郑州的风沙源头之一。为了改变这里的生态面貌，林业人员走遍山山岭岭，踏遍沟沟坎坎，广泛深入宣传造林绿化政策，调动农民的造林积极性。绿化办副主任王文典、营林科科长朱广志，从任务分配、规划设计、苗木的调运、栽植、浇水、管护等各个环节亲自把关。冬春，黄河岸边北风呼啸犹如刀割；盛夏，高温暑热难耐。他们不辞辛苦，常年奔波在农村，检查验收造林质量，扶持农民大力发展经济林，改变生态环境，增加经济收入。

荥阳市名特优经济林较多，市委、市政府发挥这一优势，把河阴石榴作为邙岭一带农村经济产业支柱和本地名牌，大力进行扶持推广。高村乡刘沟村过去是省级重点贫困村，土地面积4170亩，现在石榴种植总面积达到3300亩，年产量达到64万千克，实现销售收入510万元。石榴已经成为荥阳人的"致富金果"，截至目前，全市石榴面积已达到2.6万余亩，产量1200万千克，产值9600万元。广武、高村两个乡镇有5个村近1万余人依托石榴产业走上脱贫致富道路。高村乡刘沟村的农民刘西恩，是出了名的石榴种植王，他承包十来亩地种石榴，用科学的方法种植和管理，一亩地创收两三万元，成了远近闻名的石榴致富户。像这样的石榴种植骨干户，在高村乡就有十来户，每年收入万元以上，有的已超过十万元。石榴第二、三产业也在不断发展和完善，还开展生态观光旅游，取得了显著的经济效益，成为荥阳市生态旅游观光的典范。

三、甘当森林卫士

森林资源的保护和管理，是森林生态建设的重要保证。近年来，全市各级林业部门为了遏制一些地方破坏森林生态的现象，严格依法管理，对乱砍滥伐林木、乱捕滥猎野生动物等违法犯罪行为进行严厉打击，有效保护了森林资源。

登封拥有林业用地面积80万亩，森林覆盖率达39.3%，是河南省山区林业重点火险县（市）之一，森林资源管护范围大、任务重。多年来，登封市始终将林业宣传纳入公益性宣传范围，利用新闻媒体对森林资源管护、森林防火等进行广泛宣传，深入普及林业法律法规、森林火灾预防、森林病虫害预防等知识，提高全民护林意识，增强市民的护绿意识和法制观念。注重加强队伍建设，组建了森林消防大队、封山育林稽查大队、登少公路绿色通道管护队、郑少高速绿色通道管护队、义务植树管护队和公益林管护队等护林队伍，成立了郑州市首家县级森林公安分局，建立了拥有90名队员的专业森林消防队伍。林业局局长李建功，始终把森林防火作为重中之重，在加大防火宣传、强化队伍建设等方面采取了很多行之有效的措施。无论是深夜发生森林火险，还是火险发生地在深山老林，只要李建功人在登封，他就总是在第一时间迅速赶到现场，亲自靠前指挥，确保能够迅速扑灭火险。

在林政资源管理和森林公安队伍建设中，登封市实行分片包干的工作机制，层层签订防火目标责任书，保证做到森林资源管护工作"林有人护、责有人担"。同时，不断提高森林资源管理科技含量，加大投资数额，建设一个高水平的森林防火监测指挥中心和32个前端信息采集站，对全市80%的林区进行24小时不间断监控，实现森林防火工作早发现、早扑救和科学扑救的目标。今年4月，登封市政府又拨款100万元补充了防火运兵车及防火物资等，配备了电台、数码相机、数码摄像机、现代化的勘察箱等先进设备，实现了森林防火工作的科技化、现代化，使登封市防火水平处于全省一流。

登封市近年来深入持久地开展林业严打整治活动，严厉打击乱砍滥伐林木、乱侵滥占林地、乱捕滥猎野生动物等违法行为。今年上半年，共受理各类林业行政案件28起，侦破28起，结案率100%；共受理刑事案件10起，侦破10起，刑事拘留18人，逮捕11人，取保候审7人；受理各类行政审批事项950件，办理950件，办结率100%。对火险案件做到快速侦破、严厉惩处、公开曝光，今年因火险肇事就已经拘留3人。由于登封市森林资源管理工作取得可喜成绩，近年来先后荣获"全国封山育林先进单位""全国2004—2006年度森林防火先进单位"和"河南省森林防火先进单位"等殊荣。

新郑市针对近年来滥伐、盗伐林木案件时有发生的现象，由林政科科长司忠亮带领全体执法人员，对始祖山森林公园、木材加工厂点和征占用林地项目进行彻底清理检查，集中查处薛店镇木材加工企业违法经营、龙湖镇一村委会在没有办理木材采伐证恶性毁林等一批乱砍滥伐林木、乱征滥占林地、非法收购木材案件，有效遏制破坏森林资源案件发生。新郑市林业局始祖山执法大队长左庆伟，从事林业工作20多年，为护卫森林贡献了自己的青春年华，在始祖山的每个行政村、自然庄，都留下了他的足迹。为了保护始祖山的森林生态，他特别强调森林防火的预防工作，建立了森林防火信息员制度，将森林防火工作纳入年度综合目标考核，奖惩兑现。每逢春节、清明节等易发山火的关键时期，组织召开专题森林防火安全工作会议，安排护林防火人员对重点部位、重要关口进行重点监视，严防死守，确保万无一失。他牢固树立"盛世兴林，防火为先"的理念，立足岗位，勤学苦练，结合实际，扑灭山火，冲在前、撤在后，赢得了同事和群众的好评，曾多次被评为林业先进工作者、优秀共产党员。他所带领的执法大队，被新郑市人民政府记了造林绿化集体三等功；2006年又被省政府授予"河南省森林防火先进集体"称号。

新密市林业局林政科科长周建国，也是一位担负森林资源保护和林政管理工作二十余年的老"林政"。在森林资源监管工作中，为了杜绝违法占用林地案件，他组织林政科32名人员学习有关法律法规，先后查处违法占用林地案件14起。2004年年底，在办理一起非法占用林地的案件时，违法企业的法人是新密市的人大代表，说情的人比较多，在这种情况下，周建国硬是对违法企业依法进行了处理。他严于律己，为自己定了"六不"，即：不抽烟、不喝酒、不吃请、不请客、不收礼、不送礼。几年来，林政科共办理林业行政案件300余起，有力地打击了违法分子。为国家挽回经济损失1000余万元，出色完成了自己的工作职责，多次受到新密市委、市政府和郑州市林业局、河南省林业厅的表彰。

正是这些森林卫士们，用自己的心血汗水，有效地保护森林资源安全，为森林生态建设保驾护航，做出了不可磨灭的贡献。

再接再厉　铸造绿博品牌

郑州市林业局宣传办

2010年无疑是郑州市生态文明建设史上具有里程碑意义的一年。它是"十二五"期间生态建设的开局之年，也是第二届中国绿化博览会在郑州举办之年，是郑州市的荣幸之年，也是郑州市生态文明建设乘风而上之年。

盘点2009，"十一五"期间，郑州市生态建设逐级而上，呈跨越式发展模式，取得了完美收官。2007年，经全国绿化委员会办公室组织专家检查验收团多次检查、验收，郑州市各项指标均超过检查验收标准，荣获"全国绿化模范城市"桂冠。我们提前四年超额完成了"在城市周边营造100万亩森林"的栽植任务，实现了真正意义上的森林环抱城市，秀水徜徉其间。在突出生态效益的前提下，建成了2万余亩的"石榴种质资源基地"和"大枣种质资源基地"，使"河阴石榴"和"好想你"枣制品形成了打的响、亮的出的知名品牌，极大地促进了郑州市林业经济体系的建设，优化了农村产业结构，增加了广大农民的收入。

按照林业生态市总体规划设计的"一核二脉三网络"布局，以荒山绿化、水系绿化、河、渠、路、廊道景观绿化为重点，加大了林业生态市的建设力度和推进速度。同时高标准完成了180个林业生态村，10个林业生态乡（镇），4个林业生态县（市、区）建设。现在的郑州，无山不绿，无水不清。

在建设森林这一陆地生态体系安全的同时，郑州黄河湿地这另一生态体系也得到了极大的保护和改善。按照"抢救性保护，保护性利用"的原则，先后编制完成了《河南郑州黄河湿地自然保护区总体规划》《郑州黄河湿地自然保护区湿地恢复与保护工程建设可行性研究报告》和《郑州黄河国家湿地公园》的规划设计及可研报告，得到了国家局的批复并已附诸实施，管理中心还建设了科研监测站、点，开通了网站，被国际鸟盟列入"中国重点鸟区名录"。

在国土绿化方面，提前谋划，紧紧围绕"两个转变""一个增加"的绿化方针，使全市的国土绿化水平朝着更高的层次的发展方向迈出了坚实的一步，有了一个良好的开局。"两个转变"即绿化向美化转变，绿城向花城转变，"一个增加"即大力开展身边增绿，使人民群众享受更高质量的绿化成果。

加强林业宣传，弘扬生态文化是生态文明建设不可或缺的重要一环，2010年，我们编辑出版了2000余万字的《郑州林业志》，为国家林业局编写《中华大典·林业典》作出了应有的贡献。

全球气候变化已成为世界各国共同面临的重大危机和严峻挑战，备受各国政府的广泛关注和高度重视。应对气候变化，最主要的途径就是减排和增汇。森林、草原具有十分独特的碳汇功能，兼具减缓和适应气候变化的双重功效。与减排相比，森林和草原固碳投资少、代价低、综合效益大、具有极大的经济可行性和现实操作性。生态环境与发展之间的矛盾这一历史进程中的症结，减排犹如治表，而大力发展林业，全面提升国土绿化水平则是根本途径和长远之计。科学研究表明，森林每生长1立方米的蓄积，平均能吸收1.83吨二氧化碳，释放1.62吨氧气。全球陆地生态系统中约储存了2.48万亿砘碳，其中约1.15万亿吨储存在森林生态系统中，是陆地最大的储碳库和最经济的吸碳器。

郑州市现有林地面积375万亩，截至2007年，森林蓄积1441.67万立方米。它吸纳着郑州市2638万吨二氧化碳，同时每天给郑州市提供着2335万吨的氧气。加上黄河湿地另一自然循环系统的吸储碳的能力，郑州市的林业生态体系对经济社会可持续发展提供的生态保障和支撑作用具有不可估量的意义。

中国绿化博览会是全国范围内国土绿化事业的大检阅，也是各地、各部门绿化成就充分展示的重要机遇和平台。其举办地则更是绿化成就的佼佼者，生态建设的领先者。全国绿化委员会经过认真考核，决定第二届绿博会在郑州举办，不仅是对我市生态建设的充分肯定，也是郑州市的莫大荣誉，必将成为郑州市生态文明建设的知名品牌。

第二届绿博会自筹备以来，受到了全国绿化委员会办公室（简称"全绿办"）的高度重视和关注，得到了全绿办、省委、省政府、市委、市政府的大力支持。全绿办曾2次在郑州召开全国绿办主任工作会议，就绿博会筹备工作作出具体部署，全绿办、省、市主管领导亲自参加绿博园设计方案评审，经常视察园区建设，现场协调解决建园中的具体问题，使绿博园建设能够按照办会宗旨高标准地快速顺利推进。

郑州是一座具有3600余年历史的文明古都，是中华民族文化重要的发祥地和摇篮。只有民族的才是世界的。我们光辉灿烂的民族文化之精髓是"和"，坚持科学发展，构建人与自然、自然与社会高度和谐的发展环境和良性循环体系，正是民族文化精髓的体现。

郑州绿博园从设计到建设无不贯穿着"和谐"这一生态建设理念。和谐之具体体现就在于其博大无私的包容、共生、共处、共荣。郑州绿博园是一个万园荟萃之园，无论是江南水乡，还是西部边陲，无论是长夏不冬的南国，还是朔风凛冽的塞北大漠。各参展单位所建展园无不尽显其地域文化特征和园林设计风格。所有参展单位无不把郑州绿博园本园区的设计和建设当作本地区、本部门、本单位文化底蕴、绿化成果、未来发展理念的重要展示平台。

解放军展园的一棵"八一"树，足见其选材精准，用心良苦。直径1.6米的香樟树根上同时生长着8棵直径30厘米的粗大树干，因而被命名"八一"树。它不仅充分体现了祖国钢铁长城的标志和风貌，更体现了全军将士对国土绿化事业的满腔热忱与激情。在中石化展园前入口广场，我们看到通过大写意手法营造的"S"形溪流融入喷泉池，将中石化"SINOPEC"商标展示的极富艺术感染力。中国钢铁工业协会展园内，一只巨臂托举着不锈钢卷，体现了钢铁行业构成了我国现代化工业强国的钢筋铁骨，也隐喻着钢铁工人的奉献精神永远不朽。一列动车造型将我们带入铁道展园，广场草地上散置的卵石上印着不同年代机车样式，向游人娓娓讲述着铁道文化。广场上的一幅中国地图上，红色铁路线连接着各省、市、自治区，意味着铁路这一国之命脉在经济建设中所起的重要作用。以"中国速度"命名的抽象动车雕塑，表达了中国铁道飞速发展的特点，同时也隐喻着中国政治、经济、科技、文化等的发展，犹如飞驰的列车，高速行驶在人类历史发展的轨道上。浏览标有"新郑州站"和"青藏铁路"的浮雕文化墙，使我们看到了全国通道绿化的丰硕成果。瞻仰了为中国铁路事业做出突出贡献的林则徐、詹天佑、茅以升塑像，品味了不同年代、不同机车的车轮小品，落座于"火车站台"的休息长廊，仔细品味中国铁路发展历程和新中国的发展历程，不由使人感慨万千。

花园洋房，古典建筑，上海展园将上海这一东方明珠所代表的长三角地区的文化底蕴展现得淋漓尽致，沪上百代唱片公司小红楼作为其园林设计蓝本，运用海派庭园创作手法，彰显了崭新的绿色时尚风情。在桂林园区，清澈的漓江淙淙流淌，象鼻山、骆驼山倒映水中，清晰可见。

骏马奔腾，牧歌悠扬，风吹草低，牛羊信步。内蒙古展园将塞北大漠的草原风光展现得活灵活现，不仅反映出当地豪放粗犷的地域文化特征，也充分展示了我国沙漠、荒漠化治理所取得的巨大成就。在马鞍山展园，一座"吟诗亭"，一个诗仙李白塑像，充分体现了该地诗歌文化的特色，不禁使游人触摸到李白这一位伟大的爱国诗人"黄河之水天上来，奔流到海不复回"的宽阔胸怀和狂放不羁的性情。长沙园则将竹文化的精髓融入到园区建设中，"宁可食无肉，不可居无竹"。竹文化正是中华民族高风亮节的具体写照，园内吴竹简造景展示则更使我们体会到中华文明的源远流长和博大精深。

北京展园的皇家园林设计手法，尽显其大气、豪华；上海园的海派设计理念体现着欧美园林建园风格；江苏园内亭台楼榭、小桥流水，展现了"苏州古园林"这一民族文化瑰宝在世界园林建筑史上的崇高地位。

自绿博园开工建设以来，经过几个月来的艰苦努力，园区建设已初具规模，渐露风姿。现在距绿博会开幕已进入倒计时的关键时刻，在充分肯定成绩的基础上，我们应再接再厉，发扬郑州林业人固有的能打硬仗、奋勇拼搏精神，加快建设进度，把绿博园建成国内一流，具有世界影响的生态园林。将绿博会这一生态建设品牌铸造的光华四射，绚丽夺目。

屹立在中原大地的"树的精神"

——记郑州市生态建设中的林业队伍

郑州市林业局宣传办　梅　青　吴兆喆

这是一支善于创造奇迹的英雄队伍，这是一个乐于奉献、拼搏拓新的战斗集体。他们以激昂的绿色弹奏升华了文明，他们让城市因绿而财富激增、使人与自然和谐辉映。

从森林生态城、林业生态市的建设，到全国绿化模范城市和第二届中国绿化博览会承办权的获得，郑州市林业人以气冲霄汉之势恢复了"绿城"的荣誉，使这颗绿色明珠光耀在千里中原，熠熠生辉。

有人说，郑州林业人有着超乎寻常的运气，他们在短短6年内经历了一系列影响郑州经济社会发展的重大事件，但知晓内情的人说，这是他们用胆识、智慧、力量和行动赢得的机会，是一次又一次超越后的升华。

当雄浑有力的生态文明曲奏响郑州大地的梦想与光荣时，700万郑州儿女深深铭记着这支忠诚事业、热爱生态、献身使命的队伍——郑州市林业局的务林人。

一、有为有位　赢得机遇

一方热土，一城碧翠。郑州市林业局在构建生态文明建设的华彩乐章中，以强劲有力的音符，让全市林业生态建设在6年间突飞猛进，取得了优异成就。

2003年，《中共中央　国务院关于加快林业发展的决定》使郑州市全体务林人赶上了加快现代林业发展的好机遇。郑州市委、市政府果断行动，以前所未有的胆识和气魄，作出了建设'森林生态城'的重大战略部署——利用10年时间，总投资37亿元，在城市周边建设百万亩森林。"

这对郑州市林业局而言，是一场前所未有的考验，工程投资之巨在全国同等经济水平的省会城市中是少见的，任务之重是市林业局历史上闻所未闻的。

林业局领导班子认为："作为生态建设的主体部门，既然历史赋予了我们施展才华和能力的舞台，我们必须以大思路、大气魄、大手笔来着手谋划未来发展，唯有思路、唯有速度、唯有质量，才经得起历史的考验。"

事实上，机遇无处不在，但只有有胆识、有智慧和有勇气的人才能抓住机遇，才能把它变成美好的现实。

郑州是20世纪80年代全国的"绿色明星"，因绿化覆盖率高达35.25%，位居全国省会城市第三名而享有"绿城"的美誉。然而，几经变迁，到了21世纪初，郑州市绿化覆盖率骤减至21.4%，黄肥绿瘦、风沙肆虐，销蚀着这座城市的容颜。

在新的历史时期，怎样描绘城市崭新的一页，怎样落实和实践市委、市政府重夺"绿城"的梦想和建设"城在林中，林在城中，山水融合，城乡一体"的宜居城市的要求。做好规划是实现蓝图的基础首要。

思路决定出路，高度决定速度。郑州市林业局领导班子高度统一认识：规划要站在郑州经济与社会长远发展的高度以及现代林业发展的要求上进行构建。

会议室里，夜复一夜的灯光记录了那激烈的场景，讨论声此起彼伏，智慧与勇气融合、激情与思维碰撞、技术与方法交锋，在激辩中，局领导与专家们达成共识，终于以纵横交错、粗重有力的线条画出了郑州的绿色新版图。

郑州森林生态城规划的总体布局为"一屏、二轴、三圈、四带、五组团"。沿黄河建设一条平行的绿色屏障；以纵贯郑州的"107国道"和横跨郑州的"310国道"为主轴，建设森林生态景观；依托环城高速，结合公园和动物园，构造环绕郑州的三层森林生态保护圈；按照道路、河渠的辐射状，建设不同幅度的防护林带；因地制宜，采用组合链接的方式，构建五大森林组团。

科学严谨的规划得到了郑州市决策者的高度肯定，并迅速批准实施。郑州市林业局从而赢得了生态文明建设历程的第一场重大战役。之后，郑州市林业局很快转入了围绕市政府部署大力推进"森林生态城"的全面建设中。

接下来几年的建设历程是异常艰苦的，郑州市"森林生态城"建设任务一年比一年繁重。以下的一组资金投入数据不仅展示了郑州市委、市政府打造"森林生态城"的决心和魄力，也表明了建设任务逐年大幅提升。

3000万元、5000万元、1亿元、1.5亿元、4.7亿元、4.7亿元、4.7亿元、4.6亿元……从2003年以来，森林生态城建设投入一年比一年增多，直到稳定在了高位。同时，为了保证工程资金的连续性和稳定性，郑州市人大还通过决议以立法形式保证。

在生态的大投入大建设中，市林业局感受到了信任和重任，也经受住了建设中各种难题的考验。更加可贵的是，在考验中历练出了一支敢打敢拼、有强劲战斗力和高度执行力的坚强队伍。

要在规划时间内完成森林生态城建设任务，资金缺口是面临的第一个难题。

机制创新、工作方法和手段创新是解决办法的唯一出路。郑州市林业局在市委、市政府的支持下展现了大气魄、大手笔的运作，在确立公共财政投入在林业生态建设中的主渠道作用的基础上，不断拓宽融资渠道，广泛吸引社会资金，作为政府投入主体的强有力补充。

经郑州市市政府同意，市林业局专门成立了"森威林业产业发展公司"，由该公司运作向银行举贷。2007—2010年公司共向银行贷款8.7亿元，这对市林业局来说是一种前所未有的融资方式，在各方的配合下，他们不负众望，如期完成融资任务，确保了工程的顺利推进。

投资如此之巨，工程任务如此之重，科学决策是保证工程建设高质量高速度推进的关键。工程建设重大问题由班子集体决策；领导班子分片包干，责任到位；重大工程向社会公开招标，实行阳光操作，实行监理制，确保工程的建设质量；定期或不定期开展检查验收、及时纠正解决发现的问题等。这些措施保证了工程建设不盲目，避免走弯路，提高了科学性、建设效率和工程质量。

同时，为活化机制，鼓励社会各界参与林业建设，郑州市林业局把发展非公有制林业作为加快林业发展的重要措施，按照"明晰所有权、搞活使用权、放开经营权"的思路，以搞好林业"四荒"治理开发为突破口，制定了一系列的优惠政策，逐步建立起一套既适应市场经济体制要求，又符合林业特点的管理体制。在优惠政策的引导带动下，全市以个体为主的非公有制造林蓬勃发展，有效解放和发展了林业生产力。

在历时多年的"森林生态城"建设中，郑州市林业局全体干部职工更是全情投入，感慨颇深。在郑州务林人充满激情的建设中，郑州的生态建设突飞猛进，10万亩、12万亩、

18万亩、20万亩，郑州林业建设不断提速，郑州市林业人的豪情也尽显在中原大地上。

汗水和智慧结出了丰硕的成果，郑州市林业人创造了奇迹：10年的百万亩"森林生态城"建设任务竟提前4年完成。101.15万亩层层浓绿铺展在郑州大地。全市林木覆盖率达到30.49%，建成区绿化覆盖率达35.8%，人均公共绿地达9.2平方米。

走在郑州街头，法桐虬枝成穹，绿荫如盖；城市近郊，青山绿水，景色秀丽。"点成景、线成荫、片成林"的林荫网络笼罩着四野。

郑州收获的不仅仅是绿色，生态文明之花在这片土地尽情绽放。2009年，郑州的空气质量优良天数刷新了历史纪录，最高达322天。据权威部门测算，2007年森林生态城范围内生态服务功能年度总货币值为122亿元。专家说，伴随着小树生长为大树，森林生态效益还将与日俱增。2008年的森林生态城生态效益数据监测就是证明——其生态系统服务功能总货币值达146亿元，比2007年增长了20%。城市的物质财富、生态财富、文明财富都伴随着森林的发展而不断增长。

这是一份漂亮的绿色答卷。自此，郑州市林业人似乎可以松一口气了。然而，郑州市"森林生态城"建设尚未落幕时，再次迎来了又一项超百万亩的林业建设任务的新的挑战。

2007年年末，党的十七大提出了建设生态文明的奋斗目标，河南省委、省政府作出了建设林业生态省的战略决策。郑州市决定在加快推进森林生态城建设的同时，实施林业生态市建设，规划在5年时间里完成169万亩的生态市建设任务。

郑州市务林人再踏征程，挑战自我，又一次完美的书写生态诗章——他们仅2008年、2009年两年就完成了新造林83万亩，并建成了林业生态村200个，林业生态县6个……

郑州市大手笔、高质量的生态建设，为郑州市赢得了城市绿化的最高荣誉。2008年，他们捧回了全国绿化模范市的奖牌。昭示着郑州市生态文明建设又步入一个新的台阶。

不断超越是郑州市务林人的秉性。2007年，郑州市又加入"绿化领域奥运会"的新角逐。经过激烈角逐，在第二届中国绿化博览会承办权的争夺中，郑州从9个优秀的竞争城市里脱颖而出，终获承办权。当时的一位专家评委客观地分析说，郑州市赢得这次机遇并不是命运的垂青，是"森林生态城"建设的一个阶段性成果，是郑州寻求人与自然和谐、推进生态型城市和生态文明建设、实践科学发展观又一华丽跨越，是全国绿化委员会对郑州整体绿化水平的综合肯定，是对郑州经济社会发展实力的权威诠释。

郑州市生态文明的乐曲再次奏响，走向了激越，走向了高潮。

二、极限挑战 攻克坚冰

登上"绿博园"观光塔，放眼望去，可见刚刚建成的整个园区处处绿意盎然，94家展园各具风采，7个标志性主体建筑大气凝重。南宁园采用八卦的构图形式，着重体现了水清、岸绿、城美三者间融合共生的优美画卷；巴西园以亚马孙河为构图线索，通过热带植物、河流跌水、木屋草棚表现了巴西的景观特色，广西园"对歌台"、铁道园"动车门"、山东园"泰山山门"、北京园"皇家园林"……绿博园让游客切身感受到了自然景观与远古生态符号相映衬，多元文化和现代城市发展相交融的郑州魅力。

深入到绿博园建设之中，深夜的督查、熬红的眼睛、憔悴的脸颊不断闪现在眼前。每一个人、每一件事都深深地感染着我们。

郑州取得绿博会举办权后，郑州市林业系统80%多的人走向了一线，在绿博会执委会综合协调部、邀展部、布展部、规划建设部、宣传与大型活动部、市场开发部、市容部、接待部、安保部、商务部等10个部门中担当着各种各样的角色。

此前，河南省林业人从未策划、执行过如此大规模的规划、建园、邀展、宣传、策划并完成如此大规模的全国性活动，是河南省林业部门从来未涉及的全新课题。

敢于担当，勇于挑重担的郑州林业队伍又一次站在了生态建设的潮头，经受历史的考验，要突出呈现全国绿化委员会、国家林业局、河南省领导的"一流、特色、文化、品位"等多个绿博会建设的特质要求，就必须充分发挥聪明才智，发挥集体智慧的力量，并需要激情的迸发和艰辛的付出。

他们建立了一系列机制：大事集体讨论、集体研究决定，防止决策的盲目性；关键技术环节邀请建筑、法律、工程造价等方面的专家给予指导，提高决策的科学性；局级领导既有分工又有相互交叉，避免力量单一和独断决策。

在各方专家的参与指导下，按规划建设的绿博园将成为生态文明、绿色环境、绿色技术以及绿色人文活动集中展示的基地，并突出了集绿色长城、多彩大地、生命源泉、绿色家园、山水中原五大生态主题，体现出人们的绿色生活智慧，全景式展现生机勃勃的绿色中国。

短短3个月时间，完成了园区近3000亩土地的基础改造及基础设施建设。

在完成园区公共绿化基础上"绿博园"建设全面推开，94家展园建设单位陆续进场。上千台设备同时轰鸣，上万名工人一起忙碌。同时施工的还有景观绿化40家单位，基础设施建设6家单位，市政建设6家单位，共计150多家单位，好一派繁忙的景象，然而又都在条理有序地进行中，对此掌控有序、调度有方，的确让人叹服。

最严峻的考验是绿博园的7个标志性的主体建筑：北大门、东大门、综合管理服务中心、观光塔、展览馆、温室展区、配套设施等。大部分工程图纸交付距离绿博会开幕只有半年的时间了，在这一特殊时期现场指挥，局长史广敏下令，集中攻坚、倒排工期！

为了保证工程顺利进行，郑州市林业局领导班子8个人分工负责、各守一摊，同时交叉配合、互相补位；自从绿博园开始施工以来，他们吃住现场、昼夜加班、靠前指挥。

为了保质量、促进工期，他们出台了"硬措施"：对工程建设单位凡按计划每天超额完成进度的奖励5000元，落后的罚款5000元。同时，每周将施工进度公布在《郑州日报》上，形成了舆论监督的良好氛围。

历经一年零一个月艰苦卓绝的奋斗，郑州务林人不辱使命，圆满地完成了承载、升华生态文明的"绿博园"建设任务。在这一时期，国家林业局局长、副局长、河南省委书记、省长等各级领导多次深入现场具体指导，郑州市委、市政府及四大班子领导更是亲临现场指挥督导，给予了巨大的精神鼓励与工作支持。当绿博园揭去其神秘面纱的时候，展现在世人面前的各展园多姿多彩，或大气、或凝重、或婉约……聚芳菲而炫烂，汇百园与一园，成为郑州市最靓丽的一张生态名片。

三、树的精神　根植于心

早在森林生态城建设期间，市委、市政府领导就评价说：郑州市林业局有一个好班长，一个好班子，一支好队伍，一个好业绩。

时隔几年后的今天，我们听到的更多评价是，郑州市林业局能干事、干得成事、善干大事。

郑州市林业局几年来林业生态建设的一次又一次跃进就是这句话的最好注解。

是一种什么样的精神在支撑着这样一支拼搏向上、执行高效、无怨无悔、乐于奉献的队伍？究竟是怎样的力量凝聚着他们为了实现绿色升华，交出了一份又一份令人满意的答卷。

"活着就要像树一样，站着挺直，能抵挡风沙，吸碳吐氧，奉献人类；倒下能融入大地，回归自然，无怨无悔。"这句话是郑州务林人精神境界的升华也一直在郑州市林业局系统传承与发扬，被郑州务林人称为"树的精神"而大力提倡。

在郑州市林业局你能感受到强有力的集体荣誉感和强大的集体战斗力，自上而下充满了"担当、有为"的一股正气。自2004年以来，尽管林业建设投资一年比一年更宏大，但郑州市林业局的廉政建设却连续6年得到市委、市政府的好评，每次都是以全票通过。2008年，郑州市纪委专门以林业局廉政建设拍摄成的《清风吹来满眼春》专题片做宣传材料，让全市各单位进行学习。

上行下效，郑州市林业局班子成员都严格要求自己，团结一心，互相补位、携手共进，带领这支队伍干出了一个个让人感佩的事业来。关爱铸就了和谐，和谐拓展了舞台。郑州市林业局的影响力在不断扩大，事业发展的平台也在不断扩大。

生态建设是一项造福于子孙后代的"德政"，行的是天地大道，大道须以德为之，这也是郑州林业局历任领导班子对为官之道的最好解读，团结奋进，树立正气，关心仁爱，是凝聚贤能的良方。

四、绿色崛起 中州文明

山水森林是大自然的馈赠，绿色郑州是务林人创造力的结晶。

郑州生态建设走出了一条经济、社会与生态环境相协调、人与自然和谐发展的科学发展之路。郑州务林人站在全局的高度，将林业建设与推进城市发展相结合，生态建设与传统历史文化、培育城市精神、提升市民生活质量、提高人居环境水平相结合，从而赢得了生态文明建设的"灿烂之花"，摘取了森林生态城建设、全国绿化模范城市和第二届绿博会承办权的系列"硕果"。

智者乐水，仁者乐山，山水相依相谐则智仁兼备。如今的郑州，犹如一幅铺展在中原大地上的历史画卷，用绿色的身姿娓娓讲述着动人的故事，讲述着郑州市务林人的作为。郑州已然成了自然、城市、居民共生共荣的有机整体，成了人类文明进步的标志。

壮阔迷人的郑州黄河湿地自然保护区

《绿色时报》 梅 青

　　天鹅戏水、雁阵鸣天、金雕掠空、仙鹤玉立，这便是郑州黄河湿地呈现给你的视觉感受。这里水草丰美、万鸟云集，芦荻飞花、安宁祥和，呈现出人与自然和睦相处、和谐共生的繁荣景象。这里不仅是郑州市长期以来生态环境建设的反映，也是郑州市贯彻党的十七大精神，建设生态文明，促进和谐发展的真实写照。

一、区位独特　尽显黄河雄浑壮阔的风采

　　郑州黄河湿地自然保护区地处黄河中游和下游的交界处。黄河中下游以郑州桃花峪为分界线，冲击出广阔无垠的下游大平原，形成了规模巨大的黄河冲积扇，郑州黄河湿地自然保护区就位于这把冲积扇的脊轴，从这里开始，黄河尽显"雄、浑、壮、阔、悬"的独特气质和风采，形成了秀丽的黄河风光。

　　郑州黄河湿地自然保护区水域辽阔，滩涂广布，湿地类型多样，拥有河流湿地生态系统、沼泽湿地生态系统、滩涂生态系统等多种生态系统类型，气候适宜，土壤、水文等生态条件良好，蕴藏着丰富的野生动植物资源，是我国中部地区湿地生物多样性分布的重要地区和河流湿地中具有代表性的地区之一。

　　郑州黄河湿地自然保护区总面积57万亩，位于郑州市北部，西起巩义市的康店镇曹柏坡村，东到中牟县狼城岗镇的东狼城岗村，由西至东分跨巩义市、荥阳市、惠济区、金水区、中牟县的15个乡（镇），河道总长158.5千米，跨度23千米。按功能区划分，其中核心区13.81万亩，缓冲区3.92万亩，实验区39.27万亩。

二、资源丰富　鸟类重要越冬地和迁徙停歇地

　　郑州黄河湿地是天然的野生动植物资源宝库。据调查，保护区内现有陆生野生脊椎动物217种，其中鸟类169种、兽类21种、两栖类10种、爬行类17种，国家一级重点保护动物有黑鹳、白鹳、大鸨、白尾海雕、金雕、白肩雕、玉带海雕、白头鹤、丹顶鹤、白鹤10种；国家二级重点保护动物33种；属《中日候鸟保护协定》中保护的鸟类79种；属《中澳候鸟保护协定》中保护的鸟类23种。有维管束植物80科284属598种。另有黄河区域特有的黄河虫实、荷花柳以及国家二级重点保护植物野大豆等珍稀植物，是鸟类重要的繁殖地和越冬地，也是我国候鸟迁徙三大重要通道中线的中心位置。

　　保护区内鸟类以候鸟为主，特别是冬候鸟，主要有大白鹭、黑鹳、白琵鹭、豆雁、灰雁、赤麻鸭、灰鹤等鸟类，共计169种。冬候鸟一般在11月陆续到达，短暂停留过境，留鸟一年四季都在这里繁殖、越冬。2007年发现国家一级保护动物大鸨28只、黑鹳19只，国家二级保护动物灰鹤400余只、白天鹅93只、豆雁4300余只、绿翅鸭1400余只等，另有黄嘴白鹭、大白鹭、燕鸥等珍稀鸟类大种群分布。据专家测算，每年冬季在郑州黄河湿地迁徙越冬的候鸟种类在50～60种，总量近百万只。

三、保护湿地　唱响生态文明建设主旋律

　　郑州黄河湿地自然保护区是郑州市目前唯一的一个自然保护区，是郑州市重要的生态

资源。近年来，郑州市将其作为生态文明建设的一项重要内容、森林生态城市建设的一个重要举措，不断加大保护力度。

2004年11月，河南省政府批复成立郑州黄河湿地省级自然保护区。2006年3月，郑州市政府批复成立黄河湿地自然保护区管理中心，主要任务是制定并实施黄河湿地生态环境和保护规划；承担湿地保护区内有益的或有重要经济、科学研究价值的野生动植物资源保护管理工作。2007年2月，市编委办又批复保护中心增挂"郑州市野生动植物保护管理站"，全面负责黄河湿地保护区及全市野生动植物保护、管理和陆生野生动物疫源疫病监测防控工作。管理中心分别在巩义、荥阳、惠济、金水、中牟建立5个保护管理站，管理站又分设有10个保护管理点。

为切实加强对黄河湿地的保护和管理工作，郑州市政府及时下发了《关于加强湿地自然保护区保护管理的通知》，市人大也把《郑州黄河湿地自然保护区管理条例》纳入了立法计划。郑州市市长赵建才、副市长王林贺等领导多次深入湿地，视察调研。今年3月10日，赵建才市长视察郑州黄河湿地自然保护区时明确指出，黄河湿地是郑州市的宝贵资源，保护好意义深远，责任重大，要高起点规划，高标准建设，高品位管理，要加大宣传，加快立法，加强保护，加快建设。

郑州黄河湿地自然保护区管理中心在成立后短短的1年多时间里，积极采取措施开展湿地资源保护，组织了省农业大学、省教育学院等的环境保护、动植物专家开展了10余次的湿地资源调查和资源保护科研合作；完成了《郑州黄河湿地自然保护区总体规划》以及《郑州黄河湿地恢复与保护工程可行性研究报告》的编制评审和上报工作；设置了重点保护范围，对惠济区段范围内南裹头东至花园口7000亩、丰乐农庄北部嫩滩1万亩、赵兰庄北嫩滩1.2万亩等野生动植物资源丰富、生态价值高的3块原生态湿地实行优先保护；开展了竖标定界工作，今年以来，保护区通过GPS定位，根据定位数据埋设界碑界桩，明确保护区边界，加强保护巡护和防火工作；加强监测站点建设，在金水区纬三路、荥阳王村镇、中牟县雁鸣湖、中牟县万滩、新密曲梁乡河西水库、登封颖阳张庄相继成立了6处市级监测点，严格遵循"勤监测、早发现、严控制"，第一时间发现、第一现场控制的要求，加强了监测体系、基础设施设备和人员队伍建设，防止禽流感的发生。

为提高公众对湿地保护重要意义的认识，提高全社会对黄河湿地自然保护区建设的知晓度和参与度，相继多次组织了中小学生知识问答、新闻专题活动，建立了湿地博客，开展了湿地保护进校园活动，在中小学校开展"关注湿地，爱我家园"科普活动，成立了观鸟摄鸟俱乐部和黄河湿地保护志愿者协会，印制了湿地知识台历、宣传画册等。

在今年第十一个世界湿地日期间，市林业局、保护区管理中心联合组织开展了"保护湿地资源，共建绿色文明"的系列宣传活动，在市科技馆举办了湿地资源图片展和湿地观鸟摄鸟启动仪式，向全社会开展有奖知识问答、发表署名文章等活动，并于市两会期间积极向人大代表和政协委员宣传，取得了良好的效果。

据科研部门测算，郑州黄河湿地生态环境已产生了重要的生态价值。该湿地生态系统已实现生态服务功能年货币化价值11.9743亿元。

郑州黄河湿地是大自然赐予郑州人民的宝贵财富，郑州在建设森林生态城市的过程中，努力将其建设成为一个生态功能稳定、生产力强大的湿地生态系统。

我们有理由相信，郑州市通过森林生态城市的全面建设，将成为生态环境良好的绿色家园，可持续发展的康居之地。

山林的呼唤

——写于郑州市集体林权制度改革

《郑州日报》刘俊礼

在改革开放30周年之际，《中共中央 国务院关于全面推进集体林权制度改革的意见》正式发布。这是对林业生产力的一次彻底解放，是我国农村和农业的又一次重大变革，被广大农民称为"第二次土地改革"。郑州市集体林权制度改革，作为河南省的先行试点地区，走在林改大潮的最前头。

一、"三林"问题困扰多

林业肩负着生态体系和生态文明建设的首要任务，关系到国家生态安全和环境质量，更关系到林区农民增收、社会主义新农村的建设。

近年来，国家林业局局长贾治邦多次表示忧虑。我国农业用18亿亩耕地，解决了13亿人的吃饭问题。而林业用43亿亩林地，却没有解决13亿人的用材问题，更没有解决社会对生态的需求问题。制约因素在哪里？林业体制性障碍是关键。出路在哪里？林权制度改革蕴藏着林业发展的巨大潜力。

我市现有林地面积340万亩，集体林地97.83万亩，森林蓄积量1440立方米，农村人均林地面积0.6亩……这是郑州人引以为自豪的一系列林业关键数据。但是，长期以来，'两权合一、统一经营'的集体林管理制度，加上20世纪80年代'林业三定'时还有很多林地并没有'定'好，林情复杂，为林改工作带来了重重压力。市政府集体林权改革工作领导小组认为，必须牢牢抓住这一历史机遇深化改革，逐步形成集体林业的良性发展机制，实现资源增长、农民增收、生态良好、林区和谐。

二、确权到户盘活林地

林权制度改革是指在保持农村集体林地所有权不变的前提下，将林地的使用权和林木的所有权，按照一定的规则和要求，分解落实到集体经济组织内每个农民，并通过相应政策的调整和配套措施的落实，确立农民的经营主体地位，保障农民的经营自主权、处置权和收益权，最大限度地调动农民群众发展林业的积极性，促进森林增长、生态改善、农民增收、林业增效和林区社会的和谐稳定。

近年来，党和国家及省有关林业发展的纲领性文件相继出台，为集体林权制度改革提供了强有力的政策依据。

市委、市政府高度重视集体林权制度改革工作，将其作为事关经济发展、社会进步的大事摆上议事日程。今年1月25日，我市召开全市集体林权制度改革工作会议，会上，印发了《郑州市人民政府关于深化集体林权制度改革的实施意见》，明确了我市集体林权制度改革的指导思想和基本原则、改革范围和总体目标、主要形式、工作步骤及保障措施。同时成立了以副市长王林贺为组长，发改委、林业等17家分管领导为成员的集体林权制度改革工作领导小组。并与各县（市、区）签订了2008年集体林权制度改革工作目标责任书，要求各县（市、区）今年年底以前，基本完成明晰产权、确权发证的改革任务。

2007年1月，市委、市政府把新密作为全市唯一的集体林权制度改革试点县。目前，试点工作已取得可借鉴性成果。

2008年4月1日至3日，市政府集体林权制度改革工作领导小组，在新密举办全市林改工作培训班，一场"还山、还权、还利于民"的集体林权制度改革浪潮迅速展开。

三、历尽千辛万苦　只为群众满意

按照林改工作步骤，市集体林权制度改革工作领导小组，聘请有关专家，结合去年试点经验，借鉴外地成功做法，编印了《郑州市集体林权制度改革工作手册》5000本。该手册收录了国家有关法律、法规、规章以及国家、省、市林改文件、政策问答，下发到各县（市、区），供各地在实际操作中参考使用。各县（市、区）林业局抽出的林改工作人员，一村一组地开会宣传发动、抓好培训，一家一户地调查摸底，掌握林情和民情，组织干部群众上山进地入林，实地勘查林地界线，明确林权，化解矛盾纠纷，明晰改革方式……

在改革和实施过程中，我市各级政府和有关部门采取多种行之有效的宣传方式，广泛宣传集体林权制度改革政策，切实提高全社会特别是林区干部、群众对实施集体林权制度改革重要性的认识。各地林改办及时整理《集体林权制度改革材料汇编》和《村民自治法》等9个法律法规发到工作队员手中，各工作组将致农民朋友的公开信发放到各乡村组和农户；创办了林改动态简报、林改网站，开办了聚焦林改、林改访谈录电视新闻节目，通过多种形式广泛的宣传发动，宣传面达100%，使集体林权制度改革政策进村入户、家喻户晓，有效调动广大林农参与改革的积极性，形成了广大群众关心林改、支持林改、参与林改的局面。

四、提前四年"三还"于民

这次集体林权制度改革涉及巩义、中牟、新密、登封、荥阳和新郑6个县（市）的74个乡镇，474个行政村，15.92万户，60.85万人。

改到深处是产权。林业破解困局之道，就在于产权突围，"还山于民"，让林农真正成为山的主人，这是改革的根本所在。

集体林权制度改革工作开始以来，各地采取分股不分山、分利不分林，均山到户，统一造林、分户管理，分户造林、统一经营，联户承包，联营造林，大户承包，竞价承包等8种方式，明晰了集体林、"两山"等林地权属，70%以上的集体林收益分给了农户，林农拿到了股权证或林权证，还山、还权、还利于民，广大群众一直以来想林爱林忧林的情结得以圆梦。

林改启动后，各地政府配套出台了农户造林优惠政策，向农户免费提供树苗、防火工具等；对相对贫瘠的山实行"零承包"；对农户自主造林的，免费提供苗木，群众相继掀起了自发造林的热潮。

集体林权制度改革工作将山林还给了农民，千年山林有了真正的主人，主人的地位日益凸现。郑州现代林业发展迎来了历史性的机遇，我们有理由相信，广大林农靠林致富奔小康的春天正在到来。

山林的界碑
——新密市超化镇成功实现林改记事

《郑州日报》刘俊礼

2007年6月20日，一场林权拍卖会在新密市超化镇草庙村的村头热闹开拍。

"草庙村12组400亩山地经营权，标底价5万元。"最后这块山林在激烈的竞拍角逐中被村民张战平以8万元竞标成功。当天，还有5块林地以5.55万元成交。

集体林权制度改革，这个被称为继土地联产承包责任制之后，我国农村的又一场伟大变革，正在郑州的广大农村轰轰烈烈地展开，顺应着时代发展的要求，改革得到了广大农民的衷心拥护。

作为全市林改试点县，新密已基本建立起"产权归属明晰、经营主体到位、责权划分明确、利益保障严格、流转程序规范、监管服务有效"的集体林业产权制度。8月25日，记者来到了新密市超化镇，对其林改新模式做深入调查。

一、政策引导 宣传引路

青山连绵，林海茫茫。初秋的超化镇，放眼满目苍翠，处处生机益然。

2007年1月，超化镇被河南省、郑州市、新密市定为林权制度改革试点镇。本次林改涉及该镇草庙、任沟、新庄、栗林4个行政村，46个村民组，9076口人，林改面积7805亩。

该镇为何只用了8个月的时间，便全部完成林改任务，创造了林改新速度。

"还林于民，耕者有其山，耕者有其责，耕者有其权。资源活了，林农富了，山更绿了。这是林权制度改革给当地林业发展带来的深刻变化。"随行的新密市林业局有关负责人难以掩饰内心喜悦。

据该镇林改办负责人周东伟介绍，整个林改工作按照"镇组织领导，村具体操作，部门搞好服务"的工作机制，对集体林权制度改革的总体目标、主要任务、改革范围、基本原则、方法步骤等多方面进行了详细的阐述和部署。

为了做好此项工作，镇党委、政府多方筹资10多万元宣传经费，印制明白纸1.3万多份，张贴宣传标语300多条，召开动员会、座谈会、征求意见会30多次，走访群众100多户，加大宣传力度、营造浓厚氛围，真正达到家喻户晓，人人皆知的目的。

二、依法操作 因地制宜

因地制宜是林改工作稳步推进的根本。超化镇结合实际，采取了灵活多变的形式，对自留山继续实行"生不补，死不收"长期无偿合作、允许继承的政策，对已分包的责任山稳定不变，承包期限30~70年，主要任务是明确面积和四至边界，完善承包合同。对摺荒后又新造林的自留山和责任山，在稳定使用权不变的情况下，落实"谁造谁有，合造共有"的政策。对已流转且程序合法、合同规范的集体山林，坚决给予维护，对群众意见较大的，按照尊重历史、依法办事的原则，稳妥处理。

任沟村2000余亩荒山采取了"谁造谁有，合造共有"的形式，收益按集体和个人三七或二八分成。草庙村集体荒山过去已分到各村民小组自主经营，以分开招标的形式对外进行发包。新庄村和栗林村结合实际，将荒山原有树木折价转让给承包户，所得资金用于修路、修校舍等公益事业。

在林改工作中，严格按照各级林改文件规定开展工作。各村在林改方案的制订、拍卖、签订合同、四至边界认可上须经2/3以上群众讨论通过并公示，充分听取群众意见。实行"阳光操作"，每宗地按规定的时间进行公示，保护林农对林改的参与权、知情权、决策权，认真做到"公开、公平、公正"，尊重历史，尊重群众意愿。

三、石碑作证　山林作证

2007年9月5日，对于超化镇任沟村51岁的农民刘苟吊来说是一个难忘的日子，在超化镇林权证发放仪式上，披红戴花的刘苟吊接过了盼望已久的林权证。刘苟吊兴奋地告诉记者："俺算是吃下了一颗定心丸，以后就不怕别人随意进林子砍柴放牧了。"记者在证书上看到，刘苟吊承包的500亩荒山的林地使用权为50年，终止日期是2057年6月16日，林地收益村民组与个人采用二八分成。

踏着新修的水泥山路，记者来到山林面积较大的草庙村，承包大户张战平从家里郑重其事地拿出自己的林权证给记者看。上面记载了他的山林面积、林木种类、蓄积量、承包年限等详细情况，还用图的形式标明了山场位置。"以前林地好坏与我无关，现在是我的，我要好好经营，让林地变成俺家的'金库'。"

张战平与老伴在去年承包的400亩山上起早贪黑，先后栽下600多棵泡桐，丝棉木1万多棵，为荒山披上了充满希望的绿装。他掐着指头给记者算了一笔账："10年后，一棵树最少挣300元，我这400亩林地最少挣50万。"

"山有其主、主有其权"的目标，解决了林区乱砍滥伐、乱卖的问题。该村林农逐步把山当田耕，把林当菜种，光是经营林地的收入人均就达到5000元以上，村集体收入也在稳步上升。山林分了，生产规模反而扩大了，他们抓住一切造林时机，已栽种刺槐6万多棵、丝棉木16万多棵。

林权制度改革最直接的获益者是林农，他们尝到了甜头，激发了耕山热情。过去没人愿意造林，现在不用动员，林农造林的投入一年比一年高，该镇每年增加的造林面积有近1万亩。

该镇党委、政府还在各个专业户承包的山口立碑，写上专业户的名字，承包期限，四至边界，以示群众。"山定权，树定根，人定心"让石碑作证！山林作证！

过去，森林防火工作存在"干部着急上火、百姓隔岸观火"的状况，如今，一个个林农自发组织的护林协会应运而生，超化镇草庙村、新庄村林改后，群众自发成立了木材销售协会和"三防"协会，自筹资金设置了防火隔离带，多次邀请林业技术人员指导林地经营管理。一些村的村民自发地联合起来，轮流看护林木，改变了过去护林员少，看护不力的局面，盗伐林木案件大幅下降。

历史遗留纠纷得到妥善处理，林区更加和谐稳定。在林改中，新密市注意处理好集体与个人关系，公开、公平、公正地调配村民之间、村民与村集体之间的利益关系，稳定了社会，巩固了基层政权。

据介绍，随着集体林权制度改革深入开展，林改配套改革也在积极推进中，可以预见，随着一系列配套改革的逐步到位，全市林业生产方式、经营模式将发生深刻的变化，将构建起新型的林业生态建设体系、林业产业发展体系、林业社会化服务体系……

绿色丰碑[*]

这是一片神奇的土地；这是一片英雄辈出的土地，勤劳智慧的745万郑州人民正深情守望着自己的绿色家园。神奇的土地充满神奇的故事，曾经的风沙之城已随黄河东逝，成为历史尘封，如今这里已成了绿城、花城、水域靓城，天地之中的商都大地上高高地矗起了一座绿色的丰碑。

在新中国成立61周年的礼炮鸣响的时刻，在第二届中国绿化博览会盛大开幕的时刻，让我们轻轻地翻开史册，回望郑州林业生态发展的足迹；让我们静静地倾听，倾听大森林的回声；让我们放歌，歌唱生态文明建设的辉煌成绩；让我们礼赞，礼赞缔造绿色丰碑的郑州林业人。

一、大爱无言　山林有声

深秋的邙岭五彩斑斓：郁郁青山，层层绿浪，红绿交织。她以柔和悦目的色泽愉悦着人们身心的同时，也让人深切体会到"绿潮""林海""绿浪"的含义。这些浩瀚的森林和翩翩飞翔于绿城上空的白鹭，只是郑州近几年生态环境得到改善的一个剪影。

这是绿色的海洋，波涛荡漾；这是和谐的乐章，悦耳高亢；这是优美的诗篇，生动感人；这是绿色的畅想，抒情奔放！

郑州绿化的历史，是一部奉献史；郑州广大林业干部职工，是最富有奉献精神的人群。从开发到建设，从危困到振兴，英雄的郑州人民为建设生态家园，为祖国，为事业，无怨无悔，无私无畏，奉献青春和热血，奉献精神和物质。在郑州的词典上，绿化、创业和奉献这三个词是紧紧地连在一起的。在郑州行歌如板的旋律中，绿化、创业和奉献是最激昂最高亢的乐章。

二、城林相融　人居画境

新世纪以来，郑州市委、市政府把发展林业，构建生态型城市，建设绿色家园作为发展理念，列入全市重点工程。2003年"森林生态城"战略工程的实施，拉开了以林业为主体的生态建设跨越式发展的序幕。

沿滔滔黄河南大堤两侧，一条79千米长、1100米宽，由高大乔木构成的绿色屏障伴随着母亲河的滚滚长流，矗立在市区北部。秋、冬、春三季，但听朔风吼，不见沙尘扬，成功地阻挡了风沙对市区的侵害。

营造组团式森林是郑州市生态建设的创新之举。市区东部和东南部为黄淮平原沙化土地，以湿地生态保护和防沙治沙为主要功能的两大森林组团，现已蔚然成林。如今，这千里沙原上，黄鹂鸣翠柳，桃花生紫烟，森林锁沙龙，粮果双丰收。

按照"北筑屏障南建园"的规划布局，在市区南部大力发展名优经济林园区。各种果园的建设，从根本上改变了农村产业结构，产生了巨大的经济效益，增加了农民收入。"好想你"枣制品已成为畅销全国，享誉海外的知名品牌。8000余亩的大枣种质资源保护区，

---

[*]本文原载2010年9月25日《郑州日报》。

通过科技手段改造，集中了国内500多个优质大枣品种，为枣产业的进一步发展打下了坚实基础。

西南核心森林组团以水源涵养为主要生态功能，围绕尖岗、常庄2个市区备用水源地，营造了13万余亩的水源涵养林。

该组团采取常绿、彩叶、落叶多树种混交造林模式，形成了开放式、可进入、近自然森林。春风细柳，金秋红叶，登高望去，一派扶疏荫翳之气，绿染水天一色。

走进林中，翠绿、嫩黄、深红、浅绛，五彩缤纷，百鸟鸣啭，彩蝶飞舞，牧童短笛，吹落了晚霞，伴夕阳西下。如此人间胜景，给广大人民群众提供了假日森林休闲怡情的绝佳去处。

市区西北部是黄土塬东延的末端，沟壑纵横，水土流失严重，以水土保持为主要功能，营造了19.8万亩的西北核心森林组团。昔日的荒山秃岭，如今森林翁郁，多姿多彩，缤纷绚烂。2.3万亩的"石榴种质资源保护小区"集世界所有石榴品种1300余种，将这一美味林果发展成了产业系。

三环、四环、绕城高速，绕城三周，建成了三圈大尺度的生态景观林带。郑州现有森林263.33万亩，活立木蓄积1441.67万立方米，每天吸纳着2338.42万吨碳，释放着2016.42万吨新鲜氧气。蓝天白云，空气清新，2009年郑州年平均空气优良天数达到322天。

2009年，在提前4年超额完成森林城100万亩栽植任务的基础上，郑州又实施了林业生态市建设。以森林生态城为核心，以嵩山、黄河为经脉，以不同地址为区划，按照"一核、二脉、三区、一网络"的造林绿化科学布局，全市的造林绿化工作又取得了可喜成绩。全市已建成林业生态村180个，林业生态镇10个。无山不绿，无水不清，城乡一体的绿化格局像一幅美丽的画卷，描绘了郑州的生态面貌。

城市园林化、道路林荫化、庭园花园化，城市建成区内各类公园62个，广场游园226个，各类绿地总面积9536万平方米。

高大挺拔的市树法桐挺立在道路两侧，浓荫蔽日，在城区道路的上方形成了一道道绿色穹廊。晴遮骄阳，阴挡风雪，车龙人流，无不感受绿色带来的愉悦和幸福。

郑州市花月季素有"花中皇后"之称。其花，富贵不逊牡丹，而且更显娇娆俏丽；其色，红、黄、橙、紫、绿、蓝、粉、白丰富多彩，倍受百姓钟爱。郑州是我国月季品种最集中的城市，现有1200多个品种，培育栽植总量已近600万株，并先后举办了16届"全国月季展"。每年5～11月，赏月季已成为郑州市民必不可少的生活内容。

水是万物之源，生命之本，水是一座城市灵气的汇聚与升华。郑州市河流有金水河、熊耳河、东风渠、周边有贾鲁河、索须河、七里河等"六纵六横三湖"的规划布局，围绕"水通、水清、水美"的生态目标要求，郑州市实施了大规模的生态水系建设工程。将生态水系和绿化建设融为一体，使郑州成为"绿城、花城、水域靓城"有机结合的生态型城市。

建设完成的生态水系，每年从黄河引入6202万立方米的生态基水注入市内多条河流。船行柳梢，鱼翔浅底，老人迎朝阳晨练，稚童伴晚霞戏水。

如今的郑州，森林环城而掩楼宇，鲜花满城而溢芬芳，秀水穿城而润万物。清风明月故园梦，生态绿城是故乡。乡情悠悠，乡韵悠悠，无论常住，还是客居，752万市民群众为这方生态宜居之地鼓掌欢呼。

激情、汗水和智慧使101.15万亩层层浓绿铺展在郑州这方有着深厚历史文化底蕴的大地上，全市林木覆盖率达到30.49%，建成区绿化覆盖率达35.8%，人均公共绿地达9.2平方米。一望无际的森林像一座巨大的绿色宝库，在中部崛起的历史进程中向世界展示着蓬勃生机和神秘，吸引了来自四面八方的创业人，彰显了郑州城发展的无限张力。

三、超越梦想 铸造品牌

五年一届的中国绿化博览会，是绿化领域组织层次最高的国家级综合性盛会。是全国绿化委员会办公室全力打造的绿化品牌，也是全面提升国土绿化水平，促进生态文明建设的具体抓手。第二届绿博会花落郑州，是全国绿化委员会和国家林业局对郑州市造林绿化和生态文明建设的充分肯定，也是对郑州市的高度信任。

有幸承办这一盛会，是郑州市的莫大荣誉。对提升我市生态建设水平，提高城市品位，增加城市的国内外影响力，促进生态型城市建设，具有不可估量的历史性贡献。

然而，举办如此高规格、大规模的国家级绿化盛会，在郑州的办会历史上尚属首次。参会单位数百个，参展建园单位百余个，自筹资金，投资3亿元之巨在郑州建设绿化博览园。办会建园任务之艰巨是前所未有的。

如果不是深入"绿博园"了解，你都无法想象投资11亿元、总面积2939亩的绿色生态园区是怎么打造出来的，更无法体会一个重大工程上马需要付出多少艰辛和努力。

2009年9月26日，第二届绿化博览会计时一周年，绿博园区内还是一片空地，此时，留给郑州的筹办时间不足一年。紧迫感也来到每个绿博会参与者的心头。

征迁、土地移交和资金拨付、配套工程选址定案、院内基础设施建设、污水处理工程、协调工程建设单位进场等工作。整个工作的工作量之大，时间要求之紧，在我市建设史上都是空前的。

组织好国内参展，是绿博会筹办工作的重要组成部分，也是举全市之力办好绿博会的重要体现。郑州市林业局的同志们为绿博园建设付出了辛勤的劳动，加班加点，放弃休息，做了大量卓有效地工作。

绿博园建设，要与时间赛跑。高温季节，暴雨、雷电，甚至冰雹不期而至。原来工期就紧，恶劣天气给施工带来的重重困难，让常住建设现场的市林业局局长史广敏更加焦急："我们面临的是边修改规划，边补充设计，边投入施工，因此不能再让天气拖了工程的后腿。"

深夜的督查、熬红的眼睛、憔悴的脸颊……每一个人、每一件事都深深地感染来绿博园调研的领导们。在各级领导的亲切关怀和指导下，绿博园建设进程中的"郑州速度"的确让人刮目。

国家林业局的一位领导说道："100多个参展城市，建成94个展园。建设时间最短，水平最高；展园不漏省份，数量超过首届。郑州，创造了奇迹。"当初的担心变成了惊喜和赞叹。

四、林业工作 掷地有声

新增森林101.5万亩、森林生态城、林业生态市、全国绿化模范城市、承办第二届中国绿化博览会！短短6年郑州林业生态建设实现了一个又一个跨越，创造了一个又一个辉煌。

是一种什么样的精神锻造了这样一支拼搏向上、执行高效、无怨无悔、乐于奉献的队伍？究竟是怎样的力量凝聚着他们为了实现绿色的升华，交出了一份又一份令人满意的答卷？

　　记者自2003年以来分工负责林业的宣传，亲眼目睹并亲身经历了2004年至今，不到6年间一个又一个奇迹的发生。"队伍好与坏，全靠班子带。班子强不强，全靠好班长"。通过多年的观察、采访，记者认为郑州林业局的领导班子是个政治素养高、执行能力强、工作效率高的"两高一强"学习型、创新型领导集体。2004年局长史广敏到任不久，记者曾参加过一次全市林业系统大会，史局长在大会上讲话中曾讲到，"我们从事的事业是造福子孙后代的千秋伟业，《中共中央　国务院关于加快林业发展的决定》开始了林业快速发展的春天。作为林业人，应该有一种崭新的精神面貌。应该像树的一生轮回一样，活着就要为人类遮风挡雨、吸碳吐氧，带来福祉；身死应回归大地，滋养万物。"后来经过提炼升华为郑州林业人"树的精神"。时任省委常委、市委书记王文超曾说"林业工作，掷地有声"。

　　郑州市林业局全体干部职工经过数年来的务实创新、砥砺奋进，不仅使郑州"绿城"荣誉回归，为全市广大人民群众打造了一座天蓝、水绿、空气清新的和谐宜居城市，也为郑州市经济社会高速发展，建立了一套强大的生态保障和支撑体系。

　　飞逝的，是流水和岁月；坚守的，是责任和信念；沉淀的，是宝贵的绿色财富和生态理念。

　　在对绿色的享用和守望中，郑州人已将绿色，这象征生命的颜色植入自己的血脉，默默地为林业人铸起一座绿色丰碑。而这座绿色丰碑，不仅由绵亘千里的青山绿水铸就，还写在子孙后代的心头。

美丽乡村，森林郑州最"美"的图景
——聚焦郑州创建国家森林城市打造林业生态村镇*

吴兆喆 厉天斌 毛训甲 王珠娜

鸟鸣把徐庄唤醒了。

早起的人们开始在街心游园晨练，红的长廊、绿的植物、黄的座椅，在朝霞的怀抱中，渐渐清晰起来。远处的山峦也露出了绿色的妆容，穿过如纱的云雾，舒展开来。

在河南省郑州市，与徐庄一起变绿、变美的共有495个村庄和34个乡镇。这些林业生态村、镇的建设，是郑州市创建国家森林城市的重要载体，目的就是要把森林城市的美，从中心城市延伸到广袤乡村，让更多人民群众享受到美好生态带来的福祉。

一、生态村镇怎么建？

大手笔规划 没有规矩不成方圆

"你看，环绕村子四周的山上，都是杨树、麻栎和刺槐，如果是夏天，根本看不到裸露的岩石。"2013年11月25日，河南省登封市唐庄乡王河村委委员刘华振带着《中国绿色时报》的记者在村里采访时，指着四周遍布山体的落叶树略显遗憾，"不过，村民的房前屋后可都是玉兰、海桐、女贞等常绿树种，景色很美。"

"绿叶的是女贞，黄叶的是银杏，红叶的是石楠。"11月26日，新密市来集镇王堂村大学生村官马海军站在村民住宅楼群前的游园里，满面春风，"我们严格按照多种树、少种草、多绿化、少硬化的杠杠绿化村庄，就是要达到三季有花、四季常绿的效果，实现村在林中、家在花中、人在画中的目标。"

营造环村林带、绿化村内街道、建设村级游园……这一切都是郑州市委、市政府对建设林业生态村、镇的硬性要求，目的就是为了通过林业生态建设，改善村容、村貌，壮大林业产业，提升群众生态意识，为社会主义新农村建设注入新鲜血液，进而探索城乡一体化发展最佳路径，增强全市人民最普惠的民生福祉。

那么，郑州市的农村和乡镇要经过怎样的建设，才能达到林业生态村、镇的标准要求呢？

郑州市林业局负责此项工作的负责人刘跃峰介绍，两者均有硬性指标要求，对村庄，主要强调了居住区绿化、营造环村防护林带或生态片林、村间干道绿化、村内街道和庭院绿化、田林路渠综合治理、宜林四荒绿化6项；对乡镇，除此之外，还明确要求了作业设计单位和施工单位的资质，均不能低于二级园林绿化工程设计资格。

根据林业生态村、镇的检查验收评分细则可知，在总分为100分的分值中，如果林业生态村的绿化覆盖率低于45%，每低一个百分点扣0.5分，最高扣5分；新建环村防护林带或生态片林有断档扣0.5分，苗木成活率低于40%不计分；村间干道内侧没有常绿树或花灌木最高扣0.5分，新栽苗木造林成活率、保存率低于70%不计分；村内街道树种配置不合理最高扣1.5分，村民房前屋后没有见缝插绿扣1分；农田林网网格不完整最高扣1.5分，林

*本文原载《中国绿色时报》。

网控制率低于90%最高扣2分；宜林四荒绿化率低于90%最高扣3分，25度以上坡耕地没有退耕还林最高扣5分；没有配备护林队伍、没有落实管护责任、林业特色经济成效不明显等，均不计分。

相对于农村绿化，乡镇所在地的要求更为苛刻。如果乡镇所在地绿化覆盖率低于45%，不计分；没有建设环乡镇所在地防护林带，或防护林带栽植宽度低于15米或少于5排，不计分；乡镇政府、企业、学校等单位庭院绿化率低于35%，每一处扣0.5分，直至单项分数扣完；村民知晓率低于80%，不计分；没有实施工程招标、没有接受监理公司全程监理，不计分；没有落实管护责任制或没有配备专职管护人员，不计分。

在种种严苛的条款中，最令村民在意的，是在村庄居住区绿化单项中，特别设计了村级小游园。这一茶余饭后的生态休闲场所，被大家誉为村里的绿化"掌上明珠"。

按照林业生态村、镇建设要求，每个村庄都要在居住区内或村庄附近建设村级小游园3处以上，每处小游园面积不低于1亩，其中应有一个超过2亩，游园内大乔木与花灌木配置比例为6:4，当年苗木成活率不低于95%；每个乡镇所在地要建有公园或小游园2处以上，每处公园或游园面积不低于2亩，其中应有一个超过5亩，游园必须建在主要居住区内或附近，以方便居民娱乐、游玩。否则，依旧是扣分，直至单项分数扣完。

"没有规矩不成方圆。"郑州市林业局局长崔正明坦言，"不管是造林绿化，还是产业发展，凡涉及林业都是民生工程，我们必须坚持规划高起点、建设高标准、管理严要求，只有这样，才能打造出精品工程、放心工程。"

二、地从哪里来？

填沟整地 思路一变天地宽

土地是农民的根。新中国成立以来，历届党和国家领导人都深入论述过土地与农民的关系。习近平总书记在基层调研中多次强调，"要保障基本农田和粮食安全"。

然而，面对林业生态村、镇建设的大量用地需求，郑州市的执政者们究竟通过怎样的方式，才能既确保不撞耕地红线，又实现生态良好的发展蓝图呢？

"生态乡村不是一个文化符号，它是生态文明与乡村文明的有机结合，是一群人甚至一个民族的精神家园和归宿。"郑州市委相关负责人认为，林业生态村、镇建设，一定要找准保护与发展的平衡点，无愧于时代赋予的重任。

传统村落，要见缝插绿，加强生态修复。

黄固寺村位于新密市超化镇东南部，全村560户人，1327亩耕地。2013年11月26日午后，记者在村里采访发现，面积超过1亩的游园有6个，除村内街道绿化外，家家户户门前只要有空地肯定是绿地，小叶黄杨、白玉兰、百日红等绿植随处可见。

记者走进位于村中心面积约7亩的游园看到，绿树、游亭、假山、石凳，伴着潺潺流水颇有春夏之韵，不少村民在健身器材上锻炼身体。"这里原来是一片荒沟，在林业生态村建设中，村里为了不占用耕地，投入大量人力、物力把荒沟填平进行整体绿化，建成了这个风景如画的生态游园。"超化镇林业站职工张宏亮深有感触。

采矿沉陷区，要整体搬迁，并对老宅基地整地复耕。

桧树亭社区位于新密市来集镇东北部，社区内建有15栋5层和6层的板楼、43栋精品小洋楼。11月26日上午，记者一进入社区，瞬间被眼前的景象震惊：和煦的阳光下，高大的雪松、女贞将住宅团团围住，楼间空地，乔灌草层次鲜明、颜色亮丽。

"新社区占地130亩，绿化覆盖率超过50%。"桧树亭社区会计卢建勋对小区环境甚是满意，对于占用耕地新建小区一事，他解释说，"以前村民的老宅，户均占有7分地，全村400多户占有300多亩地，现在我们已对老宅基地进行了土壤改良，复耕后的产量并不比脚下的这块地产量低，这样一来，不仅没占耕地，还多出200多亩呢。"

新建城郊社区，要科学规划，一步建设到位。

长兴苑社区位于惠济区古荥镇正北部，建成社区之前叫孙庄村，是郑州市典型的城郊农村。在郑州市城镇化建设整体规划的蓝图下，平房改楼房后，有大量土地可用，于是完善了林业生态村设计。11月27日上午，记者在社区采访中发现，这里比传统农村少了些田园格调，但又比农村社区多了点精雕细琢，颇有一种阅尽繁华之后的淡定与从容。

惠济区林业局生态村办公室主任张智敏指着社区幼儿园楼前盛开的菊花说，城郊的农村社区更注重现代都市人群对森林景观的需求，更注重植物单体效果，对植物的姿态、色彩、高度都有要求，除生态价值、景观价值之外，还体现了设计人员对小区格调的定位，衬出了居住者的生活态度。

记者了解到，在郑州市的林业生态村、镇建设中，除了这3种主要模式之外，既能增绿又不占耕地的方法还很多，如登封市大冶镇周山村，就是将林业生态村建设与森林公园建设合而为一，融村庄与公园为一体，人在村中便置身于景中；新密市超化镇河西村，则是传统农村与新型社区建设相结合的典范，该村秉承"荒地全绿化、空地建游园"的原则，用廊道和游园将两者串为一体。

"当土地不再是发展的问题时，林业生态乡村建设必将引领社会主义新农村发展步伐，使城乡要素平等交换和公共资源均衡配置的问题迎刃而解。"刘跃峰将造林绿化空间拓展的落足点又一次放在了民生上。

三、钱从哪里来？

群策群力　办法总比困难多

一片片环村林带，一条条村道绿化，一个个游园美化……郑州市数以百万计的农民享受到美好生态带来的福祉。那么，在林业生态村、镇建设中，巨额的资金又从哪里来呢？

"市政府连续多年将创建林业生态村、镇作为为广大群众办的实事之一，对每建成一个生态村奖补30万元、生态镇奖补60万元，目前累计投入资金1.7亿元。"崔正明说："政府投入虽多，但面对500多个生态村镇，仍显得杯水车薪。"

为了让林业生态乡村遍地开花，郑州不得不摸索多种融资投资渠道。目前，全市已经摸索了5种方式：村镇条件好的，自己筹备大部分资金；县、乡建立帮扶机制，先由政府垫付；整合各类支农资金，与扶贫开发等项目结合；外包绿化工程，待获得政府奖补后再兑付资金；与旅游公司共同筹建。

事实上，通过这几种投资模式的分析，可以将建设林业生态村的村庄归为两类：一类是村里有钱，或者有人愿意为其无偿投资；另一类是村里没钱，而且没有人愿意为其无偿投资。

王堂村属于第一类，即村里有钱。在建设林业生态村的过程中，村里的投资就超过了1000万元。村官马海军说："村里有各类企业5家，2011年全村工农业总产值1.6亿元，上缴税金900万元，对于建设林业生态村这样的好事，全体村民都大力支持，所以对于我们来说，钱不算什么事，让老百姓满意才是最重要的"。

正是有了巨额的资金支撑，王堂村才完成社区广场绿化4609平方米，栽植各类苗木2.79万株；完成社区道路绿化4千米，栽植各类苗木16.56万株；在社区周围新发展苗圃500亩，形成森林围村的格局，并购置了1辆绿化专用车。

对于王堂村的雄厚实力，新密市林业局局长魏映洋认为，这种模式可以学习，但未必能复制，"新密市有很多村庄都有企业，企业家赚钱后都会反哺村庄，动辄几百万元、上千万元，对于其他地区而言，首先要考虑的是村里是否有企业，企业家是否愿意投资，或者说村干部是否有能力吸引社会资金无条件注入"。

王河村属于第二类，即村里没钱。为建成林业生态村，村里只能将部分工程外包，并将工程费用严格控制在30万元之内，待生态村通过市政府验收合格，并拿到奖补后，方才兑付给施工方。

"30万元，够苗木费用就行。"虽然没钱，但村委委员刘华振却照样笑逐颜开，在他看来，"我们号召村民用自己的双手建设美好家园，集体投工投劳，更能体会生态村建设的不易，会更加珍惜劳动成果；人人动手、户户参与的氛围，不仅提高了群众的创建知晓率，还学会了保护古树名木、林木管理、林业有害生物防治等知识，使生态文明建设蔚然成风。"

"相比王堂村，王河村的经验更具有普遍性。"登封市林业局副局长范顺阳说，林业生态村建设之前，王河村有大面积的"四旁"资源闲置，沟、河、路、渠的林相参差不齐，全民动手创建生态村之后，许多群众不仅更注重自己的生活环境，主动参与到生态建设中，就连生活习惯也有所改变，更喜欢在村里的游园娱乐、健身了，邻里关系更融洽了。

郑州市政府有关负责人认为，在创建林业生态村、镇的过程中，不管是投资金还是投人力，其核心问题是解决了所有人"为了谁""依靠谁""我是谁"的问题，"不管是各级党政干部们，还是在党的政策下致富的企业家们，或是生活在社会主义新农村的农民们，大家的目的都一样，调动自身的积极性和创造性，满足更广大人民群众的精神需求和文化需求"。

四、生活质量有否改变？

多措并举 产业工人露头角

"林业生态村、镇建设，为全市推进新型城镇化建设奠定了坚实基础。在这一进程中，农民看到了城市生活的图景，地方政府看到了新的发展机遇。"崔正明描绘了一幅美好的田园生活蓝图。

放眼全国，在一些地方，城镇化被简化为农民上楼，结果许多农民"被上楼"。那么，郑州市是如何冲破这一樊笼，既让农民心甘情愿上楼，又让农民生活上台阶呢？

"突出城乡一体化，更要注重郊区、农村绿化广覆盖，在规划、措施、保障等方面都要做到统筹考虑，协调推进。"郑州市市长马懿说，"生态环境是无形的资产，要善于抓亮点，重点打造精品工程和民生工程。"

郑州市正市长级干部王林贺说："建设生态村、镇一定要坚持高标准，做到村外绿化、村内美化，道路彩化，突出乡村文化。按照'产城融合、城乡一体、廊道连接、田园隔离、保护优先、生态宜居'的理念，首先搞好规划设计，再分期分批逐步实施。同时还要把生态建设与产业富民结合起来，积极发展壮大林业产业，让林农充分就业，逐年增收"。

11月26日，王堂村祥林苗圃种植专业合作社的管理人员王占营告诉记者，"上楼后比上楼前的生活成本确实高了不少，水、电、粮、菜都需要钱，但总体算下来，家庭年收入还是增加了1万多元，更关键的是环境好是无价的"。

生活成本高了，收入却反而增加了？面对记者的疑惑，年过50的老王算了这样一笔账：

林业生态村建设前，老王家在山里，有3间平房。他在煤矿打工，月收入1500元，妻子经营4亩农田，除去种子、肥料、农药等花销，亩平均收入600元，加起来年收入刚刚超过2万元。开销不多，水费基本不花，月均电费不足100元，粮和菜基本靠自给自足。

林业生态村建成后，老王住上了220平方米的新楼房，还带40平方米的车库，2012年花4万元买了一辆小汽车。在林业生态村建设的带动下，村里成立了专业合作社，将农民的土地流转后集约经营，他家的4亩地年收入流转费3200元，他月薪2500元，妻子与其他本村妇女一样在合作社打工，每天收入40元。这样一来，他家年收入达4.76万元。除去水、电费每月共250元，粮、菜每月共700元之后，比以前年增收1.2万元。

事实上，农民增加的并不只是收入，还有无形的幸福。面对农民上楼后的污水、垃圾等处理，王堂村也制订了相应的措施。记者在村里看到，依据地形起伏，建有运行费用为零的人工湿地污水处理系统，日处理量达500吨；建有垃圾收集设施15个、填埋场1处；综合服务中心、卫生院、幼儿园、学校等基础设施均已竣工。

王堂村的发展模式在郑州市绝不是个案，也许农民增收致富的载体不同，但结果是相同的，那就是幸福指数的攀升。

新密市来集镇杨家门村会计杨春杰告诉记者，林业生态村建设后，村里有一半土地在不改变性质和用途的前提下，实行了流转并集约经营。他承包的199亩地一半种萝卜、一半种红薯。"今年，100亩萝卜能产25万千克，1千克卖1元，收入25万元，除去流转土地、工人工资、水费等，能剩下10万元。红薯嘛，只要亩产1500千克就能保本。"尽管老杨比较低调，始终没说红薯的收入，但在场的其他农民透露，正常年份红薯的亩产都在3000千克以上。

在登封市大冶镇周山村农民谢春芳看来，林业生态村建设的意义远不止生活的富裕，还提升了妇女的地位。48岁的谢大姐告诉记者，她以前只是普通农村妇女，生态村建设带动了产业发展，她现在成了村里妇女手工艺品开发协会的刺绣工人。"我们绣的绣花衣、鸳鸯枕、电脑包等，主要卖到了美国、韩国、澳大利亚"。到周山村调研的中央党校妇女研究中心教授梁军总结说，这份工作"让农村妇女动了脑筋、开了眼界、勤了手脚"；德国米索尔基金会驻华联络处主任施露丝说："我深深地被这里妇女权益活动推广而感动。"

记得有学者在《人民日报》撰文称，美丽中国有3个层次的美：第一个层次的美是指自然环境之美、人工之美和格局之美，第二个层次的美是指科技与文化之美、制度之美、人的心灵与行为之美，第三个层次的美是指人与自然、环境与经济、人与社会的和谐之美。

郑州市林业生态村、镇的建设，保护了传统农村、美化了新型农村社区、提升了农村土地价值、促进了规模化农业发展、增加了农民收入、促进了社会主义新农村建设，并为加快构建新型农业经营体系、推进城乡要素平等交换和公共资源均衡配置探索了道路，不正体现了这3个层次的美吗？

"实现城乡一体化，建设美丽乡村，是要给乡亲们造福。"诚如习近平总书记所言，"即使将来城镇化达到70%以上，还有四五亿人在农村。农村绝不能成为荒芜的农村、留守的农村、记忆中的故园。城镇化要发展，农业现代化和新农村建设也要发展，同步发展才能相得益彰。"

开启绿色生活　共襄绿博盛会

——热烈祝贺第二届中国绿化博览会开幕*

《郑州日报》评论员

盛世金秋，第二届中国绿化博览会昨日在郑隆重开幕，这是全国绿化界群贤毕至的峰会，也是绿城人民翘首期盼的盛事。在10天的会期里，国内绿化界群英欢聚中原大地，分享国土绿化既往成就，学习交流植树造林、绿化国土的新科技好经验，商讨生态建设大计，必将对我们的造林绿化事业产生深远的影响。

日益严峻的全球生态、气候变化形势，给全世界健康、良性发展和人类的生存提出了巨大挑战，引起了各国政府的极大关注和高度重视。全国绿化委员会根据我国具体国情和造林绿化经验，决定每5年举办一届绿化博览会，倡导绿色理念，普及生态文明，无疑是一大创举。

本届绿博会共有国内外地区、部门、行业的100多家参展单位的5000余名嘉宾参加，专项活动丰富，规模超过首届，也是郑州展会史上规模空前的一次国家级盛会。本次盛会吸引了100多家新闻机构的近800名中外记者来郑采访报道，万余名宾客云集郑州。郑州，这个中华文明的重要发祥地，以文明和谐、可持续发展的崭新姿态，以良好的生态环境，成为国人瞩目的焦点。

一座城市具有一部厚重的历史，这部历史的撰写者就是我们自己。郑州市以植树造林、国土绿化和生态文明建设的突出成就，于2008年年底取得了本届绿博会的举办权。这座城市的决策者和广大人民群众为之做了精心而又充分的准备，全力演绎新的"郑州速度和激情"。人人当好东道主，为河南争光做贡献，成为全市人民的高度共识。在绿博会盛装迎宾的背后，是许许多多人的无私奉献。鲜花和荣誉，属于全国绿化委员会、国家林业局、各兄弟省区市、部门行业为本届绿博会付出智慧和心血的人们，也属于郑州这座城市，属于这座城市的人民。

郑州以优良秩序、优美环境、优质服务迎来了本届盛会，让人们感受到的是中原大地这座有厚重文化底蕴的创新城市的勃勃生机和巨大张力。绿博会架起了让郑州走向世界，让世界了解郑州的又一座新的桥梁。

可以预见，绿博会期间，将有数百万人参观游览郑州绿博园。绿博会不仅向世人展示了郑州的良好形象，也将进一步扩大郑州市的国内外影响、提升城市竞争力。

郑州绿博园是一处永久性园区，它将永远陪伴在市民身边，愉悦我们的生活。它纳百园于一园，汇万芳而灿烂，是一处"国内一流，具有世界影响"的生态园林。绿博园的景观布局为"一湖、二轴、三环、八区、十六景"。内景观环为湖光山色美景；中景观环展园荟萃；外景观环是葱茏蓊郁的背景森林。桃花源、多彩大地等外八景和阳光沙滩、生态浮岛等内八景相映成趣。绿色、环保、文化、科技的设计理念，全方位诠释了"让绿色融入生活"的主题。

我们有理由相信，功在当代、惠及子孙、给全人类带来福祉的生态文明，必将以本届

---

*本文原载《郑州日报》。

绿博会为新起点，再创新的业绩，再登新的台阶，再铸新的辉煌！绿博会也必将成为全市经济社会飞跃的重要引擎，带动交通、旅游、商贸等产业在建设生态型城市、构建绿色家园的轨道上越跑越快，谱写生态文明建设的最华彩乐章。

今秋相约于绿城郑州的绿博盛会，既是郑州生态建设的里程碑，又是在中原大地吹响的全国国土绿化事业和生态文明建设的新号角。本届绿博会留下的不仅是国土绿化的新成就、新科技，同时，留下更多的是生态文明建设的高度理念和为应对全球气候变化的具体举措。愿我们在科学发展观的指引下，继续解放思想、开拓创新，再创生态文明建设新的辉煌业绩。

祝本届绿博会取得圆满成功！

生态建设锤炼锻造了坚强的林业队伍

新密市林业局办公室

2003年，《中共中央　国务院关于加快林业发展的决定》出台，给林业快速发展带来了契机。新密市委、市政府审时度势，做出重大决策："调整产业结构，大力发展林业，改善生态环境，打造生态新密"。新密的经济由资源型转向绿色生态型，新密市的林业发展走上了快车道。

林业是生态文明的主体。新密林业队伍是新密市生态建设的主力军。历史赋予了新密林业人施展才华的舞台，在生态文明建设的华彩乐章中，以强有力的音符，强力推进，仅仅十数年，绿色新密，生态新密，一个现代化的森林城市屹立在郑州市西南的嵩山东麓，双洎河畔。

2003年，林业局有造林、管护和技术推广等二级机构10余个，干部职工近200人。为了扎实有效推动造林绿化和林业生态建设，落实"转型发展"的战略部署。2004年，新密市委、政府经过认真研究，决定调整林业局领导班子，调时任白寨镇人大主席的魏映洋任新密市林业局局长。

刚到林业局，看到的是干部职工思想混乱，办公条件差，十几个人挤在一个办公室；办公车辆少，干部和职工下乡靠挤公共汽车；办公设施简陋，林业局近200人，十几个部门，只有一台电脑。干部职工素质参差不齐、老工程技术人员都已退休，技术队伍青黄不接。上级不愿意把林业项目交给新密，全市人民对上级林业惠民政策的高度期盼，得不到落实而大有抱怨。

锤炼队伍首先要锤炼领导班子。第一次局长办公会，魏映洋就提出：以德施政，光明磊落，团结高效，廉洁奉公，一切纳入制度的笼子。

林业局先后出台了《林业工作责任制》《廉政问责制》《财务项目资金管理制度》《奖励和惩罚制度》《干部职工学习制度》等，成立了项目建设、依法行政、党务工作和责任问效4个领导小组，领导班子成员分工协作，各司其责。不论是业务工作、还是机关管理、财务支出、人事任免，均由领导小组拿出方案，然后由领导小组组长提交局长办公会和局党组会进行研究决定，杜绝了一言堂和暗箱操作，增加了工作透明度。

在队伍建设中，首先，采取"走出去、请进来"的培训方式，不断提高干部职工的政治素质。定期邀请党校教师、纪检监察及预防局领导等举办党性教育，廉政教育等专题讲座；结合创先争优、党的群众路线教育实践活动等，以网格化管理为依托，正风肃纪，凝心聚力，弘扬正气，努力锤炼政治坚定、纪律严明、作风过硬、业务精湛、廉洁高效的林业干部队伍。

出台竞争激励业务培训进修机制，对获得本科文凭和中级职称者给予奖励，鼓励和支持干部职工在职学习深造、进修提高，积极开展技能培训和岗位练兵比武。十几年来，林业局晋升工程师等中级职称13名，助理工程师等初级职称30余人。通过函授和自学获得本科文凭的10余人。通过培训和学习提高了干部职工的业务素质，培育了一批业务骨干。

在业务工作、项目管理和技术服务上，严格推行领导班子成员和技术人员包乡负责制及分级负责制，使下乡人员能够真正深入田间地头搞好规划和技术指导，做到了"五到位"：即沟通协调到位、人员组织到位、责任落实到位、技术指导到位、跟踪督查到位，确保高标准建设好各项林业重点工程。

在工作上务实重效，成立以纪检书记为组长的督查组，建立了督查通报、新闻媒体跟踪、造林进度日报告、技术服务督查4项新机制，实现了造林督查工作的新转变，确保林业项目及各项工作落到实处，杜绝弄虚作假，虚报瞒报。

根据工作业绩，采取末位淘汰制，二级机构的股、站、所长每年都要竞争上岗，奖勤罚懒，对有突出业绩和重大贡献者给予重奖和提拔，十几年来在林业局提拔的副科级以上领导干部7名，有的现已担任重要领导岗位。

新密市的林业队伍经过历年来的锤炼，政治素质，业务素质空前提升，成就了一支英勇善战的队伍。在新密生态文明建设中，是先锋队、突击队，为新密市林业建设做出了突出的贡献，这支队伍打出了声威，各项工作位居郑州市前列。

在林业工程项目"退耕还林""水源涵养林""廊道绿化"等项目实施和验收中，林业干部手握一定的权利，"公生明，廉生威"。公正廉洁考验着林业人的政治素养。

2005年秋，退耕还林验收组组长王彩红，带领4名验收组成员到尖山乡巩密关村，进行工程验收。有一个村民组造林工程不合格，村干部强行验收组签字，被拒绝。巩密关距新密市区近30千米，海拔1000多米，山高路险，到晚上10：00，村里也不让返回。村干部拿出900元钱给验收组，组长300元，组员200元，才安排返程。第二天一大早，王彩红通过邮政局把900元钱寄回巩密关村干部。一年后，该村村民告发村干部侵吞工程款项，新密市检察院立案，旧事重提，王彩红拿出复印的汇款单，一洗清白，展现了林业干部的廉洁奉公的情操。

只有一流的班子，才能带出一流的队伍，创造出一流的业绩。

新密市林业局领导班子，不负人民的重托，肩负组织的信任，为开创生态立市的新局面，深谋划，搞调研，集思广益。在顺体制、树形象、提地位上下功夫，夜以继日。以其对事业的执着和真诚，积极争取国家、省、市造林绿化项目和资金。对上是用实绩赢得信任，争取各级领导对新密林业工作的关注、支持和认可。对乡镇用真诚感动一方，鼓励想干事、会干事、能干成事的乡镇优先发展，凝心聚力、呕心沥血发展林业事业，高标准把关，高强度推进，新密市林业一年上一个新台阶，林业工程亮点纷呈、特色鲜明、成效显著。面对艰巨而繁重的造林任务，迎难而上，亲临一线，兢兢业业，围绕"带一流队伍、创一流业绩"尽心尽力把林业工作抓实、抓好。林业局班子成员和全体员工齐心协力，冒严寒、顶烈日，战斗在各项工程的第一线。累了、饿了，不叫苦，轻伤不下火线。

副局长樊建功2007年7月在雪花山造林工地崴伤了脚，拄着双拐在山上指挥，整整40天不下工地，圆满完成了雪花山北坡2100亩的造林任务。

2006年林业项目工程大决战的几年间，酷热的夏日，40℃左右的高温，年年有林业局的干部职工中暑倒在调查、设计、施工、验收的荒山上、道路旁。夏季的一天，救护车曾同时拉回6个中暑的同志。农村基层干部和村民说道："有新密林业局这样的干部，什么工作都会干好"。

2014年夏，局长魏映洋刚外出归来，回到办公室就召集班子成员研究工作，讨论黄帝宫旅游专线绿化时，突然晕倒在办公桌前，送到医院，经诊断因过度劳累引起急性心肌梗塞。立即动手术，进行血管穿刺，放了三个支架，病情才有所缓解。住院期间，严格保密，林业局的同志只知道局长开会去了，市委和政府的主要领导到医院去看望他，安慰他，希望他放下包袱，减轻思想压力。市长要给他找个心理医生，他笑了："我整天做人的思想工作，我懂了，请领导放心，病好后我会照常上班"。住院一个星期，他就又走进林业局，开始新的征程。病愈后，第一天他冒雨出现在尖山的造林工地。寒冷的山风吹打着他的脸庞，在场的同志看到他铁青的脸，无不为他的健康担心。

在林业局工作12个年头了，当年帅气奔放的年轻局长如今额头布满了岁月的沧桑。难怪新密人说：十多年来，新密的树多了，而局长的头发少了。和尚坡的树绿了，局长的头发白了。

在他的感召下，新密市林业局干部职工"比能力、比水平、比服务、比政绩、比奉献"已经蔚然成风。强将手下无弱兵，目前，林业局各科室结构合理、运转高效，打造出了一流的林业科技管理的团队，赢得了全市人民的高度赞誉。

十几年来，通过创建全国绿化模范县市、森林城市等工作，新密市累计争取社会投资30多亿元，实施上三级工程项目50余个，造林绿化规模逾50万亩。新密市目前林业用地面积达69.5万亩，森林面积62万亩，森林覆盖率达41.29%，农田林网控制率达91.06%，水源地森林覆盖率达82%。

一分耕耘，一分收获。新密市先后获得了"河南省平原绿化高级达标示范县（市）""河南省国土绿化模范县（市）""河南省林业生态县（市）""河南省林下经济示范县（市）""全国绿化模范县（市）""全国最佳生态保护城市"等多项殊荣。

经过十几年的奋斗，新密成功实现了经济的转型和跨越，县域经济在全国百强县中名列57、新密市产业集聚区被省委、省政府评为"河南省十快产业集聚区"；在《河南经济蓝皮书（2015）》中，新密民生幸福指数居全省县（市）第一位；农村人居环境荣获全省县（市）第一名。在新密市的生态文明建设中，始终有一支坚强的林业队伍在辛勤耕耘，默默奉献。

一位市委书记的"森林防火经"*

柴明清　田雪勤

"防火书记"是河南省荥阳市委书记马锁文另一个知名度颇高的称呼。

分管全省森林防火工作的河南省林业厅副厅长李军说，希望能涌现出更多的像马锁文这样关心森林防火、重视森林防火、支持森林防火和懂得森林防火的"防火书记"。

或许，这就是马锁文被称为"防火书记"的出处。

马锁文是土生土长的郑州人，但提起荥阳，马锁文却掩不住心中的自豪："荥阳距离郑州不到20千米，组织把我安排到荥阳，我就要努力与荥阳人民一起把荥阳建设成为一个'宜业、宜居、宜游'的美丽之城与幸福之城。荥阳是郑州的西大门，我想把这个西大门建成花团锦簇的'西花园'，这既是荥阳人民的福祉，也是省会人民的期盼。"

"水清、地绿、天蓝、景美"是荥阳未来的发展图景，更是马锁文的梦想与追求。

马锁文说，荥阳提出推进"工业强市、生态立市、三产兴市"的主战略，按这一战略构想，就必须将资源环境保护与可持续发展摆到更加突出的位置。截至2011年，荥阳市森林覆盖率达31.4%，与全省平均数相比虽然高一些，但与建设宜居生态城、创建省级生态市的要求相比还有一定的差距。对荥阳人民来说，一草一木都弥足珍贵，如果不高度重视森林防火工作，怎么能保证已取得的林业生态建设成果？所以，"把荥阳森林防火工作抓上去，我这个市委书记责无旁贷。"

一、重视森林防火工作并非停在口头

2012年6月13日12时左右，环翠峪景区陈庄村大寺坪突发森林大火。接到报告后，马锁文丢下碗筷，驱车直奔火场。面对熊熊烈火，马锁文迅速发出命令：一是立即启动森林防火应急预案，二是立即成立临时前线指挥部，三是立即组织扑火分队……

按照马锁文和市长袁三军等的安排部署，3支600余人的扑火分队从东部、中部、西部分头出击，3个方向的火势迅速得到压制。但在距兄弟市巩义市不足一里地的地方，由于地势陡峭险峻，扑火人员难以接近，扑救十分困难。此时，马锁文果断决定:请求部队支援，再次组织以官兵、乡镇干部为主的第四支小分队200余人，携带工具开设防火隔离带。

正是这个决定，为成功阻止山火向巩义市境内蔓延奠定了基础。当时，火场外围气温高达38℃，火场边缘温度更高，扑火人员个个挥汗如雨。马锁文既当指挥员，又当战斗员，哪里火势凶猛、哪里扑救困难、哪里危险性大，他的身影就出现在哪里。因为不停地攀爬，马锁文手掌和四肢被荆棘、尖刺扎得血迹斑斑。有人劝他："马书记，这里是扑火前线，是扑火队员应当坚守的阵地。您是指挥员，请您回到指挥员的岗位。"马锁文笑了："那我现在就命令，扑火指挥部现在立即前移到这里。"

经过7个小时的连续奋战，明火终于在当天19：00左右扑灭。马锁文当即发出命令：鉴于风势较大，为防止死灰复燃，对全部过火区域进行地毯式洒水；留下150人看守火场。娴熟而又有板有眼的指挥，显示了马锁文高超的森林火灾扑救指挥技巧。

---

*本文原载《中国绿色时报》。

二、重视森林防火工作更体现在日常的预防上

为强化对森林防火工作的组织领导，马锁文将全市划分为15个森林防火工作责任区，分别由市护林防火指挥部成员单位严加督导，并明确各乡（镇）行政正职为森林防火第一责任人，分管领导为具体负责人。

为在全社会营造浓厚的森林防火氛围，每年，马锁文都要就森林防火工作发表广播电视讲话，号召全市人民关注、投入森林防火。

近年来，全市每年印制森林防火进村入户通知书和全民森林防火漫画手册各1万份，发放林区群众。市护林防火指挥部还在重要入山口设置大型固定森林防火宣传牌20多块，刷写大量宣传标语，仅环翠峪景区和北部邙岭，就刷写宣传标语3000多条。县电视台长年播放森林防火公益广告、森林防火常识。

"只要是森林防火方面难以解决的问题，同志们随时可以找我反映。"这是马锁文对市护林防火指挥部及其办公室的承诺。

河南省政府护林防火指挥部办公室主任汪万森介绍，2011年，他和马锁文碰巧成为省委党校一期处级领导干部培训班的同学。在一个多月的学习过程中，马锁文数次与他探讨、交流森林防火工作。其实，这位马书记早已是一名森林防火方面的专家了。

发展现代林业　建设生态荥阳*

韩春光　李　娜

荥阳位于郑州西15千米，是距省会最近的县级市，面积908平方千米，林业用地44.3万亩，林木总蓄积量140万立方米，森林覆盖率达23.2%。先后被评为全国科技进步县（市）、全国科普示范试点县（市）、国家级林业科技示范市、国家卫生城市、中国石榴之乡、省级园林城市。金秋时节，当你来到当年楚汉相争的古战场荥阳，但见千亩石榴香，一道绿屏障。碧波荡漾的林海，硕果飘香的果园，织就一条生机勃勃的绿色长廊，痴心守护在荥阳城市的周围。

作为省会的风沙源头，荥阳市的林业生态建设不仅事关当地，更事关省会。进入新世纪，为让绿色惠及千家万户，荥阳市委、市政府提出建设"大生态"的发展战略，以创建国家级园林城市和省级林业生态市为载体，按照"南抓水涵北治沙，中部平原林网化，特色产业创名牌"的思路，狠抓生态和产业两大体系建设，2002年以来，全市累计新造林27.6万亩，完成中幼林抚育2.6万亩，完成封山育林3万亩，开启了荥阳林业辉煌的华章。

一、实施重点生态建设工程　林业跨越式发展

2002年，退耕还林工程全面实施。市委、市政府把退耕还林作为改善生态环境、调整农业结构、促进可持续发展的重要工程来抓。到2008年共完成造林34073.2亩，其中：退耕地造林15532.2亩，荒山荒地造林18541亩。林业生态环境明显改善，水土流失和风沙危害明显减轻，全市8194户农户直接从国家钱粮补助中增加了收入。

2003年，风沙源生态治理工程的启动和接踵而至的郑州市森林生态城建设工程，成为荥阳林业发展史上的里程碑。荥阳市承担了郑州市森林生态城建设工程西北、西南两个组团造林，截至目前，累计造林19.97万亩。工程投入之大，农户受益之多，参与程度之高，生态效益之显著，在荥阳历史上绝无仅有，被誉为"惠民德政工程"和"生态精品工程"。

2008年，根据省林业生态建设总体规划，按照"两区"（山地丘陵生态区、平原农业生态区）、"两点"（城市、村镇）、"一网络"（生态廊道网络）总体布局，以创建省级林业生态市为目标全面启动林业生态市建设工程。不仅注重高标准造林绿化，而且把中幼林抚育、低质低效林改造、农田防护林体系完善提高等纳入规划。目前除森林生态城造林外，已完成林业生态市造林面积4.2万亩。

从2000年起，市委、市政府把每年3月定为义务植树月。市委书记、市长带头参加义务植树活动。不断创新义务植树实现形式，将义务植树拓展到植树管护、认建认养，将零散义务植树向基地化、规模化转变，向以资代劳、捐资造林并举转变。连续几年，市直机关围绕"一条战线一片景，一个单位一片林"要求，义务绿化了城区带状游园、植物园，创建一批中日友好世纪林、青年林、军民共建林。全市每年义务植树在200万株以上，植树尽责率达85%以上。义务植树建成的公园、游园，成为人们锻炼身体、陶冶情操、传播文化的好去处。

按照绿化景观与公路等级相配套，绿化布局与人文环境相协调的原则，以国、省、

---

*本文原载《河南日报》。

县、乡、村道为主体，高标准、高起点开展绿色通道建设，形成"一路一景"。全市国、省道绿化率达95%以上，县乡道路绿化率达95%以上。车在路上行，人在画中游。

以绿化促美化，以绿化促文明，以绿化促致富。荥阳市把绿化与产业发展、增强农业综合生产能力、改善人居环境结合起来，全市农田林网、农林间作面积达60万亩，林网间作控制率达90%以上，村镇绿化率达到40%以上，基本形成点、片、网、带相结合的综合生态防护林体系。

二、创新生态建设机制 强化造林绿化成效

林业建设是一个系统工程，采用传统投入、造林及管理机制，已不适应建设高质量森林生态城的需要。荥阳市坚持从实际出发，创新机制，努力调动各方面积极性。

（一）创新投入机制

通过承包、租赁、拍卖、股份合作、转让项目开发权或经营权等措施，鼓励、支持和吸引社会团体、企业、个人等多种形式造林，不断扩大非公有制造林的数量和规模。全市非公有制林业大户达28户，其中300亩以上的林业大户14户，涌现出承包荒山3000亩、创办黄河百果庄园的致富带头人唐留保，创办金山林场余辉染绿荒山的赵满顺等典范。

（二）创新政策机制

对规划区内参与生态建设的农民享受不低于国家退耕还林标准的优惠政策，同时分工程、分区域制定不同造林补助标准。对风沙源和嵩山山脉水源涵养林工程建设用地每亩年补助230~450元，连补8年；对河阴石榴基地每亩给予230元补助。尽量把林业大户承包的荒山规划到国家、省、市重点工程范围扶持发展。

（三）创新造林机制

按照统一规划、统一招标、统一实施，专业化、公司化、社会化运作方式，实行公开招投标造林和工程专业队栽植，由林业局检查验收。不但降低了造林成本，而且大大提高了林木成活率和保存率。注重水利设施配套，在北部邙岭打井62眼，基本做到林造到哪里，水利设施配套到哪里。

（四）深化林权制度改革

按照"明晰所有权，搞活使用权，放开经营权，保护受益权"原则，积极开展林业权属年活动，抓好林地和林木权属落实工作，做到林定权、树定根、人定心。共完成林改4.29万亩，发放林权证230份，股权证450份，增强林业发展活力。

三、推进特色产业工程 大力增加农民收入

石榴是荥阳林业产业主导品种之一。为做强石榴产业，打造石榴品牌，荥阳市把河阴石榴作为邙岭一带农村经济的产业支柱进行扶持，出台《关于加快发展石榴产业实施意见》，制定一系列扶持发展的政策措施，对石榴基地每亩种苗补助50元，种植园每亩年补助230元，连补8年。编制《河阴石榴繁育技术规程》和《河阴石榴》，并通过省级专家评审，石榴种植向标准化、无公害方向发展。河阴牌石榴已得到商标注册认证。引导农民组

织起果树协会和林果生产合作社，使石榴生产走上组织化、专业化的发展道路。

2005年9月，首届河阴石榴文化节在高村乡刘沟隆重举行，截至2008年，已连续举办4届河阴石榴文化节。河阴石榴在全国重新叫响，尝到甜头的农民种植积极性空前高涨。目前石榴种植达到4.3万亩，其中挂果面积2万亩，年产2000万千克创收1.6亿元，形成从广武镇到高村乡长达15千米的石榴产业带。同时营建5000亩石榴种植资源保护区，收集石榴品种130多个。2007年河阴软籽石榴获得国家地理产品保护，荥阳被中国果品流通协会授予"中国石榴之乡"称号。以此为依托，先后开发了黄河百果庄园、邙山石榴园、老龙窝生态园、金山林场、万山森林公园等休闲生态观光游，建立了黄河湿地、桃花峪、环翠峪、老龙窝、万山等自然保护区和森林公园，每年举办石榴节、杏花节、红叶节，林业生态旅游越来越火。

作为柿树之乡，1997年荥阳柿子与河阴石榴一并被评为郑州十大历史名产。20世纪80年代荥阳引进日本赤柿等8个甜柿品种，近几年引进斤柿等优良品种。全市现有农柿间作10万亩65万株，年产鲜柿1000万千克。

泡桐是荥阳的优势树种，以材质雪白、纹理通直、不翘不裂而受商家青睐。2002年以来泡桐作为商品林大面积连片栽植，总株数360万株，蓄积量30万立方米，已成为林业生态和产业建设的主体。

近年来，发展以杨树、泡桐为主的速生丰产林达4万亩，加上近年通道绿化等工程折合面积5万亩以上，为人造板加工企业提供了重要原料来源。建立了优质核桃基地和以苍溪雪梨、金地球梨、杏、桃等为主的时令水果基地。

苗木花卉成为新兴产业之一，年培育各类种苗5000亩以上、各类苗木500万株以上，花卉盆景栽培初具规模。以石榴为原料的养生系列酒走俏国内外市场，成为国宴用酒。小山村柿子醋、柿子醋饮受到广大消费者青睐。另外，木材加工业、野生动物养殖业、木材及林产品贸易、森林旅游业等各项产业，都得了到长足发展。

青山不语花常笑，绿水无音鸟作歌。荥阳林业一定会以浓重的笔墨，为无山不绿、有水皆清、四时花香、百鸟鸣唱这样和谐秀美、富裕文明的家园，书写更加精彩的华章！

林权改革　产业经济结硕果

新密市林业局　翟灵敏

2008年以来，新密市作为河南省首批林改试点县（市），率先开展了"集体林权制度改革"工作，按照省、市要求，紧紧围绕"山有其主、主有其权、权有其责、责有其利"的林改工作目标，科学谋划，精心组织，真抓实干，通过全市各级各部门的共同努力，于2011年圆满完成了主体改革任务。

林地确权，林农吃了定心丸；随着《物权法》和《土地承包法》的完善和实施，壮了投资商的胆，一场林业产权革命，在新密方兴未艾，新型规模化的绿色生态企业，在新密如雨后春笋般拔地而起，正在绽放出生态文明之花，结出累累的生态经济之果。

一、林权流转　集约经营

根据集体林权制度改革确权结果，围绕"三定两发"即定权、定心、定根和群众发家、经济发展的思路，越来越多的社会力量和资金投向林业。近年来，随着国家鼓励森林、林木和林地使用权的合理流转，一批域外投资大户来新密经营林地，推动了林果业、林下经济、生态旅游休闲观光的发展，生态经济得到长足的发展。

我市集体林地面积41.2万亩。据统计，全市现有9549亩林地实行了流转，流转资金1803.5万元，涉及4个乡镇和1个景区管委会。其中流转后，从事林下养殖2230亩、从事林下种植1220亩、从事经济林种植861亩、从事森林旅游开发3280亩，正在编制开发利用规划面积1958亩。

从流转方式和内容看，主要有租赁、转包两种形式，流转内容为林地使用权、林木所有权和使用权的流转。如：郑州瑞阳粮食有限公司租赁尖山风景区管委会国公岭村2000亩林地，期限40年，主要从事林下养殖；牛店镇花家店村三组将515亩荒山宜林地转包给本集体组织外人士，流转后其先后投资180余万元，发展林下种植、养殖等。

从参与流转的对象看，主要有农业企业、工商企业、合作组织和个人。如，新密市中福中药材种植合作社流转林地面积已超过1000亩，专门用于发展林下中药材种植；河南金霖实业有限公司流转林地面积3280亩，正在开发森林旅游；从流转范围和期限来看，我市森林资源的流转已从集体组织内明显向组织外发展。据统计，目前全市流转到集体组织内的林地面积558亩，组织外8991亩，流转期限5～50年。

通过流转，森林资源得到了整合，提高了林地利用率和附加值。社会资金注入林业，缓解了部分林地亟需开发和缺乏林业投资的问题，带动了林业向集约化、规模化经营方向发展，同时，延伸了林业产业链条，解决了一部分农民的就业问题，增加了林农收入。

二、利用资源　发展经济

林业产权明晰，林农的生产积极性空前提高。充分利用林地资源，积极发展林下种植、林下养殖、整合了林业资源，发展了规模经济。

2008年以来，围绕集体林权深化改革工作，按照"资源增长、农民增收、生态良好、林区和谐"的总目标，依托全市林业资源，因势利导，大胆探索，鼓励林农利用林地资源和林荫空间发展林下经济。截至目前，全市发展林下经济面积4.9万余亩，其中林下种植面积1万余亩，林下养殖15.2万只（头）、利用林地面积0.9万亩，林下经济年产值超亿元，涉及农户7800余户，就业人数5100余人，直接参与林下经济发展的农民林业专业合作社45家。林下经济迅猛发展。例如，米村镇蔓菁峪村、来集镇韩家门村、郭岗村林下中草药种植；袁庄乡陈脑村香猪养殖、尖山管委会国公岭村瑞阳公司林下土猪、柴鸡养殖；大隗绿翔生态农庄林下养鹅2000只，养鸡5000只，在苗圃地林下除草，既节省了除草的大笔开支，又增加了收入。目前全市林下经济正在走上科学、有序、健康的发展轨道。

2014年夏，根据河南省、郑州市发展林下油用牡丹种植的精神，我市组织人员分别赴山东菏泽、河南洛阳、漯河等地实地调研学习油用牡丹种植技术，并于10月分别在岳村镇的任岗村、芦沟村、曲梁镇的尚庄村、超化镇的栗林村、大隗镇的铁匠沟村及苟堂镇的小刘寨村、养老湾村的林下试验示范种植油用牡丹——'凤丹壹号'1200亩、育苗180亩。所栽植苗木均为2～3年生苗，经过技术人员的细心栽植和精心管理，今年4月，所种植的油用牡丹已开花结果。涌现出了岳村镇芦沟村及曲梁镇尚庄村林下油用牡丹种植为代表的林下牡丹种植产业。一个新型的油用牡丹产业正在发展壮大。

三、观光旅游生态时尚

土地、荒山、林地流转，整合了林业资源，催生了一批种植、养殖合作社和林业大户，促进了森林旅游事业的发展，生态观光旅游成为时尚。新密北部的伏羲山区和南部的具茨山区，以其茂密的森林植被，绚丽的自然风光，悠久的历史文化，吸引外域和本地投资大户，开发森林公园，生态休闲农庄。其规模有大有小；运作模式多种多样；产业类别、旅游品种各有千秋。集种植、养殖、加工、冷藏、物流、餐饮、休闲、农家乐生活服务为一体的绿色企业如雨后春笋般，茁壮成长。过去的穷山僻壤，如今的人间天堂。放眼四周，绿树成荫，山青水秀，灯光闪烁，鸟语花香。人们在节假日、双休日，携家带口旅游、观光、休闲、采摘、垂钓、避暑、纳凉。和乡下人结对子，攀亲戚，享受农耕生活乐趣。

河南伏羲山旅游开发有限公司投资20亿元，开发"伏羲大峡谷"等森林景观，以其峡谷瀑布自然风光声名远扬，目前已获4A级景区认定。

"河南银基集团"投资10亿元除开发黄帝宫旅游景区外，又投巨资开发牛店镇助泉寺桃花源景区，整合景点，提升旅游品质。

位于新密市苟堂镇付寨村的郑州市百果山农业科技开发有限公司，注册资金1亿元，流转土地2058亩，种植优质果树1000亩、"公司+农户"运作，林茂粮丰。

位于新密市岳村镇芦沟村的新密市恒茂农牧专业合作社种植基地，总面积1100余亩，2013年通过土地流转，投资850余万元建设集生态、观光、休闲、采摘、生产等为一体的生态观光产业示范园，种植的牡丹繁花似锦，石榴、葡萄硕果累累。

位于新密市刘寨镇区北部的新密市特色农业示范园，总面积300亩，集农业技术攻关、推广、示范生产和观光旅游为一体的生态农业高新技术示范园。以引进种植美国有核黑提品种'瑞必尔''巨玫瑰'，有核红提品种'大红球''红高'，无核红提品种'克瑞森'等高端葡萄品种，辅以反季节蔬菜种植和其他名优特、稀小杂果的试验开发。园区生产的"绿山"牌提子葡萄，首家荣获国家无公害农副产品标志证书。

河南民鑫红豆杉生态造林开发有限公司，资产总额1亿元，在新密市刘寨镇赵贵岗流转土地1100亩，2013年销售总额980万元，产品主要有红豆杉苗木和成年母树及红豆杉高附加值、观光系列文化产品。先后荣获河南省首届建设社会主义新农村先进集体称号、中央电视台CCTV中原先锋企业、河南十佳最具投资价值企业。

新密市坚持社会资本进入林业与林农利益保障同步，让社会资本带动更多农民参与经营，共享现代林业发展成果。使农民获取林地流转收入、进入基地务工收入等，带动林农增收致富。通过近年来的努力，社会资本投入踊跃，至目前，已吸引资金投入逾30亿元，实现了生态建设与经济发展双赢。

四、林业经济　硕果累累

林权改革，提高了林农的生产积极性，促进了林业经济大发展。

近几年，新密市平均每年完成林业育苗2000亩以上，提供各类合格造林苗木1000万株以上，2008年以来，累计培育优质苗木410余万株。满足了全市造林和城镇绿化对苗木的需求。在曲梁、牛店、大隗、西大街等乡镇、街道办事处发展苗木花卉3000余亩，具有一定规模的花卉骨干企业21家，培育农民种植专业户100余家，苗木花卉已成为当前农业增效、农民增收的一项特色效益产业。

通过政策引导、招商引资和外联引技，已逐渐形成以米村、尖山为中心的万亩核桃种植基地；以曲梁镇为中心的万亩园林绿化苗木基地。同时无公害葡萄种植、蜜香杏种植、名优金银花栽培已形成规模。优质的品牌效应，赢得了消费者信誉，打开了市场。

特别是我市尖山风景区管理委员会巩密关村所产的金银花以色泽佳、骨花硬、质地纯、味浓清香名扬海外，2011年11月，一举夺得第二届中国国际林业产业博览会优质产品金奖，同年，五指岭金银花合作社荣获中国合作经济年度成就奖（全国仅有50家）。

目前，全市经济林发展面积近6万亩，年产果品近2500万千克；现有木材加工企业40余家，产值8000余万元；已建成省级森林公园2个，省级风景名胜区1个，生态旅游景区10余个，年接待游客100万人次，旅游收入5000余万元，全市林业总产值超3亿元。

小核桃敲开登封农民致富门

登封市林业局办公室 李晓光

登封市地处嵩山腹地，山多地少，石厚土薄，气候干旱，农作物生存条件差。如何推动农业发展方式转变，从而找到一条切实可行的发展道路，登封市委、市政府和市林业局经过调研，决定以核桃产业作为农林业的突破口。

自2009年起，登封市大力发展以核桃为主的木本油料作物以来，紧紧围绕林业产业转型升级和农民兴林致富的目标，坚持生态建设产业化、产业发展生态化的发展思路，以科技为支撑，资源培育为重点，不断提高核桃种植规模和集约化、产业化经营水平。全市目前核桃种植面积达14.31万亩，其中万亩以上乡镇7个，千亩村庄27个，进入盛果期面积1.87万亩，年产值1.31亿元。颍阳镇"中灵山"牌核桃被国家农业部农产品质量安全中心命名为无公害产品，被中国绿色食品发展中心认定为绿色A级产品。走出了一条山区丘陵县生态林业特色富民路。

一、因地制宜　科学选择

"登封市发展核桃种植产业并不是主观臆断，而是结合登封核桃种植历史和特有的土质气候，在经过充分科学论证下而决定的。"登封市委书记郑福林一句话总结了发展核桃产业的可持续发展之路。

核桃种植在登封有悠久的历史，位于该市唐庄乡范家门村一棵"核桃树王"就是最好的历史见证。这棵核桃树直径达1.5米，树身高约30米，树冠面积2亩左右，经专家估算，树龄达500年。

近几年来，登封市颍阳镇李洼村村民种植核桃产生的效益不但富裕了农民的"钱袋"，而且印证了市委、市政府的正确决策。李洼村原来以种烟叶为主，2003年，该村抓住退耕还林的机遇，引导群众栽种核桃树，当年就栽种核桃树803亩，3年挂果，现在大部分已进入盛果期，许多农民因为种植核桃走上了富裕之路。

为防止盲目发展造成不必要的损失，登封市组织多个考察团先后到云南省大姚县、漾濞县及我省的卢氏县进行考察学习，了解核桃产业发展先进地区在核桃育苗、生产、销售、加工等方面的经验。

二、规划引领、政策扶持

经国家、省、市专家对《登封市核桃基地建设项目可行性研究报告》进行评审，请河南省林业调查规划院编制了《河南登封现代林业产业总体发展规划》（2011—2020年）。出台了《登封市核桃产业发展规划意见》，把核桃确立为登封市林业的主导产业，确立了"核桃强县"的发展战略。提出：2010—2013年，全市规划新发展核桃种植面积15万亩，规划发展核桃良种繁育基地200亩，总投资1.428亿元。努力把登封打造成为中原地区第一核桃大县。

登封市按照政府引导、群众自愿、市场运作的发展原则，2010年及时出台了《登封市人民政府办公室关于加快推进核桃产业发展的意见》，市财政对订单育苗户给予每亩1000元租地补助和优质种芽、薄膜等无偿资助，对从事核桃种植、销售、加工等单位和个人给予资金补助。种植核桃第一年每亩一次性补助建设费550元；占地补偿费每亩补助230元，连续补助3年。对纳入上级工程建设项目的，继续按照上级有关政策执行。对于引进核桃加工企业固定资产投资在2000万元以上的部门或乡镇，市财政给予一次性奖励。制定完善多项措施助推核桃产业发展。

三、示范带动　科技支撑

登封核桃产业的发展凝聚着全市各部门的心血，作为核桃产业发展主管部门的登封市林业局，十余年来投入了大量的精力，在政策上、技术上，双管齐下，扶持这一产业快速发展。多次举办核桃栽培技术培训班，壮大核桃技术人员的队伍。组建了登封市林业产业协会，拓展核桃产业市场。同时涌现出一批如"中岳枝花种植""方圆种植"等专业合作社。借助土地流转的优惠政策，壮大合作社规模、发展核桃产业。

在核桃结果前期，积极发展林下经济，目前全市林下套种迷迭香面积3730亩，金银花3580亩，香椿1130亩。同时发挥合作社凝聚带动功能，在发展壮大核桃产业上动心思、下功夫，带动产业形成规模、占据市场、积极创收。目前全市发展农民林业专业合作社（公司）32家，入社农户5100余户。

同时聘请河南农业大学、省林科院等4名专家教授作为核桃产业发展的常年顾问，编写了《核桃栽培管理技术手册》和其他技术手册。一批核桃专业研究生，全程服务核桃产业发展，建立了《嵩山核桃网》，为广大林农和社会各界提供交流平台。目前累计培训林农18000余人，培养技术骨干200多人。为使果农在种植期间能够及时得到科学、规范的技术指导，在登封市政府的大力支持下，河南科技大学林学院和登封市颍阳镇人民政府签署了教学科研合作协议。

为持续提升核桃种植规模化和产业化水平，登封市瞄准打造全国核桃种植百强县（市）标准和省级地方标准，依托国家法律、法规、共制定了391个标准。结合登封核桃产业近年来发展实际，登封市还将核桃产业纳入农药使用、病虫害防治、储存包装等多个技术规程。

随着生态林业、民生林业的现代林业快速发展，登封市以核桃产业为主导的林业经济呈现出高速上升之势。核桃虽小，但目前已成为登封广大林农的致富门路。

探秘我国首家森林公安警犬队

柴明清

近日，笔者有幸探访了当前国内唯——支森林公安警犬队——郑州市森林公安局警犬工作队。自2010年5月组建以来，这支队伍警犬数已发展到9条，并多次承担林区巡逻、案件侦破任务。一年间，警犬队发生了很多鲜为人知的故事，让我们跟随"警犬司令"孙丰楼队长的脚步揭开"犬战士"的神秘面纱。

警犬在一段时间内只认一个主人，一个好的驯犬员，会把犬当作家人看待。爱犬，犬才会爱人。在警犬队，流传着很多驯犬员与警犬之间情感"交流"的故事。一天，一位驯犬员发现他有一条名叫"神探"的警犬后背上长了一个肿瘤。经检查，该肿瘤系良性，但必须手术。在痛苦的7天里，驯犬员时刻陪伴在"神探"身边，精心照料，悉心呵护。"神探"手术麻醉后，一睁开眼睛，就迫不及待地伸出舌头轻舔驯犬员的手臂，好像与老朋友久别重逢。打那以后，同志们发现，"神探"与主人之间更亲密了，训练时的配合也更加默契，驯犬员的一举一动、一颦一笑都影响着"神探"。

警犬队有位曾育过3只小仔的"英雄妈妈"名叫"捕快"。得知"捕快"怀孕，全队同志无不对"她"多一份关爱，也对即将降临的犬宝宝充满期待。这不，"捕快"的驯犬员每天都静静守候在"她"身边，对孕中的"她"特别细心，从不叫苦叫累。终于万事俱备，"捕快"顺利产下3只幼犬，个个活泼可爱。看到"捕快"母子平安的一幕，驯犬员脸上都流露出幸福的笑容。

其实，驯犬员对犬的关爱程度，直接影响到犬的训练成绩：爱心滋养下成长的犬，特别自信，它敢于直视驯犬员，能够迅速捕捉指令，作出灵敏反应。反之，如果个别驯犬员经常把不良情绪发泄到警犬身上，打骂、体罚警犬，人犬之间的亲昵、信任就会慢慢丧失。畏惧驯犬员的犬，通常会对驯犬员充满戒心，不敢直视驯犬员，眼光游移不定，经常错误领会驯犬员的意图，成绩自然比不上自信的犬。这就如同教育孩子，同样需要关爱和鼓励。

警犬训练非常辛苦，孙丰楼向我们讲述了他在呼和浩特集训时的情形：每天早上4：00半起床，徒步疾走5千米左右，在大青山下先布设驯犬环线2千米，再徒步返回基地带出警犬，赶往刚刚布置好的场地。回到基地通常9：00多了，早已错过早餐时间。所以，他们摸索出一套方法：每天晚餐后揣两个馒头，当作第二天的早餐。孙丰楼笑着说，那时他们早上不洗脸、不刷牙不稀奇，边跑边啃又硬又干的凉馒头更是家常便饭。

训练好一条警犬要付出很大的代价，然而，警犬的黄金工作时间却很短。一般幼犬半岁时开始训练，通常半年到一年就会进行"考试"。如果顺利通过，则可以转为正式工作犬。而一条工作犬的最佳工作年龄是2～4岁，大致相当于人的20～40岁。相当多的犬在"退休"后会转为繁殖犬，以"生儿育女"的方式继续发挥余热。

大多数警犬在训练中从不会偷懒、耍滑，只要驯犬员发出指令，再苦再累的任务它们也往前冲。孙丰楼动情地向我们讲述了爱犬"赛鹰"的牺牲前后：当时，他在武警某部服役，在一次模拟对敌搜捕中，"赛鹰"以高涨的热情投入战斗，一路冲锋在前。经过长途奔袭，终于到达山顶制高点时，"赛鹰"累得口吐白沫，倒地不起，永远地闭上了眼睛。说到这里，孙丰楼眼圈发红，声音哽咽："'赛鹰'老了。其实，部队首长已经做决定，这次搜捕结束后，就不再安排它执行战斗任务了。但它不服老，或者说，有一点点憨，它不知道自己已经老了，能快跑它绝不慢走、有力气它绝不保留，要把生命奉献在战斗现场，直至牺牲……""赛鹰"的行为感动了全团战士，团首长亲自主持"赛鹰"的追悼会，并将它深埋在牺牲的那片土地。

别看绝大多数警犬都是任劳任怨的"钢铁战士"，它们有时也很弱小和"娇贵"。2010年7月，郑州市富士康工业园区征地搬迁，有些树龄上百年的枣树需要进行保护性移植。在此过程中，有个别村民对古枣树进行了毁坏性砍伐。为保护这些古树，市森林公安局局长王海林果断决定调用警犬执行警戒任务，现场秩序很快得到控制。郑州的7月，正是一年四季最为炎热的时候，气温居高不下，加上长时间执勤，有2条警犬中暑倒下。当时"黑妮"的情况特别严重，它迅速被带到阴凉通风处，驯犬员们边把凉水淋在毛巾上，一遍遍为"犬战士"冷敷，边对地面浇水降温。终于，2条警犬转危为安。孙丰楼向笔者解释，中暑对警犬来说很危险：过度的高温如果不断向警犬大脑和肺部攻击，极易造成警犬死亡。当天幸亏处理及时，否则后果不堪设想。

虽然警犬是驯犬员的好伙伴、好战友，不会故意伤害驯犬员，但犬齿、犬爪的意外擦伤、抓伤是难免的。孙丰楼说，从事警犬工作20多年来，见过那么多驯犬员，却从未见任何一个能够完全避免犬误伤的。"比如，有时犬会强烈地表示亲昵，但是它们掌握不好轻重，就会不小心'舔'伤主人。"说到这里，孙丰楼笑了。犬伤的疼痛还是次要的，更大的危险是狂犬病。狂犬病的潜伏期很长，有时能达到20～30年。所以，犬舍的消毒与人员、犬只的防疫是重中之重——为此，警犬工作队每周至少保证3次消毒。

探访渐入尾声，回望这个偏落于遥远市郊丛林的警犬工作队，它的安静几近冷寂，偶尔的一两声犬吠反而更让人联想起"鸟鸣山更幽"的意境。然而，在"犬战士"和"护犬人"的守卫下，这里的林木格外葱郁、苍翠，不由得让人心中涌起阵阵暖流。

硬骨头　啃出"新密精神"

龙天夫

当你行车在郑少高速，途经新密东出站口时，转头北望，但见青屏山青枝绿叶，北横岭十三座山头郁郁葱葱。这就是时任郑州市委书记在视察森林生态城建设时，被称为"新密精神"产生的地方。

十几年前，北横岭荒山秃岭、巨石密布，土薄石厚，干旱缺水。历次荒山造林均不见成效，20世纪90年代，曾作为新密市义务植树基地，虽采取了大兵团作战，也可谓屡战屡败，劳民伤财，群众埋怨，领导头疼。北横岭的东山头叫"和尚坡"，裸岩遍布，被叫做"饿死兔子的地方"。林业规划时被列为"除地"，入了另册。

北横岭在新密市区北部，和青屏山遥相呼应，像两条东西向的巨龙横卧在袁庄开发区两侧，郑少高速从北横岭山脚穿过。北横岭十三个山头横跨袁庄、岳村两个乡镇的8个行政村，绵延5千米，荒山面积2000余亩。

2005年秋，新密市委、政府主要领导在北横岭经过实地踏勘做出重要指示：北横岭是新密市的窗口，北横岭荒山绿化是郑州市创建国家园林城市和建设森林生态城的亮点工程。北横岭不是郑州市的，也不是新密市的。北横岭在郑少高速沿途，荒山绿化水平代表中国人民国土绿化的精神。北横岭十三座山头要限期绿化，啃掉这块"硬骨头"。

刚上任一年的年轻林业局长魏映洋率领新密林业人，迎难而上，克服困难，实地勘查，多次召开"诸葛亮"会，研究出一套可行的施工实施方案。用坚韧不拔的精神和愚公移山的任性，敢教日月换新天，创出了一条石质山地造林的新模式。

北横岭荒山绿化指挥部成立了。魏映洋任指挥长，有关乡镇主要领导任副指挥长。

指挥部领导经过对北横岭十三个山头踏勘，并对周边群众深入调查，总结近几年青屏山绿化的经验教训，广泛征求林业局工程技术人员的意见，对北横岭荒山绿化工程进行了科学分析，拟定出了工程方案。

北横岭荒山绿化工程面临着三难：一是资金筹集难；二是施工环境难；三是绿化工程难。

新密市林业局30多名工程技术人员经过半个月风餐露宿、爬坡上岩逐地块调查，根据立地条件不同，把树坑分为三类：全裸岩坑、半裸岩坑、全黄土坑；十三个山头总植树11万余株，总需筹集资金3000余万元，资金筹措除省市投入绿化资金1000余万元外，剩余部分由新密市自筹和民间资本运作。

施工环境直接影响着工程进度。荒山承包户对绿化造林产生着抵触情绪，他们要求经济补偿。另外施工会影响当地群众的正常生活，特别是开坑崩石，威胁着人畜安全。指挥部领导亲自做群众工作，讲明利害关系，化不利因素为有利因素，得到了群众的理解与支持，当地群众烧开水、修便道，积极主动的配合荒山绿化。为确保施工安全，指挥部聘请郑州高炮学院爆破专家现场传授爆破技术。采用"连环定向爆破"技术，几秒钟内点炮千余响，既松动了岩石又避免了飞石。放炮时间定在中午13：00，专人操作，400米内设警戒线，由武警负责安全，确保万无一失。

石质山地造林是新密市的一项创举。

新密市林业工程技术人员借鉴过去荒山造林成功失败的经验教训，运用现代林业先进的科学技术，反复研究、科学论证，突破常规，制定行之有效的石质山地荒山造林的技术规范，采用"崩大坑、换新土、栽大苗、浇大水、一次成林"绿化模式。为了确保在石头山上栽一棵树活一棵树，对裸露岩石用风钻钻，用炸药崩，石坑要求1米见方；没有土，客土造林；没有水，借水上山；苗木要求胸径3厘米，高3米，带土球；栽植坑浇水后用塑料薄膜覆盖；苗木支撑改三角木棍支撑为布条拉伸，在裸岩上用铁扒固定，布条夜间易受潮，每天拉紧一次。为保障造林一次成功，十三个山头招标造林由6个绿化公司工程队承包，明确任务，分清责任，确保工程质量和造林成活率。

2005年冬，为做好荒山造林工程前期准备，精心地谋划实施第一期工程。在十三个山头开辟上山道路，每五十亩修砌一个储水池。既能满足施工需要，又在成林后为抗旱、防治森林病虫害、森林防火创造了条件，起到了事半功倍的效果。

2006年春，造林工程大军进驻施工现场。十三个山头，人声鼎沸，运水、拉土车辆排成长龙。一时间，施工现场机声隆隆，人头攒动，空压机散落在大小山坡上，载土拉水汽车爬行往返于山上山下，热火朝天的场面形成了一道靓丽的风景线。

为了运土，用肩挑，用背扛；浇水采用三级提灌，储水池和汽油桶都派上了用场。抬树苗的民工喊着劳动号子，爬坡攀岩，用汗水浇灌着绿色。

施工队伍吃住在山上，休息在树荫下，饿了啃干馍，渴了喝凉水，不叫苦、不叫累，用行动浇灌着梦想。

在施工实施中指挥部精心组织，分为施工队、验收组、督查组三措并举。

施工队保障工程质量，确保造林成活率；验收组铁面无私，一丝不苟；督查组随机抽验，奖勤罚懒，严把质量关。

新密市委、市政府四大班子领导，亲临现场。每人栽活一棵树，挂上牌子，率先垂范；施工单位，谁栽的树都记录在档，包栽包活；苗木验收组，掂尺子，按标准，宁缺毋滥；工程验收组由武警参与，用铁丝定制的1米见方的方笼验收，不合格返工。验收栽植苗木数量，施工方如有争议，由验收组、督查组、施工方三方协商解决。指挥部领导亲临现场深入工地，三天一检查，一周一大查，发现问题召开现场会，就地解决。

在将近4个月的施工过程中，涌现了许多好人好事和无名英雄。著名的省林业劳模李栓父子，倾尽家财，在荒山投资150多万元，造林130余亩。李栓过世后，李孬子承父业，守护绿色，耕耘不止。

一串数字足以说明工程的艰巨性和挑战性：动用各种机械设备和运土车辆1.5万台（辆）次，消耗炸药4000余千克，开石7万余立方米，置换新土6.5万余立方米。经过四个多月的顽强拼搏，13座山头以崭新的姿态呈现在全市人民面前：11万余株的3米以上大苗侧柏一次成林，经年终验收，苗木的成活率、保存率均达96%以上。

此举开创了新密造林史上的奇迹。2006年4月8日，时任省委常委、郑州市委书记王文超视察新密市造林绿化工作时，对在场的各县市区主要领导动情地说："像新密市这样石质山地能造林，郑州市没有栽不活树的地方！下周市委办公厅、市政府办公厅和市委宣传部及郑州市主流媒体都要到新密观摩，把'新密精神'宣传出去"。

《郑州电视台》《郑州日报》相继报道了新密石质山地造林的成功经验。郑州市各县市区和外省市兄弟单位到新密观摩，"新密精神"传遍了大河南北。

绽放青春　换来花果香满园
——记自学成才的果树专家刘学增

薛运锁

他叫刘学增，是一名普通的林业工程师，一直在中牟县林业局工作，2002担任枣树科学研究所所长。多年来他干一行，爱一行、专一行，在平凡的岗位上干出了不平凡的业绩。他参与的高产、优质、多抗'中农红灯笼柿'选育与应用项目通过河南省林木良种委员会审定，于2008年8月获得河南省科学技术厅科技进步一等奖，并于同年获得河南省科技进步二等奖。2009年选育出了枣树优良新品种"中牟脆丰"填补了我省枣区未见小果形鲜食枣品种的空白。他成了果农的良师益友，果农们都亲切地叫他"刘专家"。由于工作出色，他先后于2008年荣获"二○○七年度造林绿化工作先进工作者""三农工作暨新农村建设先进工作者"，2009年荣获"创建河南省林业生态县先进个人"，2010年荣获"二○○九年度造林绿化工作先进工作者"，并连续多年被中牟县林业局评为"先进工作者"。

刘学增常说："人活着要有一种精神，我出生于农村，将来一定要为农村多办事、办实事，要让农民依靠科技致富。"参加工作十多年来，他是这么说的也是这么做的。为了使广大林农早日走上科技致富的道路，他攻克了一个又一个科研项目，工作起来常常是夜以继日，经常一直忙到凌晨。一天午夜，正当他梳理一个科研项目的资料时，办公室的门突然被推开了，8岁的儿子饱含委屈与不满地对他说："爸爸，你怎么老是不回家，你是不是不要我们了？"此时此刻，这个平时雷厉风行的七尺男儿眼角闪动着泪花。是呀，他欠孩子欠家庭太多了，他把大部分时间都交给了果树，他心里装得最多的是果农，花果飘香的果树地里洒满了他辛勤的汗水，换来的是果农丰收的喜悦。

凭着对林业事业的热爱和追求，在工作之余，他刻苦钻研林业基础理论，系统学习了各种林业专业知识，经常翻阅《中国林业》《中国果树》《国土绿化》等国内权威林业学术杂志，以了解掌握林业最新科技动态、先进理论和技术知识，从中吸取营养，使自己始终站在林业科技发展的前沿，熟练地掌握国内外林业技术现状及发展趋势，全面、系统、熟练地掌握了本专业所必须具备的专业理论和技术知识。在工作中他大胆开拓，不断创新，将自己所学的知识运用到科研和生产一线，为中牟的经济和林业科技进步发展作出了应有的贡献。他在长期生产实践中总结出了枣树归圃育苗和嫁接育苗的成熟经验，作为项目的主要起草人，负责起草了中牟县地方标准《枣树育苗技术规程》。特别是酸枣嫁接育苗，他总结出了"三剪法"嫁接方法，改进了以往用刀嫁接的弊端，大大提高了嫁接效率和嫁接成活率，目前，已在河北、河南、新疆等枣区广泛推广。

长期以来，刘学增一直工作在林业战线的最基层，积累了丰富的工作经验，用先进的科学理念指导林业技术工作，服务"三农"，先后从事了枣树科研及技术推广、森林培育、造林规划设计等工作，先后编辑林业技术资料20余份，参与金盾出版社《怎样提高核桃栽培效益》的撰写，在国内知名林业科技报刊杂志发表论文20余篇，开展林业技术培训60余次，培训林农2万余人，并获得多项科技成果。

在选育"中牟脆丰"这一新品种时，他带领枣树研究所的同志们起早贪黑地在枣树地里忙碌，常常是渴了喝口水，饿了啃口干粮，经过多年的辛勤培育，在他的指导下，中牟县枣树科学研究所终于选育出了枣树优良新品种，2009年省林业厅专家组对河南农业大学、中牟县枣树科学研究所等单位申报的枣品种"中牟脆丰"进行了现场考察，专家们一致通过了该品种的审定，于2009年12月5日正式通过河南省林木品种审定委员会的审定，定名为"中牟脆丰"。"中牟脆丰"的果肉为白色，质地松脆，汁液丰富，果实无异味，适口性好，风味浓郁，特别适宜鲜食，制干率则较低，在河南枣区，尚未见小果形鲜食枣品种的记载和报道，因此"中牟脆丰"的选育，填补了我省枣区未见小果形鲜食枣品种的空白。

天行健，君子以自强不息。正是这种忠于事业，艰苦奋斗，无私奉献的精神，才使得他数十年如一日，恪守信念、一心为民、忘我工作、始终如一地坚守着共产党员的高尚情操，以一团火的激情，脚踏实地创造出了无愧于时代和人民要求的业绩。

利剑高扬　守护一方绿荫

——中牟县森林公安局智破哄抢林木案纪

刘玉景

2010年1月16日傍晚时分，中牟县森林公安局接警电话铃声骤响，黄店镇政府工作人员报称："黄店镇庵陈村数百村民集体哄抢陈家祖坟上百亩柏树，我们制止不住，请速来制止。"值班民警火速赶赴现场，只见现场人头攒动，叫喊声、伐树声、机动车的轰鸣声响成一片。陈家老坟内茂密的柏树已被哄抢三四十亩，一棵棵柏树被伐倒，一座座墓碑从树林中裸露出来，现场秩序已经失控。出警民警一边向森林公安局领导汇报案情，一边用摄像机固定证据。中牟县森林公安局局长蔡群成接到汇报后，迅速组织民警赶赴现场增援，并手持喇叭向哄抢树木的群众喊话，责令停止哄抢，但头脑发热的群众不听制止。在此紧急关头，中牟县森林公安局民警果断出击，将两位参与哄抢树木的群众强行拉上警车，带离现场，并继续向参与哄抢树木的群众喊话，谁再哄抢树木，将从严处理！其他群众见状才陆陆续续从树林中撤出。

第二天下午镇政府领导和中牟森林公安局领导在镇政府小会议室召开会议，商议如何依法打击处理此次哄抢林木案件当事人时，参与现场警戒的森林公安民警和镇政府工作人员再次告急："几百名手持砍刀和手锯的庵陈村群众陆续从村里赶到陈家坟南面聚集，欲再次哄抢剩余的树木！"中牟县森林公安民警与镇政府工作人员火速赶到现场，迅速组成人墙，将准备参与哄抢树木的群众从树林边缘隔开。此时人越聚越多，聚集群众已达300人左右，部分村民开始起哄，试图冲破人墙带头哄抢树木，更有人向执勤民警投掷物品。如果此时有人冲破人墙，带头哄抢树木，整个局势将无法控制。在此紧要关头，森林公安局局长蔡群成果断地站在几个欲冲开人墙哄抢树木的人员面前，并严厉警告对方：你们谁先动手抢树，将来谁就要承担全部责任。就要坐牢！几个欲冲破人墙哄抢树木的村民被义正言辞的警告所震慑。在他们一愣神之际，执勤民警和乡政府工作人员在该村部分村干部的协助下，及时将准备哄抢树木的人员劝至坟外路边，此时中牟县公安局部分防暴民警也迅速赶来增援，至天黑之前，绝大多数村民被劝出现场。

为防止失去理智的村民在夜里哄抢树木，执勤民警和黄店乡政府工作人员及赶来增援的林业局工作人员一起，用汽车堵住了每一个进出坟地内的路口，以确保余下的树木安全。当夜寒风呼啸，乌云遮日，车玻璃结满霜花，民警在车内冻的浑身发抖，手脚冰凉，但没有一个人叫苦，百亩老坟内，寒风呼呼作响，如怨魂泣诉，树枝摆动，黑影摇曳，似鬼影晃动，裸露的墓碑旁，花圈哗哗作响，如鬼魂低吟，此情此景足以把胆小之人吓跑，但执勤民警无人退缩。

天亮后，庵陈村约一百多名村民再次手执砍刀、手锯聚集于村北坟前的麦场中准备再次哄抢树木。紧急情况下，黄店镇党委政府、中牟县林业局和森林公安局再次召开会议，商议如何控制混乱局面。会议认定：①该村村民这么多人参与哄抢的树木虽说是集体财产，但所有树木都生长在自家老坟，说明他们自身素质都不高。②16日晚从现场带离两位参与哄抢树木的人员时并未受到周边村民的强行阻碍，说明他们团结性不强。③被带至公安机关的两个人在案发现场气焰嚣张，可一到公安机关个人态度明显好转，说明他们是群胆，因此，会议很快形成了部署和行动计划。

县森林公安局局长蔡群成带领公安民警开车进村，看谁家院内或门口存放哄抢的木材较多，对他们家进行录像，拍照，固定证据。事后再到他们家传唤当事人，如果当事人在家，办案民警就强行带离，如果他们不在家说明他们已产生畏惧心理。躲到外面，只要村上没人带头就不会有人再去哄抢树木。

当森林公安局民警开警车进村，开始在村中拍摄证据时，在哄抢林木现场气焰嚣张的村民，一见到公安民警进入家中，即纷纷躲避。不到2个小时，多数参与哄抢树木的群众，纷纷锁门离开家中，在村北坟地前手持砍刀、手锯的村民也纷纷撤离现场，陈家坟林地内几乎不剩一人，连续几日没一人敢再到陈家老坟内哄抢树木。

此时已接近年关，中牟森林公安局民警，根据从现场和村内拍到的视听资料，冲印照片，固定证据，根据照片确定违法犯罪嫌疑人身份，并进行公开传讯。同时县公安局会同森林公安到村内组织违法犯罪嫌疑人家属开会，动员他们投案自守，争取从宽处理。在巨大的政策、法律压力下，至1月30日，参与哄抢树木人员先后有32人到公安机关投案自守，公安机关根据其违法事实，对上述32人分别给予了3～7天治安拘留。

3名主要犯罪嫌疑人，也于2010年6月份全部抓捕归案。让他们受到了应有的刑事处理，有效维护了法律尊严，确保了该地森林资源安全和社会治安秩序稳定。

第二章 林海拾贝

DIERZHANG LINHAI SHIBEI

让绿色环抱郑州

郑州市林业局宣传办

在城市生活久了的人，往往想到郊外去踏青，呼吸新鲜空气。人与自然共处在地球生物圈之中，有一种与生俱来、相依为命的天然情结。人类与大自然和谐相处，是人类社会发展的重要基础；人类的繁衍与社会的发展，都离不开自然生态环境。

天蓝、地绿、水秀、山青，建设绿色家园，是人类的共同理想。多年来，我们为此而不懈地努力。实践证明，造林绿化，是加快国土绿化进程、改善生态环境的重大战略举措，是符合我国国情的国土绿化之路，是落实科学发展观，构建人与自然和谐社会的必由之路。

一、宏伟蓝图　打造绿色生态家园

郑州是河南省的省会，地处豫西山区向黄淮平原的过渡地带，北临黄河滩地，东连黄河故道，西部邙岭为黄土高原最东南缘的土塬，北部、中东部皆为黄土丘陵和黄土覆盖丘陵地区。

过去的郑州，自然条件较差，每逢冬春时节，气候干燥，风沙肆虐，因而被称为"风沙城"。为了改变这一面貌，历届郑州市委、市政府动员和带领广大干部群众，坚持不懈地开展植树造林、防风固沙，取得了明显成效。20世纪80年代中期，郑州市以35.25%的绿化覆盖率位居国务院公布的317个城市的前列，人均绿地面积达到4.12平方米，赢得"绿城"的美誉。

然而随着城市规模的扩大和人口急剧增加，道路不断拓宽，楼房日益增多，不少老行道树被伐，使得原有的绿量捉襟见肘，遭遇了"绿城不绿"的尴尬。到了90年代，竟然痛失"绿城"桂冠。

从"沙城"变成"绿城"，又由"绿城"而黯然失色。经历一波三折之后，市委、市政府总结经验教训，痛下决心，不仅要让"绿城"名副其实，而且要从改善人居环境的长远利益出发，实现经济社会与生态环境的协调发展；要把生态建设作为城市现代化建设和增强城市综合竞争力的重要组成部分，以实际行动构建和谐社会，落实党中央、国务院制定的战略目标。

几年来，市政府科学规划，逐年加大投入。在市委、市政府的领导下，林业部门先后启动了风沙源生态治理工程、通道绿化工程、嵩山山脉水源涵养林工程和平原高标准绿化等重点造林绿化工程。以荒山、荒坡、荒沟、荒丘、黄沙等生态脆弱部位及近郊道路绿化为重点，以通道和河道绿化、退耕还林、水源涵养林、水土保持林、黄河防护林、防沙治沙、封山育林为依托，因地制宜，植树造林。全市林业人与市民同心协力，奏响绿色交响曲，建设绿色生态城。冬去春来，仅仅几年，城乡绿化成绩卓著，生态面貌一新，实现了跨越式发展。

实现人与自然的和谐发展，是构建社会主义和谐社会的重要内容。只有以人为本，实现人与自然的和谐，才能使经济可持续发展；只有实施以生态建设为主的林业发展战略，才能达到构筑国土生态安全体系的奋斗目标。为此，我们更新观念，高起点、高质量地编制了《郑州森林生态城总体规划（2003—2013年）》，并经市人大常委会审议通过，作出决议。总体规划坚持以人为本的原则，突出城乡绿化一体化，把净化大气、保护水源、缓解城市热岛效应，维持碳氧平衡、防风防灾、调节城市小气候等生态功能放在首位；以"城市周围森林化"的"量"，弥补中心城区绿地量的不足，实施森林环抱城市战略，使绿的"质"和"量"和谐统一。同时，在人口密集度相对高的中心城区，合理规划、精心设计绿地景观，实现城市园林化，郊区森林化，道路林荫化，庭院花园化，为市民创造一个优美自然的生活和工作环境，让人与自然环境和谐，和睦相处，相得益彰。

总体规划确定了"一屏、二轴、三圈、四带、五组团"的布局。"一屏"，即在郑州风沙起源的北部，沿黄河大堤及黄河风景区、黄河湿地自然保护区、建立起一道长79千米，宽1.1千米的防护林，形成一道黄河绿色生态屏障；虽然仅仅两三年时间，树木尚未成材，但已开始为郑州遮挡来自西北的风沙。"二轴"，即在纵贯郑州南北的"107国道"和横跨郑州东西的"310国道两旁"，种植宽50米的防护林带，形成两条森林生态景观的主轴线。"三圈"，即依托郑州三条环城公路，结合郑州国家森林公园、郑州世纪公园、西流湖公园、尖岗森林公园、西山植物园、贾鲁河公园、古城森林公园、雁鸣湖森林公园、洞林湖森林公园等星罗棋布的大小公园，构造由绿色通道、森林公园及各类景观林、防护林环绕郑州的三层森林生态保护圈。"四带"，即以贾鲁河、南水北调中线总干渠、连霍高速、京珠高速四条主要河渠、道路构建四条大尺度、辐射状的生态防护林带。"五组团"，即因地制宜，采用组合链接方式，集中与分散相结合，重点与一般相结合，同城设施功能紧密结合，由组群式、条块状森林群落工程共有构成有机整体，构建西北、东北、西南、南部、东南五大森林组团，形成绿色森林环境的规模体系，最大限度地发挥森林群落的规模效应。

按照规划布局中关于"西抓水保东治沙，北筑屏障南造园，城市周围森林化"的构想，我们在郑州西北部的风口地带北邙、广武、古荥等4个乡镇，种植以常绿树种为主的苗木，栽种石榴、核桃等耐寒抗旱的果木，既可挡风固沙，又有经济效益。市区东北方向位于黄河故道，河、池、湖、渠较多，地下水位较高，我们以湿地保护为主，开发绿色产业经济。西南地域是郑州市重要的水源地，河流多，地块破碎，植被稀少，水土流失严重，在此区域建立水源涵养林，治理水土流失，以保护好郑州的水缸。市区南部和东南地貌为丘陵或沙丘地，是"南建园"的中心地带，这里的未来，将建成郑州的百果园。

郑州市所属的巩义、登封、荥阳、新密、新郑、中牟和各个市区，造林绿化成效如何，直接关乎着郑州市区的生态、气候变化。几年来，各县（市、区）因地制宜发展经济林，已初见成效。登封、巩义、新密、荥阳、上街的山岗土坡上，春天百花香，秋季果满园。登封、巩义满山遍野的核桃树、石榴园、杏树林。秋季荥阳山岗上，柿子林果实累累。新郑、中牟的大枣远销长城内外，大江南北。新密尖山上的近万亩金银花特色药材基地，使贫困山区走上脱贫的路。樱桃节、葡萄节、石榴节、鲜桃节、枣乡风情游等时令特色旅游，使郑州人充分享受国土绿化的成果。以生态观光、休闲度假为主的嵩山、黄河故道、平原森林公园3大森林旅游区，让平原人实现拥抱森林梦想。

二、以人为本　实现人与自然和谐相处

20世纪，世界各国都经历了大规模城市化的过程，可耕地被大量征用，农村人口大量急剧地涌入城市。许多城市建设项目急功近利，城市规划缺少理性支撑，不同程度地破坏了生态平衡。尤其是城市的空气污染、水污染、热岛效应等，成为亟待解决的问题。

据我国第六次森林资源清查、野生动植物和湿地资源等四项调查，以及全国水土流失最新调查监测、荒漠化和沙尘暴监测的结果表明，我国在生态建设上，存在森林资源总量不足、水土流失和荒漠化严重等突出问题。生态环境脆弱和局部恶化，已经成为我国构建社会主义和谐社会的重大障碍。

进入新世纪以来，林业在经济发展中的地位受到空前重视，社会进步和人民生活水平的提高，对加快林业发展、改善生态状况的要求越来越迫切。为了解决我国的生态环境问题，党中央、国务院采取了一系列政策措施，2003年，《中共中央　国务院关于加快林业发展的决定》中明确提出，"在贯彻可持续发展战略中，要赋予林业以重要地位；在生态建设中，要赋予林业以首要地位；在西部大开发中，要赋予林业以基础地位。"党的十六届三中全会提出了以人为本，树立全面、协调、可持续的科学发展观，把统筹人与自然和谐发展作为一个重要的内容，把维护最广大人民的根本利益作为一切工作的出发点和落脚点。胡锦涛总书记在全国人口资源环境工作会上明确要求："要着眼于人民喝上干净的水、呼吸清洁的空气、吃上放心的食物，在良好的环境中生产生活。"

人与自然和谐相处，保护生态环境，走可持续发展道路，已成为全人类的共识。随着经济全球化的发展，改善生态环境质量，美化城市环境形象，营造良好的生活、生产和投资环境，已成为提高城市综合竞争力的主要因素和根本保障之一。经济发展最终目标是提高人民的生活质量，实现富国强民，为自己和儿孙建设一个万代永续发展的绿色家园。历史的经验和教训告诉我们，不能再走一些发达国家"先污染后治理的老路"，必须认真地探索和实施人与自然和谐发展的道路，这是关系中华民族生存与发展的根本大计，是人类社会发展的必然，是党中央的英明决策，是每个中国公民的期盼，更是林业人重如泰山的责任。

落实以人为本的科学发展观，就是要实现人与自然的和谐相处，随着经济社会的发展，满足人们对城市环境的新要求。全国绿化委员会提出，国土绿化要唱响"以人为本，共建绿色家园"的主旋律，并且要求城市绿化实现"六个转变"，即：一是由见缝插绿、拆违见绿转向将绿化纳入城市的基础设施统一安排和建设；二是由人工造景为主向近自然化状态转变，强调生物的多样性、绿化效应的多重性，减少绿化后期管护的成本和费用；三是由单纯的追求人均公共绿地面积向大绿量转变，追求单位面积的最大绿量；四是由平面绿化向立体绿化转变，实现垂直挂绿、拆违还绿，发展垂直绿化和屋顶绿化；五是由注重城市绿化向城乡绿化一体化转变，实现城区园林化，郊区森林化，道路林荫化，庭院花园化。手段是以城带乡，以乡促城，城乡连动，总体推进；六是由注重绿化建设向建设管护并重转变，强调造一片活一片成一片。《郑州森林生态城总体规划（2003—2013年）》正是体现了"以人为本"的指导思想，体现了人与自然和谐相处的理念。无论是城郊的造林绿化，或者是市区园林绿化，都突出了人性化的观念，反映了人民的意愿。

林业在人与自然和谐相处、和谐发展中承担着重大的历史使命，时代要求林业确立"以生态建设为主"的发展战略，加快林业生态建设，实现人与自然和谐，建设生产发展、生活富裕、生态良好的小康社会。为了落实党中央、国务院制定的新时期社会经济发

展规划，建设和谐社会，《郑州市委　市政府关于加快林业发展的决定》中，提出了把郑州建设成为"山川秀美的森林生态城市"的目标，既是为了落实以人为本的科学发展观，实施可持续发展战略的重大决策，也是郑州林业抢抓新机遇、谋求新发展、再创新辉煌的一项战略举措，对建设以森林植被为主体的国土生态安全体系，优化人居环境，率先全面建成小康社会和率先基本实现现代化，具有重要的现实意义和深远的历史意义。

三、相互依存　生态与经济协调发展

党的十六大强调，实施可持续发展战略，实现全面建设小康社会的宏伟目标，必须使生态环境得到改善，资源利用效率显著提高，促进人与自然的和谐。

在新的形势下，我国的林业正在经历着前所未有的深刻变化。林业由国民经济的组成部分，正在转向既是国民经济的组成部分，更是生态建设的主体。因此，造林方式和结构也由基本以人工造林、造乔木为主，转向按经营目的而采取不同的作业方式和植被组合。这一变化，将使林业的发展既可以带来经济效益，又能带来社会效益与生态效益。

林业的经济效益和生态效益二者之间，是一种互相依存、互相影响、互相作用的关系。忽视生态环境而过度追求经济增长，尽管经济增长速度快，经济的发展却受到了生态环境被严重破坏而环境恶化的巨大报复，使得经济发展停滞不前或萎缩。在这方面，我们已有不少经验教训。如果以牺牲生态环境为代价去发展经济，那将是饮鸩止渴，必定遭到大自然的报复。反之，单纯注重生态环境而放弃必要的经济增长，也会因缺乏强有力的经济实力支撑，使得生态环境保护失去现实意义或物质基础。因而，只有贯彻落实科学发展观，既重视经济效益又注重生态效益，走生态建设与经济协调发展的道路，才能促进人与自然的更加和谐，保证社会经济的可持续发展。

城市森林的生态效益，主要体现在森林的涵养所产生的巨大生态、经济和社会效益。城市森林在城市生态系统的动态调节作用主要是通过生态效益来实现的，它具有调节气候、阻隔和销纳污染物、吸收和降低噪音、杀菌、吸收二氧化碳和放出氧气、保持水土、涵养水源等生态效益。森林的增加，还有利于防风固沙、净化空气，美化环境，以及降低区域性风速、减弱风沙为害、净化水体污染、加固堤防安全、提高土壤肥力、保护农作物丰产稳收、增加生物多样性、改善人居和投资环境等作用。另外，森林生态城的经济效益，还可以增加来源于森林物质形态资源中林木、林副产品等生物资源的直接收益，提高城镇居民和农民收入水平。郑州市城郊森林建设的实践，即是有力的证明。近年来，我们相继启动的重点林业生态建设工程，包括风沙源治理工程、通道绿化工程、嵩山山脉水源涵养林工程、近郊水库周边涵养林工程、平原绿化工程、种苗产业基地建设工程等，已经初步显现出防风固沙、调节气候、净化空气的重要作用，使得郑州市区空气质量显著提高，生态环境逐步优化。近年来，郑州市社会经济的快速发展，与城市森林生态建设取得的成效，是密切相关的。如今，无论是郑州市民还是外来人员，都说"现在的郑州树更绿了，天更蓝了，空气更清新了，城市变得越来越美了"。郑州森林生态城市建设，将为城市筑起绿色屏障，提升郑州绿色产业的层次和水平，促进郑州物质文明、精神文明和政治文明的协调发展。

未来的郑州，将以"公园式的绿地、园林式的庭院、生态型的乡村"的生态格局立于中原大地。届时，郑州市将被层层森林环抱，成为"城在林中，林在城中，人在绿中，居在林中"的最佳人类居住环境。

绿城咏叹

魏尽忠

风舞嵩山，苍松红叶，天成锦绣画卷；潮涌黄河，秋水长天，流动琴韵涛声。

盛世金秋，喜迎第二届绿博盛会。热情开放的中原大地，莺歌燕舞，百鸟唱和，幽兰香桂，群芳竞艳。热忱欢迎海内外绿界群英欢聚绿城郑州。会商生态建设基本国策，共襄国土绿化旷世盛举，检阅既往成就，谋划未来发展方向。

一、文明古都　时代新韵

河南省会郑州，地处中枢，九州通衢，是一座具有3600余年历史的文明古都。

裴李岗、大河村、商代都城等历史遗存不胜枚举，观星台、嵩阳书院等文明古迹灿若星汉。郑州，物华天宝，人杰地灵。先皇尧舜，始祖轩辕，韩非、杜甫等圣君贤哲、文化名流众星闪耀。其精神、思想、成就、著述迄今仍耸立在政治、哲学、科技、文学之巅，光辉依旧。

深厚的文化底蕴为现代文明的融入提供了坚实的基础。伴随着21世纪的历史车轮，郑州这座文明古都，结合一切现代文明元素，迅速崛起，成为中原地区的龙头城市。各项事业飞速发展，先后获得"国家园林城市""国家卫生城市"和"全国绿化模范城市"等荣誉称号。2009年全市生产总值突破3300亿元。是全国城市"GDP3000亿俱乐部"的重要一员，发挥着区域性中心城市巨大的集聚功能和辐射作用。

二、生态城市　绿色家园

新世纪以来，郑州市委、市政府把发展林业，构建生态型城市，建设绿色家园作为发展理念，列入全市重点工程。2003年"森林生态城"战略工程的实施，拉开了以林业为主体的生态建设跨越式发展的序幕。

滔滔黄河，流经郑州，一路长歌，奔腾入海。沿南大堤两侧，一条79千米长、1100米宽，由高大乔木构成的绿色屏障伴随着母亲河的滚滚长流，矗立在市区北部。秋、冬、春三季，但听朔风吼，不见沙尘扬，成功地阻挡了风沙对市区的侵害。

营造组团式森林是郑州市生态建设的创新之举。市区东部和东南部为黄淮平原沙化土地，以湿地生态保护和防沙治沙为主要功能的两大森林组团，现已蔚然成林。黄鹂鸣翠柳，桃花生紫烟，森林锁沙龙，粮果双丰收。

按照"北筑屏障南建园"的规划布局，在市区南部大力发展名优经济林园区。各种果园的建设，从根本上改变了农村产业结构，产生了巨大的经济效益，增加了农民收入。"好想你"枣制品已成为畅销全国，享誉海外的知名品牌。8000余亩的大枣种质资源保护区，通过科技手段改造，集中了国内500多个优质大枣品种，为枣产业的进一步发展打下了坚实基础。

西南核心森林组团以水源涵养为主要生态功能，围绕尖岗、常庄两个市区备用水源地，营造了13万余亩的水源涵养林。

该组团采取常绿、彩叶、落叶多树种混交造林模式，形成了开放式、可进入、近自然森林。春风绿细柳，玉兰竞相开，盛夏绿荫覆，金秋红叶娇。登高望去，一派扶疏荫翳之气，绿染水天一色。

走进林中，翠绿、嫩黄、深红、浅绛、五彩缤纷，听百鸟鸣啭于林莽，看彩蝶飞舞于花间。牧童短笛，吹落了晚霞，伴夕阳西下，如此人间胜景，给广大人民群众提供了假日森林休闲怡情的绝佳去处。

市区西北部是黄土塬东延的末端，沟壑纵横，水土流失严重，以水土保持为主要功能，营造了19.8万亩的西北核心森林组团。昔日的荒山秃岭，如今森林葱郁，多姿多彩，缤纷绚烂。2.3万亩的"石榴种质资源保护小区"集世界所有石榴品种1300余种，将这一美味林果发展成了产业体系。

三环、四环、绕城高速路，绕城三周，建成了三圈大尺度的生态景观林带。郑州现有森林263.33万亩，活立木蓄积1441.67万立方米，每天吸纳着2338.42万吨碳，释放着2016.42万吨新鲜氧气。蓝天白云，空气清新。2009年，郑州年平均空气优良天数达到322天。

2009年，在提前4年超额完成森林城100万亩栽植任务的基础上，郑州又实施了林业生态市建设。以森林生态城为核心，以嵩山、黄河为经脉，以不同地质为区划，按照"一核、二脉、三区、一网络"的造林绿化科学布局，全市的造林绿化工作又取得了可喜成绩。全市已建成林业生态村180个，林业生态乡镇10个。无山不绿，无水不清，城乡一体的绿化格局像一幅美丽的画卷，描绘了郑州的生态面貌。

按照市委、市政府"城市园林化、道路林荫化、庭园花园化"的城区绿化目标要求，新建和升级改造各类公园62个，广场游园226个，各类绿地总面积9536万平方米，形成了绿树葱茏、花团锦簇的城市绿地系统格局。市民群众走出家门500米，便可见到游园绿地、娱乐在芳林下，健身于花丛间，充分享受绿化成果与和谐幸福的美好生活。

高大挺拔的市树法桐挺立在道路两侧，浓荫蔽日，在城区道路的上方形成了一道道绿色穹廊。晴遮骄阳，阴挡雨雪，车龙人流，无不感受绿色带来的愉悦和幸福。

素有"花中皇后"之称的月季，是郑州的市花。其花，富贵不逊牡丹，而更显娇娆俏丽；其色，红、黄、橙、紫、绿、蓝、粉、白丰富多彩，倍受百姓钟爱。郑州是我国月季品种最集中的城市，现有1200多个品种，培育栽植总量已近600万株，并先后举办了16届"全国月季展"。每年5～11月，赏月季已成为郑州市民必不可少的生活内容。

水是万物之源，生命之本，水是一座城市灵气的汇聚与升华。郑州市内河流有金水河、熊耳河、东风渠、周边有贾鲁河、索须河、七里河等六纵六横12条河流。2007年以来，按照"六纵六横三湖"的规划布局，围绕"水通、水清、水美"的生态目标要求，郑州市实施了大规模的生态水系建设工程。将生态水系和绿化建设融为一体，使郑州成为"绿城、花城、水域靓城"有机结合的生态型城市。

建设完成的生态水系，每年从黄河引入6202万立方米的生态基水注入市内多条河流。船行柳梢，鱼翔浅底，老人迎朝阳晨练，稚童伴晚霞戏水。

如今的郑州，森林环城而掩楼宇，鲜花满城而溢芬芳，秀水穿城而润万物。清风明月故园梦，生态绿城是故乡。乡情悠悠，乡韵悠悠，无论常住，还是客居，752万市民群众为这方生态宜居之地鼓掌欢呼。

三、和谐湿地 自然瑰宝

湿地，被称为"地球之肾"，与森林、海洋构成了自然界三大生态循环系统。郑州黄河湿地因其独特的区位优势，成为我国河流湿地中最具代表性的地区之一。特有物种分布较多，是候鸟迁徙的中心通道。全长158.5千米，跨度23千米，总面积38007公顷。

一部黄河史，就是一部炎黄子孙的奋斗史；一部华夏民族和中华文明的发展史。在我们心中，黄河已不再是一条河，它已成了我们民族的象征。

郑州黄河湿地水域宽阔，滩涂广布，动植物资源极为丰富，保护区内现有陆生野生脊椎动物217种。属国家一级保护的鸟类10种，国家二级保护的鸟类31种，维管束植物80科284属598种。

这里湿地类型多样，是鸟类重要的繁殖地和迁徙停歇越冬地。濒危珍稀鸟类大鸨、黑鹳、灰鹤、豆雁、绿翅鸭等是这里的常客，大、小天鹅、白鹭、燕鸥等珍稀鸟类则常年在这里生活。黄河虫实、野生大豆等宝贵的植物资源，使郑州黄河湿地成为我国重要的生物多样性分布地区。

湿地紧邻市区，是郑州市唯一的自然保护区。天赐绿城这一方自然瑰宝，一处生态资源宝库。同森林生态城、生态水系共同被列为郑州市生态建设的重要工程，国家级湿地公园也将于年内启动实施。

保护湿地，就是保护我们人类自身。郑州黄河湿地自然保护区自成立以来，作了大量的建设性工作和抢救性保护工作，在业界得到了广泛认同，受到了国家林业局高度重视。

走进湿地，都市的喧嚣和尘世的浮华顿消。一片蓝天，万顷碧水，听鸟鸣蝉唱，看鹤飞蝶舞，身边的黄河像一架竖琴，弹奏着和谐乐章。心灵净化如同一汪碧水，感受的是自然的伟大与永恒，领悟的是万物和谐之真谛。

四、绿博盛会　影响深远

绿博会旨在展示成就、交流经验、普及生态文明、倡导绿色理念，是全国绿化委员会的一大创举和打造的绿化品牌，是全面提升国土绿化水平的具体抓手，在国土绿化史上具有划时代意义。

第二届绿博会得到了全国绿化委员会、各地、各部门绿化委员会和河南省委、省政府的高度重视和大力支持。在各级领导的正确领导和大力支持下，郑州市人民政府深化品牌打造，举全市之力，使第二届绿博会如期圆满开幕，对我国国土绿化事业的发展将产生深远的历史影响。

五、万芳荟萃　百园归一

郑州绿博园纳百园于一园，汇万芳而炫斓，是一处"国内一流，具有世界影响"的生态园林。

绿博园的景观布局为"一湖、二轴、三环、八区、十六景"。内景观环为湖光山色美景；中景观环展园荟萃；外景观环是葱茏蓊郁的背景森林。桃花源、多彩大地等外八景和阳光沙滩、生态浮岛等内八景相映成趣。

绿色、环保、文化、科技，共同的设计理念全方位诠释了"让绿色融入生活"的主题。

北京园以北海静心斋为蓝本，体现了恢宏大气的皇家园林风格。借山建亭，濒水砌榭，布局规整严谨。长城、首都国际机场等标志性雕塑反映了首都的地域文化特征和国土绿化的巨大成就。

上海园采用海派手法建园，花园洋房、历史建筑反映了这座大都市的文化特征，体现了上海的绿色时尚风情。虹桥方塔、香雪堂、醉白池、六合同春等雕塑和景观造型代表了这一中国第一个国际大都市的历史人文内涵和国土绿化新成就。

重庆展园通过"森碧流觞""夔门秋月"等景点，展现了"森林重庆，碧水三峡"的巴渝文化特色。

解放军展园充分体现了与人民群众同呼吸、共命运的军队宗旨。同根九干的"八一"香樟树，可称珍稀苗木之最。

"武警绿苑"中央耸立着一座国旗护卫队主题雕塑，浮雕景墙和园区其他元素共同表达了武警部队忠诚卫士本色和维护祖国绿色和谐的主题。

中国钢铁工业协会展园通过"钢铁奉献"主题雕塑和"点石成金"等景点，用园林艺术，表现钢铁文化内涵和行业特点。

铁道展园巧妙地将园区入口设计在动车造型中，园中小品、景墙展示了铁路这一国之命脉的发展里程，名为"中国速度"的主题雕塑代表了铁路的飞速发展，展园将铁路文化表现得淋漓尽致。

"五岭北来峰在地，九州南尽水浮天"。广东"南粤林苑"的丹霞红石、古桥瀛洲，品一品潮州功夫茶，香沁脏腑，东莞园中莞香弥久，花街花市风情万种，南国风光和古老的南粤民俗文化尽显现于展园。椰风椰韵、五指飞瀑，海南风情园展现了海角天涯的热带海岛风光。

万里长江万里景，最是楚天吴越风。湖北园门"楚魂"展示了楚风楚韵，园内选取伟大诗人屈原"九歌唱晚"景墙体现了文化的深厚底蕴，并将"端午节"这一非物质文化遗产得以展现。

湖南展园的竹简汉青；娄底园的曾国藩故居和家训，通过选择园艺将湘文化展现得淋漓尽致。江西园中井冈红旗，南昌硝烟；使人感受光辉革命传统的同时，也领略了环鄱阳湖生态风光。安徽园以天柱山风光为景点，展现了黄梅戏故乡的徽文化。马鞍山展园一座诗仙李白塑像和吟诗亭让人感受诗歌之乡的文化底蕴。

景德镇，千年瓷都，辉煌的陶瓷文化以致于西方国家将其作为"中国"的代名词。展区以瓷布景，以景画瓷，展园光华秀丽。

江苏展园将自然融入景观空间，有围有聚，内聚居多，围透相宜。门、亭、榭、廊飞檐斗拱；苗木花草，疏密有致，展示了古典园林的高超水平和江南水乡的秀美。

满载着南京人民的深情厚谊和首届绿博会的成功经验，金陵园古朴典雅，精妙绝伦。牌楼、山峦、水榭、廊桥、轩将园区围合成一处幽雅胜景，莫愁湖位于中央，汉白玉莫愁女塑像亭亭玉立于荷塘，赏月轩内，香茗青花，品味风拂荷塘月色，吟音榭中，丝竹笙簧，浅吟金陵散曲。

浙江省展园主题为"越乡人家"，园区以越文化中越俗、越艺、越学将景区逐步展开并互相衔接，充分展示了森林浙江越乡人民的品质生活。杭州"绿苑"以非物质文化遗产"白蛇传"故事展开，通过亭、榭、桥、景点，将本土文化与古典园林有机结合在一起。宁波园以海上丝绸之路为主题，其"书藏古今，港通天下"的商文化深刻内涵，充分展示了全球一体化的发展趋势。嘉兴南湖画舫是中共一大会址，展园通过景点、景墙、植物元素，使人们在游园的同时，对新中国历史增加更深一步的了解。建德市"梅园"采用古典园林的写意手法，充分展示了新安江水电站的"人行明镜中，鸟渡屏风里"的三千西子湖光山色美景。

福建展园以武夷山、九曲溪、永定土楼为景点展示了八闽绿韵。厦门园以市花三角梅、红砖、花岗岩石板、石雕、燕尾脊表现了浓郁的闽南风格。

广西展园表现了壮乡自然之美、风情之美。通过对歌台等景点，充分表现了八桂欢歌的场景。骆田流韵，展示了壮乡人民的美好生活。南宁展园的壮锦、铜鼓、花山壁画，体现了浓郁的民族风情。桂林展园精雕细琢，漓江放排、阳朔风光、象鼻山、骆驼山等景点，使中原人民看到了甲天下的桂林山水。

贵阳展园选取西江苗寨为主元素，围绕建设"生态文明城市"的市委、市政府部署，要求以明代哲学家王阳明的"知行合一"来努力践行生态建设。遵义园中，游人可看到典型的黔北民居，著名的黄果树瀑布和喀斯特地貌地园中都有充分体现。

云南园中，茶马古道、傣家竹楼、凤尾竹下，芦笙恋歌吹动月影婆娑，云贵高原风光、民俗如诗如画。

西藏园的原始森林、藏汉风格结合的建筑，体现了藏汉文化是不可分割的互通互融整体。

窗含西岭千秋雪，门泊东吴万里船，天府人家，古蜀掠影，在四川展区，充分表现了巴山蜀水风光与浓厚的历史底蕴。

新疆园简单、清新、平和、丰富，将西域园林风格升华，展现了歌舞之乡各族人民对绿色美好生活的追求。宁夏园区体现了鲜明的民族特色，展示了沙漠、荒漠化治理的巨大成就。

联袂西域，襟带万里的甘肃陇园内，景点"黄河九曲""中山铁桥"见证了历史的沧桑，"两山绿化"展示了国土绿化辉煌业绩。

陕西展园以大雁塔为中心景点，辅兵马俑塑像，再现了唐代园林风格，体现了"人文陕西、山水秦岭"的特色主题。

山西园以晋商常家大院作主景点，布局规整，尊卑有序。展示了"为商，利逐四海，财取天下"的儒商之道。晋城园则以陈廷敬相府为主景点，体现了"为官，恪慎清勤，民事为先"的执政理念。古今对话，仍给今人以启迪。

河北园通过中共七届二中全会主席台、赵州桥等历史文化遗存，用植物元素辅景，使游人在游览过程中不仅重温了河北的光辉历史，也领略其构筑京津生态屏障的艰辛历程。廊坊园通过新材料、新技术的大量运用，充分体现了"祥和廊坊"的实力、效率及生态建设成就。

山东园的崂山石、海草房、岱宗坊等景点，体现了山东的地域、历史文化特征，同时也表述了人民群众的绿色生活与造林绿化成果。

泱泱河之南，苍茫天地中。河南省展区"豫华园"采用自然式手法布局。入口处，一群铜制豫象正从太行山中走来，紫铜叶片门标、铜爵和八块铜质浮雕，代表了中原悠久灿烂的文明和绿色文化。十八个雕刻有地市名称的硕大铜质脚印，象征中原儿女脚踏实地、建设生态文明的历程。

豫华亭寓意物华天宝、人杰地灵，绿网中原、桐花飘香景区展现了平原绿化的巨大成就和农林间作创举。人民公仆焦裕禄塑像屹立在泡桐林中，发挥着共产党员永恒的示范作用。

绿树葱茏的山林下，一处幽静的窑洞式庭院——黄河人家，使"让绿色融入生活"的绿博会主题完美凸现。一座高约十数米的琼阁建在园区最高点上，登高远眺，各展园美景尽收眼底。

安阳园以"殷墟"为文化主题，商鼎、甲骨文讲述着殷商的强大繁华和中华文明的悠久历史，"红旗渠"精神则体现了安阳人民艰苦卓绝的奋斗历程。"大梁门""开宝铁塔"记载了七朝古都开封那被尘封的历史，景墙刻文宣讲着宋词的辉煌和文学的传承。洛阳为十三朝古都，"天子驾六""龙门山色""牡丹华亭""马寺剪影"等景点，将现代与传统、理性与浪漫融二为一。漯河园融自然风光和人文景观为一体，展示了新兴城市的无限活力。

辽宁园中远古化石、红山文化、满清风情与丰富的植物元素结合，营造了一个错落有致、季节色相变化丰富的生态园林。

沈阳园不仅体现了森林城市的风貌，也通过历史文化遗存，展现了"盛京印象"。大连园通过"星海广场"等景点集中展示了这座滨海城市的生态化、现代化特点。吉林省、吉林市展园将长白天池、人参娃娃等自然风光和新中国电影文化有机结合，充分表现了地域特色与良好的生态环境。

黑龙江展园再现了五大莲池、镜泊湖风光，表现了金源文化的璀璨，彰显了东方欧陆风情的别样风采。

骏马奔腾、牧歌悠扬，内蒙古展园不仅反映了六大林业工程的辉煌成就，也展现了浓郁的民族风情和民族文化。

郑州园主题形象恢宏大气，文化内涵厚重。标志建筑名"月祭坛"，其形如"商"字，材用五行，其意为融。置沙漏于天地之间，市花水晶月季位于正中，意纳天地精华。三圈铺装，融合了大河村、裴李岗、炎黄等诸多文化元素，不同的壁雕表现了众多的历史人物。整个园区弘扬了郑州深厚的文化，展示了国土绿化水平，体现了城市发展张力。

盛会成功圆满，历史重任在肩。愿以本届绿博会为契机，将我国的国土绿化事业推向历史的更高峰，谱写生态文明建设新的华彩乐章。

绿色的呼唤

慎廷凯

（1）

去过大兴安岭和长白山的人，无不对那里的林涛留下难忘印象：在高山密林之中，绿浪起伏，涛声阵阵。随着劲风吹来，掀起层层巨浪，似万马奔腾，如春雷滚滚，震撼大地，扣人心弦。

而对于郑州人来说，"林涛"似乎是一个陌生的词语。虽然在郑州地区不乏大小山林，还有一些林场和森林公园，但毕竟与那些原生态大森林相比，真可谓"小巫见大巫"，因而也难以听到那令人惊心动魄的林涛。

记得二十多年前，我来到位于郑州北郊的黄河岸边，第一次参加义务植树活动。当我兴致勃勃地登上邙山，望着那一个个荒山秃岭，俯瞰那奔腾而去的黄河，心中不禁感慨万端。我曾想，几十万年前的黄河中下游一带，难道不是人类理想的栖息之地吗？中国最早的夏、商、周三个王朝，不就是从这一带兴起、发展的吗？据说那时的邙岭，曾是绿色遍野，森林密布，而如今却为何满目萧条，丛林难觅呢？

这个问题一直困惑着我。不久前，我读了一些关于河南林业生态的书，心中的疑团才迎刃而解。原来在我们居住的城市周边，历史上并非缺乏森林。据专家考证，几亿年前，中国大地基本上为高大的古森林覆盖，以后由于地质构造运动引起地壳沉降，有些地区的古森林被埋入地下，逐步变成煤层。像河南许多地区，包括郑州西南部丰富的煤炭储藏量，就是当时丰富的森林资源有力的佐证。直到原始社会时期，河南森林覆盖率仍高达63%左右。《山海经》记述了伏牛山区一带的森林情况，郑州市郊和登封、巩义、新密等地山上多为天然森林所覆盖，草木繁茂，禽兽繁殖，树密鸟多。至于《诗经》中所提及的树木，有名可查的就有数十种之多。不仅有至今仍然常见的杨、柳、桃、李、松、柏、桑、梓，而且有至今已经少见的檀、桦、漆、栗、甘棠、扶苏之类。"坎坎伐檀兮，置之河之干兮""伐木丁丁，鸟鸣嘤嘤"，足见那时名贵树木之多，森林生态环境之良好。《诗经·郑风》中，对郑州一带草木茂盛的情景，亦有多处提及，如"山有扶苏""山有桥松"以及"无折我树杞""无折我树桑""无折我树檀"等诗句，都是当时生态状态的写照。我想，那时的郑州和周边地区，特别是登封、新密、巩义、荥阳和郑州西北邙岭一带，是不乏原生态森林的。有森林便会有林涛，就会有大兴安岭、长白山那样的林涛汹涌的壮美景观。

但是曾几何时，森林变得越来越少了。许多成片原始森林被砍伐，那种遇风即起的林涛声也渐去渐远。专家们认为，森林的消失，是由于人口的增长、生产的发展以及战乱破坏等诸多原因。据有关资料记载，远古时期，地处黄河中下游的河南，到处是茂林修竹，郁郁葱葱，森林片片，鸟兽群集。春秋战国时期，随着农业的迅速发展，森林面积显著缩小。至秦汉、唐、宋、元、明时期，森林覆盖率一再下降。直到新中国建立前夕，全省平原地区林木覆盖率微乎其微，几乎达到无有森林的程度。难怪河南过去在国人的印象中，是一个名副其实的"缺林少绿"省份。

（2）

人们常说，黄河是中华民族的摇篮，黄河中下游是中华文明的主要发源地。但是你可知否，这一彩色的光环，是以森林和环境为代价凝聚而成的。

由于河南地处中原，气候、自然条件较好，适于人类生存繁衍。据历史记载，河南长期为全国政治经济中心，其经济发达，人口密集，生产水平较高。农业经济发展最早，所以森林遭受破坏也最严重。

据专家考证，商王朝开国之君成汤建亳都于此，此外上起轩辕黄帝、下至东周郑、韩，多个朝代在此立国建都。周初河南境内封国近百个，东周又迁都洛阳，洛阳此后曾作为九朝古都；开封自战国时魏国建都，也有"六朝古都"之称。庞大的中原古都群落，必然要大兴土木，寻找木材建造宫廷，于是嵩山山系、熊山山系的森林资源，便首当其冲地遭到砍伐。

中原历来为兵家必争之地，郑州西部的荥阳、汜水曾是我国古代的著名战场。"得中原者得天下"，几千年来发生在这里的大小战争不计其数，都不同程度地破坏了森林生态。据史书记载，郑州西部的登封、巩县、密县、荥阳和北郊的山岭上，远古时大多为森林所覆盖。唐宋时期，嵩山地区山上山下曾是"长林大竹"，洛阳至郑州的邙山上，如唐代诗人所写的"空山夜月来松影""山上唯闻松柏声"。可是从春秋时起，由于诸侯争霸，西部山上几乎"无长木"，天然林已见不到了。秦汉时楚、霸对垒于成皋、广武，时间达一年多之久。为了战争，需要砍树开道，设置障碍，烧锅造饭，还需要制造大量弓箭、云梯、柄杆，构筑壁垒、壕沟等，致使这一带大小树林几乎被伐，成了光秃秃的山头。三国、南北朝时期，北方大乱，河南成为长期混战的战场。隋末瓦岗军攻打荥阳，与官军在北密林遭遇，毁坏了成片森林。明末农民军聚集河南，在荥阳屯兵大会，安营扎寨。长期的战争，人民颠沛流离，农田大多变为次生灌丛、草地，百姓躲进山林避难，搭建蓬革，烧荒种田，以野果充饥，其森林植被破坏的程度可想而知。

郑州是一个历史悠久的城市，锻造了世界上最伟大的青铜时代和青铜文明。那时，郑州便有了炼铜作坊；在郑州北郊古荥镇，还发现了规模较大的汉代冶铁遗址。这无疑是古代郑州地区先进生产力发展的象征，值得后人为之骄傲。但冶炼青铜和铁技术的发展，也标志着木材消耗加大，因为当时还没有使用煤炭，必须使用木炭冶炼，也必然大量砍伐林木。冶炼铜、铁技术提高了，导致生产工具由金属代替木石器，更大面积的开发农田，毁林垦荒。一些丘陵也被开垦，更有甚者，许多森林被人为火烧，"伐木而树谷，焚莱而种粟"。"使青葱荟蔚之茂林，一旦变为灰烬，且恐其根株之有碍农作，必欲扫除净尽，而使其永无萌蘖之一日也。"

森林的变化，是与人类活动是密切相关的。人类的文明与发展，从来都以良好的生态环境为基础。河南地处黄河中下游，是文明发源地之一。然而我们也不能不看到，正是因为农业的发展，生产力的不断提高，使这里的森林破坏得更加严重，付出的代价更为沉重。对黄河流域过度开发，造成了水土流失，河流浑浊，土地盐碱化，草场退化，风蚀沙化，使之成为易淤、易决之河，成为"中国之忧患""黄河文明"也逐渐衰退。到了元、明、清时期以后，河南的郑州和洛阳、开封就不再保持全国政治经济中心地位，失去了历史上的辉煌。相反，这里遭到了自然界的报复，频繁的洪水、干旱、风沙等自然灾害，使得中原环境恶化，民不聊生，苦不堪言。当然，河南历来多灾多难，不能全部归咎于森林生态环境的演变，但不能不说这是一个很重要的原因。这些严重教训，难道不发人深省吗？

（3）

　　森林植被不仅是鸟兽的栖息之地，更是人类赖以生存的空间。大自然的客观规律告诉我们：保护森林，就是保护自己；破坏森林，就是自毁家园。

　　事实上在数千年以前，我们的祖先就开始明白这一道理。为了减少生态变迁带来的危害，他们很早就开始了人工植树造林。据史书记载，黄帝元妃嫘祖最早发现野蚕丝可制作衣服，开始教百姓植桑养蚕，在新密黄帝宫附近种植了万亩桑林，至今仍留有种桑养蚕的遗迹和习俗。西周到春秋时期，黄河中下游已普遍种桑养蚕，在居住区人工植树。《吕氏春秋》说，"子产相郑，桃李垂于街"。证明子产当郑国宰相时，就提倡在城市种植行道树。而且规定严禁擅自砍伐檀木，对滥砍树木山林者，夺其官、治其罪。宋太祖赵匡胤统一中国之后，就颁布诏书，制定法律，规定"课民种树"，完成任务者受奖励、升迁，贻误植树和毁坏树木者受罚、论罪。据《东京梦华录》记载，当时汴梁城内街道旁就种有柳、樱桃、石榴等，绿树成荫，花香袭人。

　　可惜封建时代帝王将相们的诏书法令，也难以阻止森林生态变迁的速度。社会的进步，朝代的更替，使得毁林开荒越来越多，天然植被的破坏越来越广泛，水土流失的影响越来越加剧。让森林植被回归到历史上的状态，实现人与自然界的和谐，道路是多么漫长而又艰难！

　　新中国建立初期，面对森林植被濒临的危机，毛泽东发出了"绿化祖国""实行大地园林化"号召；同时他还谆谆告诫我们："绿化，不经过长期奋斗，是不可能实现的。"

　　半个多世纪的历史证明，要实现"大地园林化"，确乎需要几代人的不息奋斗。曾记否，在那"全民大炼钢铁"的年月，大砍大伐林木，使得山区水土流失加剧，平原风沙危害又起，使新中国成立以后刚刚好转的生态环境又被破坏。为了弥补这些人为造成的新创伤，近二十多年来，我们又付出了多少代价！

　　许多"老郑州"都记得，由于历史原因，在郑州东部、东南部的中牟、新郑、管城区、金水区，曾经是风沙严重地区，经常出现狂风、飞沙，形成流动、半流动沙丘，面积达到百余万亩。遇到狂风天气，沙石随风滚动，掩埋农田、村庄，造成土壤退化。新中国建立以后，政府带领农民群众植树造林，防风固沙，进行综合治理，但是面积远远不够，防沙效果并不理想。至今，全市仍有沙化土地数十万亩。每到春秋季节，沙尘天气还时常发生，影响农民生产、生活，防沙形势依然十分严峻。

　　尽管"回归自然"的道路是曲折的，但我们毕竟进入了一个崭新的时代。令人感到欣慰的是，经过多年的努力，在我们居住的城市周边，已被规划为防风屏障和层层绿化林带，而且已经大见成效。城市北郊沿黄河大堤郁郁葱葱，宛如绿色长城；城市西南沿尖岗、常庄水库两岸，数万亩涵养林初具规模；沿高速路、国道两旁，已形成了葱茏茂密的"绿色通道"。郑州，已由"风沙城"成为名副其实的"绿城"，成为黄河岸边一颗翠绿明珠。

　　绿色，是自然美的展现；绿色，是生命的象征。庄子说："天地与我并生，万物与我为一"。人们破坏森林，无异于自毁。我们拥有绿色，就是拥有生命。绿色主宰着世界，绿色家园是我们生存的空间。

　　有绿色永驻，就会有生命长存。我们呼唤绿色，就是为了珍爱自然，拥有绿色，实现人类与自然的和谐相处。

　　愿青山常在，绿水长流！

绿城的春天

向　正

桃符更替，万物复苏，绿城郑州的新春佳节是在盛世欢庆的沸腾中度过的。漫天的礼花，映照着张灯结彩的大街小巷，喧天的锣鼓伴着一阵阵鞭炮齐鸣；狮舞龙灯、社火、庙会……无处不欢乐，满城皆笑声。在这沸腾的海洋里，流光溢彩的公园游园里，火树银花，绿城人们在相互拜年的问候声中，听到的是对生活的满意和富足，看到的是一张张灿烂的笑脸，整座城市都沉浸在和美、和顺、和畅、和谐的氛围之中。

高耸入云的超五星级裕达国贸酒店，双手合十向天，为绿城人民祈福降瑞。

雄伟的二七纪念塔顶的风铃在春风的荡漾下发出悠扬的铃声，播颂着这座英雄城市在反封建、反殖民统治的近代史中的不朽历史，启迪并激励着现代市民继承和发扬光荣传统的意志。

郑东新区龙湖的水幕电影，展现着现代化高科技成果，巨大的多色光柱直射苍穹，铺就了天上人间共庆盛世的五彩路。绿城郑州这座中国"八大古都"的古老城市，到处激扬着青春的活力，洋溢着春天的蓬勃。

一阵阵和畅的惠风吹过，把春天的气息吹遍了整座城市，于是，春天迈着轻快的步伐来到了绿城，来到了这座中部的中心城市。

和煦的春风从太阳升起的东方，带着暖意伴着朝霞，沿着中华民族的母亲河吹过来，吹过两岸杨柳，一条条柳枝便泛出娇嫩的新绿，鼓着充满汁液的圆圆的芽苞，随风舞起一片轻烟。春风吹过桃花峪，满峪的桃林升腾起一片紫霞，映红了两边的山，映红了黄河水，将三角形的黄河中下游分界碑，淹没在浓浓的紫雾之中。春风漫过黄河大堤，萦回在纵深千米的杨树林中，杨树的枝条欢快地唱着、舞着。春风荡过田野，就像荡过绿色的海洋，掀起一层层绿色的波浪。春风掠过黄河水面，激起一阵阵欢快的涟漪，远古的"两河文化"正在发扬光大着新时期新的内涵，曾衍生出"六十四卦""奇门遁"的"河图"也在演绎着新的天地大道，揭示着社会与生态和谐，人与自然共处的大法。

春天迈着轻盈而矫健的脚步，登上了始祖山，这里是我亿万华夏民族人文始祖轩辕大帝活动的地方，他研究"河图洛书"，排演"八卦阵法"，征服了其他部落，开创了华夏文明。在他率领部落人众猎食，征战的同时，他的妻子嫘母率领部落的女人大事农桑，植桑养蚕、抽丝结衣。于是才有了后来享誉世界的丝绸，才有了连接并沟通全世界人类文明的"丝绸之路"。曾几何时，我们的祖先为频仍的战乱而叹息，为人类违犯自然规律、破坏生态环境的活动而悲哀。而今，始祖山满目苍翠，树木茂盛，在这良好的生态环境中，我们的祖先端坐"轩辕阁"，笑看五洲华人来寻根祭祖、洽谈商贸、共颂盛世。

春风轻轻地叩开了"中岳庙"的山门，柔柔地吹暖了这中国四大道教之一的所有大殿与坊阁，吹旺了这里的香火。穿行于那近千年来的柏树之廊，一一抚摸那数百株汉代以来的古柏，给那些本已深绿的龙柏、香柏、血柏增添了一抹新绿；卧羊柏、猴柏、狮子柏、凤尾柏、鹿柏、荷花柏，无不昂着绿色的头，扬着绿色的蹄，扇动着绿色的翼，或奔、或跑、或飞、或摇，荡起一片春意，摇落满地的绿色。

一弯上弦月，挂在峻极峰上空，湛蓝的天幕下，繁星点点，九龙潭一级一级的瀑布，飞溅起无数的珍珠，落于潭中，响起叮咚之声，回响在山峦之间，消失于中岳嵩山的密林之中。走进山脚下"嵩阳书院"，有着四千五百多年的"将军柏"焕发着绿色的新生，二将军树顶的"仙鹤"阅尽了人世间数千年的沧桑巨变，依然高昂着它那秀美的头，对天高歌。月明风清的春夜，仿佛听得到讲堂内程灏、程颐、范仲淹、朱熹等先贤们论经讲道。书院门口的李林甫碑兀自站立，向世人昭示着善恶忠奸，功过是非。

春光照进了千年古刹少林寺，太室山、少室山上的红叶早已褪尽，化作一片春泥，肥沃着满山的林木。武僧们已经结束了晨课，洗漱已完，端坐蒲团，参禅悟道。春风在这里已化作阵阵梵音的和声，在这天下武林至尊的佛门圣地，禅和拳，佛、道、儒三教的精义达到了高度的和谐统一。无论三教九流，各门各派，各种信仰，各种宗教，在这净化了的圣地都完全归宗于慈善、博爱、和谐共生的大一统上来。

"以人为本，共建绿色家园"，是党中央、国务院向全党、全国人民发出的伟大号召。我们的绿色家园在绿城，绿城正春潮涌动，这里的春天是多彩的，是动感的，是一幅美丽的画卷。昔日黄色而光秃的邙岭如今已披上了绿色的衣装，已经开始春季植树造林的人们，在虽尚有凉意，但却感觉暖暖的春日下脱掉了棉衣，身着白的、蓝的、花的衬衣，在亲手开辟的山道上运苗挑水，在山上一级级的梯田里植树种花。尖岗、常庄水库的碧水映着蓝天下的朵朵白云，水中游弋着一群群野鸭和成双成对的鸳鸯。岸边数万亩的涵养林树木已蔚然成林，昔日的荒坡、荒丘不见了，荒沟已成了野兔、山鸡筑巢的良址，嬉戏的场所。绿城郑州的山峦岗岭，或浓或淡，浸满了绿色，远山近岭就像浓墨泼洒的山水画卷。

绿城的春天是一首歌，当春风吹过黄河湿地和雁鸣湖的时候，黄鹂已在翠柳枝间唱起了歌，鹭鸟已在蓝天下飞翔，雁阵已发出无限留恋的长鸣，往北方，朝着更适合它们生存的北方飞去了。懒洋洋的大鸨正在湿地的水中觅食，成群的鹤与隼还在慢悠悠地摇来晃去，不时叼起一条条小鱼，间或发出一声声鸣啾，给绿色的春天增添一二音符。石淙河的春水跳过卵石欢快地唱着，像给两岸劳动的人们奏着轻快的音乐。倘若中国历史上一代女皇武则天当年在这里大宴表彰的那些大臣、将军，看到此景怕不羡慕的奏请离开官场、战场，融入到这田园劳作的行列，与民同乐。

沿郑少高速公路这一绿色通道，西出郑州20余千米，是有名的"和尚坡"。过去这里是青石嶙峋，寸草不生的山岗，老百姓说它是兔子过去不拉屎地方。如今伴随着"生态建设要赋予林业以首要地位"的一声春雷，千军万马汇集到了这里，打响了乱石山上植树的攻坚战。轰隆隆的炮声响起，乱石被炸开成了一个个深坑，老百姓说是火龙上山；汽车、拖拉机、人力车从山下装满了黄土，排成长队向山上开去，犹如一条黄龙；适合树木扎根生长的黄土填满了一个个树坑，成片成片的侧柏、刺柏、雪松栽满了"和尚坡"的山山峦峦，绿色掩盖了山坡。接着是一辆辆装满清水的车辆带着水管从山下开了上来，打开阀门，一股股清泉浇进了已栽过树的树坑，老百姓欢呼这一条条青龙给新树带来的甘露；新植树木伴随着劳动号子和歌声，迎送着三条巨龙，舞动着欢快的枝叶，演奏着绿色的乐章。

经过对郊县的巡礼，充盈了深厚中原文化的春天回到了城里。驻足赏春，四季常青的绿城，已然春意盎然，生机勃勃。月季公园千余个品种的月季已长出了长长的肉红色新芽，翘首向阳，期绽新绿；公园及路边的迎春已装满春之琼浆的金黄色酒盏；落叶的白玉兰、紫玉兰，并无绿叶衬托，却已开满了白色的、紫色的花，发出阵阵清香；碧沙岗公园的大树在北伐将士碧血的滋润下益发茁壮。行走在城中纵横的马路上，不出500米即可见街头游园，人们在绿树掩映下的健身器材上锻炼身体，强健体魄，到处充满着欢声笑语，一派祥和。

绿城的春天是一首激越的春之歌；绿城的春天是一幅多彩的山水画；绿城的春天是一首和谐的交响诗。

广武山访绿*

卞 卡

这次去荥阳广武镇的桃花峪和汉霸二王城，目的在于探幽访绿。

去荥阳时有雨。出市区北行途中，雨滴稀疏了，小了。当时我想，到达目的地，即便雨不停歇，只要不是瓢泼大雨，细雨中观绿望水，体验雨中绿的意趣，则更有韵味与情致。真得感谢天公。当我到达桃花峪和汉霸二王城以及楚河汉界那个"鸿沟"的时候，淅淅沥沥的雨竟变成细雨，犹如雾一般缓缓飘散而不湿衣衫。我站在几处制高点观望，有乳白色的雾不时从沟壑间钻出，缠绕着高高低低的坡岭弥漫，成团或丝丝缕缕的雾，在微风吹拂下，偶然间透出缝隙，正是通过那时隐时现而又不规则的缝隙，我看到了被雾洇浸着的绿，这绿不是一片一片的，而是满岭满坡满沟的。就在那特定时刻，我的心怦然动了，一种特殊的感情倏然升华了，便自问自答：什么是仙境？这不就是仙境吗？我在那里陶陶然而沉醉。自然风光的变化竟是那般诡异，原本被雾笼罩着的黄河，不知从哪儿吹来一股风，顿时显露出滚滚东去的雄姿。紧接着，那股风吹向坡岭和沟壑，雾霭悄无声地散去，空中的云变白了，白云下的景物全成了绿色的原野，在静与动的苍茫中显像滴翠。

这里曾经是古战场。得中原者得天下，中原历来是兵家必争之地。历朝历代都这么说。自从"阶级"这个词语出现后，历史上究竟有多少敌对双方在邙岭即广武山那个地方兵戎相见，史书有记载，更有演绎的故事和传说在民间流传。今天之所以有"汉霸二王城"闻世，讲的就是两千二百多年前楚霸王项羽与汉王刘邦在那里争雄的故事。

岁月倥偬，世事沧桑，历史云烟就那么过去了。由于黄河滔滔滚动，水流不断冲刷广武山体，不管楚城或汉城，而今仅剩南城墙部分遗址，作为那一历史时期"战马嘶嘶关隘紧，弹矢横飞刀光寒"的见证。今天，我们不需要怀思古之幽情，当古战场已成了今日旅游、观光、休闲好去处的时候，引来的则是欣喜与感叹！

去那里探幽访绿，自然就会同荥阳市植树造林绿化工程联系起来。荥阳市地处豫西黄土丘陵向豫东冲积平原过渡地带，全市土地面积908平方千米，地势自西向东倾斜，地形大体分为低山、丘陵、平原、河滩四类。北部广武山亦称邙岭者，完全是隆起的黄土铸就的，而且沟壑纵横，酷似陕北的黄土高坡。邙岭是绝对的干旱区域，在过去的许多年里，坡岭上即便有树有草，也都零星可见，加之不注重植被保护，人为损毁，是为常态。因而，一旦遇雨，水土流失相当严重，以致成为省会风沙产生的源头。"南抓水涵北治沙，中部平原林网化"，提高国土绿化质量，建立完备的林业生态体系，这是在荥阳市委、市政府统一组织与部署下，林业局关于林业发展的总体思路。所谓"北治沙"，就是在邙岭区域退耕还林，大打沙源生态治理攻坚战。在平原地带，实现园田林网化和在公路两旁植树，尽管不无难度，应当说还是好完成的。但要在严重干旱缺水的邙岭上植树造林，并且尽可能多地提高成活率，让偌大的邙岭一天天绿起来，就不那么容易了。我在汉霸二王城和桃花峪访绿过程中，荥阳市林业局和广武镇的领导同志向我谈了许多，谈那一带的历史沿革，谈邙岭的地形地貌，谈过去荒山秃岭的景象，谈沙土流失的惨状，谈治理风沙源生态的整体构思与规划，谈退耕还林如何政策落实，谈治理荒岭坡沟广大群众所付出的艰辛与

---

*本文摘自2006年6月1日《郑州日报》16版。

代价，谈今天那里已经形成的美丽景观以及今后的构想等等。所谈这些都实实在在，不空泛，不夸张，同满坡岭的绿相印证、相谐调。

坡岭间的路曲曲弯弯，或砖砌，或水泥铺设，硬化的路面走起来轻松舒爽。沿着那样的路，我们行走着，路两侧的绿迎着我们，又送着我们，感觉是在绿色的廊道上穿行。树的种类繁多，诸如侧柏、刺柏、雪松、泡桐、杨树、核桃、柿树、桃树、梨树、杏树、石榴、李子、刺槐、楸树等等，无所不有。这些树都是人工栽植的，在它们中间还杂布着无以计数的野生灌木和花草，都葱绿，都茂盛，使青山绿坡层层叠翠。退耕还林的坡岗，原是被开垦而耕作的田亩，而今栽种的多为桃树、杏树、梨树、石榴树、李子等果木，成方成片，规划有序，很是壮观。都结果了，都是优良品种，几年前已上市，销路很好，经济效益显著。我们在一个杏园里徜徉，一位老支书说，早熟杏已卸完卖掉了，这茬晚杏熟期还有半个月。他说着笑着，一脸得意。看那杏树，棵棵结得都很稠，一疙瘩一串的果子压弯了枝，有的枝条还用棍棒支撑着，以防折断。

天有点放晴了，满岭翠绿闪出亮色，无处不青春勃发，生动迷人。在一个制高点上，平坻的广场中央修有一座高21米的界碑，"21"象征修于21世纪初年，两个扁形柱体耸立着，中间嵌有"H"字母，寓意为黄河"黄"字字母缩写。那是黄河中下游的界碑，由黄河权威部门认定。几年前，我曾写一短文，认为黄河流淌几千千米，东出邙山后，进入华北大平原，于是就把邙山脚下紧临原黄河铁路桥的地方称为黄河中下游分界线，现在看来，那属臆断，错了。我们站在界碑高台上向北远眺，滔滔黄河东去，有气垫船由东而西破浪前行，北岸河滩，芳草萋萋，更有骑者跨马在河滩里驰骋，构成的画面雄奇而奔放。界碑被三面的绿簇拥着，同母亲河的黄色相映成趣，何其壮哉！

绿是生命的原色，饱含生命象征意义的深邃意蕴。一天的访绿，我被绿浸润着，拥抱着，亲吻着，心再次被绿所打动，感情中涌动着绿的波涛，绿的诗韵。到属于广武镇的桃花峪和汉霸二王城，亦即邙山延绵而西的深处探幽访绿，我真的有点忘情了。因而，返程途经黄河风景名胜区时，面对怀抱婴儿的黄河母亲塑像，我神情凝重而又感慨万端……

留下青山给子孙[*]

王建章

亲爱的读者，你到过新密市吗？你到过新密的尖山、袁庄、超化、平陌、苟堂、关口、牛店、西大街等乡镇吗？或者说你到过凤凰山、神仙洞吗？那里是青山叠翠、林木葱茏，你站在那里的第一个感觉就是满眼满眼的绿、满眼满眼的树。那树多到什么程度，我可以给您讲个故事。

2006年6月17日，气象部门播报的天气预报是39℃，中午时分我与寺沟村的支部书记李富平坐在凤凰山下一棵大树的树阴里，凉风习习，神清气爽，我不由自主地说了一句："这比大空调都好！"李富平却说："这些树利我，也害我呀。"我说："何出此言？"这位36岁的支部书记（他26岁就担任了该村的支部书记）讲起了发生在去年的一件事。去年，他听说上级有村村通公路的要求，他就跑到省会找上级部门要经费，在那里交通部门一位同志接待了他。他把来意一讲，那位同志找出一些资料和地图查了一会儿说："你讲的那村和路在我们航拍地图上都看不见，修什么路呢？"李富平一看马上说："那村子和路都让树盖住了，当然拍不上了。"那位同志说："那等我们进行调查核实以后再说，我暂时无能为力，得按政策办事。"李富平从省会回来，非常生气，他说："我小小的一个支部书记上面看不见算了，可是这个村也看不见，世世代代生长在这里的乡亲们也看不见，这不是上级的错，都是这树惹的祸，我真想把这树砍了，但一想，这是包括我们在内几代人的心血呀，又舍不得，算了，路我们自己想办法修吧。"我说："别生气，交通部门看不见你，林业绿化部门肯定能看见你。"李富平听了以后，扑哧一声笑了。我记述这个小故事，就是想让读者朋友感觉一下新密的山、新密的树、新密的绿化程度！

凡是到过新密的尤其到过山区的人都会被那里的树所感动，被他们的植树精神所感动，被他们对树的感情所感动。新密市林业局的一位女同志告诉我，因为常年上山植树、护树，他们局里的女同志没有一个穿高跟鞋的，为了防止森林火灾，男同志没有一个吸烟的。去年，新密市在召开"两会"期间，大会还专门利用一天时间组织代表和委员们上山植树。

新密的树，每一棵都有感人的故事。新密市除了刘寨和曲梁两个乡镇处在平原以外，其他11个乡镇都是山区和半山区，因此，他们植树的难度就相当大。今年新年伊始，市里决定投资1000多万元对郑少高速公路新密东下线口周围的大南固堆、小南固堆、西双固堆、和尚坡等12个山头进行绿化。1月15日，植树的人马开上山以后，一镐下去是石头，第二镐下去还是石头，再一镐下去仍然是石头，一句话，6厘米土下全是石头。怎么办？为了保证树的成活，每个树坑必须达到1米见方，这个树坑怎么挖？用炸药崩！于是用炸药硬是崩出10多万个树坑，这也是在我国植树史上创造出最"轰轰烈烈"的壮举，共用炸药2000余千克，炸石40000余立方米。当时，新密市林业局局长魏映洋的朋友，也是临县林业方面的负责人拍着魏局长的肩膀说："老弟，你这活儿比我们平原地区艰难几十倍，我服了！"魏局长说："您别先感动，我的难题还在后头呢。"树坑"崩"出来了，那些石头渣子是不能植树的，还得要回填土，于是全市动员1.5万多台（辆）机械设备和车辆，从远方把6.5

＊本文摘自2006年6月23日《郑州日报》16版。

万立方米新土运到山下，然后，植树人员又用编织袋把这6.5万立方米土，背到一个一个的树坑里。有了树坑，有了新土，没有水树是照样植不活的，于是又像运土一样，蚂蚁搬家似的车辆把水运到山下，人员把水挑进山上的树坑，每个树坑不少于50千克，10多万个树坑的水，就是人们一担一担从山下挑到山上的。历经了81天，12座荒山的10多万棵4米左右的成型树按质按量地植完了。这种植树精神感动了人们，一时省市媒体争相报道。省委常委、市委书记王文超4月8日来这里登上山头视察，素以爱树而著称的市委书记，望着那吐出新绿的树，满意地笑了。现在，这些新栽树已经浇大水三遍（按要求为确保树的成活，需要浇大水4遍），树的成活率在95%以上。

要说植树，有一位老人不能忘，他的事迹在新密人中广为传诵。他就是78岁的李栓。1987年李栓从袁庄乡退休后，回到老家龙泉寺村承包了500多亩无人问津的荒山，从此，他与植树造林结下不解之缘。近20年来，他不畏严寒酷暑，每天天不亮就上山，灯亮之前不下山，渴了喝点随身携带的白开水，饿了吃点凉馍就大葱，累了躺在山坡上歇一会儿。为了护树，他就睡在山上的石窝窝里。老伴看着心疼，流着泪说："老头子，咱们不干了，不能为了树把老命搭进去！"李栓说："为了留座青山给子孙，搭上命也值得。"如今，500亩荒山换了新装，春天鲜花盛开，清香扑鼻；夏天林木葱郁，杏果飘香，秋天满山红遍，景色醉人。这位耄耋老人的植树精神，深深地感动了人们，省、市、县的领导多次接见和表扬他，他的事迹在省、市媒体上广为报道。

另外，在新密植树造林史上还不能忘记那些企业家，他们也为绿化新密的山川尽到了自己的责任。比如煤矿主赵福来，从2003年1月以竞标方式用45万元的价格买断了张门村1500亩荒山30年的经营权，先后投资20多万元用于造林绿化，共植树50余万棵，现在荒山绿化已见成效。

新密市的造林还非常注重经济林的规模种植。金银花是新密的历史名牌产品，以"色泽好、质纯净、骨茬硬"久负盛名，素有"五岭金针"之称，现在全市栽培面积已达10000亩。另外还有2000多亩的蜜香杏，6000多亩的薄壳核桃。目前，这些林木的经济效益已经给农民带来实惠，受到农民的欢迎。

天道酬勤，一分耕耘，一分收获。现在，新密人已经植得绿色落满坡，而他们那种愚公移山般的植树精神，更是受到世人的称赞。1989年实现平原绿化初级达标，被林业部评为"全国平原绿化先进单位"，1995年实现荒山绿化达标，1999年被评为全国造林绿化先进县（市）。在我即将结束这次采访的时候，一位老农民对我说："你知道新密人为啥爱植树吗？那是老祖宗留下来的传统，当年轩辕黄帝的正宫娘娘嫘祖就在我们这一带遍植桑树，所以新密人祖祖辈辈就有了植树、爱树的习惯。"是的，新密人有了这种优良的基因，又有了对生态环境的新认识，新密的山会更绿、新密的水会更清、新密的天会更蓝！

森林中牟行

尚会军[*]

一脚踏进中牟，心就醉了。

这里分布着多个天然氧吧。总面积40平方千米的中牟县森林公园内，山岗高低起伏，绿树一望无际，湖水烟波浩渺，花草争艳斗奇，沿着蜿蜒曲折的林间小道前行，清新的空气不知不觉中赶走了你体内的所有劳顿，明净的湖水波光荡漾中洗却了你心头的所有烦扰。你会觉得自己就像一棵枯萎的幼苗遇到了甘露，身体开始一点点滋润、舒展，继而神清气爽，最后进入身心愉悦、物我两忘的境界。

这里能看到各种珍奇植物。走进位于中牟境内的郑州绿博园，就像走进了绿色植物博物馆。伴着优美的音乐，多彩大地、阳光沙滩、生态浮岛、果林花溪依次出现在你的面前。巴西风情园、韩国晋州园为你描绘出一组组异域风光；背景森林区、绿色生活体验区让你充分享受大自然的无限魅力。在这里，你能充分体会到绿色与生命的神奇和美好，不仅有绿色之美，更多的文化之美、科技之美、生态之美、休闲之美会让你陶醉。徜徉在绿树与鲜花的怀抱中，欣赏着那时而温婉、时而激越、美伦美幻的音乐喷泉，面对这样一个色彩斑斓、美不胜收的世界，你会有一种流连忘返、乐不思蜀的感觉。

这里有像童话世界般美丽的国家级公益林区。芳香幽深的万亩槐花林里，你可以像王子公主一样自由自在地荡秋千，可以品尝带着仙露、香甜如蜜的槐花，可以像童话故事里一样，和野兔、灰鼠等野生动物捉迷藏。当然，童话世界里的小木屋这里肯定也少不了，只不过变成了更精致的小别墅，如果你累了，可以安心地到小别墅里休息。

这里有如野生森林动物世界般神奇的湿地保护区。黄河湿地自然保护区全长44千米，以保护人类生存环境、保持生态平衡为主要目的。区内树木高大茂盛，阴翳蔽日，山岗起伏，落叶厚积，时而有野生动物出没，散发着原始森林特有的气息。区内动植物资源非常丰富，据调查记载，植物有73科376种，菌类5科10余种，主要动物有17科105种，曾观测到国家一级保护动物和国际濒危物种，足见该保护区的独特优势和重要作用。

这里有巴金笔下《鸟的天堂》。良好的生态环境与独特的人工创造相结合，造就了雁鸣湖60000亩森林与4000亩水面的绝妙搭配，形成了沙鸥翔集、锦鳞游泳，鸟兽同乐，人与自然合谐相处的生动画面。登上观鸟亭，天鹅、白鹤、大白鹭等78种国家重点保护鸟类足以让你眼花缭乱，而千里蒲花荡则会让人心旷神怡，每年秋冬鸟类迁徙季节，都有数万只候鸟在此停歇、觅食、越冬，其中不乏国际濒危物种。由于当地水草茂盛，非常适宜淡水养蟹，中牟县成功引进大闸蟹养殖，养出的雁鸣湖大闸蟹绿色环保、体肥味美，深受游客喜爱，已成功举办了十二届"雁鸣湖大闸蟹美食节"，吸引来郑州、开封、洛阳、许昌、新乡、周口等地的大批客人，取得了良好的社会效益和经济效益。

这里有陶渊明的世外桃源。美丽的野花，宁静的湖水，整洁的农家院落，茂盛的果蔬园地，踏进静泊园，一股宁静、淡然与超然世外的新风扑面而来。这里有田园美景供你尽情赏玩，有各种野花野果等你采摘。你可以绕湖独坐，静心垂钓；也可以泛舟漂流，随风而行；可以邀好友苇荡寻鹤，蒲丛采莲；也可以携情侣独步伊甸园。郁郁葱葱的百亩蒲苇

---

*作者系中牟县林业局党组书记、局长。

弥漫着田野味道；一望无际金色稻田描绘出农家风光。大闸蟹、黄焖鸡等特色农家美食会让你垂涎欲滴；蓝天碧水、飞鸟白云无限田园美景会让你忘却纷扰和名利。

以上这些只是中牟森林生态城的一个缩影，是中牟近年来林业工作的缩影。从林粮争地、乱砍滥伐的全国防治荒漠化重点县，到河南省平原高级标准先进县，再到夺取全国绿化模范单位荣誉称号，这其中的艰辛和付出，只有林业人能够说得清楚。从《中牟县治沙规划》，到《中牟县平原绿化规划》，再到《中牟县林业生态县建设规划》，每一个规划中都凝聚着中牟林业工作者的胆识和气魄。从义务植树登记卡，到植生日树、长寿树等纪念树，到造奥运林、共青林等纪念林，每一棵树木中都饱含着林业工作者的智慧和汗水。

以上这些只是中牟森林生态城的一个画卷，森林中牟还有更多更好的画卷等你观赏：

生态廊道让绿廊绕城。身处中牟，无论你是闲散地在人行步道上散步，在自行车道上徜徉，还是驱车奔驰在一马平川的快车道上，无论你是行走于繁华街头，还是城郊野外，都会有一种人在画中游，车在画中行的感觉。这就是中牟173条总长1215千米的生态廊道建设，无论道路延伸到哪里，就把绿色和美景带到哪里。驱车走在路上，路两边树影婆娑，花团锦簇，亭台楼阁，绿色掩映，还有那造型各异的广场、景亭、微地形，如此美景定会让你的心情也不由自主美好起来。

生态村镇让美景进村。提起农村，人们常会联想到道路坑洼不平，村内杂草丛生，猪圈粪堆满地，空气恶臭扑鼻。正是为了改变农村的这一状况，县林业局启动了林业生态村镇建设工程，让绿进乡村，美进乡村，文明文化进乡村。如今，走进中牟的很多村落，都可以看到干净整洁的水泥路，造型别致的绿化苗木，整齐划一的楼房，争奇斗艳的鲜花，还有优美的文化大院，漂亮的街心游园。眼前美景会让你误以为自己身处城镇，它其实是中牟县的林业生态村。

正如歌中所唱的那样：一座座青山紧相连，一朵朵白云绕山间，一层层绿，一片片田。近年来，中牟县林业工作取得了突飞猛进的发展：农田林网绿嵌田间，通道绿化绿镶路边，一方方苗圃，一个个公园，一块块经济林，一片片生态树。如今的中牟，不论你隐居乡野，还是身处闹市，不管你是行在路上，还是蜗居室中，放眼都是绿的世界，花的海洋，美的画卷。

已有的已是过去。展望未来，中牟林业人将用自己的智慧和汗水，把这座森林生态城妆扮得更加绿意盎然，缤纷美丽。

绿色长城护郑州

——漫步郑州北大门林带*

刘 思

编者的话 创建"全国绿化模范城市",是全国绿化委员会实施的一项造福子孙后代的民心工程,也是全国绿化行业的最高荣誉。市委、市政府于今年初作出决定,动员全市人民积极参与,争取在2年内达到"全国绿化模范城市"目标。为展示我市的造林绿化成就,推进创建步伐,本报特地与市绿化委员会、市杂文学会邀请几位作家、杂文家和资深记者,开展一次以"绿色郑州"为主题的采风活动。今起陆续发表他们的作品,以飨读者。

近一两年,生活在郑州的人们,明显地感觉到生存环境有了改善,这倒不是说楼高了,路宽了,而是人们喜悦地发现,天空蓝了,风沙少了。

关于郑州的风沙,那可是一个由来已久的沉重话题,我在一本《老郑州——商都遗梦》的书中看到,博学的作者不无忧思地写道:"清康熙年间,郑州学正徐杜所作《郑州览胜赋》是其三年来对这座城市的体验、观察、记述。'客有寓郑者,见其道满沙砾,地多卤渍,每当风吹,则翳纷坠;至于没砚棘毫而不可挥洒,乃不胜长喟焉。'"沙砾满街,而塌翳(即灰尘)飞扬,黄尘能淹没砚台,提笔都写不成字。徐杜所记郑州之风沙在此后的百余年间是郑州的特点,所以郑州又有风沙之城的称谓。20世纪30年代,郑州有份报纸就叫《风沙晚报》,可见风沙成了郑州的特色。今天读这样的文字,恍如隔世,那一页被风沙搅得昏黄的历史,依然令人"长喟"。但"长喟"之后,会是庆幸:郑州终于与"塌翳纷坠"的"胜景",渐别矣!

只能说与风沙"渐别",还不能说"永别"。与风沙渐别渐远也来之不易,这是几代人的功绩加上近几年卓有成效的努力,才有这"敢叫日月换新天"成为可能。熟悉中国历史的会知道,中国的政治中心从关中一带移向洛阳、开封,再移向东南,就是因为西边的人们赖以生存的森林植被遭到致命的破坏——这种破坏在很大程度上是人为的,而位于洛阳之东、开封之西的郑州,又因为特殊的地理环境,得天独"后"——不是优厚的"厚",是滞后的"后",先天与风沙结缘,自西蜿蜒而至的邙山到这里止步,成了邙山头,而这个"头"属黄土丘陵,说是寸草不生的光头略显夸张,说是毛发稀疏的秃顶又是过誉,基本上是不毛之地;北临黄河,黄河水带来的却是"沙源",黄河以北又是连接华北的大平原,不用说从遥远的蒙古吹来的风沙可以畅通无阻,长驱直入,就是自家门前的"沙源",一旦风起云布便会是沙尘蔽天,毫不夸张地形容是"山无绿兮水无清,风既毒兮沙亦腥",面对风沙这个来犯之敌,郑州成了一座不设防的城市。

古人咏长城诗有句:"漠漠黄沙万里城,昔人曾此驻秦兵,旌旗影动胡尘没,箫鼓声寒塞月明",那是形容历史上抵御外敌的塞北战事,地处中原的郑州面对"漠漠黄沙"也需要修筑"万里城"解决风沙的祸事。历史已经记下,郑州的防风治沙工程几乎和新中国成立同步进行,而且成效斐然,那时"全民植树搞绿化",十数年时间郑州便赢得"绿城"美

---

* 本文摘自2006年5月30《郑州日报》16版。

誉，然而进入20世纪80年代末，"绿城"逐渐褪色，浓阴蔽日的街景，终归挡不住风沙来袭，虽然绿化工程从未停止——省会的公职人员几乎都有过到邙山挖坑浇水栽树的经历，但那种"全民"的轰轰烈烈，年年栽树不见树，成了"栽数"，有数而没有树。个中原因也不难找，原来邙山头地势陡峭，土壤瘠薄，水土流失严重，守着黄河却缺水，栽棵树苗不是饿死就是渴死，属惠济区管辖的邙山总面积约15.17平方千米，水土流失面积竟高达11.89平方千米，改造生态环境难度之大可想而知。但要想"胡尘没"，必需"万里城"，于是一个口号在郑州叫响："城市园林化，郊区森林化，道路林荫化，农村庭院花园化"，而"郊区森林化"让郑州能够抵御风沙的入侵，是其他"四化"的保障。要完成这一保障，地理位置决定，郑州的北大门，曾经的邙山区更名成的惠济区是为历史性地"首当其冲"。

　　惠济，惠济，多好的名字！名不虚立，就要实打实地干，于是有了"再造秀美山川，绿化美化邙山"和"森林是我家，我住森林中"的规划和实际行动，有了沿黄河大堤两侧27千米长、500米宽的生态防护林和13.4千米长、500米宽的黄河防浪林带的营造，横向27千米由270万株树组成的纵深1000米的带状森林，宛如一道绿色长城，挡风沙于郑州北大门外。这还不算，再沿黄河平行的索须河完成1000亩的造林工程，又在与"310国道"平行的贾鲁河两侧大堤种植宽100米的防护林带，三道防线，相倚为强，层出叠见，固若金汤。报表上的数字易写，完成那些数字实难，就说那270万株树吧，如今小的也有碗口粗了，但当年栽种时是一株株幼苗保证成活，才有可能蔚然成林的。自然条件还是那自然条件，怎样使昔日的栽树不见树变成今日的蔚然成林，他们总结的经验是"炸树坑、回填土、植大苗、浇透水"——其中每一细节都有故事可说，炸树坑的周密，回填土的精细，植大苗的更新（取粗壮代纤小），浇透水的开源（遍打深井细水长流）；除此还有树种选择的科学乃至美学上的讲究（在生态公益林区和景观林区，高大常青和落叶乔木衬托山的险峻，彩叶树种加强远观的视觉效果和季节景观，在三大林带间还有一条苗木花卉带，纵深数千米，错落有致，深浅相配，高空俯瞰这绿色长城，会使人忽发奇想。莫非那是地上彩虹？

　　我无缘高空俯瞰，但有幸身临其境，漫步其中深切地感受到这长达数十千米绿色生态屏障的绿化之功——据介绍，按郑州的整体规划，这一"屏"之外，全市尚有"二轴"（纵是郑州"107国道"为南北向森林生态景观主轴线及横跨郑州"310国道"为东西向的森林生态景观主轴线）、"三圈"（以市区为核心，沿三条环城路营造三层森林生态保护区）、"四带"（沿主要自然河流营造"井"字形防护林带）以及"五组团"（在城市近郊西北、东北、西南、南部和东南部，建设五大森林组团），全部实现之后，更会是使前人"长喟"，后人得福的"林在城中，人在景中"。仅就我在惠济区所见，我毫不怀疑，海德格尔那本书名《人，诗意地安居》，在郑州必将成为可能。听听他们的绿化目标吧："一山美景，两季有果，三季有花，四季常青"——好一个"四季常青"！

　　……漫步在郑州北大门林带，对一个长年生活在钢筋水泥丛林的城市人来说，那新鲜的感觉非笔墨可形容，一时涌上心头的都是这样的词汇，诸如：郁郁葱葱和葱茏翠色，繁密茂盛和盛景如画，沁人心脾和脾胃俱爽，清雅绝尘和尘垢皆无……间或冒出记忆深处的古人诗句："郁郁涧底松，离离山上苗，以彼径寸茎，荫此百尺条"……但苦于我诗才不济，难以成章，幸有同行的一位多才多艺的区领导干部口占一律，被我"拿来"，权充此拙文之"豹尾"，诗云：

黄河自古风沙连，
政府率众绿中原，
造绿护绿建绿阴，
种树种草种果田。
杨柳翠带固河堤，
四季花香生态园，
城在林中人入画，
绿城郑州美誉传。

村头那棵古槐

朱玉敏

夕阳西下，大孟村风景如画的生态廊道上，一辆锃亮如新的黑色小轿车缓缓驶来。路两边树影婆娑，花团锦簇，亭台楼阁，绿色掩映，车行其中宛入画中仙境。尽管天气炎热，车里的人还是忍不住落下车窗，眯起眼睛欣赏路边风景，但却掩饰不住满脸的愁意。

不一会儿，车子在村头的一棵古槐树旁停了下来。开车的人下了车，径直向那老槐树走去。这是一棵挂有林业局保护标志的千年古槐，在阳光的映照中，老槐树全身闪着银光，满树叶子在暖风中摇曳成美丽的银币，让人觉得圣洁而神奇。开车的人抱了抱老槐树，转身依靠着树干，喃喃自语："老槐树，我该怎么办？"

开车的人名叫李军，是县林业局绿化科科长，这次回家是想寻找一个答案：就在昨天晚上，李军的大学同学又打电话催促，让他赶紧作出决定，要不要辞职一起创业，还放下狠话说，给他最后一天时间，明天下午6:00前再不决定，副总经理的职位就给别人了。

辞职创业还是继续在林业局上班，李军这次回家就是想听听家人的想法。的确，机关工作人员的那点工资是有点可怜，比比自己做生意的同学朋友，李军觉得自己的生活真是寒碜，可人活着就只是为了挣钱享乐吗？李军开着车边走边想，想当初，自己是因为热爱林业才报考园林学校的，如今又要为了挣钱去背离自己的爱好和追求，李军真有点儿拿不定主意。

不知不觉间，李军来到了家门口。爸爸妈妈听到汽车响声，早已从屋子里走了出来。看到一脸心事的李军，爸爸开口就问："怎么啦，遇到什么难事了吗？"

父子俩在院子里坐定，李军就把大学同学邀他一起辞职创业的事跟父亲说了。父亲刚开始竭力反对，最后也叹了口气说："说实在话，在机关上班虽然稳定，但挣的那点工资也确实不够花！你如果真有想法，家人也不会阻拦的。"

听说李军要辞职，一家人都从屋里涌了出来。爷爷奶奶首当其冲表示反对。爷爷说："好好的工作你不干，瞎折腾啥！"奶奶接住："可不是，你现在都已经当上科长了，将来还会当局长，给奶奶争更大的光！"爷爷呵斥："什么局长，你以为官儿都恁好当！"奶奶又随声附和："也是，有口饭吃就行，想当初你爷爷我们恁苦的日子不也过得挺好吗。"

说起当初，李军想起了自己小时候的快乐时光：那时的村头是一片深深的槐花林，身为护林员的爷爷成天带着李军在密不透风的林中穿梭，爷孙俩给了槐树林最好的佑护，槐树林也回馈给爷孙俩很多礼物。靠着从槐花林中背出的一捆捆干柴，拎出的一篮篮蘑菇、野菜，被认为极不般配的爷爷奶奶却心往一处想，劲往一处使，把日子过得红红火火。槐花林也给了小李军最多的快乐：捉知了，逮蚂蚱，掏鸟蛋，正是在这片充满无限乐趣的槐花林中，小李军萌生了对森林和大自然的热爱，萌生了长大后要考园林学校的愿望。

但是后来，随着人们生活水平的提高，越来越多的人却越来越不满足自己的生活，想挣越来越多的钱。于是，槐花林仿佛一夜之间就不见了，被伐掉卖钱了。村头光秃秃的，只有那棵被人们奉为神树的千年古槐没人敢动，孤零零的立着。父亲承包了那片土地，开始在上面种果树，种庄稼，养鸡鸭，李军家的日子越过越好，家里的钱越来越多。但不知为什么，父母的感情却越来越淡，经常为一些鸡毛蒜皮的事吵架、打架，有一段儿时间还闹起了离婚。村头那棵古槐就是这一切的见证者。

再后来，随着环境、资源、健康问题的显现，退耕还林开始了，但人们还是经常会把栽在自家地里的树苗折断，甚至连根拔出。当时已经是林业局职工的李军记得非常清楚，自己曾经为退耕还林受过多少累，吃过多少苦。村头那棵古槐树就是他最好的倾诉者。

"别胡思乱想了，你打小就喜欢树，咱爷孙俩跟树打交道那段日子你都忘了！跟着自己的心走，准没错！"爷爷的话打断了李军的思路。

"话虽那样说，这年头有能耐的谁不想自己创业挣大钱哪！男孩子放开闯闯也没啥！还是让他自己作决定吧。"父亲仍持不同看法。

已是下午4∶00多了，李军仍然拿不定主意。不知为什么，他想去自己工作过的林地转转，他希望自己最后时刻在那里能够找到一个答案。

驱车走在路上，美丽的生态廊道次第从眼前掠过，这8万余亩的绿色风景曾经是李军作为林业工作者的骄傲，如今却仿佛与他毫不相干。一片高大挺拔的杨树林透过车窗向李军招手，李军一阵羞愧：防风固沙的万亩农田林网，再见了！一片郁郁葱葱的刺槐林借着风势向李军呼喊，李军一阵心酸：苗壮成长的生态片林，保重吧！不知不觉来到了绿博园门口，为做好这个占地近3000亩的绿色大工程，李军和同事们曾经三天三夜不眠不休。刚刚完工的万亩绿化苗圃出现在眼前，李军一阵不舍，他停下车，走进苗圃深处，阵阵清香涌入口鼻，李军觉得自己顿时就像一棵枯萎的幼苗遇到了甘露，身体开始一点点滋润舒展，继而神清气爽，最后激情荡漾，所有的烦恼一扫而空。看来，置身于美的环境，置身于自己喜欢的事物中，人的心情就会不由自主地美好起来，明亮起来，还有什么比拥有一个好心情更重要的！

离开那些林地，李军又来到了村头那棵古槐树旁。几十年过去了，人们曾经无视树，曾经毁树，如今又护树，但对老槐树却敬慕如初，因为它在人们心里早已不再是一棵树，而是代表人们对美好生活的向往与追求。由于无知与诱惑，人们在追求美好与幸福的途中可能会做出一些错误的举动，但不管人们做什么，他们追求美好和幸福的目标是不会变的。

追求本没有错，但只有以和谐为基础的追求才会带来美好和幸福，这其中既包括人与自然的和谐，还包括物质与精神的和谐。李军不想自己的追求途中也走弯路，站在古槐树下，李军坚定地拿出手机，拨通了大学同学的电话。

夏日中牟行

阚则思

乘车从郑州向东驶出20多千米，城市的繁华和喧闹便渐渐地被抛在了身后。进入中牟，眼前忽然觉得一亮：一片绿接着一方荷塘，一池水映着一片芦苇，刚刚收割过的麦田静静地向湛蓝的天空敞开着胸怀，一群群鸟儿飞来飞去……宁静和谐的田园景色使我们这些正在盛夏酷暑中煎熬的身心顿时感到一阵清凉。中牟，这个西依省会郑州，东邻古都开封，北靠黄河，面积1416平方千米，68万人口的小城，从前在人们的脑海里一直是风沙滚滚、蒲草凄迷的黄河滩地，究竟经历了怎样的蜕变，变成了今天这样郁郁葱葱、瓜果飘香、"泱泱碧湖蒲芦生，穆穆鹭鸟沙渚停"的绿洲呢？

带着这样的疑问，我们和中牟县林业局的同志驱车迎着六月的骄阳，一路向北来到昔日脑海中风沙遍地、土地干枯的黄河滩区。我忽然发现，从前的我真是大错特错了！从来没有想到，在郑州生活忙忙碌碌20余年，当记者东奔西走阅美景无数，早已厌倦了城市的高楼大厦、喧闹嘈杂，每到节假日便抽身逃离都市访古探幽的我，竟然不知身边有这样一处绿树成荫、湖泊遍地的"江南"！我忍不住想起同行的两位老先生，他们也兴致勃勃地感叹道，这就叫"灯下黑呀"！据说前一段时间省里领导到中牟考察，也曾发出感叹，没想到中牟的天空这么蓝，空气这么清新。沿途一个多小时，只见一大片树连着一大片树，一条渠并排着另一条渠，偶尔路过一个村庄，也是浓荫掩映，阡陌交错。车行至雁鸣湖畔，只见绿树掩映的湖区，水面面积达4000余亩，水面之大，堪称河南境内郑州以东之最，小桥流水，景色秀丽，生态环境巧夺天工。堤外是一望无际的水田，农民们正在插稻秧。湖边荷叶田田，湖内是水鸟水鸭的天堂，蒲苇的故乡。

我认真地端详起眼前的中牟——绿，满眼的嫩嫩的翠绿，中幼龄的树林一片接着一片，绵延不绝。大面积黄河滩地像绿色的梳妆台，一片片池塘像镜子一样点缀其间。出水的荷叶嫩得像十五六岁的小姑娘，既灵秀，又淳朴，天然去雕琢。听中牟县林业局的同志说，再往北走，还有大片的防护林，在中牟北部形成了一道天然的屏障，它有力地涵养了水源、防治了风沙。

中牟县紧邻郑州花园口下游的黄河南岸，历史上黄河中下游多次泛滥，中牟总是首当其冲的受害之地。地处黄河岸边的中牟，又处在东北风和西北风的交叉口上，在中牟县形成大量风沙，致使这里的沙害十分严重。新中国成立前中牟县共有沙化土地29895.8公顷，占全县总土地面积的21.4%。县林业局工会主席路小丙告诉我们，仅1969年风沙肆虐，就打坏全县20万亩小麦，造成了全县一年的粮食困难。风沙加剧了土地盐碱化，因此中牟成了全国20个重点治沙县之一，"防风固沙"成了中牟人的生存大计。

"林业不兴，农业不稳。"在中牟县历届领导的高度重视下，按照"西抓水保东治沙，北筑屏障南造园，城市周围森林化"的林业发展思路，牢牢把握"东治沙"这一重点，大力实施防沙治沙建设。从1969年开始，中牟县人民开始大力植树造林，他们以"愚公移山"的精神，硬是用肩膀从远处挑来一担担黄土，一片片覆盖在流沙上，俗称"贴膏药"，硬是在大片流沙上种下了耐风耐旱的刺槐和杨树，大面积的流沙就这样渐渐地被"固定"住了。1988年中牟县被国家林业部门评为"平原绿化初级达标"县，林木覆盖率达到了23.1%。特别是近些年来，随着郑州森林生态城的全面实施，中牟县营造大面积的生态片林，已经初步形成了以南部沙区防风固沙林、北部黄河防浪林，农田防护林和城镇绿化为主的林业生态体系。这些不仅有效地改善了中牟的生态环境，增加了农民的收入，而且取得了显著的生态、社会和经济效益。如今处在郑州和开封两大古都之间的中牟，已经成了这两座城市的"菜园"和"果园"，更是两座城市名副其实的后花园和绿色走廊。

中牟古称圃田，西汉初年就已经有了中牟县的设置。两千多年来，中牟因物华天宝、钟灵毓秀而历来为兵家所必争，蜚声中外的官渡之战，就发生于此。列子、潘安、张孟男、史可法等一大批彪炳史册的名人贤士，均出生于此。

自然的中牟水草丰盈，人文的中牟更是星光灿烂。夏日中牟之行，难忘的不仅仅是它的绿色生态环境，这个颇具个性的中牟充满了现代人久违的田园魅力，这更值得我们重新审视和描摹。

法桐情思

赵亚山

　　1983年夏，我从许昌调到郑州。初进省城，郑州给我的第一印象是耸云参天、蓬大如巨伞的法桐多、绿荫多。这种我原没见识过的落叶速生乔木，大多集中在郑州市区几条主干道，如金水路、文化路、解放路、中原路、大学路、人民路北段、建设路东段及行政区纵横交错以"经""纬"命名的几条路两侧。金水路两侧的法桐树冠硕大，老干虬枝，盘根错节，足有双人合抱粗；文化路两侧的法桐树身向路中心倾斜，枝条向四周伸展，将文化路上空遮严，形成绿色长廊绿色隧道、绿色苍穹……它那浓浓的绿色铺满了郑州的大街小巷，于是郑州因法桐而获得了"绿城"的美誉，而法桐也因种植在绿城这方土地上而备受国内外人士的赞许和青睐。

　　在少雨干旱、空气干燥的北方城市郑州，竟有这么多郁郁葱葱苗壮成长的法桐，真让我开了眼界饱了眼福。这种乔木主干树身一般不高，多在丈余左右，掌状分裂，亲近大地，亲近人类，伸手可触；枝丫呈伞状，长长伸向高空，扩向四周；叶子阔大繁茂，亭亭如盖，蓊蓊郁郁，撑起巨伞般大面积的阴凉，适宜城市栽种，颇受市民欢迎。

　　当年炎热伏天，为欣赏绿色，我登上二七塔。纵目远眺，只见整座城市被"淹没"在绿海里，一行行一排排葱茏的法桐，像威武挺拔的仪仗队伸向远方。尤其是行政区一带树林，蔚为壮观，绿树掩映着的建筑物，或高或低，忽隐忽现，如荡漾在绿海中的小舟，我陶醉了。谁不说俺家乡好，生长在郑州的新婚妻子自豪地说："郑州处于黄河故道，肥沃的沙壤土质，特别适宜法桐生长。郑州绿化好，这法桐功劳最大最多。"是的，三分天下一分树。1990年，郑州市区绿地面积2683公顷，绿化覆盖率35.25%，居全国省会城市第三名。昔日曾被称为"沙城"的郑州从此有了"绿城"的荣誉，这殊荣的获得，首功当推法桐，正像我对妻一见钟情一样，对名副其实的"绿城"郑州也一见钟情。"爱人者，兼爱屋上之乌"，我深爱妻子，深爱绿城郑州，也深爱绿城的法桐。如要评选市树，我坚定地投法桐一票。

　　于是，法桐开始见证我和爱妻的忠贞爱情和浪漫生活。马路人行道上留下我们的身影、足迹和窃窃私语、欢声笑语。法桐下是清凉世界，我俩尤其喜欢在盛夏时节漫步法桐林荫道上，或搂抱树身，或猜测树龄，或倚树拍照，或聆听枝丫间小鸟的啁啾声。至于背靠法桐乘凉，清凉之气沁肺腑，惬意感觉难言表……

我喜欢法桐的绿叶——

　　绿叶是树的眼睛，是夏天的旗帜。满树的叶子在阳光下绿意盎然，如千万只绿色的手掌在向提供充沛阳光雨露的夏季鼓掌致谢。蓬大如盖的绿荫，像巨伞撑在天空，遮蔽街道，把建筑物搂进它墨绿色的怀抱；绿叶稠密，雨落不进，日晒不透，鸟儿成群栖落，如跳跃的音符。赤日炎炎的盛夏，人们穿行在由绿叶组成的绿色华盖下，感受丝丝自然凉意，顿时消除周身燥热，心情舒坦，脚步轻盈。

我喜欢法桐的黄叶——

　　黄叶是树金色的翅膀，是秋天的请柬。绿叶不知不觉间黯然了褪色了，其边缘开始干瘢而卷曲。秋风一吹，彩蝶似的树叶在空中打着旋儿飘飞舞蹈，像在向养育自己的树身举行答谢仪式，落在人行道上，落在行人肩上。

我喜欢法桐的落叶——

落叶是树的信使，是冬季来临的预兆。"一叶落兮天地秋"。秋风初起，早已是满树黄金的叶子，摇曳生姿，婆娑作响，时而像从久远年代传来的呼唤。也许树见证了太多的潮起潮落，其声音才有如此的变幻。也许从远古时代起，风和树就这样一直合唱着，只是今天的人们耳中充斥着噪音，天籁自然之声被淹没了。

性急的叶子先落下几片，追随其后的叶子接连再落，像飘来金黄色的袖珍扇子。秋风秋雨来，叶子频频下坠，像伞兵空降。让人抬头端详树顶，晚秋正在缓步走来，天空在落叶的疏朗中渐渐空旷。宽大的叶子，一片片像舒展开的手掌，像金色的鳞片，或躺或仰，或叠或散，静静地铺在地面上，让人想起李煜的一句词来："砌下落梅如雪乱，拂了一身还满。"只不过眼前的情景，却是要将"砌下落梅"替换成"陌上黄叶"才恰当。落地的黄叶有美感，更有伤逝般的凄美，让人只顾怜惜欣赏而不忍踩踏。我常常面对金色黄叶发呆，小心翼翼探脚去，生怕惊扰这些安静的来自树上的小天使。它们也许在做着甜蜜的梦，期待后来者来年更浓的绿荫。

法桐的落叶虽不像"霜叶红于二月花"，但它的金黄色却是另一番秋日的艳丽旖旎风光，如诗如画。"落叶满街红不扫。"踩着人行道上厚厚的落叶，沙沙作响，别有一番情调，别有诗情画意。年轻的恋人们，或把落叶制成精美的书签，夹进书本、日记本内；或把落叶当作深情的信物，寄送给亲爱的他或她。年长的夫妇们，赏落叶，觅旧情，"落叶缤纷"也是美景啊！

我喜欢与妻踏着月光走在法桐下。月光透着树叶的缝隙筛落下来，斑驳星光，更富有浪漫色彩，引逗出绵绵情话和殷殷爱意……

绿时，叶子尽情地绿；黄时，叶子尽兴地黄；飘落时，叶子潇洒地凋谢。从发芽到青葱到金黄到飘坠，再到来年发芽，生命轮回。人也如此，人是时间之树上独立存在的叶子，从出生牙牙学语到青春勃发，到中年负重奔波，到老年清闲，人也如树叶一样一生短暂，如树叶终归泥土。

树木与道路是天生的伙伴，笔直单调的街道因为有树的衬托而生动，成行栽植的树是人工与自然和谐的象征。林荫大道，不仅是城市道路最美丽的形式，也是树在城市里找到的最恰当位置。

在郑州，有法桐就有风景。如果说柳树是青春少女，法桐就是壮汉老者。郑州是树，法桐是笔；郑州是琴，法桐是弦；郑州是船，法桐是桨。法桐是郑州尽职守责造福市民的住民。草呀花呀让市民夏天"满眼绿，满头汗"，尽管养眼，但都不如法桐，因为它们既不能遮阳避暑给人们清凉庇护、清凉享受，也不能阻挡风沙。

法桐是物质的。它具有经济价值、观赏作用，更在减少尘埃噪声，调节气温、净化空气、制造氧气、防风和保持水土方面发挥诸多重要作用。应对烈日和风沙的最好形式是栽种法桐。

法桐还是精神的。法桐像人有生命，法桐有年轮，人有年龄。老法桐就是历史的见证、时代的记忆、情感的载体。法桐根在地下，人的情在树上。有了法桐这个朋友，郑州不寂寞，市民不疲惫。人们要诗意地栖居在城市，离不开树，又怎能为眼前利益漠视树，戕害树？而应该亲近树，珍爱树，保护树，与之相互依赖和谐相处。"遍身虬结岁年远，满盖叶荫根本深"的法桐是郑州的骄傲。

经过几代人的努力，郑州市摘掉"沙帽"，带上"绿冠"，后"绿冠"又几乎被人为毁掉，重塑"绿城"一波三折。来自官方的郑州绿化最新数据显示，郑州市区的绿化覆盖率已达35.5%，超过1990年首获"绿城"美誉时的35.25%，创历史新高。郑州刚刚获得国家级园林城市的殊荣就是明证。

"绿城"今又回归！

大自然需要法桐的绿色，生活需要法桐的绿色，郑州需要法桐的绿色。

我们祈愿每天都是植树节，不把"植树"变成"植数"，祈愿让法桐成为郑州的市树，祈愿郑州法桐更多更繁茂。

少林寺的树

单真如

我曾因工作的关系多次到过少林寺，不为参禅，不为学武，多为陪同上级领导。去得多了，我总结出了少林寺的三多：树多、碑多、画多。实际上，不仅多而且著名、珍贵，比如碑刻、碑林、碑廊、寺院内名碑林立，多出于大家之手，有极高的书法价值和文献价值，再如绘画、壁画、碑刻画琳琅满目，堪称镇寺之宝。而树就更多了，举目皆是，品种繁多，有活化石之称的银杏树，有佛教圣树菩提树和阎浮树，秦槐、汉松、紫薇树、梧桐树、木瓜树，不胜枚举。

我对少林寺的树感兴趣，是因这些树大多都有来历或传说、佚闻，有的还有象征身份的品级。最初感到有趣的是方丈室东侧的那棵树，有称凌霄抱柏的，有称卫茅抱柏的、有称冬青缠柏的，有称古藤缠柏的。虽称呼不同，但两棵不同种属的树相互依附，共同生长，实乃少林寺一绝。这样的树少林景区还有很多，立雪亭东、二祖庵和初祖庵都有。最近看到几篇明清时的游记，都有对这些树的记载。王世懋《宿暖泉寺游嵩山少林寺记》中说到游初祖庵时，"庭前四柏树皆合抱参天，而三株为老藤所缠，生理稍困围杀，无藤者十之三，师曰：此即所谓少室三花也。"王士性《嵩游记》中也说到："庵前为三花树，盖凌霄藤附桧而生者花也，花正开，深红可爱，自达摩未至时有之。"潘耒《游中岳记》也写道："菩提树不逢花时，而凌霄多托根柏旁，作花柏顶，殷红可爱。"这些记载证明称凌霄抱柏，于史有据，弥足珍贵。令我兴奋的是这些记载解决了我的疑惑，以前读李白的"二室凌青天，三花含紫烟。中有蓬海客，宛疑麻姑仙"和李颀的"悠悠孤峰顶，日见三花春"等诗句，对三花不甚了了，这时才知三花之由来。对一些文人附会的这种树是二祖慧可的弟子和一俗家女子忠贞不渝爱情所化的传说，我是很不以为然的，但这奇异的三花树仍给我了无限遐思：少林禅武合一，武以寺名，寺以武显，二者密不可分的关系，和这种三花树的形态何其相似也。树是有生命的，禅武一如，不正是少林生机之所在吗？树是有灵性的，禅拳一体，不正是少林内蕴之体现吗？

吸引我的还有方丈室和立雪亭门前的柏树，形状奇特，不像其他柏树一样树冠葱茏，而是自根部发枝，蔚为壮观，可能是孤陋寡闻的缘故，这样的柏树只在少林寺见过。以前我叫它多头柏，现在我认为叫"千头柏"更为合适。它为什么这样生长，为什么生长在少林寺？我曾苦苦思索，对少林了解多了，我才证得菩提。达摩驻锡少林以后，禅宗在中国扎根、开花、结果，六祖之后有南宗、北宗之说，后来南宗又一花五叶，禅宗遂成为中国佛教的鲜明特色。立雪亭原称达摩亭，是禅宗衣钵相传的根基，千头柏生长于斯，得中岳之地气，秉佛祖之灵光，于是乎，禅宗在中国得以发扬光大，禅灯永耀，千头柏可资为证。少林寺分支不可胜数，福裕创建了五家少林，福建泉州、莆田、福清等地的少林寺也赫赫有名，在嵩洛地区少林寺下院众多，仅登封就有十八门之说，方丈室前的千头柏，正是少林寺历史影响的明证。千头柏，不仅光耀禅宗，对当今世界也有启迪，文明的多元化是符合世界潮流的，千头柏已使禅宗和少林多姿多彩，也将为和谐世界建设提供精神动力。

最具文化品位的还是秦槐，这不仅指它们有五品大夫秦槐的身份，主要是指它和文人学士结缘，而在文史书籍中占有了一席之地。藏经阁西有3株槐树，除一株干空枝枯外，其余两株枝繁叶茂，这就是秦槐的裔槐。相传秦庄襄王来游嵩山，到五乳峰下时，看见这里有几块大石头，便坐下休憩，因步行困倦，不久就作起了梦，梦见与母亲同游此地，醒来后感到奇怪，说："母亲过世以后，好多年都没有梦见她老人家，今天能在此地相会，真是天赐。"为纪念梦中母子相会，秦庄襄王特栽下槐树一株，这株槐树，后来被汉武帝封为五品大夫。宋代文彦博游少林寺时曾写下"五品封槐今尚在，九年面壁昔何如"的诗句，元代都穆在游记中也写道："寺主僧文载言，经阁后有古槐一株，视之，其高十丈，围三十尺。"只可惜，今天的秦槐后裔失却了先祖的高大风采。"秦宫一炬久成灰，此寺千秋尚有槐；封爵宛然同汉柏，只今谁复问兴衰？"秦槐代代相袭，不断勃发生机，像佛教文化一样赓续发展，无疑是少林的一段佳话。

少林寺的银杏树也是一大风景。进入山门，几棵大银杏树便映入眼帘，硕大的树冠如一把把擎天巨伞，遮日蔽雨，庇护着禅宗祖庭，千年古寺。听着导游们讲"夫妻树""光棍树"的趣闻，哑然一笑之余，也不自觉地站在树下摄影留念，以期幸福吉祥。深秋时节，银杏树叶变黄，如一团团黄云，金光四射，将少林寺打扮得更加美丽动人，游人们身处其下，恍若被佛光笼罩，醍醐灌顶，惬意无比。银杏是新生代第四纪冰川时期的孑遗植物，素有植物活化石之称，嵩山各大寺院均有种植，而少林寺的银杏之多、之大，则冠绝嵩山。银杏为古刹倍添了几分禅意，树又因寺而名，千秋少室山灵在，白果内含贝叶书，极具养生效能的银杏树，也应有助于人们修心养性，除忘精进。

碑林东侧那棵柏树，侧柏枝上长有刺柏叶，奇异；方丈室西南那棵紫薇树，轻轻抚摸，枝叶便点头致意，人称"挠痒树"，有趣；廓然堂后面的阎浮树，一个叶茎上长有七片叶子，引人遐思。当年佛祖就是在阎浮树下开始思索世间的苦难和人生真谛的，看来，我们想要证得真道，也要借助阎浮树的灵性。

少林寺的树很多，如同经书一样，承载着佛家的智慧；又如史书一般，记录着寺院的沧桑。它们经历了无数风吹雨打，霜侵雪袭，但依然屹立于天地间，成为气节的象征。少林寺屡经火焚，但它们仍然生生不灭，郁郁葱葱，是旺盛生机的标志。和这些树交流，我们会学到很多知识，也会参悟出很多人生道理。这就是我要写这些树的原因，阿弥陀佛！

城市里的树

柯 文

树是一座城市的隐喻。

一棵树所能达到的高度，和他所居山乡之畔与城市之滨的品质与风格，是密不可分的。童年时代，看到一棵棵被伐倒的大树，看到它们根部叠叠匝匝的年轮时，我的思想常常跟随着这些纹理游走——我看到野性的花朵、伸展的枝丫、盛大的鸟巢。

我所说的，是乡村的树。当然，这些树除了做房梁之外，最终被打制成各种器什，消磨在乡间广袤的土地上。

第一次看到城市里树的壮观，是十多年前随同学去郑州考试，路两旁是枝丫交错的法国梧桐，当时是仲夏，它们浓荫蔽日，连绵不绝的样子，令我难以忘却。再后来，就连乡村的树也越来越少，甚至到了鸟儿无处结巢的地步，唏嘘之余，更多的是无奈。

2006年秋，随登封林业局的同志参观绿色通道，大家走出书斋，结队行驶在小城宽阔整洁的道路上，才蓦然发觉，不知何时小城已被浓荫包围。出了市区，眼前豁然开朗，路边的小花小草悄然隐退，取代它们的是树姿优美的合欢，路两侧除了精心种植的行道树外，还层次井然地排列着宽达50米的绿化带：小叶女贞、翠柏、大叶女贞、楸树、栾树、大叶杨。用林业局小胡的话说是针阔相间、乔灌搭配；在我们看来是绿树成荫、四季常青。适值初秋，翠柏苍绿，杨叶微黄，合欢青郁，女贞子红艳欲滴，惹得几位女作者走下车，欢呼雀跃期间。

"看，红叶。"一声惊呼，大家立刻凑上前看，"那不是红叶，是栾树开花了。"小胡笑着纠正。栾树高大的树冠顶端，优雅地顶着一髻髻橙红的花朵，阳光下美丽异常。"栾树开花时节，从高处俯视，我市一百多千米的绿化带上，像两条舞动的红飘带，特别好看。"小胡自豪地向大家介绍，这个二十出头的小伙子，不经意间，用手抚摸着树干，那表情，那眼神，竟像一位母亲爱抚自己的孩子一样亲昵和爱惜。

车队再一次停下来是在一带丘陵，窄窄的柏油路两旁，全是密密的林子，据小胡介绍，这里是市里首批退耕还林的经济林区之一，分为速生林和果木林。虽然转入秋季，但正午时分的热气，却并未消退，从闷热的车里，一下子走进如水凉荫之中，让人说不出的惬意。放眼四周，目之所接，全是葱葱茏茏的树木，柿子的红隐隐点缀其间，清脆的鸟啼时时可闻，此情此景，恍惚间，竟勾起了几多童年乡村的遐思。

原以为乡树与童年一样，再也不会再现了，而今，我们这一群年纪不算轻的人，任心情在丛林中撒欢，这又是一种怎样的和谐呢？

心的深处，又一次停留在对树的敬仰中。

难以想象，没有了树的荫护润泽，城市会怎样生硬和干涩，数月前的一个中午，走在热浪袭人的街道，在东转盘北角边，看到卖西瓜的一家：一对三十出头的农民夫妇，带着一个七八岁的小男孩。他们围坐在一张竹凉席上，守着瓜车，头顶的黑槐树撑起一片荫凉，偶尔有风袭过，槐花便簌簌打落头顶，他们安闲静美的样子，让人内心不由柔软如水起来。

"上车了"，同伴的招呼打断了我的遐思，车窗外依然树木纷繁的影子，而小城，依然安闲静美的泊在绿荫深处。真希望绿色通道，就这样延伸再延伸，一直伸到未来美丽的生活里。

正是嵩山红叶时

映 荷

秋季的嵩山分外热闹，湛蓝的天与山岭拥抱，悠悠的白云与清泉嬉戏；秋季的嵩山分外热情，少林寺西山、法王寺后山、梯子沟、大毛妮洞沟奉献出丹心一片；秋季的嵩山分外妖娆，漫山红遍，层林尽染，七十二峰都披上了节日的盛装。忽如一夜秋风来，千树万树桃花开，嵩山像俊俏害羞的少女，吸引着人们，使人吟咏着《陌上桑》蜂拥而来，使人驻足留步，观而忘情。

嵩山红叶的变化是微妙的，像川剧中的变脸一样神奇，先是由青转绿，再由绿转黄，继而转为淡黄、金黄，而后再慢慢转为橘红，最后便是红彤彤的灿烂。彤红的黄栌、绛红的山栎、火红的枫树、深红的柿叶、猩红的棠梨、橘红的槲叶以及叫不出的名字的树，争先恐后，竞相展示风姿。霜降前后，进入阳历10月下旬，嵩山就绽露灿烂的笑容，迎接四方游人。

在这醉人的深秋，嵩山红叶并不着意于喧嚣，并不着意于雕凿，并不着意于渲染，只是默默地将古朴、自然奉献于世人；在这诱人的时节，嵩山红叶并不刻意妆扮，并不故作风情，并不刻意推销自己，只是将这天籁之韵、酽酽野趣奉献给人们。一丛丛，一簇簇，一山岭，一涧谷，如国色天香的洛阳牡丹，如大兴安岭熊熊的篝火，如旭日将升时四射的霞光，如夕阳将坠时瑰丽的晚照。嵩山红叶就这样清纯朴素，使人返璞归真；嵩山红叶就这样庄严肃穆，使人醍醐灌顶；嵩山红叶就这样充满激情，使人痴迷陶醉。

漫步在山林中，红叶近在咫尺，触目便是，有的鲜红艳丽，有的红黄参差，有的红中泛绿，绚丽无比；有的叶片呈圆形，有的呈椭圆形，有的呈扇形，有的呈心形，有的呈三叉形，千姿百态；红叶丛中有时间杂着青枝绿叶，有时间杂着米黄的树叶，有时间杂着枯黄的叶片，五光十色；有的红叶鲜润流丹，有的红叶风霜点染，有的红叶干枯顽强，奇彩纷呈。采摘一枝红叶，摩挲观赏，仿佛进入了"停车坐爱枫林晚，霜叶红于二月花"的诗情画境；采摘一枝红叶，细细玩味，恍惚间明白了世上没有完全相同的两片树叶的道理；采摘一片红叶，慢慢品味，也生发了"落叶不是无情物，化作春泥也护花"的无限感慨。

徜徉在红叶林中，思绪飞翔。金榜唱名，春风得意马蹄疾；红叶题诗，秋波频传情万种；金榜唱名，历史上涌现了众多高文举、吕蒙正；红叶题诗，戏剧中也不乏崔莺莺、詹淑娟；"金榜唱名，红叶题诗"，人之常情可喜，人生喜事可贺。为什么红叶绚美如画，原来是红晕藏情，为什么枫叶流丹，原来是洞房花烛之时新娘子的红盖头使然。初祖达摩西来面壁，二祖慧可求法心诚，立雪断臂，感动西天如来，一抖袈裟，满天红光，映照飞雪，据说也染红了这满山树叶。虽身处红叶林中，想起程颢的诗句："清溪流过碧山头，空水澄鲜一色秋。隔断红尘三十里，白云红叶两悠悠。"红叶飘空，悠悠无际，隔断红尘，足可警醒世上那些追逐名利之人。为什么红叶清纯如诗，原来是淡泊世事。为什么霜叶胜花，原来是不追慕虚荣。看来这人间事，关乎情，关乎诚，关乎淡，唯有激情如火，唯有满腔真诚，唯有淡泊名利，人生才能辉煌永远，才能左右逢源，才能清拔脱俗。是啊，山的丰硕与慷慨，加上人的真情、真诚与淡泊，这世上就会充满情爱，这世间就会温暖如春。

山不在高，有仙则名；水不在深，有龙则灵；景不在奇，有诗文则美。李白一首《望庐山瀑布》，使庐山瀑布传诵千古；张继一首《枫桥夜泊》，使寒山寺名扬中外；苏东坡一篇《前赤壁赋》，使黄州赤壁压过蒲州；杨朔一篇《香山红叶》，北京香山红叶遂名满天下；李健吾一篇《雨中登泰山》，泰山雨景就令人倍加向往；朱自清一篇《绿》，浙江梅雨潭中小学生便耳熟能详；只可惜嵩山红叶藏在深闺人少知。今年，河南省嵩山风景区管理委员会也举办了"登嵩山，赏红叶"诗歌创作研讨会，我为之欢欣鼓舞。我相信，在不远的将来，嵩山红叶定能走出登封，走出河南，走向全国，肯定能为游客们提供一道精美的旅游大餐，遥想未来，情不自禁，遂口占一绝，以飨读者：

众峰红遍层林染，嵩高秋色赛香山；杨朔一文传天下，何人再赋红叶篇。

与将军柏对话

铁 丁

你默默地看着我，我静静地注视着你。

你站在这里，一站就是4500多年。你宠辱不惊，亲吻过无数次花的芬芳，吮吸过无数次露的甘甜。你栉风沐雨，经历了数不胜数的日出日落，经历了不可胜数的星转斗移。你饱经沧桑，看到了同伴们的生生死死，目睹了小草们的青荣黄枯。面对云卷云舒，花开花落，你无言，但我知道你想说什么。

2100多年前，雄才大略的汉武帝一时昏了头脑，梦想长生不死，来嵩山寻找仙人。在听到嵩山神高呼万岁后，喜不自胜地来拜访你，孤陋寡闻的他见到你们兄弟庞大的身躯，目瞪口呆之余，信口开河，把弟弟封为兄长，把兄长封为弟弟，还强词夺理地胡说什么先入为主。从此，你们兄弟有了将军柏的称谓。

其实他搞错了，你们不是什么将军，你们是一群书生啊。但你们知道和他争论是徒劳无益的，你们就无奈地穿上了这身"将军"的外衣，但你们内心却十分清醒，仍经常自省以保持高尚的节操。你们深知阴阳合德而刚柔有体，因此坚持不懈地体天地之撰，以自己的枝繁叶茂来明示于世人。你的那些新芽现在都已长成了硕壮的枝条，颛孙师、杜子春、程颢、程颐、耿介，他们自身孕育的新芽也成了一片片新绿，杨时、游酢等还飞向了远方扎根，景日昣、焦贲亨等仍固守在你的身边。

有人说你是汉三柏，有人说你是周柏，你都一笑了之，因为你知道事实胜于雄辩。你萌芽于远古，扎根于嵩山，尧、舜、禹、周文王、周武王、周公都是你的根须，他们为你汲取着源源不断的营养和动力。孔子、孟子就是你苗壮的躯干，几千年来挺直了我们民族的脊梁，充当了我们民族的精神食粮。仁、义、礼、智、信，让我们精神昂扬地坚定着我们的理想。汉武帝来嵩山时，董仲舒就把你移进了他的内心，独尊儒术，罢黜百家，从此你屹立在了中华大地。马融、郑众、王通、韩愈精心护理，程颢、程颐、范仲淹、朱熹还为你松土、施肥、浇水。大儒们把你培育装扮成了国色天香，把你构筑成了民族的精神大厦。我投入你的怀抱，你的微笑和抚摸使我幸福和骄傲。

曾几何时，佛家的风太大，道家的雨太猛，但你只是调整一下站姿，顺其自然地把风揽入怀中，把雨捧在手心，让他们转化为肥沃的土壤，成为你发达根系的一部分。但你毕竟有几千年的高龄，能抵挡风雨，但抗击不了地震。西学东渐，来势凶猛，在德先生和赛先生的号召下，你的那些忘记了中庸之道的子孙，群情激愤地高喊：彻底打倒孔家店。泪流满面的你肺气炸了，心流血了，你们的三兄弟经受不住这番狂轰滥炸般的袭击，兀自倒下了。60年后，你又经历了一番浩劫，一些人掀起了批判孔老二的高潮，圣人之道、克己复礼成了历史的垃圾，你们的兄长在这场大批判中，因经常被迫低头认罪而成了驼背，你们的二兄弟也感到了空虚和失落。一个世纪的折腾，抛弃了你的国人，在经受人心不古的煎熬时，眼睁睁地看着邻国后来居上。在日本、在韩国、在新加坡，你仍然受到礼遇。近来我听说，中国人民大学开设了国学院，要重新发掘这座宝藏。我还听说，中国和韩国又联合在汉城创办了孔子学院。"吾道不行矣，吾何以自见于后世哉？"我察觉到你正在从"言之不用，道之不行"的泥沼中走出，你正在摆脱自身的颓唐和部分人的排斥，我倍感振奋，不由脱口而出："大哉！圣人之道！洋洋乎，发育万物，峻极于天。"

  备受文人推崇的少林寺的三品槐、五品松，会善寺的怪松已经沉沦进了历史，成为了一种文化的积淀。而你把自己从无形的囹圄中解救出来，虽历经阴云漫天，风狂雨骤的洗礼却依旧巍然屹立。精骛八极、思接千载的胸怀，使你成了一种象征，一种文化、一种生命的象征。

  虽然你仍无言，但你会春秋自无穷，因为你结种在鸿蒙。现在阳光很好，风也很轻柔，我把这点感悟说给你。伟哉古柏，请接受我的敬意！

嵩岳古柏

常松木

　　站在玉案山或望朝岭俯视，中岳庙那些殿堂楼阁像一艘艘巨船在绿色的波浪中缓缓行进，而庙内的古柏无疑就是绿色的发动机在推波助澜。

　　中岳庙有三多，古柏多、神像多、碑刻多。从700多年前的金代大安年间的庙图碑上，就可以看出中岳庙自古以来就是柏树的世界。清代景日昣《嵩岳庙史》中也说："古柏百余株……硕大俱数抱。自东南来者四十里外遥见苍蔚蟠薄，扶疏荫翳之所气……"现在的中岳庙更是柏树参天，且不说太室阙至翁仲亭的600米长的柏树长廊，进入大门——名山第一坊，你就会被种类繁多、形态各异的古柏所吸引。中岳庙内共有3000余棵柏树，其中汉代至清代的古柏就有330多株。中岳庙的柏树不仅数量多，而且种类也多，侧柏、刺柏、血柏、桧柏、龙柏、香柏、地柏等一应俱全，堪称柏树家族博物馆了。御香亭南侧的那一株木质为血红色的血柏，崇圣门东侧的两株龙柏，太尉宫南屋后的两株香柏则历久而弥珍。这些古柏植根嵩山，伸出枝叶去拥抱日月，尽得天地灵气。而正是因为这些柏树的庇护，中岳庙才保持了旺盛的生机，成为我国现存面积最大的道教建筑群。

　　中岳庙的柏树和宋代四大铁人、寝殿的睡爷爷坐奶奶一同被称为中岳庙三奇。造型奇特的古柏，由于沧桑古老而千姿百态，龙钟的枝干或俯或伏，或屈或蟠，耐人寻味，极大地开发了人们的想象力。人们就根据其自然造化结合动植物形象而给她们分别命名为"卧羊柏""猴柏""鹿柏""盘龙柏""狮子柏""凤尾柏""荷花柏"等。

　　这里有个武后封柏的故事，相传大周久视年间，武则天游嵩山后，要来中岳庙祭祀岳神。中岳庙内有个叫能天外的道士就想借机向皇帝讨个封号。他绞尽脑汁，最后想出了一个办法：美化柏树。于是，他就把附近的施主找来，这些土财主一听高兴万分，都想分一杯羹，以便光耀门楣。因而，有人买来珍禽异兽，有人牵来家畜，绑在庙内的柏树上，并漆以树干的颜色，还高挂"凤凰展翅""鹿回首""卧羊哺乳"等名牌。武则天进庙后，能天外着意介绍这些奇形怪状的柏树，最后请封时，武则天就写下了"岳庙千秋秀，奇柏万年芳"。等祭罢岳神，谁知这些禽兽家畜都已和柏树化为一体了。所以今天我们看到的古柏才如此奇特，其艺术魅力自然引起了诸多美学家的关注，在王朝闻的《美学概论》中就曾论及中岳庙的柏树。

　　中岳庙的柏树各有各的特性和风采，"卧羊柏"给人沉稳的心态，"奔鹿柏"给人动态的美感，"凤尾柏"向人们展示美丽的身姿，"三公柏"告知人们要相互尊重，"狮子柏"启示人们要有威武的精神，"猴柏"诱导人们要不断澎湃活力。给我印象深刻的还有化三门东南的"盘龙柏"，中岳庙会期间，人们争相把红头绳系挂在它的枝头上，同时也把美好的愿景寄寓在上面。它和"中岳大帝夫妇""宋代四大铁人"一样成了人们崇拜的偶像，获得了人们的特殊的敬意和膜拜。看到它，伟大、高贵、慈善、爱心等词语都会涌入我的脑海。树木如人，也是生命的载体，也有生命的流程，但在自己生命的流程中，如果能给他人以一些善和爱，那这样的生命才是伟大和高贵的。"盘龙柏"做到了，它给了人们以希望，中岳庙的柏树都做到了，它们给了人们以美感和启迪。

　　中岳庙的古柏，还给人一种别样的沧桑感，它们从容不迫、卓立挺直于天地间，令人肃然起敬。历代帝王将相前来祭祀岳神者络绎不绝，又都随着岁月的流逝而没入了历史的尘烟，但这些柏树却依然生机旺盛，冷眼观看着人间的兴衰更替、生死荣辱。帝王将相来时前呼后拥，威风八面，虽敬畏岳神，却累及百姓，而这些柏树却从不劳驾人们，相反还把自己的绿意挥洒人间，让人们夏日享受清凉，冬天感受生机，让人们悦目养性，充满幸福的期待。从某种意义上说，这些柏树才真正具有大将风度、王者风范、仁慈之心的，它们不是靠什么王命天意的虚张声势而立身的，而是丰富的阅历和大度的胸怀使它们具有了光辉的生命形态。

如今来到中岳庙，那满园关不住的春色，那一片郁郁葱葱，浓绿青翠，那缄默沉思、庄重成熟的状态，都令我等凡人深思。因为它们在创设静穆庄严氛围的同时，也创造了一种和衷共济的精神，它们共同构成了一个绿色的天地，天地间充溢着崇敬自然、惠及众生的浩气。

小城之恋

孙淑霞

　　裹着一身的秋意，和登封市林业局及中国作家协会一行人，再次走进家乡的几条绿色通道，走进乡村绿化林，沐浴在融融的秋阳里，对这既熟悉又陌生的地方，进行了一次认真地阅读与观赏。这有点像一本喜爱的书，早已买回，因种种原因，一直被放置在繁杂的书厨里，不曾认真翻阅。一个偶然的机会，才重新把它抽出。世界就是这样，总是在偶然与必然之间交替。

　　在这次认真的赏阅和聆听中，我发现并感到许多新鲜与陌生，像游鱼之于深沉的海洋。现在只知道自己生活在一个山青水秀的美丽地方，而不知它原来的模样，听林业部门的同志介绍，嵩山境内因前些年的乱砍滥伐和诸多原因，造成环境恶劣，沙尘肆虐，而现在环境优美令人陶醉。用老林业人的话说，这优美的环境，是登封人民的勤劳和汗水的结晶。其中饱含多少人的甘苦，不说时光见证小城翻天覆地的变化，仅仅从破败联想到繁华，便有许多秋阳般的生命感动和表达，在我心中涌动。

　　是的，登封是个小城，这样一座小城池，在历史长河中，变迁是非常缓慢的；在"生年不满百"的人们视野中，变迁是如此缓慢，因为它的变化来自登封人民与天地那艰苦卓绝的斗争；变迁又似乎是瞬间完成的，这瞬间包含了怎样的艰苦努力——它原来荒山野岭，尘土四扬，环境恶劣，但现在这个小城是那样的美，四季常绿的绿色通道，高百分点的绿化覆盖率、绿地率和森林覆盖率，园林绿化下乡，森林进城，使城乡绿化成为一个整体。城乡绿化一体化的进程又带动绿色文明和绿色文化的发展。绿色，成为登封小城的灵魂，也是城市建设的出发点和落脚点。还有它好多自己产生的花、树、水果，这就使接近它的人更接近了自然。从里面说，它没有那些成天冒烟的工厂；从外面说，它紧连着森林公园与农村。"采菊东篱下"，在这里，确是可以"悠然见南山"的，但要把"南"字变个"北"的，绿意盎然的小城是个天然氧吧，让这里的人们自由呼吸，快乐生活。这里的森林，莽莽苍苍的森林，记述着人类对天地万物、生命情感的绿色历史。森林，这里是树的海洋，云杉、落叶松、青冈、椴树、侧柏一棵棵拔地青苍，干云蔽日；这里是天然药库，玉竹、黄精、党参、灵芝、菖蒲，灵丹遍地，俯首皆是；这里是人间天堂，奇花、异石、灵泉、仙草，参差错落，琳琅满目……在这里，森林是小城的保姆，在它细心呵护下，小城送走一个个寒冬，迎来一个个早春。

　　少林寺旅游公路旁的栾树，它金黄色的花儿已结成蒴果，蒴果三角状卵形，果皮膜膨大红色，秋阳下，此树枝叶繁茂、潇洒、灯笼似的红果挂满树梢，是难得的庭园观赏树及行道树，引起众人注目。合欢树似一把把遮阳的伞，顺着旅游公路通向幽处，两侧的女贞、楸树、杨树等像一列列卫兵，夹道欢迎着我们。如果说女贞、合欢、栾树等是绿色小城的新贵，那么而小城独有的、已存在千余年的佛杆杨、古柏、菩提树等则是绿色小城的老臣，小城因几棵千年的树而悠远沧桑，因新的绿意而年轻漂亮，一切都是最美的状态。历史是曾经嵩山山谷吹过的清风，我看见通向一城生活的门口，已是沧海桑田之后时间的凝固。而现在小城唱着春天的故事，展现一城的绿，城乡绿化一体化的绿，展现着无尽的生机。那沿街的一排排槐树，也是一种能使人联想起秋来的点缀。在春天，像花而又不是花的那一种落蕊，早晨起来，会铺得满地。脚踏上去，声音也没有，只有空气中气味的清新香甜，只能感出一点点极微细极柔软的触觉。踏着花蕊走，你觉得清闲，潜意识下还觉得有点儿繁华，能给人双重意识的，大约也就在这样三教荟萃的神奇的地方。

绿色通道的美已不能用文字表达了，乡村经济林里的果树，到秋来，也是一种奇景。第一是枣子树，一株株的都是引进的好品种。像橄榄又像鸽蛋似的枣子，在小椭圆形的细叶中间，显出淡绿微黄的颜色的时候，正是秋的全盛时期；等枣子红完，个大的有鸡蛋那么大，又甜又脆爱煞人，为农民带来了巨大的经济效益。第二是柿子，这时绿色的叶子落尽，枝头是一棵棵红红的果实，那古朴弯曲的枝丫和红红的果实，整体似一幅好意境的山水画，而我们就在画中游。

登封因为少林寺而神秘，因为嵩山而奥妙无穷，而这座小城的自然风景永远都和少林功夫缠绕在一起，深厚的文化底蕴，世界政要的光顾和世人的关注，使它当之无愧地成为一座名城，是的，它是个小城，但黄河以南嵩山山脉绵延、四季分明、物产丰饶的地理位置和笼罩在头上的"国家卫生城市""中国优秀旅游城市"和"全国文明城市"光环，把它上下5000年的历史文化同日新月异的现代文明有机链接起来，完美演绎了崇尚自然、天人合一、和谐发展的思想。登封的瑰宝又何止这些？它的每一寸土地都在诉说历史，它的每一方花草都在呼吸文化，它的每一步都是迈向和谐，踏上这片神秘而美丽的净土，你会忘记一切，仿佛来到了一个新世界，张开双臂，你可以触摸蓝天。吸一口空气，你可以感受到远古的气息。你从繁华的闹市来到这神秘的地方，你定会感到返璞归真的意境，将于大自然融为一体。

这时节小城秋的味，秋的色，秋的意境与姿态，总看不饱，尝不透，赏玩不到十足。小城并不是名花，也并不是美酒，那一种半开半醉的状态，在领略秋的过程上，是不合适的。你需要用灵魂观赏，如果可以，请在登封多逗留一会，赏春夏秋冬之胜景，观中岳之巨变，一棵沧桑的树、一块三叶虫化石、一块残碑……每一个不经意间，都会发现一个别的地方没有的奇迹，而这奇迹和满城的绿是登封独有的。我感到骄傲，因为我对这方土地爱的深沉。

我愿在此静静地生活下去，诗意地居住在这方土地上，共建绿色家园，为它歌唱，为它增光。登封，你听到我最深切的呼唤吗？

山城印象

王巧红

当最后一道晚霞收起的时候，白天便随之消失。城市的夜姗然而至，我很少有机会聆听这样的夜晚，此刻，温柔的风迟疑地在树梢游荡，城市的脉搏由亢然激越变得恬淡静美起来，路上行使的各色汽车，也绝少白天的浮躁，有了闲庭信步的悠然。

主街道的路灯渐次亮起，像被某一只无形之手——点燃的火把，亮丽却不晃眼，星星点点，如同一双双醉意阑珊的眼睛，我想起郭沫若那首脍炙人口的小诗来，而眼前花花绿绿、衣袂飘动的绰约人影，却使我忽然恍惚起来，不知道一脚踏入，我算不算一个冒昧的来客。

徒步走在少林大道，随着人群的流向行走，这些普通的市民，较之白天的忙碌显得从容安闲，有扇着竹扇搬了木凳纳凉聊天的；有扛了凉席聚拢在路灯下玩扑克的；也有换了运动行头趁机健身的。他们脸上一律优越的城市表情，他们的笑容又在这夏日的夜晚中，氤氲成印象派的城市饰物，深刻又生动地妆点着城市颜容。

一、游园之美

我曾读到过著名作家刘心武的《我的城市文化酷评》，文中一再提到建筑与自然的关系，而这种关系的最佳整合，我想，当属游园了吧。

这座城市的游园，是需要你细细拜访、慢慢品位的。他们就像一群美人，美自是不必说的，但美的韵味又不尽相同。

如果你开车进入这座小城，被一路高速公路整齐划一的单调所困倦，一抬头，使你眼睛忽然感到舒怡又惊喜的，便是迎宾园了。迎宾园因着地势生长于一带丘陵。一串红、金叶女贞、龟背冬青……一层一层地着色、渲染，使整个园子气韵流长，还有三座寓意佛道儒三教荟萃的潺涌的喷泉；当然，这都算不上是大手笔，最令人心仪的，是穿过这些物象，拾级而上，一口气攀上迎仙阁，站在嶙峋山石上，你可以端坐入化，听取"涛声一片松香来"，也可坐在阁顶围栏边，试试凉透心扉的山风，更何况，随便一放眼，大半个城市的浮华便收到了眼底。其中况味种种，你会不会便认同了迎宾园这个秀外而慧中的美人呢？

如果你还是兴致未消，就驱车绕环山路向西，给小城画上小半个圆之后，看到宽洁的北环边上巍然矗立的一座火红雕塑，那么，你领略到的当是另一番风情了。

我是在夜里看到武林园的。灯光的朦胧与艳美，勾勒出她大致的轮廓。我没有任何戒备地走近了她，便不可自拔地爱上了她：她那看似不经意又实在费尽机巧的曲径，那柔软干净、坦坦荡荡的草坪，以及小桥和凉亭，无不透出她那独有的味道。

作家车前子长于游园，擅写游园之雅趣，他认为游园的法门，全在于一个慢字，越慢越好，因而在武林园，你不能村俗地走马观花，即使是在幽暗的夜里。当曲栏回廊的好处领略尽透，木栏桥的尽头，却意外地出现了一只静泊于水中的帆船。假使一座游园没有水，就像一位佳人缺少善睐的明眸，顿使花容失色。这潺潺流洄的一潭碧水，为园子平添了许多真趣。著名的拙政园也有画舫，却是旱舫，我认为有落俗套之嫌。在武林园的水舫旁侧，你觅得到哗然水声处，飞落周遭的自然之美，河堤参差错落，是原本的样子。木制的船舫一半停泊水中，一半接上岸桥，设若坐上"船"头，就着灯光、人影，即便只是沉思一会儿呢，这样的闲雅，除非武林园。

二、小城灯火

这是嵩山脚下一座别致、洁净的小城。古老而年轻。

傍晚，就着诱人的焦盖烧饼，坐在市中心的广场上吃烤地瓜，是一种什么样的滋味？

凌晨两点钟，挤在夜市的食客中，噘着油嘴，用牙齿夹起冒着红辣椒油的涮菜，又是一种什么样的滋味呢？

一座从远古生长到现代的小城，有着最原始的历史与最活泛的思想。它的韵味，不仅仅是斑斓的花木，晴蓝的天空，成群的历史，杂陈的人文，最感人的是，着站起来，微笑着说：来吧！

如果你在夜间到达，小城的灯火便为你点亮，一盏一盏，玲珑的、别致的、妖娆的、古典的，像招着一只又一只的小手，酥酥的，蹭着你本已敏感善愁的心绪，一路陪你涉过小桥、水道、林荫与幽径，甚至，你酣眠的睡房外。

惠济秋色

杨 帆

秋天来到这里已有好久了，然而我们却听不到它的脚步，看不到它挟带着肃杀之气的身影，只在郊野能感受到一丝它那柔柔的气息——轻轻的风中已没有了夏的余热，多了些许凉意。

窗外是一个不大的游园，青翠的柳枝随着轻风舞动着婀娜的身姿，拂起一缕轻烟。白兰、广玉兰伸展着宽大而厚实的叶子尽情地进行着它的光合作用，不断地吸取空气中的二氧化碳，将新鲜的氧气吐向大地，供人们去享用。银杏树那镶着金边的叶子在微风中奏出欢快的曲子，几株月桂将它浓郁的芳香播传到四面八方，透过轩窗，布满了我房间的角角落落。红的、黄的、粉的、白的月季花还在怒放着，已放学的小学生们则在花园中石桌石凳上做着作业，或三三两两在园中鹅卵石小路上追逐嬉闹。只有那片栾树枝头的一串串悬铃由青到绿进而到绛红、焦黄，记录着秋天到来的日子。

仲秋已过，暄气尽消。薄雾清风的秋晨，漫步在蜿蜒的黄河大堤上，满目尽是多彩的美色，白的是芦花，绿的是女贞、柳叶，红是的月季，粉的和紫的是木槿，还有那漫滩的、呈现着各种颜色而叫不上名字的野花、野草。旭日，将东方的天际染成了一片红的云霞，那低吟浅唱着东去的浑黄的黄河水被映成了橙色，泛着橘红，升腾起一层彩虹般的云霭。偶有一阵风吹过，那已经发黄的杨树叶子便一片片地飘然落下，在秋日阳光的映照下，好似自天际洒落的漫天金箔。一群群的苍鹭、白鹭从南边的城市中飞来，在空中盘旋，然后便纷纷落在已经选好的湿地、水泊或黄河浅水处开始觅食。时令虽然已过白露，但黄河滩上的蝈蝈仍在灌木的枝条间唱着高音；蛐蛐在草丛中哼着和声；树梢上的蝉旁若无人地在鸣唱着高亢的长调；蝴蝶飞来飞去，炫耀着它们那艳丽的翅膀；蚱蜢和其他昆虫则在草尖上反复练习着它们的跳高、跳远技巧……一切依然那样活跃，那样生机盎然。这漫滩的或高昂激越或低迴萦绕的蝉鸣虫唱奏出的和谐之声伴随着黄河的浪花涛声和岸上的人声、车声及轰鸣的机器声，宛如一首人与自然的和谐交响曲，使你陶醉。虽然岸边落叶萧萧下，但是不尽黄河滚滚来，此情、此景，我不禁有些看轻那些历史上的骚人墨客，面对秋天，他们表现的是凄迷哀凉，是肃杀悲怆。如李白的《秋思》："天秋木叶下，月冷莎鸡悲。坐愁群芳歇，白露凋华滋"。柳永的《雪梅香》："景萧索，危楼独立面晴空。动悲秋情绪，当时宋玉应同"。周密的《声声慢》："对西风休赋登楼，怎去得，怕凄凉时节，团扇悲秋"。而我们今人看秋天，感知秋天，看到的是金色的收获，斑斓的色彩，感知的是和谐的氛围，跳动的旋律，是蓬勃的精神，是激进的青春的律动。

寒露久已逝去，霜降也过多日，然而多情的秋天还在眷顾着这片热土上的绿色和花朵而不忍降下酷霜。月季依然在开着红的、白的、鹅黄或浅黄的花。窗外的柳依然被着浅绿的霓裳随风翩翩起舞。女贞树仍是挂满了浓密的深绿的叶，在叶的顶部结满了一簇簇、一串串的女贞子，这些可入药的果实背阴处像一串串圆润的绿珍珠，向阳处却似火红的红玛瑙。扇形的银杏叶从柄到叶完全成了金子般的黄色，原先那叶子边缘的金黄色已悄然变成了一圈暗石色。游园卵石路两侧早摆放了盆栽的菊花，那些硕大的黄色、紫色、白色的绣球菊，其花已大过了栽植它的简易花盆的口面；各色的线菊盛开时，那一片片微微向上的花瓣顶端真像宋明时代那些文官的帽翅。黄河大堤两侧的杨树叶子已飘落殆尽，远远看去，就像身着银色盔甲的士兵列成的方阵，阻挡着从黄河北方吹来的风沙。风儿吹过，耸立半空中的杨树枝条只发出呜呜的响声，而树下却无一丝丝的风，几寸厚的树叶浑如泥土的颜色，只等雨雪过后，腐烂成肥，沃其赖以依附的杨树。

出机关大院，驾车驶过黄河大堤，沿"黄河大观"东侧的山路，驶上一段很陡的水泥山路，一路北上，行驶在邙岭之上，这里已进入了惠济生态林区，漫山遍野，沟沟壑壑，去冬今春栽下的雪松、侧柏、桧柏在秋风中摇摆着塔般的绿色身躯欢迎着我们，拳头般粗细的青桐，挺直着它们那嫩绿色的笔直的躯干，宽大的绿叶在阳光的映照下反射出绿色的光晕，这就是我们常说的能引来凤凰栖息的梧桐树。山顶上，沟壑边偶见几棵老柿树，它们的叶子已经完全落了，枝头上挂着熟透了的、火红的、像红灯笼一样的柿子。山坡上种着一片片火炬树，他们那红红的叶子，在周围绿色的包围之中显得那么娇艳。在这绿的、红的树丛间，穿梭往来的是我们的森林管护工人，他们正在给这满山遍野的树木浇水，以解山顶久旱缺水给树木带来的危机，一条条粗细不一的塑胶水管铺满了岭岭坡坡，宛如条条青龙，口吐清泉滋润着颗颗树苗。望着这满山的苍翠，不由地回想起两年前这里还是荒山秃岭，风吹过，就会给郑州带来漫天风沙。今非昔比，郑州周围几年间就已树木成林，"城在林中"已现初貌，三五年过后，展现在我们眼前的将是怎样的美丽的画卷啊。

我爱惠济这片热土，我爱惠济这片热土上的秋色。

情寄始祖山

朱丽娟

春季的一天，朋友邀我畅游始祖山。始祖山原名具茨山，属伏牛山系余脉，总面积57平方千米，海拔1166米，因人文始祖轩辕黄帝在这里出生和兴起而得名。山上有黄帝时期遗留下来的各种文化古迹100多处。

朋友介绍说，始祖山由于栽树品种多、林下配置丰富、林相完整，一年四季景观变换不尽：春，芳发幽香、野溪潺潺；夏，佳木繁阴、鸟语兽唱；秋，层林尽染、硕果满枝；冬，梅竹迎雪、玉树临风，人在山中如临仙境。20世纪80年代初期，我曾到过始祖山，当时由于人们普遍缺乏环保意识，对山上林区过度采伐、放牧，加上受县委机构改革影响，林业执法部门实行休克治疗，致使原本山青水秀、树茂林深的始祖山，成了一片荒山秃岭。如此大的反差使我心潮澎湃，忍不住产生了要迫不及待重游始祖山的念头。朋友的家就住在山脚下，我决定当天晚上借宿在山脚下她的家里，第二天就去游山。

翌日，沐浴着晨曦，我们就出发了，直向山北麓走去。

远远望去，清晨的始祖山山岚间尚裹着一层薄薄的雾纱，在满目苍翠之中，盘旋于山间的青石小道宛如一条奇异的绸带绕于山间，更为这山增添了几份神奇、几份秀丽。

我们沿着弯弯曲曲的山间小路朝山里走去，路边的坡上长满了各种各样的树，其中有雪松、连翘、银杏、火枫、山桃等许多树种，上面爬满了青藤。一阵微风吹来，我们身上落了一层雪片，抬头一看，原来是长在山崖峭壁上的几棵雪梨在和我们开玩笑呢。

大约走了一刻钟时间，我们来到了抗日民主政府旧址。这是一处用石头砌成的房子，西面的窑洞依山而建，大概有十几个房间，房子周围绿树掩映，从外面很难发现它。抗战时期，皮定均、王希贤两位将军曾在这里领导人民打击日寇入侵，立下了不朽的功勋。在战火纷飞的年代，战士们和群众在这里聚集、休息、开会、学习，又从这里走向战场，在青纱帐内消灭敌人，取得了一个又一个的胜利，"谈笑间，强虏灰飞湮灭"。如今这里已被国家教育部确定为全国青少年爱国主义教育基地。我想，每一个到过这里的人，无论年龄大小，都会从这所石头房子上感受到我们勤劳、智慧的中华民族永往直前、不可战胜的民族精神，都会受到一场深刻的爱国主义教育的洗礼。

山路变得更加陡峭、崎岖了，许多树木如国槐、核桃、丁香、龙柏等更加茂密，路边山壁的石缝中，不时冒出一两丛不知名的野花，红的，白的，紫的。它们用挺拔的身姿向游人骄傲地展示着自己生命的顽强。鸟兽也多了起来，喜鹊、黑卷尾、鹧鸪、黄鹂等小鸟儿一块唱起了歌，听着鸟儿的欢叫声，我们的心情也变得愉快起来。行走间，不时会有一只山雉受到惊吓，扑腾着翅膀飞向远方，也会有一只野兔突然从路旁草丛中跳出来，慌不择路地从我们的脚下钻过去，窜到密林深处。人走在山间，向上看，蓝天上白云朵朵，向四周望，到处都是绿的世界、绿的海洋。这使人不禁会产生一种"山深不知处"的感觉。

我们上上下下大概走了两三个山包，转过了几个山弯，终于来到了一个枯藤缠绕的洞口，这便是传说中的黄帝屯兵洞了。走进洞去，洞内满是大自然神功鬼斧雕刻出来的杰作，有水晶床、有石椅、石帘、石屏风以及人和动物的石像……连枕头都栩栩如生呢！越往深处走，洞内的内容越丰富，光线也愈来愈暗，阳光只有通过洞顶的石缝才能勉强挤进几丝微弱的光，时逢正午，洞外烈日炎炎，我们在洞内呆久了却感到有些冷，终于又忍不住跑出洞外。

稍事休憩之后，继续赶路，山路变得更加崎岖难走，这里已经属于深山了，所谓的路其实是人和动物踏出来的一条高低不平的羊肠小道。我们越过一条山溪，隐约听到远处有泉水叮咚声，往前走，水流声越来越大，进入眼眶的是一条瀑布，水从上面流下来。落到石头上，发出叮叮咚咚的响声，瀑布上方约50米处是一处一亩见方的水潭，就是黑龙潭了，潭旁山柳依依，草儿清清，站在潭顶向下看，潭水清澈见底，可以让人望见底部累累突起的彩色鹅卵石以及水中游来游去的小鱼儿。

在黑龙潭，最让人开心的是捉蟹了，我们在石头的缝隙之间发现了许多圆圆的小洞，这便是蟹洞。据朋友讲，只要拿起一根小木棍朝里面捅，再向外拽，便可拖出一只肥硕的大螃蟹。但今天这招却不灵了，无论怎么捅，这只狡猾的螃蟹也不出来，反而朝洞的深处爬去，我们只好放弃，走了几步，我不甘心地回头一看，那只大蟹又从洞内探出了头，口里吐出泡泡，挥舞着两只大钳子，我们迅速地冲了回去，以迅雷不及掩耳之势猛地捏住了它："哈哈，蟹将军！这下跑不了了吧。"有了耐心之后，我们抓住了第二只、第三只……朋友选择地势比较平坦的地方生起了一堆篝火，用细铁丝把捉来的蟹串起来放在火上烤，不一会儿青灰色的螃蟹被烤的黄里透红，不加任何佐料已吃得满口鲜香。

再向上走，翻过几座山包就是风后岭顶峰了，虽然山路变得平坦了许多，但上下左右走了一段路后，我还是感到胸口发闷、两腿发软，呼吸也急促起来，幸好朋友和我相互鼓励着、搀扶着，终于到达风后岭顶峰，我们一口气游玩了轩辕庙、碑林、中天阁、天心石，来到了迎日峰。

站在峰顶，阵阵凉风扑面吹来，使人心旷神怡。举目远眺，峰峦迭起的群山、成片的树林、浓妆素裹的村庄、绿油油的梯田以及在田间劳作的农民尽收眼底，让人充分领悟到"一览众山小"的感觉。听朋友说，我们只是游览了少数的几个景点，其他的像部落村、自然山竹梅溪、螺祖沟等景点还多着咧。但我感觉看了这几个景点就足够了，我从中学到了许多东西。不是这样吗？新郑人民用自己的双手绿化始祖山，用长达6年的时间再造了如此秀美的山川。

离开始祖山，已是日头西坠之时，晚霞映红了天际，明天这里将会更加晴朗。是啊！人们在享受这大自然丰厚的恩赐之时，又怎能忘却这片土地，辜负这处青山绿水呢？

法桐与绿城

任进书

外地人看郑州，第一印象就是法桐树多。法桐是法国梧桐的简称，系落叶乔木，树干高大呈灰褐色，因其耐修剪、生长快、树冠大、树荫浓、形态美、寿命长、病虫害少，且经济又非常适应郑州之土壤，因此，被郑州人民首选为行道树和庭院树而广泛种植。

郑州种植法桐的历史是从1954年开始的。1954年初，河南省委、省政府从开封市迁入郑州市，郑州市从此成为河南省省会。为了适应省会城市发展的需要，郑州市首先在城东广阔的田野上开始了新建区大规模的建设，针对郑州市突飞猛进的大发展，河南省委、省政府要求绿化工作一定要和新建区一起上，要建成一片、绿化一片。1954年春天，郑州市在新建的道路——文化路（金水路口—农业路口）两侧各种植两行法桐，这是法桐在郑州市安家落户之开端。

1955年春天，郑州市委、市政府派专人到上海、南京、杭州一带大城市采购法桐母条，建成了10多亩法桐繁殖基地。1956年春天，郑州市动员全市人民义务植树，先后在金水路、人民路、花园路、经五路、经六路、纬一路、纬二路、政一街、政二街等道路两旁大量种植法桐。以后的几年里，又在解放路、铭功路、南阳路、黄河路、中原路（百花路口—大学路口）、建设路、嵩山路（建设路口—陇海路口）、陇海路、一马路、二马路、伊河路、大学路、伏牛路等路段大量种植法桐，同时还在沿路新建的郑州大学、河南医学院、郑州粮食学院、郑州农学院、郑州工学院、郑州六中、七中、八中、九中、十一中等大、中学的院内大量种植法桐；省、市委大院、黄委会大院以及我市的人民公园、紫荆山公园、碧沙岗公园三大公园内也广泛种植了法桐；在新建的二砂、电缆、煤机、郑绵一厂、三厂、四厂、五厂、六厂、齿轮厂、印染厂、省纺机、郑纺机、肉联、大桥一处、农药厂、筑路机械厂等大中型国企的生产和生活区里，法桐也种植许多。目前，我市法桐到处可见。可以说应该都是上海、南京、杭州法桐的"后来人"。

法桐经过郑州人民的大力栽植和精心呵护，仅仅四五年的光景，就在郑州形成了绿色的海洋。枝繁叶茂的法桐，既能阻挡风沙，调节气候，净化空气，又能美化城市，改善环境。据说1959年10月，国家邀请一些外宾参加新中国成立10周年大典后赴各地参观，有些外宾本来没有计划在郑州停留，但在路过郑州时，在飞机上看到郑州竟是一片绿色的林海，极为惊奇，便临时决定下飞机，看看郑州的绿化。这绿色的效果，首功就是成片成片的法桐。1972年10月的《人民画报》以"绿满郑州"为题，刊登了多幅郑州绿化的照片，其中金水路上的林荫大道即是郁郁葱葱的法桐。从此，法桐成了郑州的一大特色景致，一道独特的绿色风景线。1983年元月，郑州市被评为"全国全民义务植树、绿化祖国先进城市"，名列第二。1985年，郑州城市绿化覆盖率居全国之首，达到35%以上，郑州市遂有了"绿城"之美称。

进入20世纪90年代以来，郑州在奋力拉大城市框架过程中，钢筋混凝土的建筑拔地而起，宽广的环城大道四通八达，川流不息的各类汽车你来我往，热闹非凡。城市建设日新月异，旧城改造、扩路架桥，此起彼伏。因此，有些路段、院落里的法桐在电锯的嘶呀声中，应声倒下。大学路、文化路、金水路上的"四桥一路"、花园路、纬二路等路段，许多高大的法桐被伐掉了，令郑州人痛心不已。

也许因为我是郑州人，从小生在郑州、长在郑州，长期工作在郑州，对郑州的绿色充满了欢欣，尤其对与我同龄的法桐更是充满了爱怜之情。当然，法桐也非尽善尽美，法桐的球果毛，每年春末夏初，随风飘舞，确实给行人和居民带来了一些烦恼，但法桐绝对是功大过小。为了保护法桐，为了人民的身心健康，郑州市从1997年起，开始对法桐进行大规模的嫁接改造。目前，中原路（百花路口—大学路口）、嵩山路（陇海路口—建设路口）、建设路（大学路口—伏牛路口）、伊河路（嵩山路口—工人路口）等路段上的法桐，尤其是中原路上的法桐，嫁接改造非常成功，法桐不仅生长得枝繁叶茂，再现浓荫，而且大大减少了球果毛的污染。

近年来，郑州市通过修建金水河滨河公园、熊儿河滨河公园，公园拆墙透绿，增加绿地面积，恢复并提高绿地覆盖率，"绿城"美誉失而复得。2006年，郑州市获得国家园林城市的光荣称号。

如今，在闹市区内，先后建成文博广场、经纬广场、绿荫广场、航海广场、嵩淮游园等游园，如同绿城广场一样，在其周广泛种植法桐，使游人和市民在休憩游玩时，既呼吸了清新的空气，又免受了烈日暴晒之苦。新开通的一些通衢大道，两旁都种植了法桐，仅仅几年，已亭亭如盖。夏日，当你走在法桐的绿色长廊里，听蝉儿鸣，鸟儿叫，火辣辣的太阳透过密密的扇叶，点点滴滴洒在人行道上，阵阵清凉的树香沁人心肺，是多么惬意啊！

法桐绿化、美化了郑州。有了法桐，才有了"绿城"。绿城有了法桐，才遐迩闻名。可以说，法桐是郑州人民通过科学试验和劳动实践创造出来的"洋为中用"最成功的典型。正如茅盾先生在《白杨礼赞》中所写的，在广袤的黄土高原上因为有了"参天耸立，不屈不挠"的白杨树，才会显得生机盎然、万类霜天竞自由。巴金先生在《小鸟天堂》里所写的，广东新会因为一棵古榕树而成了"小鸟天堂"，让游人慕名而来，如痴如醉。其实，郑州的金水路一带高大挺拔、遮天蔽日的法桐，何尝不是鹭鸟的天堂呢！我们呵护老法桐，种植新法桐，也是保护小鸟的天堂，保护我们优美的环境。

荥阳大地播绿人

李 娜

荥阳，曾创造灿烂青台文化的地方。为古代兵家必争之地，曾见证了多少金戈铁马、气吞山河的战争场面，而今天在这里有许多致力于改善家乡生态环境的播绿人，谱写了一曲曲充满艰辛却又充满希望的绿色畅想曲。

一、致富带头人唐留保

唐留保，靠着党的好政策，靠着愚公移山的顽强拼搏精神，在10年时间里，种植近30万株树木，绿化荒山2000亩，发展经济林2000亩。带领群众走出了一条绿色生态经济致富的好路子。

1997年，在外地经商多年的唐留保回到了养育他的家乡广武镇唐垌村，看见贫瘠的土地，恶劣的生态条件和乡亲们穷苦的生活，他心里很不是滋味。当时村里正搞荒山拍卖，1亩地5元钱也没有人敢承包。他以商家敏锐的目光看到：发展林果业变废为宝，点土成金积极稳妥，又可改善生态环境，没准还能为乡亲们摸索出一条脱贫致富的新路子。经过深思熟虑，他一气竞得村里1000亩荒山荒坡30年的经营权。放弃了优越的城市生活，将户口迁到农村，带着树苗和铁锹、撅头，也带着他的绿色梦想，一头扎进广武山，一干就是10年。

创业艰辛，一望无际只见荒草的荒沟秃岭，人迹罕至，连路也没有。春秋天风沙弥漫，冬天寒风凛冽，为了筹集资金，他求亲戚，借朋友，把多年的积蓄全投了进去，为跑市场找项目，他三上山东两下四川。地终于整好了，树苗拉回来了，他亲自带领人们上山种树，每天是顶着星星上路，背着月亮回家，过惯了安逸生活的他不知吃了多少苦头。特别是在果树的管理上，他聘请技术人员，采用先进的科学管理，解决了桃三杏四梨五年的技术难题，使所有果树达到头年栽植，第二年挂果，三年见效，亩平均效益达1000元。风里来雨里去，山上的桃花花开花谢几春秋，最初栽下的杨树苗已经长成一片高大挺拔的杨树林。10年来，从单一经济林栽植发展到25个国内外名优水果品种30万株、生态树种1.7万株；从粗放式管理到集约化经营，从最初的几个人发展到创办千万资产的百果庄园，成为荥阳市第一家河南省无公害水果示范基地，从传统的种植向吃、住、游、采摘方向发展，每年收入120多万元。昔日风起黄土飞扬的穷山秃岭，如今春季果花香十里，沟下岭上鲜花争艳，夏、秋各种水果挂满枝头，成了"远近闻名的花果山"。

2001年，唐留保被任命为唐垌村党支部书记。他因地制宜制订出了大力发展经济林致富的方针。组织本村群众开发荒山2000多亩，实施千亩河阴石榴基地和千亩名优精品园项目，栽植河阴石榴、日本斤柿、沧溪雪梨。他是个善于学习和钻研的人，发现原来河阴石榴产品铁锈布满外表，虽说内在品质不错，却在外观上不占优势，卖不上好价钱，经过他的摸索和反复试验，彻底改变了河阴石榴外表难看的关键性问题，既保证了内在质量，又改观了外表，金黄色带红晕，产量也提高20%，价格由原来的每千克1.25元提高到每千克3～3.5元。同时，他组建起果树技术协会，自己支付工资聘请技术专家和培养技术员，无偿为村民提供服务。把村里一批有经济头脑的青年人组织起来，成立了销售协会，帮他们分析、考察市场。通过互联网，让他们学会掌握市场动向，分析市场行情。解除了村民们怕卖果难的问题，大大提高了村民植树造林的积极性。通过绿化荒山和发展石榴产业，村民们的收入由最初的1000元提高到3800元。

唐留保开发荒山带领村民致富的事迹经媒体报道后引起社会各界的关注，中央、省、市新闻单位进行了多次报道，他本人也先后获得"全国水土保持先进个人""河南省水土保持生态建设四荒治理开发示范户""郑州市农村优秀人才""农村双强党支部书记标兵"等荣誉称号。虽说取得了一定成绩，唐留保并没有满足现状，他计划带领全村干部群众达标全省绿化示范先进村，让全村人在生态平衡基础上获得更高效益。

二、继承父亲遗志的鲁延明

鲁延明出生在一个喜山爱树的农民家庭里。父亲鲁祥，是闻名遐迩的"治山迷""植树王"，在他30多年的植树生涯中，绿化荒山3000多亩，曾被评为"全国造林绿化劳动模范"。在父亲痴迷种树、爱树如子的品格熏陶下，鲁延明养成了热爱大山、钟情植树的秉性。

1976年，鲁延明高中毕业后被庙子乡政府录用为民办教师，并参加了大专班进修，即将转为公办。可这时家里劳力奇缺，看见父亲独自扛着撅头，起早贪黑以一当十地上山栽树，身为长子的他在愧疚之余，深感责无旁贷、重任在肩，于是毅然放弃了心爱的教育事业，和父亲一起投入到治理荒山的事业中。

鲁延明所在的东沟村上沟组，处于荥密交界处，属浮戏山中的深山区，群山环绕，沟壑纵横。20世纪50年代末由于历史的原因，这里由群峰叠翠变成了荒山秃岭；石多土少，地瘠水瘦，旱涝频仍；荒山面积大，可耕地少，庄稼望天收。他经多方论证，决定因地制宜发展林业，全力造林治荒，走治山治水与治穷致富相结合，生态效益、经济效益与社会效益相结合的道路。1982年，他承包鸡冠山、老山窝两架荒山，在林业部门的指导下，对治理荒山进行了科学规划，在山顶周围石厚土薄招风处栽易活的防风、抗风林——刺槐；在半山腰上层厚的背风向阳处建果园——山楂树、苹果树；在土厚且土质好的责任田和沟地栽速生材林——桐树、毛白杨；在沟坎、堰边搞多种经营——种银花、栽花椒；在山顶到山下的管理道路两边栽寿命长的常青树——松柏。

1994年，祸从天降。鲁延明的父亲不幸遇害，巨大的悲痛没有击倒他，想到父亲为避免山林被砍，以身护树，抱树痛哭的情形时，他含泪安葬了父亲，以长兄的身份，召开家庭会议，决心继续扛起父亲造林绿化的这面旗帜，绿化荒山不止。冬天挖石垒堰，寒风刺骨，冻得手僵脚麻，皮裂肤肿，血痕斑斑；夏天剪枝培土，烈日似火，晒得头皮发胀，汗如雨淋，经常手被扎破、脚被碰烂，饿了啃干馍，渴了喝凉水。1996年春，天旱无雨，他带领家中男女6个劳力，到新密市天门池去担水浇树，一趟来回要走5千米山路。羊肠小道崎岖不平，披星戴月一天只能担两三担水，腿常常被碰得青一块紫一块，但他们毫不气馁，迎难而上，保证了树苗成活。为了管理好树木，防止病虫害和人畜践踏，他经常守候在山上，整形修枝，垒堰培土，日夜不回家，以山为伴，与树结友，日复一日、年复一年地奋战着。

十几年来，鲁延明带领家人植树35000多株，承包的1000亩荒山已治理绿化了500亩，收到了很好的生态效益和经济效益，年人均收入从治理前的100多元增至现在的2000多元，并在林产果品的基础上，向深加工方向发展，逐步形成种养、加工相结合，产、供销相衔接，农、工、商一体化的新格局，走出了市场经济条件下开发荒山的新路子。

1988年，鲁延明被推选为村委主任，他深知自己富了不算富，乡亲们都富了才是富。

他经常义务帮村民嫁接果树，仅1995年以来就为农户嫁接果树5000多株，还经常把自家苗圃里的苗木无偿送给急需的农户。凡遇村民请他传授技术，他有求必应，并按季节、农时，主动指导村民种树管树。村民称他为"及时雨""带头雁"。在鲁延明的带动下，村民们纷纷加入植树造林的行列。东沟村南峪组组长崔同山、土沟组村民朱文明、安口组村民崔文举都通过治理荒山，发展林业产生经济效益得到实惠。在这些林业专业户的影响下，东沟村群众发展林业的积极性普遍高涨，治理荒山、造林致富已成为全村人的共同目标和自觉行动。

站在树木如织的鸡冠山上，鲁延明信心百倍、踌躇满志地的展望未来。他计划到2015年，把承包的1000亩荒山全部治理一遍，再发展核桃、板栗、花椒树，预计5年后，果品荆条年收入3万多元。发动群众治理荒山，要让东沟村的12000亩荒山秃岭全部披上绿裳，变成花果山，使漫山遍野皆绿色，岗梁沟坡尽献宝。在此基础上，还要办食品饮料厂、木材加工，把林果变成食品，使全村家家都富裕，户户皆小康。

三、余辉染绿荒山的赵满顺

1997年，赵满顺从荥阳市煤炭局党委书记岗位上退下来，闲不住的他，想在有生之年为家乡做点事情，在朋友的引荐下，承包了汉王摩旗营盘踞的广武山最高峰——摩旗顶以东到汉王城西山的3800亩沟坡山地，创办荥阳市第一个私营林场——荥阳市金山林场。

赵满顺承包的土地，沟壑纵横，支离破碎，共有6条沟，8面坡，大小10个山头，从几厘到几亩、十几亩的地块有几千块。面对2平方千米多荒山，看着那沟沟台台，高高低低，蜿蜒崎岖的山间小路，他犯了愁，单凭一个人，多少年才能绿化这一片山？通过协商，与当地村民进行合作造林，开始了第一年的植树。当时这个组76户人家，72户参与。不到半个月就栽树3万多棵。谁知道，麦收季节，天大旱，树叶慢慢枯萎了，成活率不足10%。从山上走到山下，他两眼噙着泪，上山时再也走不动了，首战失利，植树户纷纷退出，他犹豫过，但他知道：在共产党员的字典里，只有迎难而上没有知难而退。一想到自己是党员就又来了劲，找专家咨询，迈着沉重的脚步一块一块地看，一台一台地查，把干枯的树枝拔出来分析、研究、找专家请教。终于弄明白了，是因为苗木处理不当，栽植过浅等技术方面的原因而造成的。第二年，他与村民废止了原来的运作办法，采取分级承包栽植管理办法，把林区划成8片，分户管理，大家的积极性提高了，任务完成的好，成活率逐年提高，有的树种达95%以上，原来承包的2000亩荒山全部栽满了树。

年逾花甲的赵满顺，放着国家发工资的舒坦日子不过，却要到荒沟里受罪，大家都不理解，但他矢志要用余辉染绿荒山。为了筹措造林资金，他把工资、积蓄全部贴上，又卖掉一套留给儿子的住房，几代人挤在80平方米的老房里。为了方便照看树苗，干脆住在山村，除了买树苗，几乎不出山，每天就是修路、整地、打井、栽树。累了就唱唱戏，闲了就写写诗。一次扭伤了腿，休息一周没等痊愈，就拄着棍又上山了；90多岁的老父亲病重，他白天在山上忙碌，晚上回家尽孝；老伴心脏病突发病故，他从山上回家，料理好后事，又强忍悲痛上了山。他写了一首诗表明自己当时的心境：过眼烟云已作古，回首华年憾事无，夕阳余辉无限好，再抖精神绘新图。

10年来，赵满顺先后改造山坡地数百亩，修造梯田3000亩，开挖山中林间3～6米宽道路近万米，新打200多米深井3眼，架设50千伏安变压器两台，高低压线路近2千米，修建储水池7个，铺设地埋塑管近万元；使山上山下都能浇灌，其中1/3实现了自流，为营林奠定了良好基地。目前，已栽植泡桐、速生杨、国槐、刺槐、核桃、石榴、桃等30多个树种60多万株。年出圃苗木数十万株。试种切花玫瑰、草花迷你彩菊、寿菊也初获成功。年收入近20万元。

虽然退休了，但赵满顺时刻不忘自己是个共产党员，谁家有困难了他都要伸手帮助。杨广武爱人脑溢血突发，他本人常年有病，家中拮据，赵满顺通过向市民政部门申请和向市领导反映，使他获得救济，并且自己还送去500元钱；2005年雨季，张银贵家遭受灾害需要搬迁，又是他送去500元钱；丁学义一家生活无着落，他就安排他们在林场吃住，上班；看见村里的人无所事事，就和劳动部门联系把他们组织起来，前往河北省保定市某出口公司装箱，每月可增收800～2000元。为了组织农民参与市场竞争，他与临近4个村成立广武山林果合作社，参与者近50户，实行统一技术指导、统一品牌、统一销售。2005年，通过合作销售水果1万多千克，使农户增了收，很受大家欢迎。

一片山绿了，一方百姓从中受益了。参与户每人每年从林场直接增收近2000元，最多的增收几千元。金山林场资产总值估算已近千万元，良好的经济效益社会效益已开始显现出来。

一直爱吟诗作赋的赵满顺闲暇之余作诗百首，其中有一篇《风沙源生态治理工程赞——广武山植树，锁郑州风沙源》，辑录如下：

万民挥汗描图蓝，
邙岭播绿锁沙源。
一棵树木情一片，
拈来绿荫共蓝天。

乐于岗位自暖心

雍 凯

我是一名林业工作者，走上工作岗位的第一天，就有人跟我说，选择了林业岗位就是选择了平淡与辛苦。的确，当朋友们聚在一起谈论潮流、时尚、度假、旅游的时候，我的脸上总会掠过一丝不易察觉的苦涩与无奈，可是当谈及自己的工作时，我却可以变得那样神采飞扬。我阐述不清什么是伟大，诠释不了什么是献身，也未曾体验过鲜花和掌声簇拥的成就感。我只知道，我的工作需要的是一份责任心，一颗热忱的心，我像热爱生命一样热爱工作。

作为一名林业工作者，肩负着维护林业发展局面，优化城乡生活、发展环境，改善县域生态环境的重任，对上要围绕中心工作，牢固树立超前意识，有效落实生态廊道绿化、植树造林等安排部署。对下要体察民情，积极为群众服好务，及时协调好乡镇、村组保护好、利用好现有林业资源。林业工作事务杂、任务重，想要做好，就必须尽其本分、尽其所能、恪尽职守、精益求精。

虽然我参加工作时间不长，但是在这个岗位上，我已经记不清有多少个周末我还在田间、地头、沙丘上忙碌。记不清我走了多少次田间小路，错过了多少次和远道而来的朋友们相聚的机会，拒绝了多少次朋友们的热情相邀。有的人玩笑地说我摒弃了年轻人的天性。有的人不理解，问我为什么要把工作当成生活的全部？我不知道该怎么回答，如人饮水，冷暖自知，只有我自己知道工作带给我的快乐。工作本来就是一种生活，如果一种工作让人失去太多，那么拥有这种工作的人就需要一种信念来支撑，我的信念就是：微笑着，去搏一个灿烂的青春。正是因为拥有这样一种信念，才使我有了向上的动力，有了进取的信心和勇气。记得白岩松在他的一本书《痛并快乐着》中写到：无论如何，你要相信自己是一把琴，你的幸福，决定于你自己在多大程度上解放你自己，创造你自己。

我爱我的工作，我知道认真敬业的人最美丽，也最幸福。我的工作很平凡，但我想，平凡的岗位并不能让我们的精神平凡，"爱岗""敬业"这被弘扬的旋律，是捧在心灵的圣坛上供人们瞻仰的精神高地，其实我们每一个人都可以做到，在其位，行其事，再努力升华到"爱"的高度，用发自内心的情感，把职业当成事业来对待，保持高昂的工作热情，仅此而已。

忘不了领导们的谆谆教导，忘不了同事之间对天下大事的侃侃而谈，更忘不了我看到的县域内连片的林木。还有什么比这样的沟通更令人欣喜呢？还有什么职业比这个职业更色彩斑斓呢？

我爱我的岗位，更热爱紧张有序的生活，因为工作中磨炼了坚强的意志，培养了过硬的作风。

我爱我的岗位。这岗位不需要激情满怀的豪言壮语，不需要惊天动地的英雄壮举，也演绎不出可歌可泣的感人故事，但只要孜孜不倦，执着追求，最终都会迎来堆银叠玉的瑰丽和朝日喷薄的绚烂。

人们喜欢把生活比作溪流，说它不舍昼夜汩汩流淌，有时它很平缓，平缓得没有细浪，没有声响；有时峰回路转，崖断瀑发，平静无痕的小溪霎时间幻化成云间坠落的璀璨珠玑，多么壮观！我的生活就如同溪流，我畅游在这溪流中，往往在不经意间，发现这条溪流泛起的浪花是那样的晶莹剔透，色彩斑斓。

是的，我爱我的岗位。因为我相信印度大诗人泰戈尔讲过的那句话："我是秋天的云，空空无雨，但在成熟的稻田里，可以看见我的充实"。

绿色之旅

申红蕾

昨夜一宿的缠绵细雨，纷纷扬扬洒落着，像是一只巨大的喷头在冲刷着天空下的一切，房屋、道路、树木、田野……一切都变得清爽、鲜艳起来。

今早出门，呼吸着这雨后的清新空气，感受着细雨的朦胧。道路两旁行道树的树叶经过洗礼过后，像刚刚出水的少女，鲜嫩欲滴；又像是经过一夜的疯长，突然间冒出了无数的嫩叶，犹如婴儿的肌肤一般，张扬着生命鲜活，散发着青春的活力，是那么的晶莹、剔透，令人心醉。

那淡淡的绿啊，惹人爱恋，正如挂起的绸缎，又如片片翡翠。让我忍不住想摘一片入口，咀嚼那份人生的甘美与恬静；多想拥它入怀，尽情享受那份娇柔的情怀；我轻抚着那份柔嫩，生怕我粗糙的手指会刺伤它的肌肤，好像只要稍稍用力，或者有任何的不小心，都会划破它，让那鲜嫩的绿渗出来，染绿了眼睛，并迅速蔓延开来，树绿了，大地也绿了，一切都融在了绿色里，一条条绿色的通道延伸到了远方。

刚到学校，想到要继续昨天的工作，而且今天要去的是丰乐葵园，可以一饱乡村的田园风光，就有一颗激动的心在跳动，按捺不住那躁动、急切的心，希望能够有所新的发现，不虚此行。

汽车带着我们离开了学校，那熟悉的喧闹已经被我们扔在了背后，渐渐地离我们远去了，消失在我们的感官里。而映入眼帘的是广阔的天地。别样的景色吸引着我：一望无垠的黄！那淡淡的黄，那成片的油菜花染黄了绿色的大地，相互簇拥着。偶尔或镶嵌着一块块零星的粉红，同事告诉我那是草籽开出的粉红小花。正如一片淡黄色的天空中绽放的一朵朵礼花；也如镶嵌其上的点点粉红宝石；又如一颗颗散落其中的耀眼的星星……实在是巧夺天工、别具匠心啊。

我们穿行在这花的海洋中，放眼远望，真是美不胜收啊。感觉整个人都是飘浮着的，且随着花海的波浪起伏荡漾，心正醉着……那沁人心脾的清香直钻入鼻，渗入了五脏六腑。终究忍不住那强烈的诱惑，贪婪地收在心间，纳入记忆的长河，恨不能永远收藏，永保那份温馨，叫人荡气回肠……

也不知是什么时候太阳已经露出了笑脸，心情豁然开朗了。那春雨过后的阳光洒落在那黄黄的一片花海上是格外的耀眼，那点点密集成片的花朵也显得分外的娇艳和兴奋，纷纷向上张扬着，伸长的脖子还在努力提升着、尽力提升着它们自己。我的心也随之恣意着、充盈着……

"看啦，我们进入了绿色隧道了！"当我将放出的眼球回收的瞬间，我突然情不自禁地惊呼起来。我发现我们正穿行在一条绿色的隧道里，厚重的绿色围墙将我们紧紧地包围起来了，我们称之为"绿色华容道"。

如今高速公路在迅速发展着，千脉交通带来了经济的腾飞。但树木的生长却远远跟不上道路发展的要求。所谓十年树人，百年树木嘛，像这样郁郁葱葱的参天大树实在罕见了，更何况是一条长长的绿色甬道呢。

汽车在隧道里奔驰、穿行着，抬头望着满眼的绿，偶尔有阳光穿透过来，照射在路面上，投下点点斑驳参差的倩影，犹如一幅幅生动的国画。仿佛把我们带入了绿色的世界；

又像是在绿色的时光隧道中追寻着曾经的记忆，同时把我带到了那年初来这座城市的时候，那是我第一次进入这条通道，美丽的心情却被那些无聊的坑坑洼洼的道路给扼杀于襁褓之中，一路的颠簸让人疲惫不堪……

可如今的平坦却是行驶如飞，才会有如此心境、才会欣赏这一切的美景。平坦的大道，美了这绿色的隧道；也充满了心中的不足，填平了我们的心路。穿梭于这样的绿色通道，美丽就在眼前，魅力永存心底。

生机从此益然，路在心里延伸……

青春在飞扬

——献给森警的歌

中牟县森林公安局　蔡彦玲

在喧嚣的城郊，
在偏僻的乡村，
在宽阔的马路上，
在村头的林荫旁，
到处可见巡逻的森林卫士，
头上的警徽在绿的原野闪光。

伴着日出，陪着月落。
踏着晨露，披着星光。
守卫着大地上的片片绿荫。
拥有繁花似锦的岁月，却如田间地头的小草，
悄悄地点缀着旖旎的风光!

心中的太阳理解他，
梦中的月亮温暖他，
可爱的森林警察啊!
默默地捧出青春的火热，
渴望做一朵灿烂的火花，
在激情燃烧的岁月里，
绽放出人生无悔的光华!

为生态护航无尚荣光，
绿树为他们遮阴，
小鸟为他们歌唱。
唱出一首首为森林发展不朽的诗歌，
奏响一曲曲森林警察无私奉献的乐章。
我也用最纯的乡音，
唱出森林警察火热的心肠!

我为森林警察歌唱，
伴着果园里的鸟语花香;
快乐的布谷鸟和翠绿的树苗，
为他们披上五彩的霓裳!

我为森林警察歌唱，
静静流淌的小溪水，
默默成长的绿色屏障；
流光溢翠的雁鸣湖畔，
生机盎然的贾鲁河旁，
崇山峻岭间见证了他们日夜的匆忙！

我为森林警察歌唱，
铿锵起伏的节奏，
是他们奔波劳累的乐章；
激昂奔放的旋律，
是他们嘭嘭跳动的心房；
熊熊燃烧的篝火，
铭记着他们风餐露宿的经历；
蓝天碧水间，
映照着他们执着的追求和向往！

我为森林警察歌唱
森林是他们的摇篮，
森林抚育他们成长；
森林的安宁，鸟儿的欢唱，
绿色是他们永远的守望！
  "百日会战"练就了他们克敌制胜的豪气，
  "春雷行动"展现了他们为民执法的英姿飒爽！

森林警察的故事太多！
每一次夜幕下闪烁的警灯，
都见证者他们微笑的坚强；
森林警察的光荣太多，
每一次忘我的付出中，
他们都把幸福悄悄隐藏！

森林警察是贾鲁河畔的青松，
森林警察是黄河岸边的白杨；
森林警察是林区百姓的安乐柱石，
森林警察是林区百姓心中最美的阳光；
我要用心灵中嘹亮的歌声，
唱出森林警察英勇无畏的光辉形象！

雁鸣湖行

郭从珍

　　君不见，连霍路北大河南，雁鸣湖水碧连天。头枕黄河波浪涌，脚蹬贾鲁水潺湲。东襟汴京千古秀，西带商都万花妍；曾是崔苻奴隶揭竿地，犹记引黄灌溉沉沙池。借改革开放，中原大地春潮起，看天翻地覆，母亲河畔创奇迹。而今是，省会郑州后花园，北国江南迪士尼，引黄干渠，一线贯穿文化景观带，雁鸣大道，两翼托起服务新设施。景点功能划分细，东西南北四大区。乡韵地带，花木天地。观光农业景姣妍，休闲旅游情悦怡。高尔夫球场，一杆球带白云跑，静泊园山庄，万茎竹摇彩霞飞。雁鸣新城靓，中原文化高格调，发展繁荣快，创意产业广聚集。温泉酒店，彰显水城居住高品位，会展中心，展示现代文明平安居。蒲苇青青莺穿树，春光融融燕衔泥。槐花绽放十里雪，湖波荡漾千层漪。迎风杨袅袅，拂水柳依依。牛羊放牧，田夫育苗抢天暖，鹅鸭戏水，渔父放养趁水肥。皓月当空银辉洒，青烟薄霭雾迷离。似幻若梦万籁寂，扁舟一叶湖心憩。仰望星空心神驰，阆苑仙境落湖底；夏日树葱郁，放眼湖畔景旖旎。听黄河涛声如擂鼓，林间鸟啼似鸣笛。蒲草丛中，灰鹤引颈啄蝌蚪，芦苇荡里，鹭鸶探爪觅幼鱼，望湖周莲塘，映日荷花粉红面。览堤外水田，拂风稻秧翠绿衣。柳荫下，老翁执竿垂钓乐，扁舟上，女娃相机拍照疾。竹排追画舫，泱泱水面任驰聘，红男伴绿女，声声情歌诉衷曲；金秋十月西风起，稻香浓郁肥蟹鱼。望芦花飞絮，漫天飘飘云缭绕，听荷叶化伞，蛙鼓阵阵交响诗。一年一度美食节，雁鸣胡酒闹蟹席。朱固萝卜丁村藕，花生紫薯粘玉米。野鸡野鸭纯野味，河鲇河虾黄河鲤。借问酒家何处有，姐妹湖畔美食区。凛冽朔风紧，云暗天更低。借雪花飞舞，看玉树琼枝。蒲苇枯而寒潭清，沙渚冷而禽鸟稀。漫天皆白望无际，云开日出景绚丽。走出闹市鸽子笼，体验旷野廖阔时。或围炉取暖，远眺窗含千顷雁鸣雪，或酌酒弈棋，遥望门对万树雾凇枝。此景只应天上有，人间何处可寻觅！秀美雁鸣兮天然趣，万木争荣花斗奇。听浪起涛落，黄河之水天上来，望朝晖夕阴，春夏秋冬风景异；优美雁鸣兮看生态，湖水清澈土膏腴。讲种植养殖，都市农业现代化，论度假娱乐，天然氧吧宜栖息；华美雁鸣兮在人文，历史传说多古迹。孔子回车庙，先圣屈尊师项橐，贤王择吉壤，赵德芳墓草萋萋；恬美雁鸣兮在民俗，热情好客人朴实。为景区开发，顶风冒雪不言苦，为招商引资，乐于奉献顾大局；壮美雁鸣兮看明日，三区叠加机遇奇。喜而今，郑汴牵手共圆中原明珠梦，翘首望，璀璨新星笑迎旭日冉冉起！

游潘园二首

郭从珍

（一）忆潘岳

掷果盈车邙岭头，
河阳执政四春秋。
浇花息诉化千怨，
植树造林解百愁。
词贼建安存射雉，
风光河洛看翔鸥。
美男盛誉今犹在，
古柏转枝绿孟州。

（二）潘园柳

潘园细柳傍湖生，
万缕千条郁郁青。
低眉俯首亲乡土，
披露凝霜舞劲风。
春末枝头黄鹂唱，
秋初叶底皂蝉鸣。
安仁遗愿今得偿，
装扮城乡绿意浓。

绿满惠济

宋余三

此是何处？满眼碧绿点缀着斑驳芳菲，
此是何处？绿得醉人，绿得秀美也绿得野气！
这里，雨水落地激起的是绿色涟漪，
这里，雪花满地也蕴蓄着绿的气息！

这里有绿的山，绿的水，绿的大地，
这里有绿的田，绿的路，绿的长堤；
绿的风鼓荡着绿色的空气，
整个惠济哟，绿的深沉，绿得神奇！

啊！巍巍邙岭，苍松翠柏染绿了天上的云霓，
片片水面，翡翠玛瑙镶嵌着明镜碧玉；
道路纵横，绿油油玉带飘飘花香缕缕，
大地蜿蜒，郁葱葱塔松亭亭杨柳依依。

万亩芦笋，似万顷碧波荡漾的大海，
万亩苜蓿，把绿色泼撒得横无边际；
万亩荒滩，用绿色给母亲河镶一条宽阔的花边，
万亩庭院，因绿色而四季都有融融的春意……

我们曾经迷失：漠视了先哲告诫的"天人合一"，
我们曾经愚昧：只知道一味向大自然野蛮索取；
我们那时只想拥有满袋钞票、盈屋粟米，
我们独独忘记了更需要洁净饮水、清新空气！

贪婪者，无暇欣赏花香、虫鸣、鸟语，
粗鄙者，不会感受云白、天蓝、水绿；
文明者，才知道为保持生态平衡、万物和谐、发展持续，
睿智者，方肯为此付出超常代价、全部智慧、终生努力！

我们终于懂得了：绿色是自然的本色，
保护绿色，就是保护我们的肌体；
我们终于明白了：绿色是生命的原色，
创造绿色，就是创造我们的生机！
我们还知道：绿色是文明之光反射的色彩，
绿是社会发展进步的重要象征，

造绿是人类走向成熟的伟大标记！

因此，为这绿色，我们愿意付出红色的血液，
因此，为这绿色，我们宁肯抛洒咸味的汗滴。
这血液，正化作营养液在每一颗大树里流淌，
这汗水，正变成叶绿素在每一个叶片里聚集！
前人栽树，后人乘凉——
这是一句需要增添内涵的通俗古语：
因为，栽树固然能惠及后人，
但何尝不是造福我们自己？

有心栽花，无意插柳——
这是一句需要重新审视的哲学命题：
因为，无意插柳固然也能柳荫翁郁，
但创造更多的绿色就得有意地主动出击！

我们有意地主动出击了，
我们才有这绿荫蔽天，绿色满地；
我们更全面理解了栽树的要义，
我们才拥有一个浓绿的惠济！

有意插柳，我们插出了一个天然氧吧，
有意插柳，我们插出了一个硕大的绿肺，
有意插柳，我们插出了一个生态奇观，
有意插柳啊，我们定能插出一个绿色的世纪！

我想有个家（儿童诗）

李志英

我想有个家，
离开臭水河，
离开秃树丫。
到一个最美丽的地方，
带着我的五个娃娃，
还有娃娃的爸爸。
我在这个城市的上空，
飞啊，找啊……
呵呵，迷糊了吧，
——我是一只鸟妈妈

我想有个家，
能让我枕着花香入睡，
听着泉水叮咚醒来。
闲暇时到天鹅家里串串门，
心烦时和乌鸦大婶说说话。
俺家那口子说：
不发烧吧？咋净说些胡话？
我对他撇撇嘴：
燕雀安知鸿鹄之志？
我愿为这个家找遍海角天涯。

我的眼前一亮——
你猜我看到了什么？
一条翠绿色的锻带，
是这个城市妩媚的头发，
我沿着这诱人的绿色
向着北方，飞呀，飞呀。

我首先拜访了一条长长的堤坝，
堤坝扛了扛双肩，说：
我是母亲河的忠诚卫士，
这一排排树木是我的盔甲，
时时提醒我责任的重大。
两岸的防护林摆动婀娜的身姿：
亲爱的鸟儿，欢迎你在这里安家。

我又来到广袤的河滩，
浩浩荡荡的绿啊，
把母亲河妆点美化。
我俯身下来，
想要亲吻美丽的小草，
草姑娘害羞地扭了扭腰——
哦，我的天啊，
在草姑娘的脚下，
一个莹白如玉的椭圆，
那是天鹅的孩子和她的家。
美丽圣洁的鸟儿，
你把和平安详的讯息播撒。

我来到邙岭脚下，
松柏伯伯把我凌乱的羽毛梳理，
枫树映红了我的脸颊。
哟，哪里来的阵阵清香，
那可是美丽的石楠和紫薇花。
再不见裸露的黄土，
你看这里风景如画。
森林爷爷率领千军万马，
抵挡住来自遥远北方的风沙。

我想有个家，
我究竟该把我的家安在哪儿，
我亲爱的朋友们，
你告诉我，
让我再转告我那五个娃娃，
还有他们的爸爸。

附录

FULU

建设成果

　　强化生态建设，重塑绿城，是郑州市全市人民矢志不渝的梦想和追求。2003年以来，郑州市高度重视森林城市建设。2003年12月，市委、市政府确立了把郑州建设成为"城在林中，林在城中，山水融合，城乡一体"的森林生态城市的奋斗目标，编制了《郑州森林生态城总体规划（2003—2013年）》，市人大审议通过《郑州森林生态城总体规划（2003—2013年）》形成决议，纳入城市总体规划一并实施。坚持一张蓝图绘到底，以大工程带动大发展，大投入推进大跨越，连续多年将"完成森林生态城工程造林0.67万公顷"作为十件实事之一。2006年，郑州市在2005年获得"国家园林城市"桂冠的基础上，决定争创"全国绿化模范城市"，同时把森林生态城建设作为全市经济社会跨越式发展的八大重点工程之一，全市上下协调一致，齐心努力，在城市森林建设与效益研究方面进行了一系列有益的探索，并取得了丰硕的成果。2007年12月，全国绿化委员会授予郑州市"全国绿化模范城市"称号。2010年9月26日至10月5日，第二届中国绿化博览会在郑州举办，取得了完美的成功。从2003—2009年年底，郑州市建成区周边2896平方千米的森林生态城范围内新增森林6.67多万公顷。"一屏、二轴、三圈、四带、五组团"森林城市的城市森林生态网络初步形成，初现了"城在林中，林在城中，山水融合，城乡一体"的和谐景象，为森林城市建设奠定了坚实的基础。

　　2011年12月，郑州市创建"国家森林城市"正式启动。2012年3月26日，国家林业局正式批复同意郑州市创建"国家森林城市"。为高水平建设森林城市，郑州市委托国家林业局华东林业规划院对《郑州森林生态城总体规划（2003—2013年）》进行拓展与提升，精心修编了《郑州森林城市建设总体规划（2011—2020年）》，市政府常务会议研究同意后提请市人大审议通过并形成决议。2012年以来，郑州市按照《国家森林城市评价指标》、国家林业局《关于对郑州市申请创建国家森林城市的复函》和《郑州森林城市建设总体规划》的要求，紧紧围绕森林城市建设目标，坚持一张蓝图绘到底，以大生态定位、大规划布局、大工程推进、大手笔投入，积极创新郑州森林生态城和郑州森林城市建设的发展理念、管理体制、建设机制、组织形式和工作方法，实行了一整套行之有效的创新举措，强力推进国家森林城市创建和城市森林建设各项工作的落实。建设森林郑州的10年中，市县各级持之以恒，全市人民矢志不渝，付出了艰辛的汗水和劳动，森林城市和城市森林建设取得了跨越式发展和显著成效，获得了国家、省诸多的表彰和荣誉，形成了良好的生态效益、经济效益和社会效益，为全市人民提供了日趋丰富的生态建设成果。

2007年郑州森林生态城建设生态效益价值评估公报

河南省生态林业工程技术研究中心

（2008年9月）

城市是人类文明的重要组成部分，森林是孕育人类文明的摇篮。进入21世纪，世界各国都把发展城市森林作为增强城市综合实力的重要手段和城市现代化建设的重要标志。城市与森林和谐共存、人与自然和谐相处，是当今世界生态化城市的时代潮流和发展方向，随着我国经济社会持续快速发展和城市化进程的不断加快，森林环城、林水相依成为一种新的城市建设理念和城市森林发展的必然趋势。大力发展城市森林对城市的政治、经济和文化发展，提升城市品位具有重大意义。城市森林在维会城市生态安全方面发挥着不可替代的作用，不仅具有重要的经济效益，而且还能产生巨大的社会效益和生态效益。受郑州市人民政府委托，河南省生态林业工程技术研究中心按照国家有关生态效益定位观测研究的标准和技术规程，结合郑州市森林生态城建设工程实际，对郑州市森林生态城8个森林组团类型和湿地生态系统的生态效益进行监测与价值评估，公报如下：

一、郑州市森林资源

（一）林木资源

从2003年开展郑州市森林生态城建设工程以来，城市森林建设飞速发展，到2007年年底森林生态城建设已经取得了明显的成效。城市森林资源总量不断增加，2003—2007年，郑州森林生态城范围内共完成造林3.8万公顷，到2007年森林生态城森林总面积达到了10.76万公顷。

（二）湿地资源

郑州市湿地总面积33400公顷，其中位于郑州森林生态城的湿地面积为15200公顷。郑州黄河湿地是内陆河流湿地的典型地表，区域内滩涂广阔，不仅具有河流、河滩、洼地、湖泊、沼泽等多种湿地类型，而且处于鸟类南北迁徙的中间地带，区域位置非常重要，是城市湿地建设的重要项目。

二、郑州森林生态城生态效益监测

河南林业生态工程技术中心按照《森林生态系统定位研究站建设技术要求》（LY/T 1626-2005）、《森林生态系统定位观测指标体系》（LY/T 1606-2003）、《湿地生态系统定位研究站建设技术要求》（LY/T 1708-2007）与《湿地生态系统定位观测指标体系》（LY/T 1707-2007）的要求，在郑州市建立了定位、半定位与流动监测网络，对郑州森林生态城林业生态效益进行了监测。

三、郑州森林生态城生态效益价值评估

按照国家林业局颁布的《森林生态系统服务功能评估规范》（LY/T 1721-2008），对郑州森林生态城生态效益价值进行了评估。2007年度，郑州森林生态城林业生态效益的总价值达122.39亿元，其中城市森林（绿地）生态服务功能的年货币总值为110.42亿元，湿地

生态系统生态服务功能总值为11.97亿元。

（一）城市森林（绿地）生态效益

按照国家林业局颁布的生态效益评估规范，对2007年郑州市与森林生态城防风固沙效益、涵养水源、固土保肥、滞尘效益、吸污效益、固碳效益、释氧效益、吸热效益、减噪效益、护农增产、改善水质等11项生态效益指标进行了进行了货币化计量评价。2007年度城市森林（绿地）生态服务功能的年货币总值为110.42亿元（表1）。

郑州森林生态城城市森林（绿地）生态效益价值构成排序为吸热热量效益＞固碳效益＞滞尘效益＞吸污效益＞涵养水源＞释氧效益＞护农增产效益＞减噪效益＞防风固沙效益＞改善水质效益＞固土保肥效益。

（二）湿地生态效益价值

根据郑州森林生态城湿地生态系统的基本情况，本次价值评估参照城市森林生态效益评价方法，主要针对湿地生物多样性保护、净化污染物、调节径流、固碳、释氧、蒸散吸热、固土保肥、增加地表有效水、改善水质等9个生态效益指标进行了货币化计量评价。2007年度，郑州森林生态城湿地生态效益价值为11.97亿元（表2）。

郑州森林生态城湿地各项生态效益价值排序为：蒸散吸热效益＞固碳效益＞生物多样性保护效益＞释氧效益＞调节径流效益＞净化污染物效益＞固土保肥＞增加地表有效水＞改善水质。

表1　郑州森林生态城城市森林（绿地）各评价指标价值

序号	生态效益指标	效益（亿元）	所占百分比（%）
1	吸收热量	77.55	70.23
2	固碳	14.92	13.51
3	滞尘	6.11	5.53
4	吸污	4.07	3.68
5	涵养水源	2.40	2.17
6	释放氧气	1.99	1.80
7	护农增产	1.10	1.00
8	减噪	0.76	0.69
9	防风固沙	0.60	0.54
10	改善水质	0.48	0.43
11	固土保肥	0.44	0.40
合计		110.42	100

表2　郑州森林生态城湿地生态效益价值

序号	生态效益指标	效益（亿元）	所占百分比（%）
1	蒸散吸热	5.80	48.44
2	固碳	3.94	32.9
3	生物多样性保护	0.67	5.59
4	释氧	0.49	4.11
5	调节径流	0.37	3.06
6	净化污染物	0.29	2.44
7	固土保肥	0.15	1.23
8	增加地表有效水	0.13	1.11
9	改善水质	0.13	1.11
小计		11.97	100

2012年郑州市林业生态效益价值评估公报

河南省生态林业工程技术研究中心

（2013年5月）

森林是陆地生态系统的主体，林业是重要的公益性事业和基础产业，具有巨大的生态效益、经济效益和社会效益。为全面评价城市林业生态系统建设成就，科学指导生态绿化建设，促进郑州国家森林城市创建步伐，受郑州市林业局委托，河南林业生态工程技术研究中心根据对郑州市森林生态系统生态效益的监测结果，结合国内外最新研究成果，对2012年度郑州市森林生态系统、湿地生态系统生态效益价值进行了评估，公报如下：

一、郑州市林业生态资源

2012年以来，郑州市全面开展创建国家森林城市工作，强力推进森林公园体系和生态廊道建设，全年共完成造林10423公顷，全市有林地面积已达23万公顷，湿地面积33400公顷，森林覆盖率达到33%以上。

二、郑州市林业生态效益监测

河南林业生态工程技术中心按照《森林生态系统定位研究站建设技术要求》（LY/T 1626-2005）、《森林生态系统定位观测指标体系》（LY/T 1606-2003）、《湿地生态系统定位研究站建设技术要求》（LY/T 1708-2007）与《湿地生态系统定位观测指标体系》（LY/T 1707-2007）的要求，通过在郑州市建立定位、半定位与流动监测网络，对郑州市林业生态效益进行了监测。

三、郑州市林业生态效益价值评估

按照国家林业局颁布的《森林生态系统服务功能评估规范》（LY/T 1721-2008），对郑州市林业生态效益价值进行了评估。2012年度，郑州市林业生态效益总价值达392.44亿元，其中森林生态效益总价值为356.91亿元，湿地生态效益的年总价值为35.53亿元。

（一）森林生态效益

按照国家林业局颁布的生态效益评估规范，2012年对郑州市林业调节气候、涵养水源、保育土壤、消洪减灾、固碳释氧、营养物质积累、防污吸污、卫生保健、生物多样性保育、农田防护、森林游憩、节能减排、低产增值等13项生态效益的价值进行了评估。郑州市森林生态效益年总价值为356.91亿元（表3）。

郑州市森林各项生态效益价值排序为：调节气候＞固碳释氧＞涵养水源＞节能减排＞防污吸污＞生物多样性保育＞地产增值＞保育土壤＞消洪减灾＞卫生保健＞森林游憩＞积累营养物质＞农田防护。

（二）湿地生态效益价值

根据郑州森林生态城湿地生态系统的基本情况，本次价值评估参照城市森林生态效益评价方法，主要针对湿地生物多样性保育、环境净化、蓄水调洪、固碳释氧、调节气候、文化科研价值等6个效益指标进行货币化计量评价。2012年度，郑州市湿地生态效益为35.53亿元（表4）。

郑州市湿地各项生态效益价值排序为：调节气候＞环境净化＞固碳释氧＞文化科研价值＞生物多样性保育＞蓄水调洪。

创建国家森林城市，加快林业生态建设是郑州市落实党的十八大精神，全面推进生态文明建设的重大举措。本次评估结果表明，郑州市生态环境得到持续改善，经济发展和环境承载能力显著增强，充分说明郑州市国家森林城市创建和林业生态建设取得了显著成效。

表3　郑州市森林各评价指标生态效益价值

序号	生态效益指标	效益（亿元）	所占百分比（%）
1	调节气候	84.43	21.36
2	固碳释氧	75.68	21.20
3	涵养水源	63.86	17.33
4	节能减排	52.76	14.78
5	防污吸污	19.74	5.25
6	生物多样性保育	16.18	4.53
7	地产增值	12.18	3.41
8	保育土壤	11.34	3.18
9	消洪减灾	10.21	2.58
10	卫生保健	9.32	2.61
11	森林游憩	6.78	1.90
12	积累营养物质	3.53	0.99
13	农田防护	3.08	0.86
合计		356.91	100

表4　郑州市湿地生态效益的价值

序号	生态效益指标	生态效益价值（亿元）	百分比（%）
1	调节气候	16.61	46.75
2	净化环境	12.08	34
3	文化科研价值	2.48	6.98
4	固碳释氧	3.04	8.56
5	生物多样性保育	0.81	2.28
6	蓄水调洪	0.51	1.44
合计		35.53	100

2013年郑州市林业生态效益价值评估公报

河南省生态林业工程技术研究中心

（2014年6月）

为科学指导郑州森林城市创建，加快美丽郑州建设步伐，受郑州市林业局委托，河南林业生态工程技术研究中心在开展郑州市森林生态系统生态效益的监测的基础上，结合国内外最新研究成果，开展了2013年度郑州市林业生态效益价值评估，公报如下：

一、郑州市林业生态资源

根据河南省林业调查规划院完成的《郑州市国家森林城市建设相关指标专项调查成果报告》，截至2013年年底，郑州市现有林地面积236924.56公顷，湿地面积36574.1公顷，其中森林面积185620.39公顷，农田林网及四旁林地面积62806.08公顷（农田林网及四旁覆盖面积45976.75公顷，城区乔木型绿地覆盖面积16806.33公顷），森林覆盖率达到33.36%以上。

二、郑州市林业生态效益监测

河南林业生态工程技术中心按照《森林生态系统定位研究站建设技术要求》（LY/T 1626–2005）、《森林生态系统定位观测指标体系》（LY/T 1606–2003）、《湿地生态系统定位研究站建设技术要求》（LY/T 1708–2007）与《湿地生态系统定位观测指标体系》（LY/T 1707–2007）的要求，通过在郑州市建立定位、半定位与流动监测网络，对郑州市林业生态效益进行了监测。

三、郑州市林业生态效益价值评估

按照国家林业局颁布的《森林生态系统服务功能评估规范》（LY/T 1721–2008），对郑州市林业生态效益价值进行了评估。2013年度，郑州市林业生态效益总价值达438.17亿元，其中森林生态效益总价值为401.7亿元，湿地生态效益的年总价值为36.47亿元。

（一）森林生态效益

按照国家林业局颁布的生态效益评估规范，2012年对郑州市林业调节气候、涵养水源、保育土壤、消洪减灾、固碳释氧、营养物质积累、防污吸污、卫生保健、生物多样性保育、农田防护、森林游憩、节能减排、低产增值等13项生态效益的价值进行了评估。郑州市森林生态效益年总价值为401.7亿元（表5）。

郑州市森林各项生态效益价值排序为：固碳释氧＞调节气候＞涵养水源＞节能减排＞防污吸污＞生物多样性保育＞地产增值＞卫生保健＞保育土壤＞消洪减灾＞游憩康体＞积累营养物质＞农田防护。

（二）湿地生态效益价值

根据郑州森林生态城湿地生态系统的基本情况，本次价值评估参照城市森林生态效益评价方法，主要针对湿地生物多样性保育、环境净化、蓄水调洪、固碳释氧、调节气

393

候、文化科研价值等6个效益指标进行货币化计量评价。2013年度，郑州市湿地生态效益为36.47亿元（表6）。

郑州市湿地各项生态效益价值排序为：调节气候＞环境净化＞固碳释氧＞文化科研价值＞生物多样性保育＞蓄水调洪。

从结果可以看出，郑州市林业生态建设以"森林都市、绿色郑州"为主题，以"让森林拥抱城市，让市民走进森林，让绿色融入生活，让健康伴随你我"的基本理念，咬定青山，真抓实干，取得了显著成效，为创建国家森林城市打下了坚实的基础。

表5　郑州市森林各评价指标生态效益价值

序号	生态效益指标	效益（亿元）	所占百分比（%）
1	固碳释氧	96.34	23.98
2	调节气候	79.76	19.86
3	涵养水源	65.28	16.25
4	节能减排	53.17	13.24
5	防污吸污	20.14	5.01
6	生物多样性保育	19.49	4.85
7	地产增值	16.36	4.07
8	卫生保健	12.08	3.01
9	保育土壤	12.06	3.00
10	消洪减灾	11.04	2.75
11	游憩康体	8.27	2.06
12	积累营养物质	4.13	1.03
13	农田防护	3.58	0.89
	合计	401.7	100

表6　郑州市湿地生态效益的价值

序号	生态效益指标	生态效益价值（亿元）	百分比（%）
1	调节气候	16.83	46.15
2	环境净化	12.14	33.29
3	文化科研价值	2.49	6.83
4	固碳释氧	3.27	8.97
5	生物多样性保育	0.96	2.63
6	蓄水调洪	0.78	2.14
	合计	36.47	100

郑州市国家森林城市建设相关指标专项调查成果报告

（河南省林业调查规划院 河南省林业工程咨询有限公司）

（2014年4月）

前　言

为全面掌握郑州市城市森林状况，进一步推进森林城市建设，受郑州市创建国家森林城市领导小组办公室委托，河南省林业调查规划院和河南省林业工程咨询有限公司，按照《国家森林城市评价指标》（LY/T 2004—2012）、《城市绿地分类标准》（CJJ/T85—2002）、《郑州市统计年鉴2013》和《郑州市国家森林城市建设相关专项调查工作与技术方案》的要求，于2013年7月至2014年3月，组织完成了郑州市创建国家森林城市相关指标专项调查工作。调查工作中，通过应用3S等先进技术，建立了"郑州市国家森林城市建设相关指标属性和空间数据库"；取得了各类统计数表；编写了专项调查报告；编制了郑州市国家森林城市森林资源分布图、郑州市绿地资源分布图等。调查工作质量达到了《郑州市国家森林城市建设相关指标专项调查操作细则》要求。经调查，郑州市主要指标：市域森林面积185620.39公顷，农田林网及四旁林地面积：62806.08公顷，市域森林覆盖率33.36%；主城区绿化覆盖面积14014.48公顷、主城区绿化覆盖率40.50%。专项调查工作和成果为建设森林郑州、生态郑州、美丽郑州提供了科技支撑。

第一章　专项调查工作概况

一、工作开展情况

为了保证郑州市国家森林城市建设相关指标专项调查（以下简称专项调查）工作顺利实施，成立了以郑州市林业局、郑州市园林局、河南省林业调查规划院负责人为组长的联合调查工作领导小组。领导小组下设办公室和质量检查组。办公室和质量检查组设在河南省林业调查规划院（以下简称省规划院）。各县（市、区）成立了相应的专项调查领导组织，负责本地区的专项调查工作。

本次调查分4个阶段，即调查准备阶段、技术培训阶段、外业调查与质量检查阶段、内业统计与分析阶段。

（一）调查准备阶段

2013年7～10月，成立组织，制定工作和技术方案，制定操作细则；购置仪器设备、图面资料（含SPOT6影像等）、印制各种表格等。根据林地落界和二类调查成果修正森林资源信息。

（二）技术培训阶段

10月15～17日，省规划院组建60余人的调查队伍，组织了专项调查技术培训，并在惠济区进行了外业调查试点。

（三）外业调查与质量检查阶段

10月至11月30日，省规划院、市和各县（市、区）林业园林部门，组织专项调查工作人员，按照属地原则，充分利用有关资料，开展外业调查。各调查小组完成外业调查任务后，院、县林业主管部门将抽查10%的小班（图斑）进行各项判读因子的全面检查，另抽不少于3%的判读小班（图斑）到实地进行验证核实。院、市联合质量检查组将在县（市、区）检查的基础上，抽取不少于5%以上的小班（图斑）进行判读因子全面检查和1%（其中50%重复市县抽查的）的小班（图斑）到实地验证核实。

（四）内业统计与分析阶段

2013年12月至2014年3月，省规划院组织人员，对全市调查数据资料进行小班检查、逻辑检查、统计分析并编写专项调查报告及质量检查报告；编制郑州市国家森林城市森林资源分布图、郑州市绿地资源分布图等。

二、调查范围与内容

（一）调查范围

郑州市域内郊区林地及非林地；郑州市城区城市绿地（以下简称为"绿地"）及非绿地。

（二）调查内容

1. 土地利用状况
调查土地的主要类型（包括林地及非林地、绿地及非绿地）。
2. 森林和林木状况
调查优势树种（组）、林种、起源、森林类别等资源信息。
3. 绿地状况
调查优势树种（组）、绿地类型、绿地结构类型等资源信息。

三、调查方法

采用遥感图像判读与现地调查相结合的方法。

以林地保护利用规划林地落界成果（含数据库）及2011年以来营造林核查成果（含数据库）为基础。利用3S技术（RS遥感、GIS地理信息系统、GPS全球定位系统）调查市域内各地类绿化情况。

（一）郊区调查方法

利用最新遥感影像（SPOT6等），建立解译标志（RS遥感影像、GPS定位）——判读区划（人机对话，解译城市森林相关地类）——实地验证（RS遥感影像、GPS定位）——建立林地相关指标属性和空间数据库（GIS地理信息系统、RS遥感影像）。

（二）城区调查方法

利用最新航空影像，建立解译标志—判读区划—实地验证—建立城市绿地相关指标属性和空间数据库。

（三）相关指标属性

1. 林地属性因子

基础因子：省、县（市、区）、镇（乡、场）、行政村（林班）、小班、地貌、面积、村镇林木覆盖度、林带名称、林带类别、林带宽度、林带长度、造林年度。

林地因子：地类。

管理因子：林种、森林（林地）类别。

林分因子：起源、优势树种（组）、自然度等级。

2. 绿地属性因子

市、县（市、区）、办事处、社区（行政村）、小斑、面积、优势树种（组）、绿地类型、绿地结构类型等。

第二章　调查成果

郑州市市域总面积744620.00公顷。其中：林地面积236924.56公顷，占市域总面积31.82%。森林面积185620.39公顷，农田林网及四旁树覆盖面积62806.08公顷，森林覆盖率33.36%。详见附表1。

一、各类林地面积

在236924.56公顷林地面积中，有林地182337.61公顷，占76.96%（其中乔木林182294.04公顷、竹林43.57公顷）；疏林地8902.07公顷，占3.76%；灌木林地14115.72公顷，占5.96%（其中国家特别规定灌木林3282.78公顷、其他灌木林10832.94公顷）；未成林造林地16557.01公顷，占6.99%；苗圃地2661.52公顷，占1.12%；无立木林地1607.79公顷，占0.68%；宜林地10526.03公顷，占4.44%；林业辅助生产用地216.81公顷，占0.09%。各类林地面积现状详见附表2。

二、各类森林面积

在计算森林覆盖率的248426.47公顷面积中，其中森林面积185620.39公顷（乔木林182294.04公顷，竹林43.57公顷，国家特别规定灌木林3282.78公顷）占74.72%；农田林网及四旁树覆盖面积62806.08公顷（林网及四旁树覆盖面积45976.75公顷，城区乔木型绿地覆盖面积16829.33公顷），占6.77%。各类森林面积现状详见附表1。

三、主城区绿地资源现状

郑州市主城区面积34600.00公顷，占市域总面积的4.65%。在主城区面积中，绿地面积14014.48公顷，占40.50%；非绿地面积20585.50公顷，占59.50%。主城区绿化覆盖率

40.50%。

各类型绿地面积：

在14014.48公顷绿地面积中，按绿地类型分，公园绿地3729.14公顷，占26.61%；生产绿地178.13公顷，占1.27%；防护绿地2761.22公顷，占19.70%；附属绿地7345.99公顷，占52.42%。按绿地结构类型分，乔木型绿地10448.19公顷，占74.55%；非乔木型绿地3566.29公顷，占25.45%。各类型绿地面积现状详见附表3。

四、相关指标调查计算统计结果

根据郑州市创建国家森林城市领导小组办公室提供的相关基础材料，依据郑州市森林资源、绿地资源调查成果，按照《国家森林城市评价指标》（LY/T 2004-2012）的计算方法，对郑州市国家森林城市建设19个相关指标进行计算统计汇总。

（一）城市森林网络

1.市域森林覆盖率

3年来，郑州市以主要交通干线、水系防护林为骨架，以城市森林、森林公园、湿地公园、自然保护区、村庄集镇为节点，以农田防护林为连线，实行森林分类经营，大力推进生态公益林和商品林基地建设，基本健全了森林生态网络。全市森林覆盖率达到33.36%。具体情况是：

郑州市市域总面积744620.00公顷，其中：林地面积236924.56公顷，占市域总面积31.82%。森林面积185620.39公顷，农田林网及四旁林地面积62806.08公顷（农田林网及四旁树覆盖面积45976.75公顷，城区乔木型绿地覆盖面积16829.33公顷），森林覆盖率33.36%。详见附表1。

表7　2013年郑州市辖县市区绿化现状

统计单位	市域土地总面积（公顷）	合计（公顷）	郊区（公顷）				林网及四旁树覆盖面积	城区乔木型绿地（公顷）	森林覆盖率（%）
			小计	乔木林	竹林	国家特别规定灌木林			
合计	744620.00	248426.47	231597.14	182294.04	43.57	3282.78	45976.75	16829.33	33.36
中原区	19610.00	6170.52	3097.95	1767.85		0.50	1329.60	3072.57	31.47
二七区	15600.00	6230.91	5296.48	3917.04		775.36	604.08	934.43	39.94
管城区	20010.00	4249.77	2592.67	1805.60			787.07	1657.10	21.24
金水区	23570.00	6413.40	2594.68	1967.49			627.19	3818.72	27.21
上街区	6040.00	1892.21	1520.10	1343.47	5.31	33.84	137.48	372.11	31.33
惠济区	22890.00	5261.65	4296.28	3090.75		20.99	1184.54	965.37	22.99
中牟县	141660.00	38326.78	37617.27	27452.26		73.81	10091.20	709.51	27.06
巩义市	102080.00	31328.79	29924.07	22524.08		132.56	7267.43	1404.72	30.69
荥阳市	90720.00	28474.18	27689.95	19605.55	7.57	2058.49	6018.34	784.23	31.39
新密市	98170.00	51904.79	50708.02	43797.42		163.87	6746.73	1196.77	52.87
新郑市	82420.00	26356.56	25525.87	19481.07		20.34	6024.46	830.69	31.98
登封市	121850.00	41816.91	40733.80	35541.46	30.69	3.02	5158.63	1083.11	34.32

注：1 郑州市主城区包括中原、二七、管城、金水、惠济等5个区。城区面积34600公顷。

所辖12个县（市、区）中，有中原区、二七区、上街区、巩义市、荥阳市、新密市、新郑市、登封市等8个区（市）的森林覆盖率达到30%以上的标准。各县（市、区）森林覆盖率详见表7。

2. 新造林面积

为认真贯彻《郑州市委 市政府关于创建国家森林城市的决定》（郑发〔2011〕40号）的精神，郑州市依据《郑州市森林城市建设总体规划（2011—2020年）》，以打造"森林都市，绿色郑州"为主题，组织实施以恢复邙山、贾鲁河上游的丘陵岗地及东南沙丘等生态敏感区的防沙治沙工程，以主要交通干线、水系防护林为骨架生态廊道网络工程，以城市森林、森林公园、湿地公园、自然保护区、村庄集镇为节点城市林业生态建设和村镇绿化工程，以农田防护林为连线的农田防护林体系改扩建工程等。3年共下达造林计划任务20463公顷，实际完成面积为24189公顷，经省级核查合格面积为22632公顷。

经对2011、2012年新造林（保存）情况和2013年度新造林实施情况调查，2011、2012年度造林保存面积分别为6576公顷、8880公顷，新造林保存合格面积分别占市域面积的0.88%和1.19%；2013年度新造林合格面积为5703公顷。占市域面积的0.77%。详见表8。

3. 城区绿化覆盖率

郑州市主城区面积34600.00公顷，占市域总面积的4.65%。在主城区面积中，绿地（覆盖）面积14014.48公顷，占40.50%；非绿地面积20585.50公顷，占59.50%。主城区绿化覆盖率40.50%。类型面积在14014.48公顷绿地面积中，按绿地类型分，公园绿地3729.14公顷，占26.61%；生产绿地178.13公顷，占1.27%；防护绿地2761.22公顷，占19.70%；附属绿地

表8 郑州市2011－2013年度新造林面积

统计单位		合计	年度		
			2011	2012	2013
郑州市	市域面积（公顷）			744620.00	
	计划任务（公顷）	20463	6947	8107	5409
	设计面积（公顷）	24678	7652	10757	6269
	核实面积（公顷）	24188	7613	10423	6152
	合格面积（公顷）	22632	6951	9978	5703
	保存面积（公顷）	15456	6576	8880	
	占市域面积比（%）		0.88	1.19	0.77

表9 2013年郑州市主城区绿地现状

统计单位	城区土地总面积（公顷）	绿地（公顷）					绿地结构类型（公顷）			非绿地（公顷）	绿化覆盖率（%）
		合计	公园绿地	生产绿地	防护绿地	附属绿地	合计	乔木型绿地	非乔木型绿地		
1	2	3	4	5	6	7	8	9	10	11	12
合计	34600.00	14014.48	3729.14	178.13	2761.22	7345.99	14014.48	10448.19	3566.29	20585.52	40.50
中原区	8841.88	3576.95	1136.87	28.17	751.12	1660.79	3576.95	3072.57	504.38	5264.93	40.45
二七区	2673.77	947.80	165.15		394.61	388.04	947.80	934.43	13.37	1725.97	35.45
管城区	8016.01	2741.42	325.94	41.03	720.43	1654.02	2741.42	1657.10	1084.32	5274.59	34.20
金水区	11975.98	5207.25	1859.58	46.81	516.47	2784.39	5207.25	3818.72	1388.53	6768.73	43.48
惠济区	3092.36	1541.06	241.60	62.12	378.80	858.75	1541.06	965.37	575.69	1551.30	49.83

7345.99公顷，占52.42%。按绿地结构类型分，乔木型绿地10448.19公顷，占74.55%；非乔木型绿地3566.29公顷，占25.45%。详见表9。

4. 城区人均公园绿地面积

根据《郑州市统计年鉴2013》，截至2012年年底，郑州市主城建成区面积346平方千米，主城区常驻非农业人口331.60万人。

本次调查，郑州市主城区绿化覆盖面积14014.48公顷，其中公园绿地3729.14公顷。郑州市主城区人均公园绿地面积为11.25平方米。详见表10。

5. 城区乔木种植比例

郑州市植物约有184科900属1900多种，植物资源丰富。

在城区绿化建设中，郑州市始终坚持以乔木种植为主，采取乔、灌、草相结合的绿化理念。14014.48公顷绿地面积中，乔木型绿地10448.19公顷，占74.55%；非乔木型绿地3566.29公顷，占25.45%。

6. 城区街道绿化

经调查，郑州市主城区共有街道609条，占地面积6008.91公顷，占城区面积的17.37%。主城区附属绿地中道路（街道）绿地覆盖面积1942.32公顷，道路（街道）绿地覆盖率32.32%。其中，乔木型绿地覆盖面积1699.32公顷，道路（街道）树冠覆盖率为28.28%。详见表11。

7. 城区地面停车场绿化

2011年以来，郑州市主城区利用公园、绿地、广场等建设地面公共停车场13处，总面积17万平方米。经调查，新建地面停车场乔木树冠覆盖面积69015平方米，乔木树冠覆盖率为40.60%。详见表12。

表10 郑州市主城区绿化现状一览表

序号	项目	2013 年					
		合计	中原区	二七区	管城区	金水区	惠济区
1	绿化覆盖面积（公顷）	14014.48	3576.95	947.80	2741.42	5207.25	1541.06
2	绿化覆盖率（%）	40.50	40.45	35.45	34.20	43.48	49.84
3	公园绿地（公顷）	3729.14	1136.87	165.15	325.94	1859.58	241.60
	生产绿地（公顷）	178.13	28.17		41.03	46.81	62.12
	防护绿地（公顷）	2761.22	751.12	394.61	720.43	516.47	378.59
	附属绿地（公顷）	7345.99	1660.79	388.04	1654.02	2784.39	858.75
	其他绿地（公顷）						
4	人均公园绿地（平方米/人）	11.25					
5	城区人口（万人）	331.60					
	建成区面积（平方千米）	346.00	88.42	26.74	80.16	119.76	30.92

表11 郑州市道路附属绿地现状汇总表

道路数量（条）	道路面积（公顷）	附属绿地面积（公顷）			树冠覆盖率（%）
		合计	乔木覆盖面积	非乔木型覆盖面积	
609	6008.91	1942.32	1699.32	243.00	28.28

8. 城市重要水源地绿化

根据《河南省重要城市饮用水水源名录》，郑州市主要有黄河、尖岗水库、常庄水库、西流湖水库、石佛沉沙池、南水北调中线工程等城市饮用水源地。依据《河南省城市集中式饮用水源保护区划》（豫政办〔2007〕125号）的要求，对上述城市饮用水源保护范围进行区划界定，其保护范围分别是：黄河保护区为大堤两侧100米的陆地。尖岗水库、常庄水库的一级保护区为水库整个水域及沿岸200米的陆地。二级保护区为汇水河流的水域及其两侧200米的陆地；一级保护区外500米的陆地。西流湖水库、石佛沉沙池保护区为水库整个水域及沿岸100米的陆地。南水北调中线工程保护区为整个水域及沿岸200米的陆地。根据保护区区划的范围，从数据库中提取相应位置的小班信息，进行统计、计算、汇总，得出郑州市城市重要水源地森林覆盖率。

经计算，郑州市城市重要水源地森林覆盖率为70.36%，且森林植被保护完好，功能完善。详见表13。

表12 城区新建主要地面停车场名录

序号	停车场名称	停车场位置	停车场面积（平方米）	乔木树冠覆盖面积（平方米）	树冠覆盖率（%）
合计			170000	69015	40.60
1	大河广场	开元路8号	15000	10500	70
2	惠济区党校对面	新城路	2900	435	15
3	惠济区古树苑西大门	天河路	3500	2450	70
4	青少年公园	农业路	1200	360	30
5	北城花园前	江山路	1000	300	30
6	绿源山水停车场	黄河大堤天河北路	8400	1680	20
7	如意湖北停车场	如意湖东北	96000	33600	35
8	动物园停车场	花园路动物园门口	6700	2680	40
9	世纪欢乐园停车场	世纪欢乐园大门东侧	4500	1350	30
10	富田太阳城停车场	富田太阳城东侧	5000	2500	50
11	植物园停车场	植物园西门外、南门外	14200	8520	60
12	亚星停车场	长江路嵩山路交叉口东南角	7700	3080	40
13	国资大厦停车场	嵩山路郑州国资大厦	3900	1560	40

表13 郑州市城市重要水源地绿化

重要水源地	面积合计	林地（公顷）			非林地（公顷）	森林覆盖率（%）
		小计	森林	其他林地		
合计	5477.3	4829.95	3853.58	976.37	647.35	70.36
黄河	1449.59	1320.81	1156.87	163.94	128.78	79.81
尖岗水库	1597.46	1379.79	1294.88	84.91	217.67	81.06
常庄水库	436.12	155.34	117.05	38.29	280.78	26.84
西流湖水库	483.47	472.52	466.35	6.17	10.95	96.46
石佛沉沙池	108.25	99.08	99.08		9.17	91.53
南水北调	1402.41	1402.41	719.35	683.06		51.29

9. 休闲游憩绿地建设

郑州市主城区共有公园绿地309处，其中综合公园及专类公园44处、游园165处、广场23处、带状公园77处，公园绿地总面积3729.14公顷，且分布相对均匀，基本满足市民出门500米有休闲绿地和日常游憩的需求。详见表14。

主城区近郊建有郑州市植物园、郑州黄河国家湿地公园、郑州树木园、郑州·中国绿化博览园、郑州黄河风景名胜区、邙山森林体验园等6处。

10. 村屯绿化

在林业生态建设中，郑州市把美丽乡村建设作为森林城市建设的重要内容，注重城乡一体化发展，按照郑州市林业生态村镇建设标准，目前已经建成林业生态镇40个、林业生态村500个。

郑州市共有村庄（镇）11643个，村庄（镇）占地面积108933.51公顷，占市域面积的

表14　2013年郑州市公园绿地现状

统计单位	合计		综合公园 专类公园		街头绿地		带状公园	
	面积（公顷）	数量（处）	面积（公顷）	数量（处）	面积（公顷）	数量（处）	面积（公顷）	数量（处）
合计	3729.14	309	1664.27	44	1153.07	188	911.80	77
中原区	1136.87	57	485.55	8	562.75	36	88.57	13
二七区	165.15	58	70.53	5	64.05	38	30.57	15
管城区	325.94	60	87.79	7	102.34	34	135.81	19
金水区	1859.58	102	978.78	21	306.36	57	574.44	24
惠济区	241.60	32	41.62	3	117.57	23	82.41	6

注：1. 数据来自《郑州市城市绿地系统规划（2013—2030）基础资料汇编》。

表15　2013年郑州市村屯绿化现状

统计单位	市域土地总面积（公顷）	集中居住型村庄				分散居住型村庄			
		数量（个）	面积（公顷）	林木覆盖面积（公顷）	林木绿化率（%）	数量（个）	面积（公顷）	林木覆盖面积（公顷）	林木绿化率（%）
合计	744620.00	8647	107456.40	34533.83	32.14	2996	1477.19	412.99	27.96
中原区	19610.00	198	4744.39	1301.02	27.42	17	8.33	2.25	27.01
二七区	15600.00	187	3495.08	594.11	17.00	61	24.88	4.59	18.45
管城区	20010.00	58	3595.77	422.45	11.75	2	0.40	0.04	10.00
金水区	23570.00	66	1702.58	367.41	21.58				
上街区	6040.00	29	240.77	103.97	43.18	16	7.92	3.16	39.90
惠济区	22890.00	115	2622.42	873.25	33.30	3	1.81	0.71	39.23
中牟县	141660.00	636	14902.39	5668.92	38.04	12	5.65	1.80	31.86
巩义市	102080.00	281	13865.97	4255.51	30.69	9	5.09	1.73	33.99
荥阳市	90720.00	1418	14437.13	5771.58	39.98	433	218.37	70.96	32.50
新密市	98170.00	2977	17983.15	5108.51	28.41	1930	908.79	233.93	25.74
新郑市	82420.00	1111	15835.86	5367.02	33.89	135	77.32	25.42	32.88
登封市	121850.00	1571	14030.89	4700.08	33.50	378	218.63	68.40	31.29

14.63%。其中集中居住型村庄（镇）8647个，村庄（镇）占地面积107456.40公顷，林木覆盖面积34533.83公顷，林木绿化率32.14%；分散居住型村庄（镇）2996个，村庄（镇）占地面积1477.19公顷，林木绿化覆盖面积412.99公顷，林木绿化率27.96%。郑州市村庄（镇）绿化现状详见表15。

11. 森林生态廊道建设

近年来，郑州市以创建国家森林城市为载体，将市域内主要道路、重要水源地、水系及重要节点高标准绿化和改造升级，打造生态廊道和水系景观。初步建成了如黄河防浪林、黄河防护林、尖岗水库水源涵养林、京珠高速通道绿化、连霍高速通道绿化、西南绕城高速通道绿化等既能满足本地区关键物种迁徙需要，又能沟通中心城区、新市镇及各组团、各森林公园和重要水源地之间的景观丰富、布局合理、功能稳定、结构完善的森林生态廊道网络。

12. 水岸绿化

郑州市域内13座水库（湖），21条河流（渠）水岸面积28003.06公顷，其中，水面面积18091.43公顷，适宜绿化面积9911.63公顷，已绿化面积9119.73公顷，林木绿化率为92.01。水体沿岸绿化模式贴近自然，基本形成了"河湖通、流水清、两岸美"风格独特的水源保护林风景带。详见表16。

13. 道路绿化

郑州市域内31条主要道路2094.69千米，两侧适宜绿化面积20946.90公顷，已绿化面积17701.53公顷，林木绿化率为84.51%。

在道路绿化建设中，按照"大绿量，高密度；多节点、多功能；乔灌花，四季青；既造林，又造景"的绿化要求，注重与周边自然、人文景观的结合与协调，因地制宜开展乔

表16　主要水岸绿化现状

水岸名称	水岸面积（公顷）						林木绿化率（%）
	合计	水面面积	适宜绿化面积				
			合计	其中已绿化面积			
				小计	乔木+特灌	乔木型绿地	
总合计	28003.06	18091.43	9911.63	9119.73	7816.77	1302.96	92.01
白沙水库	715.39	632.99	82.40	77.49	77.49		94.04
东风渠	217.13	47.15	169.98	169.13		169.13	99.50
黄河	14786.93	12311.88	2475.05	1403.34	1403.34		56.70
贾鲁河	1533.85	373.92	1159.93	779.18	707.35	71.83	67.17
尖岗水库	292.88	150.26	142.62	142.62	142.62		100.00
金水河	168.62	31.62	137.00	137.00	85.86	51.14	100.00
南水北调	2883.79	1599.80	1283.99	253.98	251.05	2.93	19.78
索河	708.63	333.45	375.18	375.18	323.87	51.31	100.00
西流湖	171.40	69.82	101.58	101.58	25.37	76.21	100.00
熊耳河	113.07	22.18	90.89	90.89	59.14	31.75	100.00
伊洛河	827.50	416.52	410.98	228.18	64.20	163.98	55.52
颍河	1031.06	340.52	690.54	488.31	488.31		70.71
纸坊水库	310.27	203.33	106.94	39.61	39.61		37.04

木、灌木、花草等多种形式的绿化。在铁路、高速公路、国道、省道等重要道路地段，逐步实现绿化向花化、彩化、香化升级，进一步提升植物景观、丰富绿化层次，建成了"公交进港湾，辅道在两边，骑行走中间，休闲在林间"的人与自然和谐共处的生态廊道。道路绿化现状见表17。

14. 农田林网建设

郑州市平原农区农田林网建设工程，在依托主要道路、主要水系形成森林生态网络体系骨架的基础上，结合平原农区水、林、田、路综合治理，沿规划范围内其余沟、河、路、渠营造防护林带。林带规划在突出农田防护主导功能的前提下，与发展农村经济和形成多样化的田园风光相结合，形成多效能、高标准的农田林网，以改善农业生产条件，提高农民收入，美化农村人居环境，保障城乡生态安全。根据宜建农田林网范围内的立地条件，本着因害设防的原则，确定网格面积、树种结构、林带结构和林带宽度。建设达到《农田防护林工程设计规范》（GB/T 50817–2013）标准。

郑州市平原农区包括中原区、管城区、金水区、惠济区、中牟县的全部及新郑市、荥阳市和新密市的部分区域，共有农田面积566970.30公顷。据调查，适宜建设农田林网面积111479.30公顷，已建成农田林网面积107731.53公顷，农田林网控制率达96.64%。市域及相关县（市、区）农田林网建设现状见表18。

15. 防护隔离林带建设

郑州国家森林城市建设紧紧围绕"一核、二轴、三环、四带、五园、六城、十组团、多点、多线"发展规划布局。在城市周边、城市组团之间、城市功能分区和过渡区建设完善生态防护隔离带。市域森林覆盖率达到33.36%，比2011年提高了2.26个百分点；城区绿化覆盖率达到了40.50%，提高了4.30个百分点；城区人均公园绿地面积11.25平方米，人均

表17 道路绿化现状

道路长度（千米）	适宜绿化面积（公顷）	已绿化面积（公顷）	林木绿化率（%）
2094.69	20946.9	17701.53	84.51

表18 2013年郑州市农田林网建设现状

单位	地貌类型	农田面积（公顷）	适宜林网面积（公顷）	已林网面积（公顷）	农田林网控制率（%）
合计		566970.30	111479.30	107731.53	96.64
中原区	一般平原区	1466.00	1000.00	950.00	95.00
二七区	丘陵区				
管城区	平原沙区	2600.00	1600.00	1580.00	98.75
金水区	平原沙区	1326.00	1326.00	1326.00	100.00
上街区	丘陵区				
惠济区	平原沙区	3333.30	2133.30	2000.00	93.75
中牟县	平原沙区	47093.00	44640.00	42640.13	95.52
巩义市	丘陵区				
荥阳市	丘平区	413300.00	24503.00	24275.00	99.07
新密市	丘平区	46000.00	8947.00	8147.00	91.06
新郑市	丘平区	53318.00	28330.00	27763.40	98.00
登封市	山丘区				

增加1.05平方米；随着生态防护隔离带的逐步完善和森林面积、绿地面积的增加，有效地减缓了城市热岛效应，森林绿地净化生态功效得到了显著提高。

（二）城市森林健康

1. 乡土树种使用

在城区绿化建设中，郑州市始终坚持以乡土树种为主。根据郑州市植物资源分布，郑州市优势树种（组）共140种，其中，乡土树种86种，占61.43%，非乡土树种54种，占38.57%。

经调查，郑州市区能单独区划小斑的优势树种（组）有64种，占总优势树种（组）的45.71%。其中，有58种为乡土树种，占90.62%，非乡土树种6种，占9.38%；按面积分，58种乡土树种的面积为10431.62公顷，占99.74%，6种非乡土树种面积为26.79公顷，占0.26%。

2. 树种丰富度

在城区绿化建设中，郑州市始终坚持乔木种植为主，采取乔、灌、草相结合的绿化理念。为丰富植物资源，有目的、有计划地引种珍稀优良植物物种。14014.48公顷绿地面积中，能单独区划小斑的优势树种（组）有64个植物物种。其中面积最大的10个树种为：法桐、大叶女贞、玉兰、杨树、黄山栾、石楠、针阔混、阔叶混、观赏类灌木、国槐等，分别占绿地总覆盖面积的13.13%、8.23%、7.41%、6.89%、5.50%、4.81%、4.16%、3.48%、3.04%、2.08%。详见表19。

3. 郊区森林自然度

据调查，郑州市郊区森林质量不断提高，森林植物群落演替自然，森林群落树种组成逐渐由简单向复杂，林层由单层向复层，林龄由同龄向异龄演替。随着森林经营管理的各项政策法规制度的健全和完善，森林植物群落演替的认为干扰逐渐减少。根据调查结果测算，郑州市郊区森林自然度为0.51。郑州市郊区森林自然度详见表20。

4. 造林苗木使用

至2013年年底，郑州市绿化苗木种植面积达到2801.26公顷，年产各类绿化苗木8183.78

表19　绿化覆盖面积分布最大10个树种现状统计表

树种	绿地覆盖面积（公顷）						
	合计	树种比例（%）	中原区	二七区	管城区	金水区	惠济区
合计	14014.48		3576.95	947.80	2741.42	5207.25	1541.06
法桐	1839.78	13.13	432.74	213.28	209.44	819.84	164.48
大叶女贞	1153.09	8.23	138.22	155.74	251.35	570.86	36.92
玉兰	1037.99	7.41	48.84	13.86	103.36	871.93	
杨树	965.05	6.89	371.64		93.03	259.85	240.53
黄山栾	770.54	5.50	123.85	8.00	16.23	622.46	
石楠	673.54	4.81	40.85	0.48	37.90	594.31	
针阔混	582.39	4.16	396.55			175.76	10.08
阔叶混	487.37	3.48	170.96			301.56	14.85
观赏类灌木	425.96	3.04	178.21	5.11	163.46	79.18	
国槐	291.86	2.08	31.95	21.42	98.89	139.60	

万株，年产值近10亿元。其中，大棚面积48.88公顷；连栋温室面积30.08公顷；日光温室面积55.23公顷；组培室面积0.29公顷；露地苗圃面积2661.52公顷；生产辅助用地面积5.26公顷。

在2661.52公顷露地苗圃面积中；可产草坪85.42平方米，各类绿化苗木8295.60万株。除部分品种、规格绿化苗木外，全市苗木生产基本满足绿化需要。各类绿化苗木种植情况见表21。

五、相关指标标准与调查结果比对

根据相关指标专项调查结果与《国家森林城市评价指标》（LY/T2004-2012）的标准进行比对评价，所调查的19项内容全部达到或超过国家森林城市评价指标。详见表22。

表20 郑州市郊区森林自然度

自然度等级	合计（公顷）	乔木林（公顷）	竹林（公顷）	国家特别规定灌木林（公顷）	其他灌木林（公顷）	未成林（公顷）	宜林荒山（公顷）	其他宜林地（公顷）	加权面积（公顷）	森林自然度
合计	190121.59	177880.06	43.58	246.25	9035.33	2014.97	515.79	385.61	97195.31	0.51
1	9501.56	9501.56							9501.56	
2	17156.51	8245.11	5.31		8906.09				13725.21	
3	65033.59	64531.37	16.73	232.87	46.75	205.87			39020.15	
4	76312.03	76210.99	13.97		71.59	15.48			30524.81	
5	22117.90	19391.03	7.57	13.38	10.90	1793.62	515.79	385.61	4423.58	

表21 郑州市绿化苗木种植情况统计表

生产方式	种植类型	面积	万平方米	万株	万枝	万盆	千克	产值（万元）
	小计	2661.52	85.42	8295.60	174.77	25.78	214934.22	120452.90
	草坪及地被植物	85.93	85.42	37.34				589.97
	大规格苗	1010.04		449.44				48291.43
	工业及其他用途花卉	28.75					129143.12	129.14
	灌木	317.24		2639.26				10474.46
	灌木球	48.40		105.48				3589.53
露地	盆景	2.93				1.35		4168.13
	盆栽植物	9.62				24.43		4022.73
	其他绿化苗木	429.22		3999.67				19276.95
	食用与药用花卉	89.95					85791.10	273.89
	鲜切花	23.72		145.28	174.77			2859.65
	小规格苗	535.41		868.89				13135.21
	移植大树	73.86		48.66				11438.97
	造型树	6.45		1.58				2202.84

表22 国家森林城市相关评价指标与调查结果比对表

一、城市森林网络（15 项）

序号	相关指标标准	调查结果	比对评价
1	市域森林覆盖率。（年降水量 400～800 毫米地区）市域达到 30% 以上，且分布均匀，其中 2/3 以上县达到 30% 以上	33.36%。8 个区（市）	达标
2	新造林面积。自创建以来，平均每年完成新造林面积占市域面积的 0.5% 以上	0.88% 1.19% 0.77%	达标
3	城区绿化覆盖率。达到 40% 以上	40.50%	达标
4	城区人均公园绿地面积。城区人均公园绿地面积达到 11 平方米以上	11.25	达标
5	城区乔木种植比例。城区绿地建设应注重提高乔木种植比例，其栽植面积应占到绿地面积的 60% 以上	74.55%	达标
6	城区街道绿化。城区街道的树冠覆盖率达到 25% 以上	28.28%	达标
7	城区地面停车场绿化。自创建以来，城区新建地面停车场的乔木树冠覆盖率达到 30% 以上	33.00%	达标
8	城市重要水源地绿化。城市重要水源地森林植被保护良好，功能完善，水质净化和水源涵养作用得到有效发挥，森林覆盖率达到 70% 以上	70.36%	达标
9	休闲游憩绿地建设。城区建有多处以各类以公园为主的休闲绿地，分布均匀，使市民出门 500 米有休闲绿地，基本满足本市居民日常游憩需求；郊区建有森林公园、湿地公园和其他公园 20 公顷以上的郊野公园等大型生态旅游休闲场所 5 处以上	满足本市居民日常游憩需求	达标
10	村屯绿化。村旁、路旁、水旁、宅旁基本绿化，集中居住型村庄林木绿化率达 30%，分散居住型村庄林木绿化达 15% 以上	32.14% 27.96%	达标
11	森林生态廊道建设。主要森林、湿地等生态区域之间建有贯通性森林生态廊道，宽度能够满足本地区关键物种迁徙需要	满足本地区关键物种迁徙使用需要	达标

（续）

序号	相关指标标准	调查结果	比对评价
12	水岸绿化。江、河、湖、海、库等水体沿岸注重自然生态保护,水岸林木绿化率达80%以上。在不影响行洪安全的前提下,采用近自然保护水岸绿化模式,形成城市特有的水源保护林和风景带	92.01%	达标
13	道路绿化。公路、铁路等道路绿线注重周边自然、人文景观的结合与协调,因地制宜开展乔木、灌木、花草等多种形式的绿化,林木绿化率达80%以上,形成城市绿色景观通道	84.51%	达标
14	农田林网建设。城市郊区农田林网建设按照国家林业局《生态公益林建设技术规程》要求达标	农田林网控制率 96.64%	达标
15	防护隔离林带建设。城市周边、城市组团之间、城市功能分区和过渡区建有生态防护隔离林带,减缓城市热岛效应、净化城市生态功能显著	生态防护隔离带建设	达标
二、城市森林健康（4项）			
16	乡土树种使用。植物以乡土树种为主,乡土树种数量占城市绿化树种使用数量的80%以上	90.62%	达标
17	树种丰富度。城市森林树种丰富多样,城区某一个树种的栽植数量不超过树木总数量的20%	13.13%	达标
18	郊区森林自然度。郊区森林质量不断提高,森林植物群落演替替自然,其自然度应不低于0.5	0.51	达标
19	造林苗木使用。城市森林营造应以苗圃培育的苗木为主,因地制宜地使用大、中、小苗和优质苗木。禁止从农村和山上移植古树、大树进城	自培优质 8295.60 万株	达标

附表1 2013年郑州市绿化现状

统计单位	市域土地总面积（公顷）	郊区 林地（公顷）										城区 绿地（公顷）					森林覆盖率（%）
		合计	林地 小计	森林面积 小计	乔木林	竹林	国家特别规定灌木林	其他林地	非林地 小计	其中：四旁树覆盖面积	合计	绿地 小计	乔木型绿地	非乔木型绿地	非绿地（公顷）	
合计	744620.00	685808.10	236924.56	185620.39	182294.04	43.57	3282.78	51304.17	448883.54	45976.75	58811.90	21362.81	16829.33	4533.48	37449.09	33.36
中原区	19610.00	10768.12	2165.70	1768.35	1767.85		0.50	397.35	8602.42	1329.60	8841.88	3576.95	3072.57	504.38	5264.93	31.47
二七区	15600.00	12926.23	5319.55	4692.40	3917.04		775.36	627.15	7606.68	604.08	2673.77	947.80	934.43	13.37	1725.97	39.94
管城区	20010.00	11993.99	2207.37	1805.60	1805.60			401.77	9786.62	787.07	8016.01	2741.42	1657.10	1084.32	5274.59	21.24
金水区	23570.00	11594.02	2300.87	1967.49	1967.49			333.38	9293.15	627.19	11975.98	5207.25	3818.72	1388.53	6768.73	27.21
上街区	6040.00	3305.11	1624.38	1382.62	1343.47	5.31	33.84	241.76	1680.73	137.48	2734.89	471.21	372.11	99.10	2263.68	31.33
惠济区	22890.00	19797.64	4512.46	3111.74	3090.75		20.99	1400.72	15285.18	1184.54	3092.36	1541.06	965.37	575.69	1551.30	22.99
中牟县	141660.00	138711.25	35099.57	27526.07	27452.26		73.81	7573.50	103611.68	10091.20	2948.75	798.22	709.51	88.71	2150.53	27.06
巩义市	102080.00	96488.47	33171.68	22656.64	22524.08		132.56	10515.04	63316.79	7267.43	5591.53	1496.25	1404.72	91.53	4095.28	30.69
荥阳市	90720.00	87714.23	24832.85	21671.61	19605.55	7.57	2058.49	3161.24	62881.38	6018.34	3005.77	904.67	784.23	120.44	2101.10	31.39
新密市	98170.00	95193.39	47826.87	43961.29	43797.42		163.87	3865.58	47366.52	6746.73	2976.61	1211.37	1196.77	14.60	1765.24	52.87
新郑市	82420.00	78401.19	21899.98	19501.41	19481.07		20.34	2398.57	56501.21	6024.46	4018.81	1250.32	830.69	419.63	2768.49	31.98
登封市	121850.00	118914.46	55963.28	35575.17	35541.46	30.69	3.02	20388.11	62951.18	5158.63	2935.54	1216.29	1083.11	133.18	1719.25	34.32

附表2　2013年郑州市城郊林地现状

统计单位	郊区土地总面积（公顷）	林地（公顷）合计	有林地 小计	乔木林	竹林	疏林地	灌木林地 小计	国家特别规定灌木林	其他灌木林	未成林造林地	苗圃地	无立木林地	宜林地	林业辅助生产用地	合计	其中：四旁树覆盖面积 小计	村庄林木覆盖面积	零星树覆盖面积	郊区森林覆盖率（%）
合计	685808.10	236924.56	182337.61	182294.04	43.57	8902.07	14115.72	3282.78	10832.94	16557.01	2661.52	1607.79	10526.03	216.81	44883.54	45976.75	34946.61	11030.14	33.77
中原区	10768.12	2165.70	1767.85	1767.85			4.22	0.50	3.72	9.82	203.48		180.33		8602.42	1329.60	1303.23	26.37	28.77
二七区	12926.23	5319.55	3917.04	3917.04		10.25	828.91	775.36	53.55	444.13	43.54	37.56	38.12		7606.68	604.08	598.63	5.45	40.97
管城区	11993.99	2207.37	1805.60	1805.60			7.11		7.11	331.81	62.85				9786.62	787.07	422.47	364.60	21.62
金水区	11594.02	2300.87	1967.49	1967.49			71.59		71.59		249.08			12.71	9293.15	627.19	367.38	259.81	22.38
上街区	3305.11	1624.38	1348.78	1343.47	5.31	22.93	208.96	33.84	175.12	28.70	10.94		4.07		1680.73	137.48	107.16	30.32	45.99
惠济区	19797.64	4512.46	3090.75	3090.75			20.99	20.99		56.20	1344.52				15285.18	1184.54	873.93	310.61	21.70
中牟县	138711.25	35099.57	27452.26	27452.26		1663.58	105.36	73.81	31.55	2929.84	8.70	1300.61	3253.36	49.44	103611.68	10091.20	5670.80	4420.40	27.12
巩义市	96488.47	33171.68	22524.08	22524.08			6931.93	132.56	6799.37	1970.40	21.50		32.83	27.36	63316.79	7267.43	4257.28	3010.15	31.01
荥阳市	87714.23	24832.85	19613.12	19605.55	7.57	27.25	3762.61	2058.49	1704.12	497.27	326.86	237.41	368.33		62881.38	6018.34	5842.54	175.80	31.57
新密市	95193.39	47826.87	43797.42	43797.42		1614.71	278.49	163.87	114.62	1247.55	171.73		716.97		47366.52	6746.73	5342.37	1404.36	53.27
新郑市	78401.19	21899.98	19481.07	19481.07			510.60	20.34	490.26	635.59	196.12	32.21	1022.88	21.51	56501.21	6024.46	5392.37	632.09	32.56
登封市	118914.46	55963.28	35572.15	35541.46	30.69	5563.35	1384.95	3.02	1381.93	8405.70	22.20		4909.14	105.79	62951.18	5158.63	4768.45	390.18	34.25

附表3 2013年郑州市主城区绿化现状

统计单位	城区土地总面积（公顷）	绿地类型（公顷）						绿地结构类型（公顷）			非绿地（公顷）	绿化覆盖率（%）
		合计	公园绿地	生产绿地	防护绿地	附属绿地	合计	乔木型绿地	非乔木型绿地			
合计	34600.00	14014.48	3729.14	178.13	2761.22	7345.99	14014.48	10448.19	3566.29	20585.52	40.50
中原区	8841.88	3576.95	1136.87	28.17	751.12	1660.79	3576.95	3072.57	504.38	5264.93	40.45
二七区	2673.77	947.8	165.15		394.61	388.04	947.8	934.43	13.37	1725.97	35.45
管城区	8016.01	2741.42	325.94	41.03	720.43	1654.02	2741.42	1657.1	1084.32	5274.59	34.2
金水区	11975.98	5207.25	1859.58	46.81	516.47	2784.39	5207.25	3818.72	1388.53	6768.73	43.48
惠济区	3092.36	1541.06	241.6	62.12	378.59	858.75	1541.06	965.37	575.69	1551.3	49.83

获得荣誉

2003年

1月，郑州市林业局获得"全省林木种苗工作先进单位"称号；荥阳市获得"全省林木育苗先进单位"称号；郑州市苗木场获得"全省国有苗圃先进单位"称号。

10月，郑州市林业局、登封市林业局、荥阳市林业局获得"河南省第五次森林资源连续清查工作先进集体"荣誉。

2004年

4月，郑州市人民政府护林防火指挥部、登封市人民政府获得"全省森林防火工作先进集体"称号。

7月，登封市获得"全国封山育林先进单位"光荣称号。

10月，郑州市获得"全省森林防火工作先进集体"称号。

2005年

5月，中牟县、中原区、管城区获得"河南省人民政府平原绿化高级标准先进县（市、区）"荣誉称号。

2006年

1月，郑州市被国家建设部命名为"国家园林城市"。

4月，二七区、金水区、惠济区、荥阳市、新密市获得"河南省人民政府平原绿化高级标准先进县（市、区）"荣誉称号。

2007年

3月，荥阳市森林公安分局被河南省森林公安局记三等功一次。

4月，登封市林业局被国家森林防火指挥部、国家林业局授予"2004—2006年度全国森林防火工作先进单位"称号。

8月，登封市林业局获得"全国退耕还林先进单位"称号。

11月，郑州市被全国绿化委员会授予"全国绿化模范城市"称号、登封市被授予"全国绿化模范县（市）"称号。

2008年

1月，河南省人民政府通报表彰郑州市获得"全国绿化模范城市"称号；郑州市林业局被河南省林业厅授予"2008年度目标管理优秀单位"称号。

12月，惠济区荣获"河南省绿化模范县（市、区）"荣誉称号。

2009年

1月，郑州市林业局被河南省林业厅授予"2008年度目标管理优秀单位"称号。

登封市、惠济区、中牟县、新密市获得"河南省林业生态县"荣誉称号。

2月，新密市林业局、登封市林业局、荥阳市林业局获得"河南省森林资源连续清查工作先进集体"称号；郑州市获得"全国绿化模范城市"称号，河南省林业厅通报表彰郑州市林业局。

3月，荥阳市被国家林业局命名为"国家级林业科技示范县"。

12月，郑州市林业工作总站、荥阳市林业局被河南省林业厅授予"飞播造林先进集体"荣誉；郑州市林业工作总站、荥阳市林业局被授予"全省林业工作先进单位"荣誉称号；中牟县被全国绿化委员会授予"河南省绿化模范县（市、区）"荣誉称号。

2010年

2月，郑州市林业局被河南省林业厅授予"2009年度目标管理先进单位"称号；巩义市被命名为"国家园林城市"。

4月，新密市被全国绿化委员会授予"全国绿化模范县（市）"荣誉称号。

11月，全国绿化委员会授予郑州市人民政府、郑州市林业局"第二届中国绿化博览会特别贡献奖"。

2011年

11月，郑州市林业局被河南省林业厅授予"2010年度目标管理先进单位"称号。

3月，荥阳市、新郑市、巩义市、二七区获得"河南省林业生态建设先进县"荣誉称号；新郑市在河南省林业厅2008—2010年县域经济评价林木覆盖率考评中获得全省第一名。

11月，郑州市林业工作总站被河南省林业厅授予"林木种苗工作先进单位"称号。

12月，二七区被全国绿化委员会授予"河南省绿化模范县（市、区）"荣誉称号。

2012年

1月，郑州市林业局被河南省林业厅授予"2011年度目标管理优秀单位"称号。

3月，郑州市森林公安局、巩义市森林公安局、中牟县森林公安局受到河南省森林公安局表彰，被授予"2011年执法办案先进单位"称号。

8月，新密市林业局获得"河南省公益林管理先进单位"称号。

12月，郑州市林业局、登封市林业局、新密市林业局、巩义市林业局获得"全省森林防火工作先进单位"荣誉称号。

2013年

1月，郑州市林业局被河南省林业厅授予"2012年度目标管理先进单位"称号。

4月，郑州市获得2012年度"中国十佳绿色城市"荣誉称号；中牟县被全国绿化委员会授予"全国绿化模范县（市、区）"荣誉称号。

10月，郑州市林业局林业科技处获得"全省林业科技和人才教育工作先进集体"称号。

12月，新密市林业局、登封市林业局获得"河南省第二次湿地资源调查工作先进集体"称号。

2014年

2月，郑州市林业局、巩义市林业局获得河南省林业厅"2013年度林业工作优秀单位"称号。

9月，全国绿化委员会、国家林业局授予郑州市"国家森林城市"荣誉称号；郑州黄河湿地自然保护区获得"河南省生态文明教育基地"称号。

11月，郑州市林业局在郑州市创建"国家森林城市"工作中成绩突出获得河南省林业厅表彰。

2015年

12月，国家林业局批复同意河南郑州黄河国家湿地公园（试点）通过验收，正式成为"国家湿地公园"。